Ueber

die Religion,

ihr Wesen, ihre Erscheinungsformen und ihren Einfluß auf das Leben.

Vorlesungen

von

Dr. W. M. L. de Wette.

Berlin, 1827.
Gedruckt und verlegt
bey G. Reimer.

Vorwort.

Diese auf einen bestimmten Kreis von Zuhörern und deren Fähigkeiten und Bedürfnisse berechneten Vorlesungen, glaube ich auch der großen Lesewelt als einen nicht unpassenden Beytrag zur Verständigung über die großen Streitfragen, welche unsere Zeit bewegen, darbieten zu dürfen. Besonders hoffe ich denen, die sich in dem Labyrinthe der mythologischen Forschungen unserer Symboliker nicht zurecht finden können, einen Leitfaden in die Hände zu geben. Und sollte ich in dieser Beziehung nichts geleistet haben, als daß ich die Wahrheit gegen die Buhlerey mit heidnischem Aberglauben (deren man sich leider schuldig gemacht hat) geltend gemacht habe: so wird dieß immer etwas werth seyn.

Die erste Vorlesung enthält die Erklärung über den Plan und die Bedeutung des Werks. Es trifft, zumal im Anfang, mit meiner Schrift: Religion und Theologie zusammen, ist aber ausführlicher und umfassender; besonders geht es mehr auf die nichtchristlichen Erscheinungen der Religion ein.

Die Eigenthümlichkeit der Ansicht und Behandlungsart wird man sogleich erkennen, und in dieser Hinsicht habe ich nur Einiges dem trefflichen Werke von Benjamin Constant zu verdanken, von dem ich wünschte, daß ich es hätte in seiner Vollständigkeit benutzen können. Was aber die geschichtlichen Materialien betrifft, so mache ich in dieser Beziehung keinen Anspruch auf eigenthümliche Forschung und Ausmittelung. Ich habe hierbey das eben genannte Werk, ferner Meiners kritische Geschichte der Religionen, Creuzers und Baur's symbolische Werke, Kleukers Zendavesta und Heerens Ideen fleißig benutzt. Sollte ich auch hie und da etwas aufgenommen haben, was die Probe nicht aushält (was besonders im Fache der indischen Mythologie der Fall seyn könnte): so wird dieß doch wenig oder gar nicht der Richtigkeit der Ansicht im Ganzen Eintrag thun.

Mein innigster Wunsch ist, daß dieses Werk zur Beförderung eines vernünftigen, unbefangenen, leidenschaftlosen Urtheils über die Angelegenheiten der Religion etwas beytragen möge.

Basel im August 1827.

Der Verfasser.

Inhalt.

Seite

Erste

Erste Vorlesung.

Einleitung. Aufgabe dieser Vorlesungen; Wichtigkeit und Schwierigkeit derselben; Art ihrer Lösung.

Verehrteste Versammlung!

Der Gegenstand dieser Vorlesungen soll seyn: die Religion, ihr Wesen, ihre Erscheinungs-Formen und ihr Einfluß auf das Leben; ich will zeigen, was die Religion an sich, ihrem ursprünglichen Wesen nach ist, in welchen Formen sie sich in der Geschichte darstellt, und welche Wirkung sie auf das Leben, auf die Sittlichkeit, das Staatswesen, die Wissenschaft und Kunst, ausübt. Es ist nicht davon die Rede, die Wahrheiten der Religion, der wir angehören prüfend zu betrachten, oder in ihrer Vollständigkeit und in ihrem Zusammenhange vorzutragen; wir haben es mit der Religion überhaupt zu thun, mit keiner besondern Gestalt und Ausbildung derselben, sondern mit allen den Gestalten, in welchen sie vorkommt und vorgekommen ist.

Ein Jeder hat eine gewisse allgemeine Ansicht von der Religion, und wer nur irgend auf Bildung Anspruch macht, und nicht ganz zu den Rohen gezählt werden will, muß eine solche haben. Nicht nur begegnen uns in der Geschichte verschiedene Arten von Religion, nicht nur lehrt uns die Erdbeschreibung und Völkerkunde, daß noch jetzt deren vielerlei bestehen; sondern auch das Leben selbst bringt uns in Berührung mit den Anhängern verschiedener Religionen, ohne daß wir unsere Heimath zu verlassen brauchen. Wenn auch die verschiedenen Kirchen und Sekten der Christen sehr Vieles mit einander gemein haben, wenn auch die jüdische Religion mit der christlichen verwandt ist; so treten doch in der einen und andern dieser Religionsformen solche Unterschiede und Widersprüche hervor, daß ein ungeübter Beobachter leicht dadurch irre werden, und das was allen gemeinschaftlich ist, vergessen könnte. Ja, unter den Genossen unserer eigenen Kirche zeigt sich schon eine solche Verschiedenheit religiöser Ansichten, daß es oft schwer fällt, den innern Zusammenhang zu finden, und nicht den Einen oder den Andern für irrgläubig und gottlos zu halten.

Es ist in der That nicht unwichtig, wie man über die Verschiedenheit der Religionen denkt, welche allgemeine Ansichten man von der Religion ihrem Wesen nach hat, und wie man ihre verschiedenen Formen beurtheilt. Es hängt davon zunächst die Gesinnung der Duldsamkeit oder Unduldsamkeit ab. Wer sich nicht über dasjenige, was ihm selbst für Religion gilt, erheben, nicht eine allgemeine Idee von der Religion in sich fassen, nicht ihr Wesen von ihren Erscheinungsformen unterscheiden kann, ist gegen Andersgläubige, wenigstens im Urtheil, unduldsam; er hält alles, was er nicht selbst glaubt, geradezu für Irrthum und Aberglauben. Ist man nun auch nicht verdammungs- und verfolgungssüchtig, so ist ein solches Urtheil doch an sich hart und ungerecht. Es ist kein religiöser Irrthum, der nicht mit der Wahrheit auf irgend eine Weise zusammenhinge, kein Aberglaube, in welchem nicht etwas vom wahren Glauben enthalten wäre; erkennt man nun dieses nicht, sieht man nur das Falsche, nicht das Wahre: so wird man lieblos und unverträglich. In der geselligen Unterhaltung erscheint derjenige roh und absprechend, welcher die Meinungen der Andern, die ihm als irrig erscheinen, geradezu verwirft, und nicht wenigstens eine Seite davon, als mit der Wahrheit zusammenhängend, anerkennt; dagegen ist es nicht nur höflich, sondern zeugt auch von einem gebildeten Verstande und einem guten Herzen, wenn man bei der Widerlegung von dem anhebt, was man als wahr oder wenigstens als gut gemeint anerkennen kann. Gerade so ist es auch in den größeren Lebensverhältnissen, im Verhältniß von Parthey zu Parthey, und namentlich auch von Kirche zu Kirche, von Sekte zu Sekte. Wenn auch in der leichten geselligen Unterhaltung die wichtigen, allzu ernsten Gegenstände dieser Art vermieden werden; so giebt es doch so viele Berührungspunkte zwischen den verschiedenen Religionsverwandten, daß jene Milde und Duldsamkeit des Urtheils zur Erhaltung des Friedens sehr nothwendig ist. Und wäre es auch nur, um uns den innern Frieden, die Ruhe und Heiterkeit des Gemüths zu bewahren. Der Harte und Einseitige findet sich gereizt und beunruhigt, wenn ihm der Irrthum auch nicht in persönlichen oder andern Lebens-Verhältnissen begegnet, schon wenn er nur davon hört oder liest; findet er auch nichts böses und hassenswürdiges darin, so erscheint er ihm doch thöricht oder albern, mithin immer als etwas Mißfälliges oder Störendes. Es ist eine Reibung, in der er sich befindet, es ist ein Mißton, der ihn berührt, ohne daß er die Auflösung dafür findet. Die Duldsamkeit hingegen verschönert das Leben; sie wirft auf Alles einen milden Schein, löst jeden Zwiespalt, und hebt jeden feindlichen Zusammenstoß. Die Mannichfaltigkeit erscheint ihr nicht als Verwirrung und Widerstreit, sondern als ein freies Spiel, in welchem Einheit und Wohlklang ist. Sie verbindet und versöhnt, ohne doch Eintönigkeit und Mangel an Bewegung mit sich zu bringen, worin alles Leben untergeht.

Wie im Leben, so in der Geschichte. Die Religion eines Volkes, seine Glaubensmeinungen, seine Gebräuche haben auf sein ganzes Leben den entscheidendsten, mächtigsten Einfluß, und verweben sich in seine ganze Eigenthümlichkeit. Vieles aber in den Religionen der fremden Völker muß uns Christen als irrig und abergläubig erscheinen, indem wir weit darüber erhaben stehen. Wenn wir nun nicht aus unsern eigenen Meinungen und Ansichten herausgehen, und nicht in dem fremden Glauben und Gottesdienst etwas Wahres, Schönes, Geist und Gemüth Ansprechendes finden können: wie leer und schaal muß uns da die Geschichte erscheinen! Wir befinden uns dann gleichsam in einem Irrenhause unter Thoren und Rasenden, und müssen froh seyn, wenn wir daraus entronnen sind, und uns wieder unter Vernünftigen, unter solchen, die wie wir denken und reden, befinden. Haben wir uns aber über unsere eigenen religiösen Meinungen zu einem allgemeinen Begriff vom Wesen der Religion erhoben, und unsern Blick darin geübt, in allen, auch den sonderbarsten, ausschweifendsten Formen, den Geist der Religion zu entdecken: welche Bedeutung gewinnt uns dann die Geschichte! Sie wird uns ein großes, reiches Schauspiel des Lebens, in welchem unter verschiedenen Masken, Trachten und Charakteren, in verschiedener

Denk- und Redeweise, Menschliches, zwar immer verschieden und oft sich widerstreitend, aber doch auch in sich verwandt und einig, erscheint, und uns mit liebevoller Theilnahme erfüllt; ja sie wird uns, indem sie in uns die Ahnung des Göttlichen weckt, eine Sprache Gottes an die Menschen, in welcher er sich ihnen nach Maßgabe ihrer Fähigkeit bald dunkler, bald deutlicher offenbart, eine Erscheinung seines ewigen Wesens in zeitlichen Formen, ein Hervortreten seines Lichtes in das Dämmerlicht des irdischen Dunstkreises.

Der Unduldsamkeit entgegengesetzt ist der Fehler der Gleichgültigkeit gegen alles Aeußerliche und Verschiedene in der Religion. Dieser Fehler entspringt ebenfalls aus einer unrichtigen Ansicht von ihrem Wesen und dessen Verhältniß zu ihren Erscheinungsformen, aber diese unrichtige Ansicht ist jener, aus welcher die Unduldsamkeit entspringt, geradezu entgegengesetzt. Der Unduldsame legt zu viel Werth auf die Formen der Religion, der Gleichgültige zu wenig, wenn er nicht etwa gar diese selbst gering achtet, oder ihr Wesen zu beschränkt und flach auffaßt. Der Unduldsame meint, es könne Niemand ohne gewisse Meinungen und Uebungen fromm seyn; der Gleichgültige dagegen, man könne es seyn ohne solche Zufälligkeiten, wie er sie nennt, oder man könne bei aller Verschiedenheit derselben auf dieselbe Weise Gott dienen. Gewöhnlich sind die Gleichgültigen, wenn sie nicht leichtsinnig und gewissenlos alle Religion verachten, der moralischen Ansicht zugethan und der Meinung, es komme nicht darauf an, was man glaube und welche Andachtsübungen man pflege, sondern nur darauf, was man für Grundsätze und Gesinnungen habe, und wie man handle und lebe. Das ist aber offenbar eine zu flache Ansicht von der Religion, durch welche ein großer Theil des Wesentlichen in derselben nicht anerkannt wird.

Der Gleichgültige ist in der Gesellschaft leichter zu ertragen als der Unduldsame; er wird nicht, wie dieser, streiten, nicht durch harte Urtheile verletzen, noch weniger verdammungs- und verfolgungssüchtig werden. Aber zum heiligen Ernst des Lebens, zu den gemeinschaftlichen Gemüthserhebungen der Andacht, bringt er ein kaltes Herz mit, oder flieht lieber alles, was ihn damit in Berührung bringt. Er kann in den Lehren und Gebräuchen seiner eigenen Kirche nichts finden, was sein Gefühl erweckt, geschweige daß er die der andern Kirchen und Sekten mit einem theilnehmenden Auge betrachtete. Und vollends in der Religionsgeschichte muß er ein kalter, theilnahmloser Zuschauer seyn. Die angelegentliche Sorge der Völker für die Erhaltung ihrer väterlichen Gebräuche, ihre fromme Gewissenhaftigkeit in Beobachtung derselben, die Bemühung der Religionsstifter und Verbesserer, neue Gebräuche einzuführen, und die alten entweder auszurotten oder umzuwandeln, der Streit um Glaubensmeinungen, der oft die Völker blutig mit einander entzweit: all dieß rege Leben, das sich immer zunächst um Religionsformen bewegt, muß ihm ganz bedeutungslos, und entweder bedauernswürdig oder lächerlich vorkommen. Er entbehrt einen hohen geistigen Genuß, wenn er nicht in all diesen Formen und den an sie geknüpften Bewegungen, Leben, tiefes geistiges Leben erkennen kann.

Diese beiden Fehler der Unduldsamkeit und Gleichgültigkeit in religiöser Denkart, vermeidet man nur durch eine richtige Ansicht vom Wesen der Religion und der Art und Weise ihrer Erscheinung. Aber nicht leicht ist es, diese richtige Ansicht zu gewinnen; sie ist nicht die Frucht eines flüchtigen Nachdenkens; sie besteht nicht in der Zusammenreihung etlicher leicht gefundener Begriffe, etlicher von der Erfahrung und der Geschichte oberflächlich abgezogener Vorstellungen.

Gar mannichfaltig und verschieden, grell von einander abstechend und einander durchkreuzend, sind die Erscheinungen der Religion. Ihr Gebiet gleicht einer mit tausendfältig verschiedenen Bäumen und Gesträuchen bewachsenen, dicht in einander verschlungenen Wildniß, durch welche dem Auge des kundigsten Spähers einen Weg zu finden schwer wird. Oft stößt man auf Erscheinungen, welche dem Wesen und Geiste der Religion nicht nur fremd, sondern sogar widersprechend zu seyn scheinen, und die dennoch aus ihrer reichen Quelle hervorgegangen sind. So wie man von fruchtbaren, nützlichen Gewächsen oft wilde, unnütze, ja schädliche Arten findet, in denen dennoch der aufmerksame Blick gewisse verwandte Formen und Eigenschaften wieder erkennt; wie auf dem rohen Gesicht des entarteten, verwilderten Sprößlings eines edlen Geschlechts sich die Familien-Züge, wenn auch entstellt und verdunkelt, wiedererkennen lassen: so findet man auch Arten und Formen der Religion, welche auf den ersten Blick nichts von dem Wesen der Religion an sich zu tragen scheinen, und welche doch, genauer betrachtet, sich als Schöpfungen ihres reichen Geistes kund geben. Nur muß man den geübten Blick des Kenners mitbringen, und in das Innere der Erscheinung einzudringen wissen.

Wir wollen nun einen flüchtigen Blick in die reiche Mannichfaltigkeit der religiösen Erscheinungen werfen, um die Schwierigkeit, sich darin zurecht zu finden, einigermaßen ins Licht zu stellen, und uns der Aufgabe, deren Lösung uns beschäftigen soll, bewußt zu werden. Wir wollen uns ein Bild der Verwirrung, welche im Gebiete des religiösen Lebens herrscht, vorführen, um das Bedürfniß einer Verständigung zu fühlen, und unsere Aufmerksamkeit auf die Aufschlüsse, welche uns die künftigen Betrachtungen geben sollen, zu richten.

Bei uns ist die Religion so ausgebildet, daß sie ein eigenes Gebiet im Leben einnimmt, und in eigenthümlicher Gestalt und Wirksamkeit erscheint. Jedoch fehlt es auch bei uns nicht an bedeutenden, oft von Streit und Verwirrung begleiteten Verschlingungen derselben mit andern Lebensgebieten, namentlich mit der Wissenschaft und dem Staatsleben. Der Streit zwischen dem weltlichen und geistlichen Arm ist zwar nicht mehr so lebhaft und verderblich, wie ehedem, wo sich Papst und Kaiser um die Herrschaft der Welt stritten, auch hat sich das Verhältniß, wenigstens unter uns Protestanten, umgekehrt, und man hört mehr über Eingriffe der weltlichen Gewalt in das kirchliche Leben, als über die Anmaßungen der Priester klagen; aber ausgeglichen ist der Streit noch keinesweges, und die Grenze zwischen Staat und Kirche ist noch nicht fest gezogen. Schroffer als diese Gegensätze im practischen Leben stehen sich im Gebiet der Lehre die verschiedenen Systeme der Theokratiker und Hierarchen einerseits, und der Freisinnigen und Verfassungsfreunde andrerseits gegenüber, von denen die einen behaupten, der Staat müsse nach religiösen Grundsätzen und unter dem Einflusse der Kirche regiert werden, die Andern dagegen, das Religiöse gänzlich vom Politischen trennen, und auf sich selbst zurückführen wollen. Jene finden ihr Musterbild im Mittelalter, diese in den vereinigten Staaten von Nordamerika. Im ganzen Alterthum war die Religion auf das innigste mit dem Staate verknüpft, und die Priester waren entweder selbst Regenten und Richter, oder die Machthaber standen doch unter ihrem Einflusse. Ja, es scheint, daß die älteste Regierungsform die hierarchische oder theokratische gewesen ist. Der Hausvater war in der Urzeit der Völker, welche wir die patriarchalische nennen, zugleich Fürst und Priester. So erscheinen uns die Patriarchen der Israeliten, der König von Salem Melchisedek, Hiob und Andere; selbst die Fürsten der Griechen im homerischen Zeitalter vereinigten in sich die priesterliche und königliche Gewalt. Erst Christus verzichtete auf alle weltliche Macht, indem er erklärte, daß sein Reich nicht von dieser Welt sey. Aber in seiner Kirche erhob sich bald eine hierarchische Gewalt und so mächtig, daß sie beinahe die weltliche zu verschlingen drohte.

Es fragt sich nun: in welchem Verhältniß steht die Religion zum Staatswesen, und liegt es in ihrer Natur, auf dieses einen Einfluß auszuüben und welchen? Wollte man alles Hinstreben zur Hierarchie aus der Herrschsucht der Priester ableiten, so begriffe man nicht, warum sich die Völker so leicht derselben hingegeben haben. Diese Art von Anmaßungen muß doch wenigstens einen Schein für sich haben, und im frommen Glauben irgend eine Berechtigung finden.

Ein anderes streitiges und unklares Verhältniß ist das zwischen der Religion und der Wissenschaft. Es gab eine Zeit, wo die Priester die einzigen Weisen und Gelehrten waren. Dieß war der Fall bei den Indiern, Persern, Aegyptern, und in der ersten Zeit auch bei den Hebräern, ehe die Propheten auftraten, und der Stand der Schriftgelehrten oder Rabbiner sich bildete, obschon auch diese nichts als Gottesgelehrte, und jene Gottbegeisterte, beide mithin Diener der Religion waren. Nur bei den Griechen erfreut uns die eigenthümliche Erscheinung von Schulen der Weis heit, welche von allem Priesterthum unabhängig waren, und in welchen eine selbständige Lehre der Wissenschaft ausgebildet wurde. Im Mittelalter war auch unter den Christen eine Zeitlang Gelehrsamkeit und Wissenschaft fast ausschließliches Eigenthum der Priester, und selbst die Universitäten, auf welchen sich ein eigner Gelehrten-Stand ausbildete, waren anfangs noch vom Papste abhängig. Wo sich nun die Wissenschaft selbständig ausbilden wollte, da gerieth sie mit der Religion oder dem Priesterthum in feindlichen Zusammenstoß. Sokrates wurde gezwungen den Giftbecher zu trinken, weil er im Verdacht war, neue Götter einführen zu wollen; Abälard, unstreitig der freydenkendste aller Scholastiker, wurde vom Mönch Bernhard mit unversöhnlichem Haß verfolgt, und selbst noch zu unserer Zeit wurden Wolf und Fichte von frommer Aengstlichkeit verdächtigt und verfolgt. In der That hat auch die Wissenschaft in ihrem wichtigsten Theile, der sogenannten Philosophie, vieles mit der Religionslehre oder Theologie gemein; in beiden kommen die Lehren von Gott und der Ewigkeit, von der Unsterblichkeit und ewigen Bestimmung des Menschen vor. Was ist nun hierin der Religion und was der Wissenschaft eigen? Haben diejenigen Recht, welche der erstern gar nichts Eigenthümliches zuerkennen, und sie nur für das Beruhigungs-Mittel der Ungebildeten halten wollen? Leistet die Philosophie oder ein vernünftiges Nachdenken dem Menschen ganz dasselbe, was ihm die Religion gewährt? Diese Frage ist noch keinesweges so beantwortet, daß kein Streit noch Zweifel übrig bliebe. Man hat in neuerer Zeit die Religion von der Wissenschaft unabhängiger machen wollen; aber ein großer und vielfacher Widerspruch hat sich dagegen erhoben, und die Theologen, ob sie gleich sehr oft in der Wissenschaft nicht viel vermögen, wollen sich doch ihren Antheil an derselben nicht rauben lassen. Mit der Frage, in welchem Verhältniß die Religion zur Wissenschaft steht, hängt der Streit über die Wichtigkeit der Lehrmeinungen oder Dogmen sehr genau zusammen. Viele Gottesgelehrte legen auf dieselben ein solches Gewicht, daß man meinen sollte, alle Frömmigkeit hange davon ab: ob man gewisse Begriffe annehme oder nicht, und die Religion bestehe in nichts als in einer Art von Wissenschaft. Dagegen behaupten Andere, Lehrmeinungen seyen in der Religion gar nicht wesentlich, und man könne sehr verschieden darüber denken, und doch in der wahren Frömmigkeit einig seyn. Die Beantwortung dieser Frage hat besonders viel Einfluß auf die Duldsamkeit. Denn die Verschiedenheit der Dogmen hat weit mehr, als die der Gebräuche, Streit und Verfolgung erregt; man hat immer eher Abweichungen in den Formen der Andachtsübung als in der Lehre verziehen.

Eine andere Frage ist, in welchem Verhältniß die Religion zur Sittlichkeit und Sittenlehre stehe? Es gab eine Zeit, wo man beyde für durchaus einerley, oder die erste nur für ein Anhängsel der andern hielt. Und noch jetzt giebt es Viele, welche alles Gewicht auf die Sittlichkeit legen, und die Religion für entbehrlich, für nichts als eine Art von nützlichem Aberglauben ansehen. Wenn nun aber derselben auch eine eigenthümliche Stelle gebührt: so fragt sich immer noch, wie sie sich zur Sittenlehre verhalte? Manche ordnen diese jener unter; Andere beurtheilen alle religiöse Wahrheit nach ihrer Beziehung auf die Sittlichkeit: welche haben nun Recht? Will man eine rechte Einsicht in das Wesen der Religion haben, so muß man diese Fragen zu beantworten wissen.

Auch die Kunst und Dichtung stehen mit der Religion in innigem Zusammenhang, dienen ihr und tragen religiöse Bestandtheile in sich. Was ist nun das reine Eigenthum jener beyden, und was gehört dieser an?

Es ist doch gewiß sonderbar, daß die Religion in fast allen Gebieten des menschlichen Lebens nicht nur einen gewissen Einfluß geltend macht, sondern auch oft als vorherrschend und gebietend auftritt. Selbst die Natur- und Arzneykunde steht zum Theil unter ihrem Einfluß. Die Zauberer und Gaukler gründen ihre Wirksamkeit auf den Glauben an geheime Naturkräfte, in deren Besitz man sich durch religiöse Mittel zu setzen glaubt; die Priester Aegyptens waren Stern- und Kalenderkundige, Einbalsamirer und Aerzte; bey den Griechen wurde die Arzneykunde in den Tempeln des Aeskulap gepflegt; die Gabe der Heilung war bey den ersten Christen eine Gabe des heil. Geistes; und selbst bey uns wollte man durch den thierischen Magnetismus die Arzneykunde wieder in das Gebiet des religiösen Geheimnisses hinüberspielen. Was ist dieses vielgestaltige, in Alles sich mischende, Alles beherrschende Wesen? welches ist sein eigentliches Gebiet, und welches sind die Berührungspunkte desselben mit den andern Kreisen geistiger Thätigkeit?

Aber selbst in ihrem eigenen Gebiete tritt die Religion in Erscheinungen auf, welche den Blick des ungeübten Beobachters verwirren können. Den Glauben an Gott hält man mit Recht für einen wesentlichen Bestandtheil der Religion. Unter Gott denkt man sich ein geistiges, unendliches, allmächtiges Wesen, und faßt man ihn nicht als ein solches, so scheint es, als widerspreche sich der Glaube selber. Wie kommt es aber nun, daß die Heiden sich viele Götter gebildet haben, welche sich in die Herrschaft der Welt theilen, und also beschränkt und endlich sind? Wie war es möglich, daß sie sich dieselben in körperlicher, menschlicher, ja sogar in thierischer Gestalt denken konnten? Wie kann der Wilde einen geringen Gegenstand, einen Baum, ein Thier, ja sogar ein Thierfell sich zum Fetisch machen und anbeten? Es ist nichts gesagt, wenn man sagt, das sey eine Entartung der Religion, das sey Aberglaube. Allerdings ist es Aberglaube; allein man muß einsehen, wie derselbe mit dem wahren Glauben zusammenhängt, und welche religiöse Idee darin liegt. Man muß selbst in solchen Erscheinungen den Geist der Religion wieder erkennen; ja (es ist nicht zu viel gesagt) man muß, unbeschadet der Wahrheit, mit dem Götzen- und Fetisch-Diener auf eine gewisse Weise mitfühlen, den dunkeln Trieb, der ihn zu den Götzen und Fetischen führt, als etwas Menschliches, das im Gemüth seine Wurzel hat, anerkennen.

Auffallend und verwirrend sind auch die oft sonderbaren Fabeln, welche die Polytheisten von ihren Göttern erzählen. Ihr Ursprung, ihre Geschichte und ihr darin sich abspiegelnder Charakter, alles der Art ist mehr oder weniger der Gottheit unwürdig. Vieles, was die Griechen von ihren Göttern erzählen, würde selbst für Menschen nicht ehrenvoll seyn; denn es werden ihnen sogar Unsittlichkeiten beygelegt, und nicht bloß in einzelnen Handlungen, sondern in ihren göttlichen Verrichtungen selbst. Durch den Namen der Venus werden Verirrungen und Ausschweifungen geheiligt, welche selbst die strengere Sittenlehre der Alten, wie viel mehr die christliche, mißbilligt. Merkur ist als Gott der List und Gewandtheit zugleich der Gott des Diebstahls, und in einem Lobgesang auf ihn wird rühmend ein Diebstahl erwähnt, den er einst als Kind begangen haben soll. Oft, wenn man auf solche Fabeln stößt, sollte man glauben, es werde das Gegentheil von Religion, Unglaube und frecher Spott, gepredigt; und doch hat Alles seine ernste Bedeutung, und hängt wenigstens mit Vorstellungen zusammen, welche, wenn auch nicht die reine Wahrheit, so doch religiöse Bestandtheile enthalten.

Wer nur einiger Maßen in den Geist der Religion eingedrungen ist, und die Kraft derselben an seinem Herzen erfahren hat, hält es für wesentlich, daß sie einen heiligenden und versöhnenden Einfluß auf das Leben ausübe, und sträubt sich, Lehren, Gebräuche und Gesinnungen für Ausflüsse der Religion zu halten, welche der Unsittlichkeit das Gepräge der Weihe aufdrücken, welche Haß, Krieg, Blutvergießen, Grausamkeit und Gräuel, vor denen die Menschheit schaudert, erzeugen. Keine menschliche Leidenschaft hat vielleicht mehr Unheil und Verderben gestiftet, als der religiöse Fanatismus. Partheywuth, Herrsch- und Eroberungssucht sind unstreitig die verderblichsten Leidenschaften; aber sehr oft haben sie sich erst mittelst des religiösen Fanatismus zur höllischen Wuth gesteigert, und dann ihre größten Gräuel begangen. Nur der philosophische Fanatismus der französischen Revolutions-Männer läßt sich mit der Wuth des Religionseifers, hinsichtlich der verderblichen Wirkungen, vergleichen. Durch die Verschiedenheit des Glaubens ist zwischen Völkern und Menschenclassen ein dauernder Zwiespalt gestiftet, und die Feindschaft verewigt worden; anstatt daß die Religion, wie zu erwarten war, die Menschen lehren sollte, sich gegenseitig als Brüder zu erkennen und zu lieben, hat sie den Einen den Wahn gebracht, sie seyen Gottes Lieblinge, und die Andern dagegen Gott verhaßt, Söhne der Finsterniß und des Teufels. Der Religionshaß hat blutige Kriege erregt, welche mit Verleugnung alles menschlichen Gefühls geführt wurden; ein Glaube, der das Herz mit Liebe und Erbarmen erfüllen sollte, hat die Menschen zu Tigern und Hyänen umgewandelt. Alles aber wird übertroffen durch die Gräuel der Inquisition, welche, Ausgeburten der höllischen Finsterniß, am besten der Nacht und Vergessenheit überlassen bleiben. Die Rachsucht und selbst die Gerechtigkeit sind auch grausam und erfinderisch in Martern gewesen; aber wie ist es möglich, daß gerade die Religion, jenes göttliche Gefühl, das alle menschlichen Triebe und Empfindungen läutern und veredeln soll, die Herzen so vergiften und mit der teuflischen Lust an Martern erfüllen konnte? Das sonderbarste dabey ist aber, daß gerade die vollkommensten und heiligsten Religionen, die jüdische und christliche, und die aus diesen entsprungen ist, die muhammedanische, sich als die unduldsamsten beweisen, und ihren Bekennern gegen die Andersgläubigen Haß und Verachtung eingeflößt haben. Daß die muhammedanische, die wir billig als ein unächtes, gemischtes Erzeugniß ansehen, ihren Glauben mit dem Schwerte in der Hand geltend gemacht hat, wundert uns weniger, als daß die christliche, die wir als die Lehrerin aller Wahrheit, aller Güte und Tugend an unserm eigenen Herzen erfahren, sie, welche die Versöhnung predigt, und die Scheidewand zerstört hat, welche Völker von Völkern trennte, ihren göttlichen Charakter durch Unduldsamkeit und Grausamkeit weniger gegen Fremde als gegen ihre eigenen Bekenner verleugnet hat. Die Juden- und Ketzer-Verfolgungen, die Grausamkeiten der Inquisition, die Glaubenskriege gegen Ketzer und Ungläubige und zwischen Katholiken und Protestanten, sind mit blutigen Zügen in die Jahrbücher der Religionsgeschichte verzeichnet; und die Verfolgungen, welche die Christen unter den alten Römern, den Persern und Chinesen und sonst erlitten haben, wiegen kaum die auf ihrer eigenen Kirche lastende Blutschuld auf. Die heidnischen Religionen trifft in Ansehung ihres sittlichen Einflusses ebenfalls mancher Vorwurf. Die Culte der Venus, Astarte, Mylitta, begünstigten die Ausschweifungen der Geschlechtsliebe, und machten, was wir für Verletzung der edelsten Zucht halten, zur Pflicht der Gottesverehrung. Der Dienst des Bacchus und der Cybele war mit einer Raserey verbunden, welche das Gemüth, anstatt es zur göttlichen Freyheit zu erheben, mit wilder, thierischer Unbewußtheit erfüllte. Das Scheußlichste aber, was im Heidenthum vorkommt, ist der Gräuel der Menschenopfer, welche zwar der menschliche Sinn der Griechen frühzeitig von sich wies, welche aber unter den Phöniciern und Karthagern bis in die spätesten Zeiten fortdauerten. Was ist heiliger als das Gefühl der Vater- und Mutterliebe? Wir können uns Gott nicht reiner denken, als unter dem Bilde der väterlichen Liebe; und gerade die Religion, die eingebildete Pflicht gegen die Gottheit, war es, welche dieses mächtige Gefühl unterdrückte, und das zarte Kind von der Mutterbrust wegriß, um es den scheußlichen Götzen darzubringen. Wenn sich in solchen Menschenopfern noch etwas Sittliches, obschon in roher, gewaltsamer Aeußerung zeigt, nämlich die Gesinnung der selbstverleugnenden Hingebung, vermöge derer man den Göttern das Liebste darbrachte; so waren dagegen anderwärts diese unmenschlichen Gebräuche die Befriedigungsmittel priesterlicher Unduldsamkeit und Rachsucht, wie bey den Slaven, wo man christliche Gefangene den blutdürstigen Göttern zur Sühne brachte.

Wie soll man nun den Faden finden, der uns durch die Irrgänge dieses Labyrinths hindurchführt? Wer sagt uns das Wort, das uns alle diese Räthsel löset? Woher schöpfen wir die Einsicht in das Wesen der Religion und das Verhältniß ihrer Erscheinungsformen za demselben?

Vielleicht könnte man hoffen, diese Einsicht durch die Betrachtung der Geschichte zu finden. Der menschliche Verstand hat das Vermögen in dem Mannichfaltigen eine Einheit aufzufinden, und es auf gewisse allgemeine Begriffe zurückzuführen. So vermag er aus der Anschauung verschiedener Bäume den allgemeinen Begriff eines Baumes, und aus den mannichfaltigen Gestaltungen einer Gattung den Begriff von dieser zu gewinnen. So können wir nun auch auf dem Wege der Geschichte, durch die aufmerksame Betrachtnng aller religiösen Erscheinungen, einen allgemeinen Begriff der Religion überhaupt finden, indem wir das in allem Mannichfaltigen Gleichartige zusammenfassen, und in eine Einheit vereinigen; und dieser allgemeine Begriff dient uns vielleicht dazu, alle jene Widersprüche aufzulösen. Allein die bloß geschichtliche Ansicht ist kalt und oberflächlich, und mit dem allgemeinen Begriff, den sie uns liefert, läßt sich die reiche Mannichfaltigkeit der religiösen Erscheinungen nicht in ihrer Quelle ergründen. Die Religion lebt im Innern, und geht aus innerer Quelle hervor, und wer nur auf ihre äußeren Erscheinungen sieht, versteht sie nicht. Mit dem geübten Blicke auf die Geschichte muß sich daher der Blick in das Innere des religiösen Lebens verbinden, damit man von jeder äußeren Erscheinung die verborgene Wurzel, die innere Beziehung und Verbindung entdecken könne. Man muß eine von der Geschichte unabhängige, große, umfassende

Idee der Religion im Geiste tragen, um dadurch die geschichtlichen Erscheinungen im rechten Lichte zu erblicken.

Man könnte vielleicht glauben, daß in der christlichen Religion, als der allervollkommensten, diese umfassende Idee gleichsam fertig, klar und bestimmt vorliege, und daß man die geschichtlichen Erscheinungen der Religion nur nach der christlichen Wahrheit zu messen habe, um sie richtig zu verstehen und zu beurtheilen. Aber das Christenthum ist selbst nur eine geschichtliche Form der Religion, obschon die vollkommenste, welche die Erde kennt, nicht die Religion an sich oder die Idee derselben in ihrer Ursprünglichkeit. Sie enthält die höchste und reinste Wahrheit, aber doch in einer Form, welche erst davon muß getrennt werden. In der Bibel ist sie am reinsten und einfachsten zu finden, aber es bedarf nicht selten der Kunst der Auslegung, um in den morgenländischen Bildern die reine Wahrheit zu erkennen. Wenn auch die Ausleger und Gottesgelehrten in den Hauptlehren einig sind, so faßt sie doch der eine in dieser der andere in jener Verstandesform, und ein Jeder ordnet die Gedankenreihe auf eigenthümliche Weise. Welche Auffassung und Anordnung sollte man nun für den Ausdruck und die Darstellung der gesuchten Idee halten? Und wie würde man von der vollkommenen Darstellung der religiösen Wahrheit im Christenthum den Rückweg finden zu den oft so unvollkommenen und entarteten Erscheinungen der Religion? Nein! wir müssen unabhängig von aller Erfahrung, selbst von dem Unterricht, den uns das Christenthum gewährt, die Idee der Religion in ihrer Ursprünglichkeit und Einfachheit zu erfassen suchen; und dieß gelingt uns nur durch die Erforschung der geistigen Natur des Menschen, oder durch Seelenkunde. Wir müssen so, wie wir die andern geistigen Anlagen der menschlichen Natur, wie wir die Gesetze des Vorstellungsvermögens, der Einbildungskraft, des Gedächtnisses, des Verstandes, der Urtheilskraft erforschen, auch die Gesetze dessen, was wir Religion nennen, auszumitteln suchen; wir müssen den ersten einfachen Keim, aus welchem sich alles, was Religion heißt, entwickelt, aufsuchen, und davon bey allen unsern geschichtlichen Betrachtungen ausgehen und dahin zurückkehren. Von da aus werden wir in der Religionsgeschichte sowohl das Vollkommenste als das Roheste und Einfachste verstehen.

Die Natur des menschlichen Geistes aber offenbart sich uns in unserm eigenen Geiste. Selbsterkenntniß ist der Schlüssel der Seelenkunde; in unserm Selbstbewußtseyn spiegelt sich das ganze geistige Leben der Menschheit ab, und was wir von diesen sonst erkennen in den Handlungen und übrigen Aeußerungen der Menschen, das findet erst seine Deutung durch das, was davon in unserm eigenen Gemüth wiederklingt. Wenn der Philosoph die Gesetze des Denkens aufsucht und zusammenstellt, so mag er dabey wohl auf die in den Schriften der besten Denker enthaltenen Muster sehen; aber er selbst muß auch im Denken geübt und sich der Denkgesetze bewußt seyn, sonst ist ihm jedes fremde Muster unbrauchbar. Will der Sittenlehrer die sittlichen Anlagen und Gesetze des menschlichen Gemüthes erforschen, so kann er allerdings viel dafür lernen aus der Beobachtung der Menschen, besonders der Kinder, aus den Lebensbeschreibungen merkwürdiger Menschen und ähnlichen Quellen; aber wenn er nicht sich selbst kennt, und von allem, was er an Andern bemerkt, nicht in sich selbst das Gegenbild und den Wiederhall findet; so wird er wohl allerley Bemerkungen und Erfahrungen zusammentragen, aber kein lebendiges

Bild aufstellen können; denn das Leben versteht nur der Lebendige. Eben so ist es mit der Erforschung der religiösen Natur des Menschen. Alle Beobachtungen helfen nichts ohne die innere Selbstbeobachtung, ohne den tiefen, lebendigen Blick in das eigene Gemüth.

Aber um diese Selbstbeobachtung in Beziehung auf unsere religiöse Natur auszuüben, ist es unerläßlich nothwendig, selbst Religion zu haben. Kann wohl der Nichtdenker die Gesetze des Denkens erforschen? Kann der Unsittliche Rechenschaft geben von den Gesetzen der Sittlichkeit? Kann der Pflichtvergessene die Natur des Pflichtgefühls enthüllen? Eben so wenig wird der Irreligiöse, der nicht in sich selbst das hohe Gefühl der Anbetung trägt, die ursprüngliche Natur der Religion und die Anlagen des Menschen dafür erkennen und beschreiben können. Da nun der wahre Christ sicherlich am frömmsten ist, und das Gefühl der Religion am reinsten und lebendigsten in sich trägt: so ist es allerdings die christliche Religion, welche uns erst den rechten Aufschluß über das Wesen der Religion gibt, aber nicht so, daß wir dasselbe in seiner ursprünglichen Gestalt in ihr finden, sondern so daß sie unserm Geist das rechte Licht des Selbstbewußtseyns leihet, und uns den Sinn für die Betrachtung der Religion schärft. Auch diejenigen, welche den Forschungen über das Wesen der Religion folgen wollen, müssen durch eigenes religiöses Gefühl dafür befähigt seyn, um die fremden Beobachtungen und Ansichten sich lebendig aneignen zu können. Einem todten, kalten Gemüthe ist das Leben der Religion verschlossen, wie dem Blinden das heitere, bunte Reich der Farben.

Nunmehr können wir die uns gestellte Aufgabe bestimmter ins Auge fassen. Wir werden zuerst mittelst der geistigen Menschen- oder Seelenkunde das innere, ursprüngliche Wesen der Religion und das Gebiet, welches sie im menschlichen Gemüth einnimmt, zu erkennen suchen, und dann zugleich mittelst der Seelenkunde und Geschichte die mannichfaltige Art und Weise, wie sie sich im Leben der Völker kund gethan hat, und noch kund thut, und welchen Einfluß sie auf das Leben hat, betrachten. Wir werden, um das Wesen und die Aeußerungen der Religion gründlich und allseitig zu erkennen, unsern betrachtenden Blick bald auf die innere Natur, bald auf die Geschichte des Menschen richten, und so theils die allgemeine Religionslehre, theils die Religionsgeschichte berühren, am meisten aber bey der letztern verweilen, und die wichtigsten religiösen Erscheinungen, als Fetischismus und Götzendienst, Polytheismus und Monotheismus, Naturreligion und sittliche Religion, religiöse Symbolik, Mythologie und Dogmatik, Opferdienst, Tempelwesen und Kirchenthum, Priesterthum, Castenwesen und Hierarchie, Glaube an Offenbarung und Weissagung, Wunderwirkung und Zauberey u. dgl. m. beschreiben, bezeichnen und aus der Natur der Religion ableiten. Sollen wir unsern Vorträgen einen Namen geben, so wäre wohl der einer *Einleitung in die Religionsgeschichte* nicht unpassend, aber doch in gewisser Hinsicht zu eng, indem wir mehr bey den geschichtlichen Erscheinungen verweilen wollen, als der Zweck einer bloßen Einleitung mit sich bringt.

Eine solche Betrachtung der Religion in ihrem innern Wesen zugleich und in ihrem Hervortreten ins Leben, hat noch einen größeren Nutzen, als Duldsamkeit zu lehren und vor Gleichgültigkeit zu bewahren; sie bringt selbst einen wichtigen Gewinn für das eigene religiöse Leben, sie verständigt und klärt auf; sie befestigt, bereichert, erwärmt und begeistert.

Indem wir den religiösen Glauben von seinen Formen unterscheiden, erheben wir uns über die letzteren, in denen wir vielleicht noch befangen sind, und fassen das Wesentliche ins Auge: und darin besteht die religiöse Aufklärung. Zugleich aber befestigen wir uns im Glauben, weil wir in dessen inneres, tiefes, unerschütterliches Wesen einen Blick thun; wir werden zugleich frey und stark. Leben erzeugt Leben; und wenn wir die Religion sowohl in ihrem Wesen als in ihren Formen lebendig betrachten, so wird das religiöse Gefühl in uns erweckt und belebt: wir fühlen mit, was Andere fühlen; unser Herz wird von einer neuen Seite angeregt, es faßt Gefühle, die ihm bisher noch unbekannt waren. Ja, auch unser Verstand kann neue Gedanken gewinnen, Wahrheiten, die er schon erkannt, von einer neuen Seite betrachten, neue Gründe dafür auffinden, und vielleicht ganz neue Wahrheiten entdecken. Und sollte auch unsere eigene Ueberzeugung nichts gewinnen, so lernen wir doch, wie wir Andere über die Angelegenheiten des Glaubens verständigen, über Zweifel beruhigen, und in ihrer Ueberzeugung befestigen können.

Aber muß ich nicht zagen, indem ich diese Aufgabe zu lösen wage, und so heilsame Wirkungen von der Lösung derselben verheiße? Wer darf sich zutrauen, so vom Geiste der Religion erfüllt, mit einem solchen Blick in ihr ursprüngliches Wesen begabt, und im Besitz einer solchen Kenntniß und Beurtheilung der Geschichte zu seyn, um als geweihter Priester den Schleier von der Göttergestalt zu ziehen, um die geheimnißvollen Hieroglyphen, welche an ihrem Tempel geschrieben stehen, zu lesen? Ich fühle ganz die Schwierigkeit des Unternehmens, und die Schwachheit meiner Kräfte. Wollte ich mir auch Einsicht und Kenntnisse genug zutrauen; so müßte ich mir immer das Vermögen der vollkommenen, klaren und lebendigen Darstellung absprechen. Es ist nichts schwieriger, als die Ergebnisse des wissenschaftlichen Nachdenkens über die Religion so darzustellen, daß sie nicht nur klar, sondern auch ansprechend und ergreifend werden; es soll gleichsam das Unsichtbare sichtbar gemacht, das rein Geistige mit einem lebendigen Leibe angethan werden. Indessen mag auch hier, wie bey allen großen Dingen, der Versuch schon als etwas gelten; und wenn es mir nur gelingt, die Aufmerksamkeit zu fesseln, und manchen guten Gedanken, manches fromme Gefühl zu wecken: so mag dieß schon als ein würdiges Ziel der Bestrebung angesehen werden.

Zweite Vorlesung.

Allgemeine ursprüngliche Anlage zur Religion; das Vermögen einer höheren, übersinnlichen Erkenntniß, oder der Glaube an eine unsichtbare Welt: Vernunftglaube.

Indem wir an die Lösung der Aufgabe gehen, die Religion in ihrem Wesen, ihren Erscheinungsformen und ihrem Einfluß auf das Leben darzustellen, liegt uns zuerst ob, eine allgemeine ursprüngliche Anlage zur Religion im menschlichen Geiste nachzuweisen. Eine solche Anlage ist in alten und neuen Zeiten geleugnet worden von solchen Denkern, welche die menschliche Erkenntniß allein aus der Erfahrung ableiteten, und keine ursprünglichen Wahrheiten annahmen. Man nennt sie Skeptiker oder Zweifler. Von den Neueren ist Hume vorzüglich in dieser Hinsicht anzuführen, welcher die religiöse Erkenntniß als abgeleitet, und nicht aus ursprünglichen Anlagen des menschlichen Geistes hervorgegangen ansah *). In der That hat diese Behauptung vielen Schein, da die religiösen Vorstellungen so sehr verschieden und schwankend erscheinen, und bey weitem nicht in der

*) Nat. history of religion. Introd.

Sicherheit und Bestimmtheit vorkommen, wie die Grundanschauungen von Maß und Zahl, die Grundbegriffe des Verstandes, oder gewisse sittliche Triebe. Dieser skeptischen Ansicht kommt auf einen gewissen Grad nahe die Ansicht derer, welche aus übertriebener frommer Demuth und aus Ueberschätzung dessen, was wir der Offenbarung Gottes im Christenthum verdanken, die menschliche Anlage zur Religion, wo nicht leugnen (man kann dieß nicht wohl, ohne der heil. Schrift geradezu zu widersprechen), so doch geringschätzen oder übersehen, und sich nicht genug mit der Betrachtung derselben und der Aufsuchung der ursprünglichen Gesetze der religiösen Wahrheit beschäftigen. Uns muß es nothwendig darum zu thun seyn, eine solche ursprüngliche Anlage des Menschen zur Religion nachzuweisen, und das Wesen derselben, wie es in der geistigen Natur des Menschen gegründet ist, kenntlich zu machen; denn wir wollen ja einen freyen umfassenden Blick gewinnen über alles, was Religion heißt und mit ihr zusammenhängt; wir wollen nicht bey der christlichen Religion stehen bleiben, in welcher man allerdings mit Recht eine göttliche Offenbarung findet, obgleich auch in ihr die vollkommene Entwickelung der menschlichen Anlage zur Religion anzuerkennen ist. Unabhängigkeit von aller Ueberlieferung, Freyheit von aller Befangenheit soll den Geist unserer Betrachtungen bezeichnen.

Daß der Mensch einen Trieb, eine Anlage, ein Vermögen in sich trägt, Gefühle und Begriffe von Gott und göttlichen Dingen in sich zu erzeugen, dafür liefert die Erfahrung einen Beweis, welcher wenigstens vorläufig gelten und unsere Aufmerksamkeit auf die genauere Untersuchung der Sache leiten kann. Es ist dieß die Thatsache, daß bey allen Völkern religiöse Vorstellungen und Gebräuche vorkommen, obschon in verschiedenen Graden der Ausbildung. Wenn auch der Mensch noch so unwürdige Gegenstände, ja, wenn er selbst den Teufel verehrt: so erkennt er doch immer eine höhere Gewalt an, von der er sich abhängig fühlt. Wenn Reisebeschreiber bey einigen wilden Völkerschaften gar keine Spur von Religion wollen angetroffen haben, so darf man billig in die Richtigkeit ihrer Beobachtung Zweifel sezzen *). Gäbe es aber auch wirklich Völker, welche nichts von Religion wüßten: so wäre damit nur bewiesen, daß die allgemeine menschliche Anlage zur Religion so gut als ganz unterdrückt werden kann. Wenige Beyspiele können nur eine Ausnahme begründen, nicht die Regel aufheben. Die Spuren von Religion, welche sich bey den verschiedenen Völkern finden, lassen sich aus keiner Ueberlieferung ableiten; denn sie sind zu mannichfaltig und eigenthümlich. Nein! alle diese zum Theil so sonderbaren Vorstellungen und Gebräuche sind die Aeußerungen eines im menschlichen Gemüth liegenden Triebes, die zum Theil nur stammelnden Ausdrücke gewisser Ahnungen und Gefühle, welche kraft einer angebornen Anlage im Menschen erwachen, sobald er zum Bewußtseyn seiner selbst und der Welt gelangt. Allerdings ist unser religiöses Vermögen schwach, unsere Ahnung von Gott dunkel, unser frommes Gefühl der Verunreinigung Preis gegeben; und wenn wir uns selbst überlassen bleiben, und nicht das Glück einer guten Erziehung und Ausbildung genießen, so tappen wir im Dunkeln. Daran mag uns die Betrachtung der oft so unvollkommenen, unwürdigen Erscheinungen der Religion erinnern, und uns mahnen, uns

---

*) S. Meiners Allg. krit. Geschichte der Religion I. 11. ff. Benj. Constant de la Religion. I. 4. f.

in Demuth zu beugen. Aber etwas lebt im Menschen, das ihn nach oben zieht, eine Ahnung der übersinnlichen Welt regt sich in ihm, ein Licht von oben schimmert seinem Geiste; und davon zeugen eben die verschiedenen Erscheinungen der Religion unter den Völkern. Es spricht sich darin, wenn auch in groben und verworrenen Lauten, der Grundton eines Glaubens aus, welcher in jeder Menschenbrust, wo nicht erwacht ist, doch schlummert. Dieses unbestimmte Etwas, das sich bald so, bald so kund thut, diese Ahnung, diesen Trieb, in den verschiedenen Erscheinungen der Religion zu erkennen, ist eine höchst anziehende, für Verstand und Herz fruchtbare Beschäftigung. Es ist rührend, mit brüderlicher Theilnahme, mit der Anerkennung, daß die Menschen alle Söhne Eines Vaters sind, aus Einem Blute entsprungen, nach Einem Vaterlande sich sehnend, die andern Völker in ihrem religiösen Leben zu beobachten. Selbst in ihren Verirrungen können sie uns noch Theilnahme einflößen, weil sie das Wahre wenigstens gesucht, wenn auch nicht gefunden haben.

Auch die Beobachtung der Kinder lehrt uns, daß im Menschen ein selbstthätiger Trieb zur Religion liegt. Zwar entwickelt sich kein Kind so unabhängig von aller Erziehung und allem Unterricht, daß man in irgend einem kindlichen Gemüth ganz selbständige Regungen dieses Triebes bemerken könnte. Schon die Sprache führt den Kindern gewisse religiöse Vorstellungen zu in den Worten Gott, Himmel, Engel und ähnlichen. Aber die rege Empfänglichkeit, mit welcher sie religiöse Vorstellungen auffassen, die lebendige Selbstthätigkeit, mit welcher sie sich dieselben zu eigen machen, beweist, daß in ihnen ein Vermögen liegt, das, was zur Religion gehört, nicht nur zu empfangen, sondern auch hervorzubringen. Sie kommen dem Vater, dem Lehrer, die ihnen von Gott und göttlichen Dingen reden, mit einem so zutrauensvollen Glauben, mit so viel Bereitwilligkeit, sich überzeugen zu lassen, entgegen, und gehen so gern in die ihnen mitgetheilten Vorstellungen ein, daß es scheint, man erzähle ihnen längst bekannte Dinge, oder mache ihnen nur klar, was sie längst gewußt haben. Freylich sind sie am meisten empfänglich für das Bildliche und Anschauliche in der Religion, und selbst für das Mährchenhafte, das man etwa damit verbindet, wie z. B. für die kindliche Mythologie vom Christkindchen, welches den Kindern zu Weihnachten bescheert. Allein wenn dieß auch für die Regsamkeit der kindlichen Phantasie beweist, die sich auf dieselbe Weise in der gleichen Bereitwilligkeit, Feen- und Zaubermährchen zu glauben, zeigt; so erkennt der Menschenkenner doch immer darin das Vermögen, eine höhere Ordnung der Dinge zu ahnen, an etwas Uebernatürliches, Wunderbares, Geheimnißvolles zu glauben; und dieß ist nichts anderes, als die Anlage zur Religion. Was kann ein kindliches Gemüth bewegen, das zu glauben, wovon es nichts erfahren, wofür die Erfahrung keine Gründe darbietet, was über alle Erfahrung hinausgeht, wenn nicht in ihm selbst etwas Entsprechendes liegt? Plato leitete die Erkenntniß der höheren Dinge aus der Erinnerung an einen früheren Zustand der Seele ab; ein sehr schöner, entsprechender Gedanke! Darum sind Kinder und Greise so empfänglich für himmlische Dinge, jene, weil sie das Vaterland noch nicht lange verlassen haben, diese, weil sie sich sehnen, in dasselbe zurückzukehren.

Versuchen wir es nun, dieser ursprünglichen Anlage des Menschen zur Religion näher auf die Spur zu komnen! Es ist ein Vermögen, das Unsichtbare und Verborgene, wo nicht zu erkennen, so doch zu ahnen, vorauszusetzen, zu glauben. Der Glaube an das Unsichtbare gehört zum Wesen der Religion, wie schon die Schrift sagt: „Der Glaube ist eine gewisse Zuversicht deß, das man hoffet, und nicht zweifelt an dem, das man nicht siehet" (Hebr. 11, 1.). Alle religiösen Vorstellungen beziehen sich auf etwas Unsichtbares und Verborgenes, was kein Auge gesehen und kein Ohr gehört hat, auf ein oder mehrere unsichtbare, höhere Wesen, auf ein Seyn jenseit dieser Sinnenwelt, auf verborgene Kräfte und Gesetze des Wirkens. Zwar verehrt der Götzendiener sichtbare Gegenstände, aber nur als Sinnbilder und Zeichen oder Hüllen unsichtbarer Wesen. Zwar melden die heiligen Sagen aller Religionen von Erscheinungen und Verkörperungen der Götter, denn es lebt im Menschen die Sehnsucht, das Unsichtbare zu erschauen, und der Glaube, daß es sich uns offenbare könne; aber selbst solche Erscheinungen gelten nur als vorübergehende Enthüllungen des an sich Verborgenen, und es wird dabey angenommen, daß das Erscheinende seinem wahren Wesen nach unsichtbar ist, und nur an einer Hülle oder einem Abbilde sich offenbart. Wenn auch Träume und Gesichter in der Urzeit der Menschheit, wie noch heutzutage unter den Wilden, Veranlassung zu religiösen Vorstellungen gegeben haben: so muß doch im Menschen ein Vermögen seyn, durch welches er dem, was ihm sichtbar oder in der Einbildung erscheint, als etwas wahrhaft im Verborgenen Seyenden, Glauben beymißt. Gespenster, Erscheinungen begründen nicht den Glauben an das Daseyn von Geistern, sondern sie setzen denselben voraus. Was man von der Art sieht oder zu sehen meint, würde gar nicht für die Erscheinung von etwas Unsichtbarem genommen werden, wenn man nicht schon die Idee davon in sich trüge.

Die Anlage zur Religion besteht ferner in dem Vermögen an etwas Ewiges, Unsterbliches, Unvergängliches zu glauben. Alles, was wir sehen, ist vergänglich; um uns her ist ein beständiger Wechsel von Entstehen und Vergehen, von Kommen und Verschwinden, von Geburt und Tod. Zwar treten wir den festen Boden der Erde mit unsern Füßen, und über uns wandeln Sonne, Mond und Sterne in ihren ewigen Bahnen seit Jahrtausenden. Aber die Erde trägt an ihrer Oberfläche die Spuren von großen Umwandlungen, die sie erfahren, und die Erschütterungen, die sie zuweilen erleidet, erinnern uns daran, daß auch sie dem Gesetze der Vergänglichkeit unterworfen ist; und daß Sonne, Mond und Sterne einst erbleichen, und in das Chaos zurückstürzen können, aus welchem sie das Wort des Schöpfers hervorgerufen hat, glauben wir gern den Andeutungen der heil. Schrift und den Vermuthungen der Naturkundigen; wir betrachten es, als etwas, das sich von selbst versteht. Dagegen findet sich in allen Religionen die Idee von etwas Ewigem. Wenn auch die Götter als entstanden gedacht werden, so gelten sie doch als unsterblich, und über den entstandenen Göttern denkt man sich meistens ein verborgenes, unveränderliches Urwesen oder eine ewige Nacht, aus welcher Alles hervorgegangen. Die Unsterblichkeit der Seele, welche fast allgemein geglaubt wird, setzt ebenfalls die Idee des Ewigen voraus. Woher stammt nun diese Idee, welcher alle Erfahrung widerspricht? Wer möchte den Gedanken eines ewigen Urwesens, unsterblicher Götter, der Unsterblichkeit der Seele fassen, wenn nicht schon im menschlichen Gemüth ursprünglich eine Ahnung des Ewigen läge?

Mit der Idee der Ewigkeit und Unsterblichkeit liegt im Menschen ursprünglich auch die des Unbedingten und Allmächtigen und einer höchsten Ursache, von welcher Alles abhängig ist. Zwar ist diese Idee durch die Vielgötterey sehr verwirrt, und mehrere Götter, die sich in die Herrschaft der Welt theilen, werden in ihrer Macht beschränkt und von einander abhängig gedacht. Aber in allen Religionen ist das Gefühl der Abhängigkeit des Menschen von einer höheren Macht ausgesprochen, sey es auch, daß man sich diese Macht wieder getheilt denkt, und sich nicht zur Idee der Allmacht erhebt. Abhängig ist nun der Mensch der Erfahrung nach von Vielem, von der ihn umgebenden Natur, welche ihm Nahrung reicht, die ihm aber auch die Quelle des Lebens verschließen, und ihre zerstörenden Kräfte gegen ihn entfesseln kann, von den Verhältnissen der Gesellschaft, in welcher er lebt, von tausend Zufälligkeiten, und zuletzt von den Wirkungen verborgener Kräfte in seinem Organismus; aber daß er alle diese Abhängigkeits-Verhältnisse, welche ihn die Erfahrung lehrt, in ein allgemeines Verhältniß zu höheren, unsichtbaren Kräften oder Wesen zusammenfaßt, daß er sich über allem, was den Gesetzen der Abhängigkeit unterworfen ist, etwas Unabhängiges, über allem Verhältniß von Ursache und Wirkung höhere selbständige Ursachen oder eine einzige höchste denkt: das ist nicht Sache der Erfahrung, sondern des von ihr unabhängigen Glaubens, welcher ursprünglich dem Gemüthe einwohnt. — Nichts drängt sich dem Menschen so sehr auf, als dieses Gefühl der Abhängigkeit, und es fehlt nicht an Mahnungen, welche auch den Sichersten und Sorglosesten wecken müssen. Rings umgeben uns Gefahren, welche unserm Leben, unserm Glücke, unserer Ruhe drohn. Jede

Nacht umfängt uns das Bild des Todes, unbewußt ruhen wir im Arme des Schlummers, und am Morgen ist uns das Leben von neuem geschenkt, wie da wir zuerst zum Bewußtseyn erwachten. Besonders aber erinnert uns der ernste, düstre Bruder des Schlafes, der uns in ein fremdes, unbekanntes Land abfodert, an unsere Abhängigkeit. Schreckt uns auch nicht der Gedanke, uns selbst zu verlieren; so fühlen wir es doch mit Schauder, daß wir im Tode ganz einer fremden Gewalt hingegeben sind, die über unser Schicksal entscheidet. Mannichfaltig, aber immer auf eine rührende, erweckliche Weise, spricht sich dieses Gefühl der Abhängigkeit in den verschiedenen Religionen aus: am erhebendsten in dem Gedanken eines höchsten Wesens, welches alle unsere Schritte leitet und behütet, ohne dessen Willen kein Haar von unserm Haupte fällt; aber der Götzendiener, der jedem Gebiete des Lebens einen Gott vorgesetzt denkt, der bald bey diesem, bald bey jenem Geschäft und Unternehmen einen eigenen Gott anruft, bald diesem, bald jenem ein Opfer des Dankes und der Versöhnung bringt, der in Wald und Flur, auf dem Markt und am häuslichen Heerde die Spuren und Zeichen seiner Götter findet, und sich an ihr Walten erinnert fühlt, trägt jenes Gefühl, wenn auch nicht so rein, doch vielleicht lebendiger in sich.

Endlich liegt auch im Menschen als Bestandtheil des Glaubens, ein ursprüngliches Gefühl eines höheren Gesetzes und einer Zweckmäßigkeit der Dinge, die Ahnung einer heiligen Weltordnung, eines höchsten heiligen Willens, einer seligen Vollkommenheit, obschon diese Ideen nur in vollkommnerer Ausbildung der Religion rein und klar hervortreten. Mit dem Gefühl der Abhängigkeit von der Gottheit, verbindet sich meistens das

Pflicht-

Pflichtgefühl des Gehorsams und der Unterwerfung unter ihren Willen und der Furcht vor ihrem Zorne, und die Religion beweist sich als fromme Gewissenhaftigkeit. Mißgeschicke, Plagen, Widerwärtigkeiten werden als Strafen der erzürnten Gottheit betrachtet, und man sinnt auf Mittel, sie zu versöhnen. Opfer, Geschenke, Büßungen werden als solche Mittel angesehen; und ist das sittliche Bewußtseyn einigermaßen erwacht, so klagt man sich gewisser Fehler und Vergehungen an, welche man zu unterlassen gelobt. Sittliche Reinheit gilt als den Göttern wohlgefällig; ihrer befleißigen sich die Priester, als die Gottvertrauten, am meisten; diese erziehen die ihnen untergebenen Völker unter dem heiligen Ansehen der Götter zur bessern Ordnung und Sitte, und die Religion heiligt die ersten Gesetzgebungen und Staatseinrichtungen. Die verschiedenen Götter des Polytheismus erscheinen als die Vorsteher und Beschützer gewisser sittlicher Verhältnisse und Formen, der Gastfreundschaft, des Eides, der Bündnisse, des Friedens, der Ehe u. s. w. An die Idee der Unsterblichkeit der Seele knüpft sich der Glaube an eine Vergeltung nach dem Tode durch ein von den Göttern eingesetztes Gericht, oder die Vorstellung einer Läuterung der Seelen von den Flecken dieser Erde durch Wanderung aus einem Geschöpf in das andere, und die Hoffnung eines künftigen, vollkommenen, seligen Zustandes, und wäre es auch nur die Befreyung von der Sklaverey oder eine reiche Jagd oder ein besserer Himmelsstrich, was elende, rohe Völker hoffen. Der Kampf des Guten und Bösen, der dem Menschen im Leben begegnet, den er in seiner eigenen Brust hegt, wird auch in die Religion übergetragen: es werden freundliche und feindliche, gute und böse Götter gedacht; jedoch liegt im menschlichen Gemüth der Glaube an das Uebergewicht und den Sieg des Guten, und der Kampf zwischen dem Reiche des Lichtes und der Finsterniß wird zum Vortheil des erstern entschieden, so daß einst ewiger Friede, reine, ungestörte Seligkeit herrschen wird. Durch diese Ideen von Gesetzmäßigkeit, Heiligkeit und Seligkeit, hängt die Religion ganz deutlich mit der sittlichen Natur des Menschen zusammen, in welcher ein Trieb des Guten, eine heilige Scheu vor dem Rechte und eine Sehnsucht nach Zufriedenheit lebt. Allein selbst diese sittliche Natur ist etwas Ursprüngliches, nicht erst angebildet und angelernt. Der menschliche Geist trägt seine eigenen Gesetze in sich, Gesetze, welche nicht der irdischen Körperwelt, sondern dem übersinnlichen Reiche der Geister angehören; und für diese Gesetze findet er die vollkommene Erfüllung eben erst in jener höheren Welt, die er mit dem Auge des Glaubens schauet. Was hier seyn sollte, aber nicht ist, das ist ganz und vollkommen da, wo die Götter walten, wo die unsterblichen Seelen leben; was die Gegenwart nicht gewährt, das wird eine urbildliche, selige Zukunft bringen.

Es liegt also im Menschen ein Vermögen, an etwas Unsichtbares, Ewiges, Unvergängliches, an höhere Gewalten und Ursachen, von welchen Alles abhängig ist, an eine höhere bessere Ordnung der Dinge zu glauben. Es ist nicht die Erkenntniß dessen, was die Erfahrung lehrt, was gesehn und gehört wird, sondern es ist ein Glaube, ein Fürwahrhalten ohne äußere Gründe. Glaube ist soviel als Vertrauen. Man glaubt der Zusage, der Versicherung eines Menschen, weil man ihm Treue und Wahrhaftigkeit zutraut, ohne daß man Beweise für dasjenige hat, was man ihm glaubt. Man glaubt an die Wahrscheinlichkeit einer Sache aus innern Gründen, aus einem gewissen Gefühl, aus innerer Gewißheit. Jedoch braucht man das Wort Glauben oft da, wo Meinen, Vermuthen richtiger wäre, und Glaube im eigentlichen Sinne ist ein sicheres Fürwahrhalten aus Vertrauen, kein bloßes Vermuthen oder für wahrscheinlich halten. Es lebt in der Tiefe des Gemüths ein festes, unwandelbares Vertrauen, vermöge dessen wir von einer höheren Wahrheit überzeugt sind, als diejenige ist, welche uns die Erfahrung lehrt. So wie wir glauben, daß unser Bewußtseyn uns nicht trügt, vermöge dessen wir unser selbst unseres Daseyns und unserer Thätigkeit inne werden: so glauben wir auch an die Erkenntniß dessen, was über uns und dieser Sinnenwelt liegt; wir vernehmen in uns eine Stimme, welche uns das Unsichtbare offenbart, und wir leihen ihr vertrauensvoll das Ohr. Wer dieses Vertrauen leugnet, der kann nicht davon überzeugt werden, denn es muß sich durch sich selbst geltend machen; aber ein solcher Leugner ist der unglückseligste der Sterblichen. Er hat seinen eigenen Schwerpunkt verloren, den festen Anker, an den er sich im Zweifel halten kann; er kann an nichts mehr glauben, nichts für wahr halten, er muß selbst daran zweifeln, daß er ist und athmet. Dieses Vertrauen, dieser Glaube ist die Seele aller Religionen, der feste Kern, den alle, in welcher Schale es seyn mag, einschließen. Daher die Begeisterung, der heilige Eifer, welche die Bekenner einer Religion erfüllt; daher die Ruhe der Seele mit welcher der Märtyrer den Scheiterhaufen besteigt, mit welcher der Wilde im Hinblick auf die Schatten seiner Väter geduldig den martervollen Tod stirbt; daher selbst der Eifer der Unduldsamkeit, mit welcher man über Wahrheiten der Religion streitet, und Andersdenkende verfolgt. Gewißheit, Untrüglichkeit ist der Stempel, den ein Jeder seiner Religion aufdrückt; eine Zusammenstellung von Vermuthungen und Wahrscheinlichkeiten ist keine Religion.

Aber — könnte man einwenden — wie kann im menschlichen Gemüth ein solches ursprüngliches festes Vertrauen zur religiösen Wahrheit liegen, da die Vorstellungen der verschiedenen Völker so sehr abweichend und widersprechend sind? Der Eine glaubt so sicher an Einen Gott, als der Andere an Viele; der Eine glaubt an Unsterblichkeit, der Andere nicht: wie kann man nun ein Allen gemeinschaftliches Vertrauen zu einer Wahrheit annehmen, die so sehr schwankend erscheint? Ja, Derselbe glaubt heute an diesen Gott oder Religionsstifter, morgen an einen andern: straft er nun nicht durch diese Veränderlichkeit sein Vertrauen Lügen? Hätte er ein festes Vertrauen zu seiner früheren Ueberzeugung gehabt, so hätte er sie nie aufgeben können; und das Vertrauen, das er zur neuen faßt, muß ihm selbst unsicher erscheinen, wenn er an die frühere denkt.

Um diesen Einwurf zu heben, müssen wir eine wichtige Unterscheidung machen, welche für die ganze Ansicht von der Religion entscheidend ist, und die wir wohl festzuhalten haben. Es ist die zwischen dem Unmittelbaren und Mittelbaren, zwischen dem Ursprünglichen und Abgeleiteten in der religiösen Ueberzeugung. Alle Verschiedenheit der religiösen Meinungen und Gebräuche gehört dem Mittelbaren und Abgeleiteten an; das Unmittelbare und Ursprüngliche hingegen ist an sich stets dasselbe, und liegt in seiner Allgemeinheit allen besonderen Meinungen und Gebräuchen zum Grunde. Wenn das eine Volk mehrere Götter, das andere hingegen nur einen Gott glaubt, so ist das freylich eine große Verschiedenheit; aber in der einen und andern Ueberzeugung liegt doch die Grundwahrheit einer höheren Macht, von welcher Alles abhängig ist. Wenn der Eine an die Unsterblichkeit der Seele glaubt, und der Andere nicht, so ist das in der That ein Widerspruch: allein in demjenigen, welcher diesen Glauben nicht hat, ist nur die eine Seite des religiösen Glaubens verdeckt oder unterdrückt, welchen er von einer anderen Seite anerkennt, und worin er mit allen Anderen, wenigstens dem Wesentlichen nach, übereinstimmt. Wie dieser Unterschied des Unmittelbaren und Mittelbaren entstehe, werden wir später zeigen; einstweilen genügt es, denselben anzuerkennen, und nur noch zu bemerken, daß das Unmittelbare zugleich dunkel und unbestimmt, das Mittelbare hingegen deutlich und bestimmt ist. Der unmittelbare Glaube an eine höhere Macht ist dunkel und unbestimmt; hingegen ist man sich dessen deutlich bewußt, wenn man sich einen oder mehrere Götter denkt. Ein ähnlicher Unterschied besteht auch in andern geistigen Gebieten. Wir leben augenblicklich im unmittelbaren Bewußtseyn unser selbst; ein dunkles, unbestimmtes Gefühl, daß wir sind und leben, begleitet uns überall hin, und erlischt nur im Schlafe: aber ein anderes Bewußtseyn ist dasjenige, welches wir durch Nachdenken und Beobachtung gewinnen, wodurch wir eine nähere Kenntniß von uns erlangen, und unserer Seelenkräfte, der Gesetze unseres inneren Lebens, unserer Eigenthümlichkeiten insbesondere inne werden; und dieses zweyte, bestimmtere, deutlichere Bewußtseyn ist mittelbar, weil es durch Nachdenken und Beobachtung, mittelst einer anderen Seelenthätigkeit, als es selbst ist, gleichsam mittelst eines Werkzeuges, gewonnen ist; jenes erste Unmittelbare aber liegt ihm durchaus zum Grunde. Eben so gibt es ein unmittelbares und mittelbares sittliches Gefühl. In jedem Menschen, auch dem rohesten, lebt ein dunkles, unbestimmtes Gefühl für Recht und Unrecht, für Ehre und Schande; aber verschieden sind die Begriffe der verschiedenen Völker und der Einzelnen in demselben Volke von dem, was wirklich Recht und Unrecht, Ehre und Schande ist. Jenes allgemeine Gefühl ist unmittelbar, weil es ursprünglich als Anlage in der Natur liegt; dieses besondere ist mittelbar, weil es erst durch Bildung und Sitte gewonnen wird; und es ist zugleich deutlicher und bestimmter, weil es Gegenstand des Nachdenkens und der Sprachbezeichnung ist. Aber jenes allgemeine Gefühl ist die Grundlage von allen besonderen sittlichen Vorstellungen und Gesinnungen.

Um nun auf jenen Einwurf zurückzukommen, daß das Vertrauen zur religiösen Wahrheit nicht allgemein und ursprünglich seyn könne, weil diese so sehr schwankend und verschieden sey, so hebt er sich leicht, wenn wir dagegen bemerken, daß jenes Vertrauen zunächst dem Unmittelbaren der Religion angehört. Mit der unmittelbaren, unbestimmten, dunkeln Erkenntniß einer höheren Wahrheit ist zugleich das Vertrauen zu ihrer Untrüglichkeit verbunden; und so wie alle Menschen jene theilen, so stimmen sie auch in diesem zusammen. Wenn Verschiedene in der mittelbaren, bestimmteren, deutlicheren Erkenntniß abweichen, ja, wenn der Einzelne in ihr wechselt oder schnelle Uebergänge macht: so wird dadurch jenes ursprüngliche Vertrauen nicht Lügen gestraft, weil es sich eben auf die unmittelbare, allen besondern religiösen Vorstellungen zum Grunde liegende Erkenntniß bezieht. Freylich glaubt ein Jeder auch an seine besondern religiösen Vorstellungen; der Eine glaubt an seinen einigen Gott, der Andere an seine vielen Götter; allein dieser Glaube gilt doch immer nur der allgemeinen Grundwahrheit, die in jeder besondern Erkenntniß liegt. Der Monotheist glaubt an seinen einigen Gott, weil er in dieser Vorstellung die ursprüngliche Wahrheit erfaßt zu haben überzeugt ist; und der Polytheist glaubt aus demselben Grunde an seine vielen Götter. Das ursprüngliche, unmittelbare Vertrauen zur ursprünglichen unmittelbaren religiösen Wahrheit wird mit dieser selbst mittelbar, und geht in die Verschiedenheit der religiösen Vorstellungen über; man wird sich des einen wie des andern bewußt, und hält es bestimmter und deutlicher fest.

Wir haben uns also, hoffe ich, darüber verständigt, daß im menschlichen Geist eine ursprüngliche religiöse Erkenntniß zugleich mit einem festen Vertrauen zu der Wahrhaftigkeit derselben liegt. Bey der Betrachtung dieses Vertrauens aber müssen wir noch etwas länger verweilen. Es fragt sich nämlich, was den Menschen dazu bestimmt, an die Wahrhaftigkeit der in ihm wohnenden religiösen Erkenntniß zu glauben? Es ist dieß nichts anders, als ein Gefühl der inneren Nothwendigkeit, ein Gefühl, daß es nicht anders seyn könne, als daß jene Erkenntniß wahr sey, ein Gefühl der inneren Uebereinstimmung. Da jene Erkenntniß in der Vernunft wohnt, gesetzmäßig in ihr gegründet ist, mit der ganzen übrigen Erkenntniß zusammenhängt: so können wir sagen, daß der Mensch hierin seiner Vernunft glaubt. Es hat mit dem Vertrauen, das wir in die Richtigkeit unserer Sinnenerkenntniß setzen, eine ähnliche Bewandtniß. Wir trauen auch unmittelbar unserm Auge, unserm Ohr, in dem, was es uns darstellt, und erst wenn wir durch einzelne Täuschungen irre geworden sind, berichtigen und bestätigen wir unsere Erfahrungen durch die Wahrnehmungen Anderer, denen wir aber doch auch nur glauben vermöge des Grundvertrauens, das wir in die Wahrhaftigkeit der menschlichen Erkenntniß überhaupt setzen. Wir trauen der innern Vernehmung einer höheren übersinnlichen Welt, wie wir der äußern Wahrnehmung einer Sinnenwelt trauen. Man hat daher die ursprüngliche religiöse Erkenntniß, welche mit diesem Vertrauen verbunden ist, *Vernunftglauben* genannt, und darunter einen Glauben, der in der Vernunft gegründet, ihr ursprünglich eingepflanzt ist, verstanden.

Man kann aber auch, und mit mehr Recht, diesen ursprünglichen Vernunftglauben eine *Offenbarung Gottes* in der menschlichen Vernunft nennen. Mit der uns eingepflanzten Religions-Erkenntniß und dem dazu gehegten Vertrauen ist zugleich das Gefühl von etwas Uebernatürlichem verbunden. Der Mensch fühlt sich dadurch über sich selbst erhoben, eine heilige Scheu ergreift ihn, er fühlt seine Schwachheit und Abhängigkeit, und indem er Gott erkennt, schreibt er diese Erkenntniß Gott selbst zu, er fühlt, daß er nicht Gott erkennt, sondern daß Gott sich ihm zu erkennen gibt. Dieses Gefühl ist mit allem Höheren, dessen sich der Mensch bewußt wird, verbunden; ein großer Gedanke, ein heiliges Gefühl, die Kraft der Begeisterung, durch die er ein großes Werk beginnt, erscheint ihm nicht als sein eigen, sondern als ein Geschenk von oben: und dieses Gefühl i so wahr, des Menschen so würdig! Alles Bestreben, al Kunst und Mühe führt uns nicht zu dem Höchsten und Besten; was dadurch gewonnen wird, ist mühsames Flick- und Stückwerk, und trägt das Gepräge der Mittelmäßigkeit: das Schönste und Größeste ist Geschenk der Natur, der Begeisterung, oder richtiger Gottes. Selbst die Erkenntniß, welche wir durch unsere Sinne empfangen, die Erkenntniß der sichtbaren Welt in Zeit und Raum, ist mit Recht als eine Offenbarung Gottes anzusehen. Wer hat uns das Auge, das

Ohr gegeben? Nicht wir selbst! Wir selbst also geben uns auch nicht die Erkenntniß, die wir diesen Sinnen verdanken; Gott gibt sie uns. Freylich denken wir nicht daran in unserer Vermessenheit; aber wir würden es lebhaft fühlen, wenn sich uns das Auge schlösse, durch welches das Bild der schönen erleuchteten Welt Gottes in unsere Seele dringt; wir würden es dann fühlen, daß Gott uns die Anschauung seiner Welt versagte, sich uns nicht mehr in seiner herrlichen Schöpfung offenbarte.

Bleiben wir also bey der alten kindlichen Vorstellung, daß Gott sich uns in der Vernunft, wie außer uns in der Natur, offenbart. Dann ist aber auch jenes Vertrauen, das mit der ursprünglichen Religionserkenntniß verbunden ist, nichts als das Vertrauen zu Gott, der unsere Vernunft geschaffen, diese Erkenntniß in sie gelegt, und sich uns dadurch geoffenbart hat. Wir glauben nicht an uns selbst, auch nicht bloß an unsere Vernunft, sondern an Gott, der in uns und in unserer Vernunft sich kund thut.

Dieser ursprüngliche Vernunft- oder Gottesglaube liegt nun jedem besondern Glauben zum Grunde, sey es der Glaube an einen Religionsstifter oder an heilige Bücher, oder an Priester und Orakel. Der Mensch glaubt immer unmittelbar an Gott, indem er mittelbar an etwas der Art glaubt. Mose gilt den Juden als Gesandter Gottes, Muhammed den Moslemin als sein Prophet, und Christus uns als sein Sohn und Ebenbild. Aber nicht an Mose, Muhammed und selbst nicht unmittelbar an Christus wird geglaubt, sondern an Gott, der sich durch sie und in ihnen geoffenbart hat.

Dieser Glaube aber, sey es daß er sich unmittelbar oder mittelbar geltend macht, ist die einzige Gewähr der religiösen Wahrheit; diese kann mit nichts geltend gemacht, mit nichts bestätigt und gestützt werden, als mit dem Glauben an sie, mit dem Vertrauen, das wir dazu tragen. Das ist eine äußerst wichtige Wahrheit, welche wir aufmerksam zu betrachten und zu beherzigen haben; denn sie ist keinesweges anerkannt, und herrschende Vorurtheile stehen ihr entgegen.

Das eine Vorurtheil ist denen eigen, welche an eine überlieferte Form der Religion, an einen Religionsstifter glauben. Sie wähnen, die Wahrheit dessen, was sie glauben, sey durch geschichtliche Thatsachen und schriftliche Festsetzungen bezeugt und bestätigt. Befangene Christen wähnen, die Wahrheit der christlichen Religion sey durch die wunderbaren Begebenheiten des Lebens Jesu bewiesen. Allein diese können uns nichts beweisen, wenn wir nicht daran glauben. Wer nicht glaubt, daß Jesus Wunder gethan, daß Wunderbares mit ihm vorgegangen sey, kann dadurch nicht von der Göttlichkeit seiner Person und Lehre überzeugt werden; nur wer das eine glaubt, glaubt auch das andere. Man dreht sich hier in einem Zirkel, man will das eine zu Glaubende, durch das andere zu Glaubende beweisen. Wenn ein Zweifler auch alles das für wahr nimmt, was in den Evangelien erzählt wird, so kann er doch immer die Beweiskraft davon bezweifeln; denn er kann das Wunderbare, was wir darin finden, leugnen, und versuchen, es natürlich zu erklären. Allerdings kann der Bericht von den Wundern der urchristlichen Geschichte, den Glauben an die Göttlichkeit des Christenthums wecken oder anbahnen, allein bewiesen wird diese immer nicht dadurch, denn ihre Wahrhaftigkeit kann nur vom sittlich religiösen Gefühle erkannt werden. Ein gleicher Zirkel im Beweis ist es, wenn man eine bezweifelte religiöse Wahrheit aus der Bibel beweisen will; denn um diese als Beweisquelle gelten zu lassen, muß man an sie glauben. Man muß schon sonst die Wahrheit, die sie enthält, erkannt und im Herzen erprobt haben, um die aus ihr geschöpften Beweise für dasjenige, woran man zweifelt, gültig zu finden. Auf dem Wege der Geschichte, der Erfahrung, läßt sich überhaupt keine religiöse Wahrheit zur Ueberzeugung bringen; denn die religiöse Erkenntniß liegt jenseit aller Erfahrung. Nur wenn man die Geschichte und Erfahrung mit gläubigem Sinne betrachtet, so erhält sie eine religiöse Bedeutung. Die Juden, welche Jesum verfolgten und kreuzigten, hatten dieselbe geschichtliche Erkenntniß von ihm, wie die gläubigen Jünger; und doch glaubten sie nicht an ihn. Warum? weil sie eben nicht glaubten, weil sie ihr Herz verschlossen. Sie hatten auch dieselben heiligen Bücher, in welchen die Jünger Weissagungen von Christo fanden; aber sie glaubten nicht daran, oder vielmehr, da sie dieselben allerdings für göttliche Bücher hielten, sie hatten nicht den wahren lebendigen Glauben, durch welchen sie das, was darin von Christo zeugt, hätten erkennen können. Aeußerliche Erfahrungen und Zeugnisse können allenfalls den Glauben erwecken, aber nicht hervorbringen; was auch das Auge schauen mag, es kommt dadurch kein Glaube in den Menschen, wenn nicht das Herz dafür empfänglich ist.

Das andere Vorurtheil ist das der Philosophie, das jedoch heutzutage glücklicher Weise widerlegt, und aus der Schule der Weisheit verdrängt ist. Es ist das Vorurtheil, daß man die religiöse Wahrheit durch Vernunftschlüsse beweisen könne. So hat man ehedem das Daseyn Gottes und die Unsterblichkeit der Seele beweisen wollen, und sich sehr viel Mühe damit gegeben; aber vergeblich. Man drehte sich dabey ebenfalls immer im Zirkel herum. Es war, als wenn man die Thatsache, daß es Nacht ist, dadurch beweisen wollte, daß es ja dunkel sey, oder daß die Sonne nicht mehr scheine, oder der Mond am Himmel stehe. Man bewies z. B., daß Gott sey, dadurch, daß man sich nothwendig eine höchste Ursache aller Dinge denken müsse: man setzte also das schon voraus, was man beweisen wollte, gerade so, wie wenn man dadurch, daß es dunkel ist, schon weiß, daß es Nacht ist; denn die höchste Ursache aller Dinge ist eben Gott. Es ist die größte Entdeckung der neueren Philosophie, daß die höchsten Wahrheiten nicht bewiesen, sondern allein geglaubt werden können, und daß alle Weisheit von schlechthin angenommenen Grundsätzen ausgehen muß. Das einzige Geschäft der Philosophie in Ansehung der höchsten Wahrheiten, ist die Beweisführung, daß man sie glauben muß, so wahr man vernünftig ist, daß sie als unmittelbare Thatsachen im menschlichen Geiste liegen, und die Gründe aller Erkenntniß enthalten.

Mit diesem Vorurtheil der Beweisbarkeit der religiösen Wahrheiten, hängt der Irrthum zusammen, daß der religiöse Glaube die Frucht und das Ergebniß des Nachdenkens sey. Der Glaube ist früher, als das Nachdenken, und liegt über der beschränkten Erkenntniß des Verstandes. Jedermann gibt zu, daß der Sinn und Geschmack für das Schöne nicht aus dem Nachdenken darüber entspringe; vielmehr zeigt die Erfahrung, daß die Verständigsten nicht immer den gereinigtsten Geschmack besitzen. Das Schöne wird gefühlt, nicht gedacht; der Verstand hat dabey nur eine untergeordnete Stimme, und kann es nie ganz begreifen; der Sinn dafür ist Sache des Herzens und der Einbildungskraft. Eben so wenig aber, als den Geschmack für das Schöne, kann der

Verstand den Glauben an die religiöse Wahrheit hervorbringen. Das Nachdenken über dieselbe ist wohl nützlich, und führt zu besserer, deutlicher Einsicht, aber nur wenn das Herz und Gefühl den Verstand unterstützt, wenn es ihn vor Fehlgriffen warnt, und ihm den rechten Weg zeigt. Will der Verstand für sich allein die Wahrheit finden, so geht er fehl, und geräth in Zweifel und Irrthümer.

Die Anerkennung der Wahrheit, daß die Religion über alle Beweise und alles Nachdenken des Verstandes erhaben, und Sache des Glaubens ist, hat sehr wichtige Folgen. Der Fromme findet darin eine große Beruhigung und Bestärkung. Wenn eigene oder fremde Zweifel ihn in seinem Glauben wankend machen wollen, und er hat nicht genug Gewandtheit des Denkens, um sich mit Verstandesgründen dagegen zu sichern: so mag er sich mit dem Gedanken, daß die religiöse Wahrheit die Gewähr in sich selbst trägt, beruhigen und in seinem Glauben bestärken. Die größten Denker können in manchen Punkten des Glaubens nicht weiter kommen, als daß sie dem Herzen die Entscheidung überlassen: wie viel mehr ist derjenige berechtigt es zu thun, der sich nicht gerade der größten Schärfe und Tiefe des Denkens rühmen kann. Vor allen mögen sich die Frauen dieser Wahrheit trösten: sie, welche den Männern selten im Denken folgen können, sie aber weit in der Tiefe und Innigkeit des Glaubens übertreffen. Es giebt Fälle, wo sich das männliche Herz gern an ein weibliches anschließt, um in ihm Trost und Beruhigung zu finden. Hat man sich durch das Dornengestrüpp des Denkens und Forschens hindurchgewunden, so thut es wohl, einmal alles Denken und Klügeln hinter sich zu lassen, und einem weiblichen Gemüth auf der erquickenden Bahn eines kindlichen Glaubens zu folgen.

Allerdings kann auch der Aberglaube eine Beschönigung in dieser Wahrheit finden, und das Licht des aufklärenden Verstandes von sich weisen, unter dem Vorwande, es komme diesem nicht zu, sich zum Richter über den Glauben aufzuwerfen. Der Abergläubige fordert dasselbe für seinen falschen Glauben, was der Gläubige für seinen wahren. Aber jener hat wirklich eines Theils Recht, denn in jedem Aberglauben ist etwas Wahres; andern Theils findet der Aberglaube nicht so, wie der wahre Glaube, im Herzen Fürsprache und Bestätigung. Er mag der Einbildungskraft wohl thun, aber das reine Herz bedarf seiner nicht, sondern findet im reinen Glauben seine volle Genüge. Der Glaube an Heilige und deren Einfluß auf das Leben ist nach Schrift und Vernunft Aberglaube; allein der, welcher ihn hat, kann sich zur Vertheidigung desselben eben so gut auf unsern Grundsatz berufen, wie der, welcher an Gott und Christus allein glaubt. Wenn indessen der Heiligen-Verehrer sich und sein Herz ernstlich prüfen wollte, so würde er finden, daß er darum so sehr an diesem Aberglauben hängt, weil er seinen Sinnen, seiner Einbildungskraft, seinen selbstsüchtigen Begierden schmeichelt, und weil die alleinige Verehrung Gottes und Christi weit strengere Ansprüche an den Geist und das Herz macht, weit mehr Erhebung und Selbstverleugnung fordert.

Sehen wir auf die Art und Weise, wie der Mensch zur Religion gelangt, so ist aus dem Dagewesenen klar, daß der Glaube der Lehrer und Erzieher zur Religion ist, und daß der Mensch erst glaubt und dann denkt: dieß gilt vom unmittelbaren allgemeinen Vernunftglauben eben so wohl, als von dem mittelbaren Glauben einer besondern Kirche. Ein Christ muß erst an Christum glauben, ehe er die Wahrheiten des christlichen Glaubens prüfend durchdenkt; er muß von einer Grundwahrheit ausgehen, die er ohne weiteres für wahr annimmt, ehe er das Einzelne der Prüfung unterwirft, und das Wahre vom Falschen scheidet. Daraus fließt die wichtige Regel, daß man beim Religions-Unterricht zuerst die Grundlage des Glaubens zu legen hat, ehe man das Nachdenken über die religiöse Wahrheit beschäftigt, und daß man immerfort auf die Befestigung und Belebung des Glaubens hinarbeiten, und nicht das Nachdenken zum Nachtheil des Glaubens begünstigen soll. In der That haben die Kinder auch mehr das Bedürfniß des Glaubens als des Nachdenkens; sie wollen lieber die Wahrheit in ihrer ganzen überzeugenden Kraft in sich aufnehmen, als sie sich ihren Gründen nach in verständiger Folge auseinanderlegen lassen. Das beachte der Religionslehrer wohl, und folge dem Winke der Natur! Vor einiger Zeit betrachtete man die Religion vorzugsweise als Sache des Verstandes, und erkältete die jungen Gemüther durch eine noch dazu gewöhnlich seichte verständige Behandlung der religiösen Wahrheit. Man fängt Gott Lob! an von diesem Abwege zurückzukommen; aber Viele können noch immer nicht das Vernünfteln lassen, und wähnen, die Aufklärung hange davon ab, daß man die Religion so viel als möglich zum Gegenstande des Nachdenkens mache. Aber der Glaube, den man in die jugendlichen Herzen pflanzt, kann wohl mit dem Lichte des ächten Verstandes vereinigt werden, und auf die Grundlage desselben läßt sich recht gut eine verständige Einsicht bauen. Auch im Unterricht des Volkes, welches im Ganzen ebenfalls mehr das Bedürfniß des Glaubens, als des Nachdenkens hat, muß dasselbe Verfahren beobachtet werden. Der Glaube werde immer als das Erste und Wichtigste betrachtet, und auf ihn wirke die begeisterte Rede des Predigers; der Verstand hingegen erhalte nur so viel Nahrung, als nöthig ist, um den schädlichen Irrthümern des Aberglaubens entgegenzuwirken.

Endlich wollen wir uns allen die Einsicht in die Wichtigkeit des Glaubens zur Warnung dienen lassen, ihm überall, wo und wie er uns begegnen mag, mit Achtung und Schonung entgegen zu kommen. Wehe dem, der sich Spott, Verachtung und lieblose, harte Behandlung zu Schulden kommen läßt, gegen dasjenige, was wir als das Heiligthum des menschlichen Gemüths, als den Keim und Quell des Göttlichen im Menschen zu betrachten haben! Begegnet uns auch der Glaube in einfältiger, kindlicher Gestalt, ja in der entstellenden Hülle des Aberglaubens, so wollen wir doch nie das Uebergewicht unseres Verstandes gegen ihn mit Uebermuth geltend machen. Glaube mit erleuchtetem Verstand ist das, was dem edeln, gebildeten Menschen ziemt; aber der einfältigste Glaube ist besser, als der schärfste, klarste Verstand ohne Glauben; und eine ächte Verstandes-Bildung ist gar nicht möglich ohne ihn, denn er gibt ihr allein Tiefe und allseitige Vollendung.

Dritte Vorlesung.

Entwickelung des ursprünglichen Glaubens seinem Gehalt nach; welchem Vermögen des Geistes er angehört.

Der ursprüngliche, unmittelbare Glaube an eine höhere, übersinnliche Wahrheit, welchen wir in der vorigen Vorlesung seinen allgemeinen Merkmalen und dem ihm beywohnenden Gefühl der Untrüglichkeit nach kennen gelernt haben, ist an sich unbewußt, und wird in dem Augenblicke ein anderer, wo er ins Bewußtseyn tritt. Der Mensch deutet sich dann die allgemeinen dunkeln Ideen der religiösen Wahrheit auf verschiedene Weise aus. So wie derselbe Gedanke in verschiedenen Sprachen verschieden bezeichnet wird, wie der Hebräer Elohim, der Lateiner Deus sagt für das, was wir Gott nennen: so werden auch die religiösen Gedanken selbst verschieden aufgefaßt. Der Eine denkt sich mehrere Götter, der Andere Einen; der Eine denkt sich den Zustand nach dem Tode glückselig, der Andere düster und elend. Wir nennen dieß den mittelbaren Glauben, und betrachten dessen Entstehung und Ausbildung später; jetzt verweilen wir noch bey dem unmittelbaren. Wir müssen dessen Natur noch genauer kennen lernen, wenn wir das Wesen der Religion und ihre Erscheinungsart verstehen wollen. Wir müssen theils seinen Gehalt mehr entwickeln, als es bisher geschehen ist, theils das Geistes-Vermögen, dem er angehört, ausmitteln. Beydes läßt sich am besten mit einander zeigen. Indem wir den Gehalt des Glaubens entwickeln, erscheint uns zugleich dessen Verhältniß zu dem Vermögen des Geistes.

Was wir aber darüber sagen können, ist nichts als das Ergebniß des künstlichen Nachdenkens über die Natur der menschlichen Seele oder der gelehrten Seelenkunde. In keinem Gemüth findet sich der Glaube so, wie wir ihn beschreiben werden, wirklich; denn ist er noch unbewußt, so findet ihn Niemand in sich, und ist er ins Bewußtseyn getreten, so ist er mehr oder weniger verschieden von seiner ursprünglichen Beschaffenheit. Dem ungeachtet ist es kein Gedicht, was wir geben werden, und ein Jeder soll, hoffe ich, die Wahrheit davon einsehen. Es ist das durch Nachdenken und Beobachtung gefundene Urbild des Glaubens, von welchem das mehr oder weniger unvollkommene Abbild in jedem menschlichen Gemüthe liegt, und in jeder besondern Religionsform zur Erscheinung kommt.

Wir haben vom Gehalt des Glaubens schon Einiges angedeutet, indem wir ihn als die Anlage oder Fähigkeit bezeichnet haben, das Ewige, Unsterbliche, Unvergängliche, das Unbedingte, die Allmacht und höchste Ursache, eine höhere Gesetz- und Zweckmäßigkeit, eine heilige Weltordnung, einen höchsten heiligen Willen, eine selige Vollkommenheit zu erkennen und zu glauben. Aber wir berührten alles dieses nur im Allgemeinen, und jetzt liegt es uns ob, davon eine genauere

Entwickelung zu geben, und die Art, wie wir diese Ideen finden und fassen, aufzuzeigen.

Die erste aller religiösen Ideen ist die der Ewigkeit oder eines Seyns, das über Zeit und Raum erhaben ist. Alles, was wir sehen und hören, erscheint uns in Raum und Zeit. Alles findet sich neben und über einander im Raume, alles geschicht mit und nach einander in der Zeit. Wir erblicken und vernehmen nichts ohne diese Formen, und können uns nichts außer denselben vorstellen. Wir denken uns den Raum sogar da, wo wir keine Abstände wahrnehmen. Die Gestirne, die uns wie auf einer gewölbten Fläche neben einander erscheinen, müssen wir uns, von der Sternkunde belehrt, über einander in unermeßlichen Entfernungen vorstellen. Aber uns selbst zum Befremden müssen wir uns den Raum auch über das, was wir sehen, hinaus sich erstreckend denken; wir müssen ihn in Gedanken fortlaufen lassen ins Unermeßliche, ohne daß wir sehen, ohne daß wir uns vorstellen können, was ihn erfüllt; nirgends können wir uns eine Grenze denken, so daß es uns schwindelt, wenn wir bey dieser Vorstellung verharren. Auch die Zeit müssen wir uns über unsere unmittelbare Erfahrung hinaus fortlaufend vorstellen. Wir wissen, daß ein gestern gewesen ist, erinnern uns an durchlebte Jahre, wissen von Jahrhunderten und Jahrtausenden, welche vergangen sind, seit es eine menschliche Geschichte gibt; aber wir denken uns die Kette der Zeit auch noch darüber hinaus ins Unermeßliche fort verlängert, und können nicht stille stehen. War eine Zeit, wo die Erde noch nicht war, so muß doch etwas vor ihr gewesen seyn, und vor diesem noch etwas und so ins Unendliche weiter. Eben so endlos müssen wir uns die Zeit in die Zukunft hinausdenken; auf jedes heute muß ein morgen folgen, und hört der Wechsel dieser Sonnentage auf, so muß ein anderer Wechsel folgen; der Lauf der Zeit kann nie stille stehen, ihr sich stets fortspinnender Faden nie abgebrochen werden. So natürlich diese Vorstellungen sind, so tragen sie doch einen Widerstreit in sich. Wir suchen im Raume ein Ende, ein Ziel, ein Ganzes, und finden keins; und eilten wir auf den Strahlen des Lichtes durch die Himmelsräume, wir fänden keines; von jedem Punkt aus dehnte sich eine neue Unermeßlichkeit vor unsern Blicken aus. Indem sich aber die Welt so endlos ausdehnt, verschwindet sie uns gleichsam vor der Seele; sie ist, und ist auch nicht, weil sie etwas Unvollendetes, nie zu Umfassendes ist. Eben so ist es mit der Vorstellung einer endlosen Zeit. Die Welt soll nie begonnen haben, und nie enden: was ist sie denn, wenn sie nie ein Ziel erreicht? Sie erscheint uns stets nur als ein Theil; und wenn wir Millionen und abermal Millionen Jahre alt würden, so würden wir immer nur einen unendlich kleinen Theil von ihr sehen, und das Ganze rollte sich nie vor unsern Augen ab. Genug, es ist ein Gefühl in uns, das der Vorstellung eines endlosen Raumes und einer endlosen Zeit widerspricht, das uns treibt, uns aus der Räumlichkeit und Zeitlichkeit empor in eine Höhe zu flüchten, von wo gleichsam unser Blick ein Ganzes, eine Vollendung, eine Zeit erschaut, und die ersehnte Ruhe findet. Und das ist die Ewigkeit, ein vollendetes, in sich abgeschlossenes, ruhiges Seyn der Dinge, das der kindliche Mensch, weil er sich nicht von der Vorstellung des Raumes losmachen kann, sich wieder an einem Orte denkt, auf dem Olymp, oder im Elysium, oder in Walhalla, oder über den Wolken oder über den Sternen, das aber an sich außer und über allem Raume gedacht werden muß, das nur dem Reiche der Geister angehört.

Was ist nun dieser Glaube an die Ewigkeit? Es ist keine Sinnenerkenntniß, sondern etwas, was dieser widerspricht; es ist kein Erzeugniß der Einbildungskraft, denn diese kann nie von Zeit und Raum loskommen, und alle ihre Bilder bewegen sich in derselben; es ist auch nicht eine Entdeckung des Verstandes, denn dieser kann nicht sagen, was das Ewige sey, er kann nur sagen, was es nicht sey, daß es eben das über Zeit und Raum Liegende sey. Es ist ein uns einnehmendes Gefühl das uns lehrt, das Vollendete zu suchen, obschon uns nichts als Unvollendetes umgibt, ein inneres Geistesauge, das durch die Zeitlichkeit hindurch den Schimmer des ewigen Wesens der Dinge erblickt. Der Verstand bringt uns dieses Gefühl allerdings zum Bewußtseyn; er erkennt, daß in der Vorstellung der Endlosigkeit des Raumes und der Zeit etwas Unbefriedigendes liegt, und daß man etwas darüber hinaus ahnen muß; was aber darüber hinausgeahnet wird, kann er selbst nicht begreifen, und erkennt, daß es über seine Fassungskraft hinausgeht. Auch die Einbildungskraft ist bey dem Bewußtwerden des Glaubens an die Ewigkeit thätig, und leihet ihm die Bilder eines Himmels, eines Elysiums u. dgl.; aber in diesen Bildern besteht nicht der wahre Gehalt des Glaubens, sondern er wird darin nur anschaulich vorgestellt, auf uneigentliche Weise bezeichnet.

Mit dem Glauben an die Ewigkeit verbindet sich der an die Unsterblichkeit und Unvergänglichkeit. Alles um uns her ist dem Wechsel von Entstehen und Vergehen, Wachsen und Abnehmen, Beginnen und Aufhören, Geburt und Tod unterworfen. Selbst das Edelste, der Mensch, taucht nur einen Augenblick empor aus dem Strome der Zeit, und sinkt dann wieder in ihn zurück. Wenn auch das Herz nicht trauerte über den Verlust der Geliebten, und keine innere Stimme uns zuriefe, daß das, was wir so innig erkannt und geliebt, sich nicht in ein Häuflein Asche verwandeln kann: so würden wir doch zweifelnd fragen: wozu dieser beständige Wechsel, dieses Kommen und Gehen? Lebt der Mensch, damit er ein Grab hinterlasse, das ebenfalls der Sturm der Zeit verweht! Lebt er, damit die Erde sich mit Todtengebeinen fülle, bis sie endlich selbst in sich ausgebrannt zusammenstürzt, oder von einem Kometen verschlungen wird? Der Geist findet in der allgemeinen Flucht der Vergänglichkeit kein Ziel, keine Ruhe, nichts, woran er sich halten kann: da ergreift ihn die himmlische Sehnsucht, und hebt ihn empor über den mit Trümmern und Leichen treibenden Strom der Zeit in das Land der Ewigkeit, wo der Geist ein unsterbliches, unwandelbares Leben lebt, wo ein urbildliches Seyn in ewiger Herrlichkeit blüht.

Auch dieser Glaube ist nicht Sache der Sinnenerkenntniß, welche nur das Vergängliche schaut; er ist auch kein Traum der Einbildungskraft, die ihm zwar mit Bildern zu Hülfe kommt, nie aber das reine Ueberirdische mahlen kann; er ist endlich auch keine Erkenntniß des Verstandes: denn dieser weiß keinen andern Begriff von der Unsterblichkeit zu geben, als daß sie eben nicht Sterblichkeit, daß sie Freyheit vom Tode sey, und keinem Denker ist es noch gelungen, die Beschaffenheit des ewigen Lebens zu bestimmen. Auch dieser Glaube geht aus dem Gefühl, aus einer geheimnißvollen Ahnung, hervor; und sein reiner Gehalt besteht in keinem bestimmten Begriff, in keinem Bilde, dergleichen in den verschiedenen Religionen verschiedene vorkommen, sondern allein in der Erhebung des Geistes über den Tod, in dem ahnenden Erfassen eines Lebens an sich ohne Wechsel.

Jedoch ist es als wesentlich bey diesem Glauben zu betrachten, daß die Unsterblichkeit zunächst und am bestimmtesten der Seele des Menschen zugeschrieben wird. Das Gefühl des unvergänglichen Lebens, das uns zur Idee der Unsterblichkeit führt, findet sich mit unserm Selbst-Bewußtseyn innig verbunden; wir finden in uns eine verborgene Lebenskraft, welche fortwirkt, wenn auch der Körper krank oder ermüdet ist oder schläft; dieser erscheint uns abhängig von jener Kraft, und ohne sie ohnmächtig und träge; aus ihr scheint jede Bewegung und Lebensverrichtung zu kommen: wir fühlen uns daher getrieben (und Träume, in welchen die Seele, unabhängig vom Leibe, thätig ist, mögen es den sinnlichen Menschen erleichtert haben) im Innern des Menschen ein unsterbliches Wesen anzunehmen, welches nach dem Tode des Leibes fortdauert. Aber je sinnlicher der Mensch ist, desto schwerer kann er seine Vorstellungen vom Körper losmachen, und den Geist von ihm unabhängig, für sich selbst bestehend, denken. Der Wilde, der alte Grieche und Hebräer denkt sich die abgeschiedene Seele als den Schatten des Leibes; bey Ossian erscheinen die Geister der Ahnen als luftige Gestalten im Nebel; auch bey uns noch denkt man sich die Gespenster in einer Art von Luftkörpern; und die edlere Vorstellung der Seele, wie eines Engels, ist die einer geflügelten Menschengestalt. Andere lassen die Seele, nachdem sie den Körper verlassen, in einen andern eingehen, weil sie sich kein Seyn derselben ohne Körper vorstellen können. Es ist für uns schlechthin undenkbar, worin das unsterbliche Wesen der Seele bestehe; aber an ein solches glauben wir fest, und alle Zweifel an die Unsterblichkeit entstehen nur aus der Schwierigkeit, uns bestimmte Vorstellungen vom Daseyn nach dem Tode zu bilden. Den Glauben an die Unsterblichkeit trägt ein jeder in sich, man wird nur daran irre, weil man den falschen Ansprüchen des Verstandes, etwas darüber wissen zu wollen, nachgibt.

Das Gefühl der Unsterblichkeit thut sich zunächst in der eigenen Brust kund, und wir glauben fürs Erste an unsere eigene Unsterblichkeit. Dann aber schreiben wir sie auch unsern Mitmenschen zu, als welche dasselbe geistige Leben mit uns theilen, welche wir achten und lieben. Die Liebe ist die glaubwürdigste Lehrerin des Glaubens an Unsterblichkeit; eher hält der Mensch seine eigene Vernichtung für möglich, als die des Geliebten. Der Zurückgebliebene, der am Grabe seiner Lieben trauert, hofft sie einst wieder zu finden; er denkt sich ein Land der Vereinigung, wo sie seiner warten. Und so wird die ganze Menschheit in dieses Reich der Unsterblichkeit aufgenommen; und wenn das sittliche Bewußtseyn erwacht ist, so knüpfen sich an diesen Glauben die wichtigen sittlichen Ideen der ewigen Menschen-Bestimmung und der Vergeltung. Es ist in gewisser Hinsicht folgerichtig, auch die Thiere an der Unsterblichkeit Theil nehmen zu lassen, da sie ja auch einen Antheil am geistigen Leben haben, und sich oft mit rührender Zuneigung an den Menschen anschließen. Wirklich finden sich bey gewissen Völkern solche Ideen. Viele wilde Völker haben die Meinung, daß die Seelen der Thiere eben so, wie die der Menschen, in das Land der Seelen kommen werden. Manche Wilde geben ihren Todten die Thiere mit ins Grab, die ihnen hier gedient haben, und ihnen auch in der andern Welt dienen sollen, oder sie opfern Thiere, welche die Ankunft der Sterbenden dort melden sollen. Besonders aber setzt die Idee der Seelenwanderung die Thierwelt in gleiche Linie mit der Menschheit; wenn Menschenseelen in Thierleiber übergehen, oder ehedem in

Thieren gelebt haben, so ist ja Menschen- und Thierwelt in einen und denselben Kreislauf verschlungen, und beyde bewegen sich in demselben Elemente des Lebens. Je mehr man sich durch Mitgefühl zur Thierwelt und zur ganzen Natur hingezogen fühlt, desto weniger kann man die Scheidewand des Todes zwischen ihr und der Menschheit aufrichten; wenn Alles mit uns das Leben theilt, warum sollte nur uns das Loos der Unvergänglichkeit zugefallen seyn? Aber außer der Menschheit begegnet uns nicht das, was den Glauben an die Unsterblichkeit begründet, Selbstbewußtseyn, geistige Selbständigkeit, Persönlichkeit; in der Natur ist das Leben bewußtlos, es ergießt sich über dieselbe als ein alles erfüllender Strom, in dem auch wir leben und athmen; aber es sind in ihm keine festen Haltpunkte für die ahnende Liebe, Alles fließt unbestimmt in einander.

Wir kommen nun zu der Idee eines **Unbedingten**, einer **Allmacht**, einer **höchsten Ursache**, welche einen wichtigen Bestandtheil des Glaubens ausmacht. So wie die Dinge im Raume und in der Zeit ins Endlose hin aneinander gereihet und gekettet sind, wie Alles entweder neben, über und unter einander im Raume, oder mit und nach einander in der Zeit sich ausdehnt und entwickelt: so hängt auch Alles zusammen durch das Netzwerk und die Kette der Abhängigkeit, der Wechselwirkung. Eines ist durch das Andere bedingt, Eines ruht auf dem Andern, Eines hält sich an das Andere, Eines entsteht aus dem Andern, Eines nährt sich von dem Andern; keines kann für sich allein bestehen. Aber so wird man ins Endlose fortgeführt, man findet überall Ursachen, aber diese sind wieder Wirkungen von höheren Ursachen, bis man endlich eine höchste allmächtige Ursache, nicht schaut, nicht findet, sondern **glaubt**.

Der Mensch erkennt in seinen Eltern die Urheber seiner Tage, die Pfleger seiner hülflosen Kindheit; aber seine Eltern hatten auch Eltern, und diese wieder: und so geht die Kette der Abstammung zurück bis auf ein erstes Elternpaar. Woher stammte aber dieses? Die Erfahrung sagt es uns nicht, der Verstand kann es nicht ausdenken, wir stehen bey einem Geheimnisse still: nur der Glaube sagt uns, sie entstanden durch den Ruf der schöpferischen Allmacht. Unser Leben erhält sich durch das Einathmen der Luft und die Nahrung, welche uns das Thier- und Pflanzenreich liefert. Aber Thiere und Pflanzen ernähren sich theils das eine durch das andere, theils aus dem Boden der Erde und dem Wasser, welche die Sonne mit ihren Strahlen erwärmt und befruchtet. Alles was lebt, saugt an den Brüsten der allgemeinen Mutter. Aber sie ist in den großen Bau des Sonnensystems eingefügt, hängt mit unsichtbaren Banden an der Sonne, und empfängt von ihr Lebenskraft; und die Sonne ist wiederum der Theil eines höheren Weltsystems, durch dessen Gesetze ihre Stelle und Wirksamkeit bestimmt ist, während dieses höhere System wieder von einem höheren abhängig seyn muß, und so ins Unendliche fort. Es schwindelt uns beym Verfolgen dieser Kette, der Verstand verliert sich in das Unbegreifliche, und der Glaube allein löst sich das Räthsel durch den Ausspruch, daß das, wovon Alles abhängt, woher Alles Leben, Kraft und Ordnung erhält, ein höchstes, allmächtiges Wesen ist, welches Alles geschaffen hat und Alles erhält. Der Mensch fühlt aber seine Abhängigkeit nicht bloß in Ansehung seiner Entstehung und der Erhaltung seines Lebens, sondern auch in unendlich vielen andern Beziehungen; Alles, was er thut und treibt, was er besitzt und genießt, ruht in der Hand einer höheren

Macht. Ein Augenblick kann ihm Alles rauben, und ihn arm und hülflos machen; seine Unternehmungen gelingen oder mißlingen nicht bloß durch seinen Fleiß und seine Klugheit, oder den Mangel derselben, sondern vornehmlich durch die Fügungen der Umstände, durch das Dazwischentreten unvorhergesehener Dinge. Er sieht sich als eine schwache Kraft in eine Unendlichkeit hineingestellt, die auf ihn von allen Seiten einwirkt, und ihn hin und her werfen kann, so daß er nur wenig, und immer auf eine unsichere Weise, nach seinen Absichten zu wirken vermag. Ja, nicht bloß das äußere Thun des Menschen ist abhängig, auch die Bewegung seines inneren Lebens. Oft fehlen ihm in entscheidenden Augenblicken die rechten Entschlüsse, die ihn retten und zum Ziele führen könnten, dagegen kommen ihm ein ander Mal ungesucht die besten, glücklichsten Gedanken, und es ist, als wenn ein Lichtstrahl das Dunkle seines Innern erhellte. Eine unbekannte Macht leitet das Spiel seiner Vorstellungen und Entschlüsse, und macht oft die Berechnungen seiner Willkür zu Schanden. Er fühlt sich daher getrieben, einen höchsten, allmächtigen Willen als Lenker aller Schicksale, einen Urquell alles geistigen Lebens, alles Lichtes und aller Kraft zu ahnen.

Auf eine natürliche Weise verbinden sich die vorigen Ideen mit dieser. Das von Allem Unabhängige, wovon Alles abhängt, kann nicht vom Raume, nicht von der Zeit beschränkt, das, was Alles belebt und erhält, kann nicht dem Tode unterworfen seyn: man muß es sich daher als ewig und unsterblich denken. Und da das Unsterbliche im geistigen Leben und dieses im persönlichen Bewußtseyn gefunden wird: so denken wir uns Gott am richtigsten, und ahnen ihn am lebendigsten in der Idee einer höchsten, mit Verstand und Willen begabten Persönlichkeit. Ein dunkles, unbewußtes Etwas, als höchste Ursache und Mittelpunkt des Ganzen gedacht, kann das Bedürfniß des menschlichen Gemüthes nicht befriedigen: dann stände ja der Mensch, der die Welt mit Bewußtseyn betrachtet, höher als das, wovon er sich abhängig fühlt; er, der sich mit Bewußtseyn bewegt und seine Schritte leitet, wäre von einem Unbewußten geführt! Nein! das höchste Wesen muß nicht nur in Ansehung der Größe und Macht, sondern auch in Ansehung der geistigen Natur unendlich erhabener seyn, als jedes endliche Wesen.

Es ist wahr, diese Idee tritt nicht in allen Religionen hervor, und am meisten ist sie durch die Vielgötterey verwischt und verdunkelt. Aber überall ist eine dunkle Voraussetzung derselben, oder ein Streben und Suchen nach ihr mehr oder weniger sichtbar. Der Wilde nimmt neben seinen Fetischen einen großen Manitu oder großen Geist an. Der Grieche und Römer will im Jupiter, dem Vater der Götter und Menschen, die höchste Idee fest halten; aber er bringt dann wieder in die Gottheit Zersplitterung und Abhängigkeit, indem er mehrere Götter annimmt, und selbst den obersten als entstanden und gezeugt denkt, und ihn einem höheren, unbekannten Etwas, dem Schicksale, unterordnet. Haben doch selbst die Christen nicht immer die Idee des höchsten Gottes rein festhalten können, und sich in den Heiligen eine Art von Untergöttern geschaffen. Der Mensch hat die Ahnung des Höchsten in sich, er sucht es sich auch zum Bewußtseyn zu bringen; aber er möchte es sich gern nahe rücken, es in faßlicher Gestalt, in endlichen Schranken vor die Seele stellen, und so verschwindet es ihm, oder macht sich in schwankenden, dunklen Vorstellungen geltend.

Der Glaube an Gott ruht in einem unaussprechlichen Gefühl in der Tiefe des menschlichen Gemüths. Verstand und Einbildungskraft sind dabey thätig, durch sie gewinnen wir davon ein klares Bewußtseyn; aber sie können das Wesen Gottes nicht ergründen, nicht fassen, noch vorstellen. Der Verstand kann nur erkennen, was Gott nicht ist, daß er nämlich nichts Endliches und Bedingtes, sondern über alles Endliche und Bedingte erhaben ist; und die Einbildungskraft kann nur dem unaussprechlichen Gefühl Bilder zur unvollkommenen Bezeichnung unterlegen. Durch den ungebildeten Verstand aber und die sinnliche Einbildungskraft sind von jeher unreine, unwürdige Vorstellungen in die Gotteslehre gekommen; sie sind die Urheber der Vielgötterey und alles Aberglaubens. Nirgends wird die Beschränktheit des menschlichen Verstandes allgemeiner zugegeben, als in Ansehung der Erkenntniß Gottes. Wir nennen ihn mit Recht den Unbegreiflichen, den Unerforschlichen, der in einem Lichte wohnt, da niemand zukommen kann. Jeder Name, jedes Bild, womit wir Gott bezeichnen, jeder Begriff, womit wir sein Wesen erfassen wollen, ist nur ein Schatten gegen das unfaßbare Himmelslicht, vor welchem unser Geist erblindet.

Aber die Ideen der Ewigkeit, der Unsterblichkeit, eines allmächtigen, höchsten Wesens, die wir die metaphysischen nennen können, weil sie sich auf das höhere Seyn und Wesen der Dinge beziehen, erhalten erst ihre volle Bedeutung durch die hinzutretenden praktischen oder sittlichen Ideen, die Ideen einer höheren Gesetz- und Zweckmäßigkeit der Dinge, einer heiligen Weltordnung, eines höchsten heiligen Willens, eines seligen Seyns in der Ewigkeit. Dadurch wird die Religion erziehend, heiligend, beruhigend und beseligend; dadurch wird sie Sache des Herzens, während sie sonst mehr nur den Verstand und die Einbildungskraft beschäftigen würde.

Diese sittlichen Ideen entspringen aus der sittlichen Natur des Menschen, in welcher gewisse Gesetze des Begehrens und Handelns liegen. Der Mensch muß, kraft der in ihm liegenden Triebe, sein Leben entwickeln, schützen und behaupten; da er nun ein geistiges Leben in sich trägt, so muß er auch geistigen Trieben und Gesetzen folgen, geistige Zwecke, geistige Güter zu erstreben suchen; er muß Menschenwürde, Freyheit, Gerechtigkeit, Reinheit, Vollkommenheit zu schützen und zu befördern suchen. Er zeichnet sich eine Bestimmung, ein Ziel des Strebens vor, dem er entgegen arbeitet; er möchte alles das erreichen, was ihn zufrieden und glückselig machen kann. Aber dieses sittliche Streben ist durch innere und äußere Hindernisse gehemmt, und erreicht nie ganz das Ziel. In sich selbst hat der Mensch mit Begierden und Leidenschaften zu kämpfen, die ihn oft vom Wege der Tugend und Glückseligkeit abführen; und außer sich findet er im Eigennutz und in der Feindseligkeit der Menschen mächtigen Widerstand. Die sittliche Natur ist ein zarter Keim, welcher gegen den feindseligen Einfluß der Außenwelt geschützt und gepflegt werden muß, damit er sich entwickeln und zur schönen fruchtbaren Pflanze heranwachsen könne. Wer aber soll sie schützen und pflegen?

Einigen Schutz gewährt die durch Gesetz und Recht geordnete Gemeinschaft der Menschen, die wir Staat nennen. Durch die öffentliche Rechtspflege wird die Achtung, welche der Mensch dem Menschen schuldig ist, geboten, und durch Strafen erzwungen; es werden einem Jeden gewisse Rechte zuerkannt, aber auch gewisse Pflichten auferlegt; das gegenseitige Verhalten der Menschen wird bestimmt, und gleichsam einem Jeden die Bahn angewiesen, in welcher er sich bewegen kann, ohne den Rechten des Andern in den Weg zu treten. Diese Schutz- und Wehr-Anstalt des Staates ist von großer Wichtigkeit für die sittliche Entwickelung der Menschheit, und es ist natürlich, daß der kindliche Sinn des Alterthums darin ein Geschenk und eine Stiftung der Götter gefunden hat; auch konnte das Unternehmen ausgezeichneter Männer, die rohen Völker unter Gesetze und Rechte zu vereinigen, nicht ohne den Beystand Gottes gelingen. Aber es ist nur eine und zwar noch sehr niedrige Stufe in der sittlichen Bildung, welche der Mensch im Staatsleben erreicht. Zuvörderst kann die öffentliche Rechtspflege doch nicht immer gegen die Hinterlist der Bösen schüzzen, und oft wird sie durch Gewaltthätigkeit äußerer Feinde oder innerer Tyrannen unterbrochen, so daß die unterdrückte Unschuld vergebens um Hülfe schreit. Sodann schützt der Staat nur die äußeren Bedingungen des sittlichen Lebens, und kann die Leidenschaften und bösen Gesinnungen höchstens zurückhalten, und am Ausbruche hindern, nicht aber aus den Herzen ausrotten. Es ist mehr ein scheinbarer Sieg des Guten über das Böse, der auf diesem Wege gewonnen wird, als der wahre, den das Herz des guten Menschen wünscht. Es ist daher natürlich, daß wir gleichsam nach einem höheren Schutz für die Sittlichkeit sehnsuchtsvoll aufschauen, daß wir, was die Gewalt des irdischen Richters oder Regenten nicht zu leisten vermag, von einem überirdischen Richter erwarten. Die Gesetze der Sittlichkeit sind dem menschlichen Gemüthe tief eingeprägt, und machen sich vor und außer der bürgerlichen Gesetzgebung geltend; der Mensch fühlt, daß sie noch eine höhere Gültigkeit haben, als die, sein Leben zu regeln, daß sie die Gesetze des

Weltganzen selbst sind. Zugleich mit dem sittlichen Gefühl erwacht mit mehr oder weniger Klarheit das Bewußtseyn der Unsterblichkeit der Seele, der Glaube an ein ewiges Wesen der Dinge und an Gott: und so entsteht die Idee eines übersinnlichen Reiches, dessen Gesetzgeber, Richter und Regent Gott ist, und dessen Bürger alle vernünftige Wesen sind. Gott wird als der höchste Inbegriff aller Gerechtigkeit und Heiligkeit gedacht, und in seinem unsichtbaren Reiche, das er mit Allmacht regiert, schaut der Glaube die vollkommenste, heiligste Ordnung der Dinge, den vollständigsten Sieg des Guten über das Böse. Da bleibt nichts Böses ungestraft, nichts Gutes unbelohnt; da sind die Ansprüche des sehnenden Herzens, auf vollkommene Zufriedenheit und Ruhe, erfüllt; Gott selbst ist das in Seligkeit verschlungene Wesen, und er theilt allen, die ihm gehorsam sind, von dieser Seligkeit mit.

Dieses übersinnliche Reich der Sittlichkeit wird nun eines Theils wieder in einem irdischen Abbilde sichtbar, und macht seinen Einfluß auf das Leben geltend. Diejenigen, welche die Menschen zur Sittlichkeit anhalten und erziehen, die Weisen, Religionsstifter, Priester, erscheinen als die Gesandten und Stellvertreter Gottes, welche dessen Gesetze verkündigen und seinen Willen geltend machen. Die Religion wird dazu angewendet, das Rechtswesen zu heiligen, und ihm eine höhere Weihe und Gültigkeit zu verleihen, als ihm die Gewalt und der Zwang geben kann; und neben der bürgerlichen Gemeinschaft bildet sich eine sittlich religiöse, deren Band nicht die Furcht vor dem Richter, sondern fromme Scheu und Gewissenhaftigkeit, heilige Begeisterung ist. Diejenigen, welche eine Gottesverehrung theilen, sich zu einem Tempel halten, betrachten sich als Genossen und

Brüder,

Brüder, bekennen sich zu denselben sittlichen Grundsätzen, und stehen in einer näheren sittlichen Gemeinschaft. So wird die Religion mit ihrem sittlichen Glauben die beste Erzieherin der Menschen, und ihr gelingt, was der Staatsgewalt unmöglich ist, die Herzen zu bessern, den Willen durch sittliche Bewegründe zu lenken.

Aber was auch die Religion für die Sittlichkeit wirken mag, nie entspricht das gemeinsame sittliche Leben dem Urbilde eines wahrhaft gesetzmäßigen Lebens, einer heiligen Ordnung, wie ein solches ein Jeder im Herzen trägt; denn immer herrschen noch Laster und Feindseligkeiten, immer wird noch der Friede gestört, immer siegt noch das Böse über das Gute. Daher blickt der Mensch, um Trost und Beruhigung zu gewinnen, nach dem Urbilde des sittlichen Reiches empor, das er in der Ewigkeit findet; er hofft vom heiligen Richter des Himmels Bestrafung des Bösen, Rettung der unterdrückten Unschuld, Belohnung der verkannten und verfolgten Tugend, und überhaupt die Herstellung der vollkommenen Herrschaft des Guten in der Welt. Dieser Aufblick zu Gott, dem heiligen Richter und Herrscher der Welt, dient auch dem Einzelnen in seinem sittlichen Streben zur Ermunterung und Erhebung; sein Gewissen wird dadurch geschärft, sein Muth angefeuert. Je mehr das sittliche Gefühl erwacht ist, desto mehr erkennt der Mensch sein sittliches Unvermögen, seine Unreinheit und Unvollkommenheit, und erwartet vom Urquell alles Guten Beystand, Licht und Kraft. Und da Niemand auf dieser Erde ganz glücklich und zufrieden ist, da ein Jeder über Mängel und Unvollkommenheiten zu klagen hat, unbefriedigte Wünsche hegt, und das erstrebte Ziel fern von sich sieht: so blickt er hoffend in die Ewigkeit, wo er von den Kämpfen dieses Lebens ausruhen, die Befriedigung aller seiner Sehnsucht finden, und die Wonne der Seligkeit genießen wird.

Alle diese Grundideen liegen sicherlich im menschlichen Gemüth, und hangen auf die angegebene Weise zusammen, obgleich sie nur in der christlichen Religion vollkommen rein hervortreten, in den meisten andern hingegen sehr entstellt und verwirrt sind. Das Christenthum hat uns erst das klare Bewußtseyn derselben gebracht; wenn wir aber mit der christlichen Lehre die Natur unseres Geistes vergleichen, so finden wir, daß die Grundzüge der erstern ganz den Gesezzen der zweyten entsprechen. Auch finden sich einzelne Anklänge dieser Ideen in jeder Religion, selbst in der der rohesten Wilden. Wenn diese z. B. ihre Schwüre dadurch heiligen, daß sie ihre Fetische zu Zeugen nehmen; wenn sie die Gesandten fremder Völker als unter dem Schutze des großen Geistes stehend betrachten: so erkennen sie offenbar die Pflichten der Wahrhaftigkeit und Treue, als Gesetze der übersinnlichen Welt, und die Religion als die Gewährleisterin der Sittlichkeit an. Daß der sittliche Einfluß des Glaubens nicht immer und überall rein und entschieden vortritt, dient nicht zum Beweise, daß er nicht ursprünglich mit der Sittlichkeit zusammenhängt, sondern kommt daher, daß die Sinnlichkeit und Gewohnheit der freyen geistigen Entwickelung im Wege stehen. Wenn eine schwere Erdscholle auf dem Samenkorne lastet, so kann der Keim, der sich aus demselben entwickeln will, entweder gar nicht das Tageslicht gewinnen, oder er muß sich unter der Scholle mühsam hervorwinden, und erscheint in verkrüppelter Gestalt.

Wenn wir nun fragen, welchem Vermögen des menschlichen Geistes der religiöse Glaube seinen sittlichen Bestandtheilen nach angehört: so ist es hier deutlicher als bey den andern Ideen, daß er im Gefühl seine Quelle hat. Wir dürfen hier als ausgemacht annehmen, daß die sittlichen Gesetze des Menschen im Gefühl entspringen, daß die Triebe zum Guten, die Lust am Guten und die Unlust am Bösen, nichts als ursprüngliche Aeußerungen des Gefühlsvermögens sind, und daß erst später der Verstand darüber Bewußtseyn und Verständigung gibt. Wehe dem Menschen, dessen Sittlichkeit auf bloßen Verstandes-Erkenntnissen beruht, dem nicht das Herz es sagt, was er zu thun hat, sondern der dies bloß mit dem Verstande abwägt! Wenn die Pflicht mit der Selbstsucht in Widerstreit kommt, so wird der Verstand leicht Scheingründe genug finden, den Forderungen der erstern zu entgehen, und der zweyten nachzugeben; eine solche Sittlichkeit artet dann leicht in Klugheit aus, und anstatt der strengen Forderungen der Gerechtigkeit oder der begeisternden Urbilder sittlicher Erhabenheit und Schönheit, bestimmen den Menschen die schwankenden Rücksichten auf den Nutzen, die Bequemlichkeit, die Schicklichkeit. Verständige Einsicht ist unentbehrlich zu einer tüchtigen sittlichen Ueberzeugung, aber sie macht nicht das Wesen derselben aus, welches im Gefühl oder Gewissen ruht. Das Gewissen klügelt und überlegt nicht, sondern es gebietet kraft der Gewalt, welche das Gefühl auf das Gemüth ausübt. Wenn nun aber die Sittlichkeit ihre Quelle im Gefühl hat, so müssen wir aus diesem auch die sittlichen Ideen der Religion ableiten; denn sie sind ursprünglich mit den sittlichen Gesetzen eins. Es ist eines dieser Gesetze, daß dem Menschen die Würde der Person, persönliches Recht, Freyheit und Selbständigkeit zukommt, und das Gewissen fordert die Beobachtung dieses Gesetzes in den Verhältnissen des Lebens, im bürgerlichen Verkehr, im Handel und Wandel, dadurch daß man den Nebenmenschen nicht bevortheilt, verletzt und unterdrückt, und sich selbst nicht erniedrigt. Aber die Religion nimmt dieses Gesetz ebenfalls in den Glauben an ein übersinnliches Reich Gottes auf, indem sie der unsterblichen Seele eine Stelle in diesem Reiche, und somit eine ewige Würde und Bestimmung zuschreibt. Nach der sittlichen Ansicht kommt allen Menschen das Vermögen der Freyheit, oder das Vermögen, sich über sinnliche Antriebe zu erheben und sich nach vernünftigen Gesetzen zu bestimmen, zu, und die Menschen werden alle betrachtet als in einer freyen Gemeinschaft mit einander stehend, so daß sie auf einander mit freyem Willen nach vernünftigen Gesetzen, nicht aus sinnlicher Lust und Leidenschaft, einwirken sollen. Diese Ansicht faßt der sittliche Glaube nur noch reiner und geistiger auf in der Vorstellung eines übersinnlichen geistigen Reiches, welches ganz nach Gottes Gesetzen regiert wird, in welchem sich Alles mit geistiger, freyer Kraft bewegt, in welchem keine Sinnenlust, keine Leidenschaft mehr herrscht. Die höchste Idee des sittlichen Glaubens, die Idee eines höchsten, heiligen Willens, eines heiligen Gesetzgebers und Richters der Welt, hat ebenfalls im sittlichen Gefühl ihre Quelle. Wir denken uns Gott als das höchste Urbild der sittlichen Vollkommenheit, welche wir uns selbst zur Pflicht machen; wir denken uns ihn als einen Geist mit Erkenntniß und Willen, wie der unsrige ist, nur in der höchsten Vollkommenheit. Endlich ist die Idee der ewigen Seligkeit nichts als die unendlich gedachte Glückseligkeit und Zufriedenheit des Gemüths, welche das Ziel aller unserer Bestrebungen ist, und die ebenfalls dem Gefühl angehört; denn das Herz entscheidet vorzüglich darüber, ob der Mensch mit sich und der Welt zufrieden seyn könne, so wie auch alle Unzufriedenheit im Herzen wohnt. In jener Welt hoffen wir alles das zu finden, wornach sich hier unser Herz sehnt, und von allem dem befreyt zu seyn, was es hier verletzt oder seiner Befriedigung entgegensteht. Der sittliche Glaube ist nichts als die erweiternde und erklärende Anwendung der sittlichen Gesetzgebung auf die übersinnliche Welt, die Verbindung der sittlichen Triebe und Gesetze mit den Ideen der Ewigkeit, Unsterblichkeit und einer höchsten Ursache: er muß daher mit im sittlichen Gefühl seine Quelle haben.

Der Verstand ist allerdings bey diesem Glauben auch thätig, aber nicht so daß er ihn hervorbringt, sondern nur so, daß er über ihn aufklärt und verständigt, und ihn mit andern Erkenntnissen in Verbindung bringt. Er hilft uns unsere sittliche Natur beobachten, und das in den Gesetzen derselben Entsprechende auf die höhere Weltordnung anwenden; aber wenn wir weder sittliche Gefühle in uns trügen, noch auch sonst schon die Ahnung einer höheren Welt kennten: so würde alles Nachdenken des Verstandes nichts der Art hervorbringen. Auch an diesem Glauben nimmt die Phantasie einigen Antheil, nur mit ihrer Hülfe können wir gewisse Vorstellungen von jener Welt fassen, und besonders lebhaft mahlt sie uns die Hoffnung eines seligen Zustandes aus; aber was in diesen Vorstellungen wahr und für das Herz beruhigend ist, entspringt nicht aus der Einbildung, sondern aus dem Gefühl; jene leihet nur die Farben, dieses aber enthält die wesenhafte Wahrheit.

Diese kurze Entwickelung des Glaubens seinem Gehalte nach hat uns also gelehrt, daß er Sache des Gefühls ist und im Herzen seinen Ursprung hat, und daß wir uns des Verstandes und der Einbildungskraft nur dazu bedienen, ihn uns zum Bewußtseyn zu bringen, und in Begriffen und Bildern faßlich zu machen. Wir leugnen nicht die hohe Wichtigkeit der Verstandes-Erkenntniß für die religiöse Ausbildung; aber wir setzen nur nicht die Quelle der Religion in den Verstand, und halten die Begriffe und Ansichten desselben für etwas Mittelbares, das erst zum unmittelbaren Glauben hinzutritt.

Was ist aber dieses Gefühl, in welches wir die Quelle des Edelsten und Göttlichsten, was das Menschenleben kennt, setzen? Es ist unstreitig der Mühe werth, dieses wichtige Vermögen des Geistes näher kennen zu lernen.

Gefühl nennen wir im eigentlichen Verstande des Wortes den Sinn des Betastens, mit welchem wir die Gegenstände in ihrer körperlichen Beschaffenheit und Gestalt, wahrnehmen. Wir fühlen z. B. einen Baum, indem wir seinen Stamm, seine Zweige und Blätter betasten, und erhalten so eine Art von Erkenntniß von ihm, welche durch den Sinn des Auges vervollständigt und näher bestimmt wird. Wir brauchen aber das Wort Gefühl auch für das, was wir sonst Empfindung nennen, weil diese oft durch den Sinn des Gefühls gewonnen wird. Wir fühlen den Eindruck, welchen Kälte und Wärme und andere äußere Einflüsse auf unsern Körper machen; wir fühlen uns wohl oder unwohl, wir fühlen Schmerz oder Vergnügen. Manche nehmen nun das Wort Gefühl, außer jenem ersten eigentlichen Sinne, bloß in der Bedeutung Empfindung, und verstehen darunter immer etwas Sinnliches. Wir hingegen, wenn wir von dem Gefühle sprechen, in welchem die Quelle der Religion liegt, verstehen darunter durchaus nichts Sinnliches, sondern ein geistiges Vermögen, das für das Innere des Gemüths ungefähr das ist, was der Sinn des Gefühls oder Betastens für die äußere Erkenntniß ist. Dieser Sinn gibt uns von den Gegenständen zwar unmittelbare, aber dunkle Vorstellungen, welche uns erst das Auge anschaulich macht. Erst durch das Auge gewinnen wir von dem Baume, den wir betastet haben, eine klare Anschauung. Das Gefühl sagt uns, daß er vorhanden, daß sein Stamm rauh oder glatt, stark oder schwach ist, aber es gibt uns kein klares Bild aller seiner Theile, wie wir es durch den Sinn des Gesichts erhalten. So gibt uns auch das innere, geistige Gefühl zwar unmittelbare und gewisse, aber dunkle Erkenntnisse. Wie das äußere Gefühl sich zum Auge verhält, so das innere zum Verstande. Wie das Auge zu den Wahrnehmungen des äußeren Gefühls die klare Anschaulichkeit hinzubringt, so macht auch der Verstand die Erkenntnisse des Gefühls klar, oder bringt sie zum Bewußtseyn, nur daß er freylich nicht, wie das Auge, den Gegenstand ebenfalls unmittelbar anschaut, und neue Seiten an ihm auffaßt: er thut nichts, als daß er die Erkenntnisse des Gefühls betrachtet und aufklärt; auch bildet er keine anschaulichen Vorstellungen, sondern bloß Begriffe, welche mittelst des Nachdenkens gefaßt werden.

Das religiöse Gefühl ist eines Theils mit dem sittlichen Gefühl verwandt, und wohnt im Herzen. Es ist dasjenige, wodurch wir das Gute, Schöne und Heilige erkennen, sowohl in Beziehung auf das Leben und dessen Verhältnisse, als in Beziehung auf die Ewigkeit. Dieses Gefühl wird von Allen anerkannt, denn es macht sich in eines Jeden Brust geltend. Wer dieses Gefühl leugnen wollte, würde sich den Vorwurf zuziehen, daß er herz- und gemüthlos sey. Wir werden dieses Gefühls inne in den Stunden der sittlichen und dichterischen Begeisterung, wenn uns der Trieb zu einer großen, schönen That bewegt, oder wenn uns die Anschauung sittlicher Erhabenheit und Schönheit, entweder im Gedicht oder in der Geschichte und im Leben, mit Bewunderung erfüllt, oder wenn wir uns mit heiliger Sehnsucht über die Unvollkommenheit und Leerheit dieser Welt, zur Ahnung dessen, was dort seyn wird, erheben.

Es gibt aber auch ein Gefühl des Unendlichen, Unvergänglichen und Unbedingten in uns, welches leicht mit dem Verstand oder der Einbildungskraft verwechselt werden kann, und mit diesem Geistes-Vermögen auch in der That in Berührung kommt. Es sträubt sich in uns etwas gegen das Gesetz der Endlichkeit, Vergänglichkeit und Bedingtheit, dessen Herrschaft uns überall umgibt; es treibt uns etwas, uns über die uns überall entgegenstehenden Schranken zu erheben; wir sehnen uns, das was ist, was ganz und vollkommen und schlechthin ist, zu erfassen; es regt sich in uns die Ahnung von einem Leben, das nicht stirbt; ja, wir sezzen überall voraus, daß das Leben an sich gar nicht sterben könne. Das alles gehört dem Vermögen an, das wir Gefühl nennen, welches aber nicht so anerkannt ist, wie jenes, dessen sich jedermann im Herzen bewußt ist. Es ist aber beydes an sich eins, und setzt sich stets gegenseitig voraus; das sittliche Gefühl ist nicht ohne das Gefühl des Unendlichen, Unvergänglichen und Unbedingten, und dieses ist nicht ohne jenes. Alles, was wahrhaft gut, schön und heilig ist, denken wir uns als ewig, und die Vernichtung desselben erscheint uns als etwas Widersinniges; hinwiederum müssen wir uns das Unendliche, Ewige und Unbedingte als vollkommen gut, schön und heilig denken.

Das Gefühl ist der Keim aller Erkenntniß im Menschen, das, woraus sich alles Wahre, Gute und Schöne entwickelt. Im Kinde, im Naturmenschen ist anfänglich Alles Sache des Gefühls, bis das Bewußtseyn und die Bildung die klare Entfaltung und Gliederung der verschiedenen Seelenthätigkeiten hervorbringt. Wie die Schöpfung aller Dinge aus der heiligen Nacht hervorgeht, in welcher der göttliche Geist den Urstoff der Dinge erregt und befruchtet: so ist das Gefühl das heilige Dunkel, in welchem sich im Gemüth Göttliches und Menschliches durchdringt, und aus welchem alle klare bestimmte Erkenntniß und übrige Geistesthätigkeit hervorsteigt. Es ist die Pforte, durch welche unser Geist in die Ewigkeit hinüber blickt und Unaussprechliches vernimmt, welches nachher Verstand und Sprache stammelnd auszudeuten versuchen. Wer das Gefühl leugnet, der leugnet das Erhabenste im Menschen, was ihn zum Ebenbilde Gottes macht, und seine Gemeinschaft mit der übersinnlichen Welt begründet.

Aber so wie das Gefühl Anfangs- und Quellpunkt alles geistigen Lebens im Menschen ist, so ist es auch das Ziel der Vollkommenheit für die Geistes-Bildung. Die Uebung der Hand, des Auges und des Ohres, die wir zu mehreren Geschäften und Kunstfertigkeiten gebrauchen, ist nur dann vollkommen, wenn sie Sache des Gefühls oder des Taktes geworden ist, so daß man nicht mehr zu versuchen und zu prüfen braucht, sondern im Augenblicke das Rechte trifft. Von höherer Art ist das Gefühl, von welchem das schnellere, sichere Urtheil des Meisters geleitet ist. Der praktische Arzt beweist seine Uebung und Erfahrung dadurch, daß er den rechten Sitz der Krankheit mit Einem Blicke erkennt und das rechte Mittel wählt, ohne lange nachzudenken. Der Feldherr bewährt sich als Meister, indem er im Drange der Gefahr, wenn der Sieg schwankt, die entscheidenden Befehle gibt, ohne lange zu überlegen oder zu berathschlagen.

Die Kunst, unvorbereitet zu sprechen, beruht auf einer solchen harmonischen Uebung aller Seelenkräfte, daß es keiner Ueberlegung und Auswahl bedarf, sondern das Gefühl sogleich das Schickliche und Zweckmäßige ergreift. Auf diese Weise müssen alle Künstler arbeiten; und wenn sie zuviel überlegen und klügeln, so werden sie das Rechte nicht treffen. Auch die sittliche Vollendung bewährt sich im Gefühl, im entschiedenen, unfehlbaren Ergreifen dessen, was schicklich, zweckmäßig und würdig ist, in der milden, schonenden Behandlung zarter, leicht verletzbarer Verhältnisse, im Behaupten der Anmuth und Würde in mißlichen Lagen. Ja, selbst die höchste religiöse Ausbildung besteht in einer solchen Lebendigkeit und Sicherheit des Gefühls, daß es, wie eine wohlgestimmte Saite, bey jeder Berührung den rechten Ton angibt, und stets, wenn es nöthig ist, tröstet und erhebt, oder beugt und demüthigt, daß es zu allen Gemüthsstimmungen den rechten Grundton gibt, und die Seele vor jedem Mißton bewahrt.

Dieses an- und ausgebildete Gefühl läßt sich meistens hinterher in klare Verstandes-Urtheile auflösen. Das gute Auge des Schützen, der im Nu sein Ziel trifft, des Forstmanns, der den Holzgehalt eines Baumes taxirt, übt eine schnelle Meßkunst; der entscheidende Blick des Arztes und des Feldherrn läßt sich durch wissenschaftliche Auseinanderlegung rechtfertigen; selbst das sittliche und religiöse Gefühl in seiner praktischen Ausbildung, erlaubt eine verständige Prüfung und Nachweisung der Gründe bis auf einen gewissen Grad, obschon Manches unerklärt bleiben muß. Aber das ursprüngliche Gefühl der Ahnung des Göttlichen, welches wir als die Quelle der Religion ansehen, läßt sich nie ganz in Verstandes-Urtheile auflösen; es bleibt in der religiösen Erkenntniß, selbst wenn sie der gebildetste Verstand aufklärt, und in deutliche Erkenntnisse entwickelt, immer etwas übrig, was nicht gedacht, sondern nur gefühlt werden kann; das Licht der Erkenntniß verliert sich immer in eine heilige Dämmerung, wo das Endliche dem Unendlichen begegnet, und die Pforte der Ewigkeit sich aufthut. Der besonnene Denker bleibt hier ehrfurchtsvoll stehen, der Fromme betet an mit heiligem Schauer.

Vierte Vorlesung.

Weitere Erörterung, Vertheidigung und Rechtfertigung des Grundsatzes, daß die Religion im Gefühl ihre Quelle hat; Wichtigkeit der Anerkennung desselben.

Wir haben den Gehalt des Glaubens seinen wesentlichen Bestandtheilen nach kennen gelernt, und zugleich gesehen, daß er dem Gefühle angehört, daß er eine durch dieses Vermögen empfangene ursprüngliche Erkenntniß, nicht aber unmittelbar eine Sache des Verstandes ist, sondern erst mittelbar von diesem Vermögen aufgefaßt, ins Bewußtseyn gebracht, geordnet und aufgeklärt wird. Wir müssen aber die Sache noch weiter erörtern, und uns mit der Natur des religiösen Gefühls noch mehr vertraut machen.

Unsere Ansicht ist, daß alle religiösen Vorstellungen aus einem ursprünglichen Gefühle hervorgehen. Wenn z. B. der Aegypter glaubt, daß die abgeschiedene Seele zuerst in die Unterwelt komme und daselbst ruhe, dann aber noch einen Kreislauf durch mehrere Geschöpfe machen müsse, ehe sie sich zum Urquell des Lichtes erheben könne; wenn dagegen der Christ glaubt, daß sie sich unmittelbar in den Himmel zum Angesicht Gottes erhebe: so sind diese verschiedenen Glaubensarten beyde aus demselben Grundgefühle hervorgegangen, nur daß die zweyte es rein und vollständig ausspricht. Es ist ein und dasselbe Gefühl, welches dem Glauben an ein dunkles, unerbittliches Schicksal und dem an eine weise, gütige Vorsehung zum Grunde liegt, nur daß es in dem letztern rein und ganz hervortritt. In solchen Glaubens-Vorstellungen werden wir uns aber des Gefühles nicht gerade immer als eines Gefühles bewußt; es ruhet gleichsam unter ihrer Hülle, und man kann sich ihrer bewußt werden ohne das Gefühl, das ihnen zum Grunde liegt. Man kann z. B. die Vorstellung, daß die abgeschiedenen Seelen zu Gott kommen, fassen, ohne gerade etwas dabey zu fühlen; sie kann eine bloße kalte Vorstellung des Verstandes seyn, ohne das Herz zu erregen. Aber das Gefühl wird auch für sich im Gemüthe lebendig, entweder mit der es ausdrückenden Vorstellung, oder ohne dieselbe. Wenn der Christ am Sarge, welcher die entseelte Hülle eines geliebten Menschen einschließt, jene Vorstellung faßt, daß die Seele des Entschlafenen zu Gott gegangen sey; so fühlt er sich erhoben, getröstet und beruhigt, das Gefühl der Unsterblichkeit ist in ihm lebendig erregt worden. Ein Anderer hat vielleicht lange die Vorstellung von der Vorsehung gekannt und für wahr befunden; aber erst in einem besondern Lebensfall wird in ihm das, dieser Vorstellung zum Grunde liegende Gefühl erregt, und er fühlt sich dadurch beruhigt und getröstet.

Man kann aber auch religiöse Gefühle haben, ohne bestimmte Vorstellungen damit zu verbinden. Ob Marcus Curtius, welcher sich aus Vaterlandsliebe in den Abgrund stürzte, der sich in Rom geöffnet hatte, bestimmte und erhebende Vorstellungen von der Unsterblichkeit der Seele hatte, läßt sich mit Grund bezweifeln; demungeachtet war es das Gefühl der Unsterblichkeit, ein über den Tod erhebendes, die Todesfurcht besiegendes Gefühl, was ihn zu dieser herrlichen That der Aufopferung bewog. Es läßt sich als möglich denken, daß ein edler Mensch, durch eine falsche Philosophie verführt, an dem Daseyn Gottes und einer weisen und gütigen Vorsehung zweifelt, daß er aber vermöge eines gesunden Gefühls ein ihm auferlegtes Leiden nicht nur mit Geduld und Ergebung, sondern auch mit Freudigkeit erträgt: einem solchen müssen wir wohl die Vorstellung und Ueberzeugung von Gott und der Vorsehung, nicht aber das Gefühl, das darin liegt, absprechen. Die Anerkennung der Wahrheit, daß man religiöse Gefühle in sich tragen und darnach handeln kann, ohne gerade gewisse Glaubensvorstellungen zu haben, ist sehr wichtig für die Duldsamkeit. Zweifler oder sogenannte Freygeister sind nicht geradezu für irreligiös zu halten: es kommt darauf an, wie ihr Herz beschaffen ist. Ueberhaupt ist jedes Gefühl der Begeisterung und Hingebung, welches ein großer Augenblick des Lebens in uns hervorruft, oder aus welchem eine große That im Drange der Umstände hervorgeht, mehr oder weniger unabhängig von religiösen Vorstellungen, indem es unmittelbar aus dem Herzen kommt, und der Verstand wenig oder gar nicht darauf eingewirkt hat. Auch die Gefühle, welche das Anschauen von Kunstwerken erweckt, und die ebenfalls, wie wir späterhin zeigen werden, mit der Religion verwandt sind, werden, wenn die vom Künstler behandelten Gegenstände nicht gerade religiöser Art sind, von keinen religiösen Vorstellungen begleitet.

Allerdings sind die Gefühle, welche man im engeren Sinne religiös nennt, und die sich auf unser Verhältniß zur übersinnlichen Welt beziehen, meistens mit mehr oder weniger bestimmten religiösen Vorstellungen verbunden. Ja, sie werden zum Theil selbst durch solche religiöse Vorstellungen hervorgerufen, welchen unmittelbar kein religiöses Gefühl zum Grunde liegt, welche nur durch eine ausgeartete Symbolik oder durch geschichtliche Ueberlieferung oder durch entfernte Gedanken-Verbindung, an ein religiöses Grundgefühl erinnern. Z. B. der Anblick der Monstranz erfüllt den gläubigen Katholiken mit dem Gefühl der Gegenwart der Gottheit, während die Vorstellung, daß die Hostie den Leib Christi enthalte, in sehr entfernter Beziehung auf das ursprüngliche religiöse Gefühl steht, und auf einer falschen Ansicht vom Abendmahl ruht. Der Eintritt in eine Kirche erweckt in frommen Gemüthern ein Gefühl heiligen Schauers oder frommer Ehrfurcht; und doch beruht dieß lediglich auf der Gewohnheit, in diesem Gebäude der Andacht zu pflegen, und das religiöse Grundgefühl kommt dabey nicht unmittelbar zur Sprache.

Solche Gefühls-Erregungen und zwar vorzüglich diejenigen, in welchen das ursprüngliche Gefühl der Frömmigkeit rein hervortritt, sind die Quellen und Bedingungen ächt sittlicher, begeisterter Gesinnungen und Handlungen, einer wahrhaft frommen Gemüthsverfassung, des innern Friedens und der Seelenruhe. Die Haupt- und Grundtugenden der Geistesklarheit, der Geduld, Tapferkeit, Mäßigung, Reinheit des Herzens, können nicht bestehen ohne die frommen Gefühle der Begeisterung, Demuth, Hingebung und Andacht. Es kann Niemand eine That der reinen Liebe, der Großmuth, des Edelsinns vollbringen, es kann Niemand den höheren Zwecken der Wahrheit, der Gerechtigkeit, der Schönheit dienen, ohne durch das Gefühl der Begeisterung dazu angetrieben zu seyn. Jede sittliche That ist die Frucht der Himmelsblüthe des frommen Gefühls, das Erzeugniß höherer Antriebe, welche allein aus dieser Quelle fließen. Aber eben so sehr bedarf der Mensch der religiösen Gefühle im Leiden als im Handeln. Er würde seine Freudigkeit, seine Ruhe nicht behaupten können, wenn er sich nicht durch die Gefühle der Ergebung und Andacht trösten, erheben und stärken könnte.

Daß nun die Religion sich in solchen Gefühls-Erregungen, (welche wir in der Folge näher betrachten werden), lebendig zeigen und das Gemüth erfüllen müsse, geben Alle zu. Eine Religion, die bloß in Vorstellungen und Meinungen bestände, würde eine todte Religion seyn. Wenn Jemand an die Unsterblichkeit glaubte, aber bey einem erlittenen Verlust sich untröstlich zeigte, in seinem Schmerze tobte und mit Gott haderte: so würde sein Unsterblichkeitsglaube todt seyn. Eben so ein Vorsehungsglaube, der nicht im Unglück standhaft machte, und nicht das Herz zur freudigen Ergebung und Hoffnung stimmte.

Aber die Ansicht, daß jede religiöse Vorstellung aus einem Grundgefühl hervorgehe, daß der Glaube ursprünglich im Gefühl liege, und nichts als ein zum Bewußtseyn gekommenes Gefühl sey, ist bey weitem noch nicht allgemein anerkannt. Es ist noch nicht gar lange, daß J a c o b i, F r i e s und S c h l e i e r m a c h e r diese Wahrheit gefunden haben. Sie waren die ersten, die im menschlichen Gemüth etwas Ursprüngliches, welches aller Verstandes-Erkenntniß vorhergeht, den Glauben oder das religiöse Gefühl, aufzeigten, und somit jener Erkenntniß eine bloß untergeordnete Stelle zuerkannten. Nur der tiefsinnige H a m a n n hatte schon früher darauf hingedeutet. Vorher machten zwar die Theo-

logen

logen den Glauben, aber nur den sogenannten positiven, den kirchlich christlichen, geltend; aber eines Theils verstanden sie die Natur desselben nicht, und wußten nicht, daß er Sache des Gefühls sey, andern Theils nahmen sie keinen Vernunftglauben an, erkannten zwar der Vernunft eine natürliche Gotteserkenntniß zu, sahen aber nicht ein, daß diese im Gefühl, nicht im Verstande, liege. Die Philosophen erkannten eine natürliche Religion an, und bearbeiteten sie als eine eigene Wissenschaft; aber sie leiteten die natürlichen Erkenntnisse von Gott aus dem Verstande, nicht aus dem Gefühl ab, suchten sie durch Verstandes-Gründe zu stützen, und nahmen auf das Gefühl keine Rücksicht. Allgemein bestimmte man den Begriff der Religion als Erkenntniß und Verehrung Gottes, und setzte mithin die Erkenntniß als das erste, woraus erst die frommen Gefühle und deren Aeußerungen, Ehrfurcht und Vertrauen gegen Gott, Andacht und Anbetung, hervorgehen sollten. Man nahm an, die Vorstellung der religiösen Wahrheit bringe ein derselben entsprechendes Gefühl hervor, z. B. die Vorstellung von Gottes Heiligkeit mache auf das Gemüth den Eindruck einer Gehorsam und Unterwerfung gebietenden Ehrfurcht, die Vorstellung von der ewigen Fortdauer der Seele erwecke das Gefühl des Trostes und der Hoffnung. Es ist nun allerdings wahr, daß Vorstellungen Gefühle erregen können, und daß namentlich religiöse Gefühle durch entsprechende Vorstellungen und Ansichten in stärkerem Grade hervorgerufen werden, als sie ursprünglich im Gemüthe liegen mögen. Die unmittelbare Ahnung der Unsterblichkeit würde das Gemüth bey weitem nicht so beruhigen, wie es der christliche Glaube an dieselbe zu thun vermag; indem in dem letzteren die erstere klar, rein und fest hervortritt, macht sie einen stärkeren

Eindruck auf das Gemüth, als sie für sich selbst hervorbringen könnte. Aber es ist fehlerhaft, die Quelle der religiösen Gefühle überhaupt in den Verstand zu setzen, und diesen als das Erste von Allem anzusehen.

Diese Ansicht ist aber noch jetzt sehr herrschend, und unsere Lehre vom Gefühl findet vielen Widerspruch. Es sind zwey Partheyen von Theologen, welche ihr aus verschiedenen Gründen widersprechen: die Parthey der strengen, ängstlichen Offenbarungsgläubigen oder Supranaturalisten, und die der Vernunfttheologen oder Rationalisten. Die erstern finden den Grund und die Quelle der Religion in der geoffenbarten Lehre Christi, welche sie als eine mit Gedächtniß und Verstand aufzufassende Erkenntniß ansehen und behandeln, mit Beweisgründen unterstützen, wissenschaftlich ordnen, und für den Verstand einleuchtend zu machen suchen. Vom Gefühl, meinen sie, könne dabey nur in sofern die Rede seyn, als man durch die empfangene Erkenntniß von Christi Person und Lehre zum Vertrauen und zur Liebe gegen ihn und Gott erweckt, und somit das Herz mit frommen Empfindungen erfüllt werde. Die Ansicht, daß die Religion vom Gefühl ausgehe, scheint diesen Theologen der Würde und Bedeutung der Offenbarung Eintrag zu thun; das Gefühl, meinen sie, sey etwas Inneres, die Offenbarung aber werde uns von außen dargebracht; jenes sey etwas Schwankendes und höchst Veränderliches, diese hingegen sicher und unwandelbar. Allein diese Einwürfe lassen sich leicht heben. Allerdings ist die geschichtliche Erkenntniß von Christo für den Christen die nothwendige Veranlassung und Einleitung zum Glauben an ihn; aber die geschichtliche Erkenntniß ist noch nicht Glaube; dieser entsteht erst dadurch, daß jene mit Gefühl, mit Vertrauen und Liebe aufgefaßt wird, daß man in Christo die höchste Wahrheit und die Gnade Gottes erkennt, was nur mit dem Gefühle möglich ist. Es war nichts anders als das begeisternde Gefühl des Vertrauens und der Hingebung, was die Jünger Christi in den Worten aussprachen: „Wohin sollten wir gehen? Du hast Worte des ewigen Lebens, du bist der Sohn des lebendigen Gottes!“ Sie hatten Christum persönlich kennen gelernt, seine Worte vernommen, seine Handlungen geschaut; das war die äußerliche Erkenntniß von ihm, die aber noch nicht der Glaube an ihn war: dieser entstand erst durch die Verbindung dieser äußerlichen Erkenntniß mit dem inneren Gefühle. Wir lassen der Offenbarung ihre Wichtigkeit als einer äußern Erkenntniß, welche uns zur Erleuchtung unseres Geistes und zur Erregung unseres Herzens gegeben wird; aber das Gefühl, mit dem wir sie aufnehmen, macht sie erst zu unserm Eigenthum. Wir wollen ihr auch nicht ihre Sicherheit und Gewißheit rauben, vielmehr erkennen wir sie als dasjenige an, was unserm oft schwankenden und wandelbaren Gefühle festen Bestand gibt; aber ohne daß sie in unser Gefühl eingeht und in demselben lebendig wird, bleibt sie ohne Wirkung. Diese Theologen fehlen darin, daß sie die christliche Religion als etwas Gegebenes mit zu wenig Beweglichkeit des Geistes, mit Kälte und Trockenheit auffassen, und aus Unkenntniß der Natur des menschlichen Geistes nicht wissen, was es mit dem Glauben an eine Offenbarung für eine Bewandtniß hat. Dieser ihrer Ansicht von der Religion wird meistens ihr eigenes religiöses Leben entsprechen. Sie werden sich als gewissenhafte, wohlmeinende und gutgesinnte Männer bewähren, aber lebendige Begeisterung, Tiefe des Gefühls, Schwung der Einbildungskraft, Freyheit des Gedankens werden keinesweges ihre hervorstechenden Eigenschaften seyn, und das Christenthum wird in ihrer Persönlichkeit nicht in seinem vollen, tiefen Wesen erscheinen.

Die andere Parthey der Rationalisten widerspricht der Lehre von dem Ursprung der Religion aus dem Gefühl am heftigsten, und zwar aus dem Grunde, weil sie Alles in der Religion aus dem Verstande ableiten, und nach Verstandes-Wahrheiten beurtheilen. Sie bezeichnen diese unsere Lehre mit dem verrufenen Namen Mysticismus. Diesen Namen können wir uns wohl gefallen lassen, wenn man ihn in seinem ursprünglichen Sinne nimmt. Mystisch heißt geheimnißvoll, den in die Geheimnisse Eingeweiheten heilig oder bedeutsam, dem Geheimniß angehörig. Nach unserer, wie wir glauben, richtigen Ansicht, gibt es allerdings im menschlichen Gemüth etwas Dunkles und Geheimnißvolles, welches allein dem gläubigen Gefühl zugänglich, und für das klare Licht des Verstandes verschlossen ist: diese Ansicht kann also wohl Mysticismus heißen. Ueberhaupt ist jedes Gefühl mystisch, weil es als solches nicht klar begriffen ist: eine Lehre also, welche das Wesen der Religion in das Gefühl setzt, kann mit Recht mystisch genannt werden. Nennt man aber denjenigen einen Mystiker, welcher, der Klarheit des Verstandes abhold, die Religion aller freyen Forschung und wissenschaftlichen Behandlung entziehen, und sie allein den dunkeln Gefühlen anheim geben will: so lehnen wir diese Benennung mit Recht ab, da wir nicht weniger, als die sogenannten Rationalisten, das freye Denken über alle Gegenstände des Glaubens in Schutz nehmen. Wir unterscheiden uns von diesen Theologen nur dadurch, daß wir die Verstandes-Erkenntniß nicht mit ihnen als die Quelle der Religion, noch auch als das höchste Ziel der religiösen Ausbildung anerkennen, sondern sie dem Gefühle unterordnen.

Wir müssen ihre Ansicht der Flachheit und Einseitigkeit anklagen: der Flachheit, weil sie nicht in die Tiefe dringen, und die Religion bloß in ihrer mittelbaren Auffassung durch den Verstand ins Auge fassen; der Einseitigkeit aber, weil sie sich lediglich der Ausbildung des Verstandes befleißigen, da doch derjenige noch nicht fromm zu heißen verdient, der richtige und klare Erkenntnisse von der Religion hat, in seinem Herzen hingegen leer und kalt ist. In der Regel wird man finden, daß die Geistlichen, welche dieser Ansicht zugethan sind, in ihren mündlichen und schriftlichen Vorträgen, die religiösen Wahrheiten kalt und gemüthlos, wenigstens ohne diese ergreifende Gewalt der Begeisterung, behandeln. Sie selbst haben die Macht des frommen Gefühls in ihren Herzen nicht erfahren, sonst könnten sie die Bedeutung und Wichtigkeit desselben für die Religion nicht leugnen. Jedoch mögen Viele, trotz ihrer besseren Natur und Gemüthsstimmung, durch eine falsche Philosophie in ihrem Nachdenken über die Religion irre geleitet seyn, so daß sie das Gefühl, in welchem ihre Religion wurzelt, verkennen, und mit sich selbst in Widerspruch stehen. Die Wahrheit, daß die Religion im Gefühl ihre Quelle hat, hängt mit andern Ansichten und Lehren vom menschlichen Wissen und von den Gesetzen des menschlichen Geistes zusammen, welche bis jetzt noch nicht ganz das alte abgestorbene System der Philosophie verdrängen konnten. Wer sich nur in erlernten, todten Begriffen bewegt, kann nicht in die lebendige Tiefe des menschlichen Geistes eindringen, und bleibt an der Oberfläche stehen. Wer aber eine lebendige Ansicht vom ganzen geistigen Leben hat, und überall in die Tiefe dringt, der wird auch den innern, verborgenen Lebensquell der Religion entdecken, und kann ihn nicht in den abgeleiteten Bächen oder den versumpfenden Lachen der verständigen Erkenntniß suchen.

Für diejenigen, welche den wissenschaftlichen Beweis unserer Ansicht aus der Seelenkunde nicht mit Leichtigkeit fassen, ist wohl schon der Beweis aus der Erfahrung hinreichend, den wir jetzt führen wollen.

Es ist bekannt, daß die religiösen Vorstellungen der verschiedenen Völker sich oft geradezu widersprechen, als verständige Vorstellungen betrachtet. Die Idee Eines Gottes widerspricht der Annahme mehrerer Götter, von Seiten des Verstandes genommen, gerade so, wie wenn der Eine behauptete, es gäbe mehr als Eine Sonne am Himmel, während der Andere mit Recht nur von Einer Sonne wissen wollte. Bestände nun die Erkenntniß Gottes in nichts als in solchen Verstandes-Vorstellungen, so müßten die Polytheisten in einem gänzlichen Irrthum seyn, und an der religiösen Wahrheit schlechthin keinen Theil haben. Das wird aber kein Billigdenkender behaupten wollen. So viele edle, verständige, fromme Männer des Alterthums haben an viele Götter geglaubt, und in diesem Glauben Trost und Beruhigung gefunden: sollten diese alle Thoren gewesen seyn, und im gänzlichen Irrthum über die wichtigste Angelegenheit ihr Leben hingebracht haben? Nimmermehr! Sie irrten nicht ganz, sie faßten die Wahrheit mit dem gläubigen Gefühle auf, während sie sich ihrem Verstande entzog; die Vorstellung, in welchem sie sich des Gefühls bewußt wurden, war falsch, aber dieses, in welchem das Wesen des Glaubens besteht, lebte in ihnen. Wenn der griechische oder römische Hausvater der Hestia oder Vesta, der Göttin des Heerdes, der Beschützerin des Hauses und der Familie, in der Mitte des Hauses auf dem ihr geweiheten Heerd, auf welchem das stets unterhaltene Feuer ihr zu Ehren brannte, im Kreise seiner Hausgenossen opferte, und an sie ein Gebet des Dankes und des Flehens richtete: so war die verständige Vorstellung eines besonderen, die Häuser beschützenden Wesens allerdings irrig, denn ein solches ist nicht vorhanden; aber wer kann sich einen solchen häuslichen Gottesdienst ohne frommes Mitgefühl denken, ohne darin eine schöne, erweckliche Wahrheit zu finden? Der ruhige glückliche Bestand des häuslichen Lebens, die heimliche Stille des Hauses, in welchem Liebe und Freundschaft eine sichere Freystätte gefunden haben, der wirthliche Heerd mit der lodernden Flamme des Feuers, um welchen Eltern, Kinder und Hausgenossen einträchtig versammelt sitzen: wer ahnet nicht in diesem gemüthlichen Bilde die Nähe der wohlthätigen, liebenden Gottheit, und wer fühlt sich nicht versucht, diesen kindlich frommen Dienst mit zu feyern? Der Irrthum dabey bestand darin, daß man die Unendlichkeit der Gottheit in einen endlichen Begriff, in die bildliche Vorstellung eines menschenähnlichen, auf einen besondern Wirkungskreis beschränkten Wesens, zusammendrängte; aber das Gefühl der Heiligkeit des Familien-Lebens und der göttlichen Wohlthat in der Erhaltung und Segnung desselben, lebte gewiß rein in den bessern Gemüthern.

Die Vorstellungen von der Unsterblichkeit der Seele sind sehr verschieden bey den verschiedenen Völkern; bestände nun der Glaube an dieselbe in einer bestimmten Verstandes-Erkenntniß, so müßte man ihn den meisten Völkern absprechen, weil sie die richtige nicht haben. Ja, die christliche Religion selbst gibt uns keine ganz genau bestimmten Vorstellungen vom Leben nach dem Tode. Christus hat zwar die grobsinnlichen Begriffe davon als irrig verworfen, aber die Wahrheit selbst nur in das Bild gehüllt, daß die Auferstandenen den Engeln gleich seyn werden; denn dieses ist allerdings nur eine bildliche Vorstellung, und läßt sich auf keine bestimmten Verstandes-Begriffe zurückführen. Wäre aber die Religion Verstandes-Erkenntniß, so käme es darauf an, ganz bestimmte Vorstellungen von dieser so wichtigen Wahrheit zu haben, und Christus hätte uns etwas vorenthalten, was zu unserm Heile nothwendig wäre; da nun dieses frevelhaft zu denken ist, so kann das Wesen der religiösen Wahrheit nicht in Verstandes-Begriffen liegen, sondern muß in einem tieferen Vermögen, im dunkel ahnenden Gefühle zu suchen seyn.

Ohne daß man die Quelle der Religion in das Gefühl setzt, kann man die Entstehung so mannichfaltiger, oft so sonderbarer und widersinniger religiösen Vorstellungen und Gebräuche nicht erklären. Wie kamen die alten Germanen und Slaven dazu, Wälder und Bäume als heilig, als Wohnungen der Götter, zu verehren? Der Verstand kann in solchen Gegenständen nichts finden, was sie vor andern auszeichnete, und wodurch sie in näherer Beziehung zu der übersinnlichen Welt ständen: aber wohl versteht man die Bedeutung dieses Glaubens und die Möglichkeit seiner Entstehung, wenn man unter das grüne Gewölbe eines uralten Waldes tritt, und sich von einem heiligen Schauer ergriffen fühlt; es ist die von Menschen-Kunst und Willkür unabhängige, ihr eigenes Daseyn in mächtiger Größe behauptende Natur, welche uns Ehrfurcht einflößt, und die wohl für die beschränkte Phantasie eines Naturmenschen das Bild der Gottheit werden kann. Wenn die Ostiaken einen Bären erlegt haben, so hauen sie ihm den Kopf ab, hängen diesen an einen Baum, stellen sich um denselben herum, und erweisen ihm göttliche Ehre. Hierauf wenden sie sich zu dem verstümmelten Körper des Bären, wehklagen und fragen mit weinerlicher Stimme: Wer hat dir das Leben genommen? Sie wälzen die Schuld von sich ab, indem sie sich selber antworten: die Russen haben es gethan. Es ist unstreitig die dunkle Furcht vor dem gefährlichen Geschlecht der Bären, und vielleicht überhaupt die heilige Scheu vor dem Leben, an welchem sie sich vergangen haben, was sie zu diesem sonderbaren Sühnungs-Gebrauche veranlaßt. Aus derselben Quelle mag folgender ähnlicher Gebrauch anderer Wilden entsprungen seyn. Hat Einer einen Bären erlegt, so steckt er dem todten Thiere eine brennende Pfeife ins Maul, bläst in den Kopf derselben, füllt die Kehle des Bären mit Rauch an, und bittet dann, daß der Bär das Geschehene nicht rächen möge. Nachher verzehrt man das Thier, und während der Mahlzeit betet man den mit allerley Farben bemalten, an einen erhabenen Ort gestellten Kopf desselben unter Absingung von Lobliedern an. Der Verstand kann ein todtes Thier nicht als furchtbar vorstellen, so daß man es durch Opfer und Anbetung versöhnen müsse; dieß kann allein das Gefühl und die Einbildungskraft. Den ganzen Fetischismus kann man nur aus der Quelle des Gefühls und der Einbildungskraft ableiten, nicht aus dem erkennenden Verstande. Wenn viele wilde Völker Ueberbleibsel von getödteten Thieren, als Häute, Gerippe, Knochen, Hörner, Zähne, Schaalen, Federn, anbeten: so können sie nur durch eine, unter dem Einfluß eines dunkeln Gefühls stehende kindische Einbildungskraft darauf geführt worden seyn. Der ganze Thierdienst ist aus der dunkeln Ahnung einer in den Thieren wirkenden geheimnißvollen Naturkraft entstanden. Die oft sonderbare Gestalt der Thiere, welche von der menschlichen so sehr abweicht, und unter deren Hülle sich doch Leben regt, ihre so sehr verschiedenen Lebensarten, Sitten und übrigen Eigenthümlichkeiten, ihr oft in Erstaunen setzender richtiger Instinkt, durch welchen sie Zukünftiges ahnen, ihre Bedürfnisse befriedigen, und künstliche Werke vollbringen, alles das muß nicht nur Aufmerksamkeit und Erstaunen erregen, sondern auch gewisse fromme Ahnungen erwecken. Und so bietet die Religionsgeschichte noch manche andere Erscheinungen dar, die sich aus keiner anderen Quelle, als aus dem dunkel wirkenden Gefühle erklären lassen, wie uns dieses die Folge unserer Betrachtungen lehren wird.

Am meisten zeugt für unsere Ansicht die Art, wie die christliche Religion aufgetreten ist, sich entwickelt und auf das Leben eingewirkt hat. Wenn diejenigen Recht hätten, welche in der Religion die Erkenntniß für die Hauptsache halten: so müßte das Christenthum gleich anfangs in verständiger, wissenschaftlicher Form aufgetreten seyn, und sich als Weisheit geltend gemacht haben. Aber gerade umgekehrt; es bietet sich als die einfache Lehre des Glaubens dar; wendet sich nicht an die Gelehrten und Weisen, sondern an die Einfältigen und Ungebildeten, und veranlaßt nicht wissenschaftlichen Streit und Forschung, sondern lebendige Begeisterung und Andacht. Es war nicht Verstandes-Einsicht und Trieb nach Aufklärung, was die ersten Christen zusammenhielt in Verfolgung und Drangsal, sondern herzliche brüderliche Eintracht des Glaubens und der Liebe; nicht die kalte, klare Ueberzeugung des Verstandes flößte den Märtyrern die Standhaftigkeit ein, mit welcher sie Marter und Tod freudig erduldeten, sondern lebendige Begeisterung, Treue des gläubigen Herzens gegen ihren Herrn und Meister. Erst späterhin wurde die christliche Religion ihrem Lehr-

Inhalte nach verständig und wissenschaftlich behandelt, aber gerade dann war die erste jugendlich frische Begeisterung entflohen. Nicht in den oft von lermendem Streit bewegten Versammlungen der Kirchenlehrer, welche die streitig gewordenen Glaubenslehren bestimmten, nicht in den Hörsälen der Scholastiker, welche über die christliche Wahrheit spitzfündige Unterscheidungen und Bestimmungen vortrugen, lebte christliche Andacht und Begeisterung. Durch die Verstandes-Aufklärung kam das Christenthum sogar im achtzehnten Jahrhundert in Gefahr, in Zweifel und Unglauben unterzugehen; diese Zeit stellte die neue Erscheinung dar, daß die Wissenschaft und die übrige Geistesbildung sich von aller Religon los zu sagen, und die Theologie sich in Weltweisheit aufzulösen den Versuch machte. Allerdings schließt das Christenthum auch das Licht der Erkenntniß in sich, und hat auf die Erleuchtung und Belebung der Wissenschaft einen vortheilhaften Einfluß gehabt; auch verdanken wir die Kirchenverbesserung, zum Theil wenigstens, dem wiedererwachenden wissenschaftlichen Forschungsgeiste, welcher zur Quelle desselben, der heiligen Schrift, zurückführte. Aber der Einfluß der christlichen Religion auf das ganze Leben, die Verbesserung der Sitten, die Ausrottung heidnischer Laster und Rohheiten, namentlich der Sklaverey mit ihren Unmenschlichkeiten, die Verschönerung des ehelichen Lebens durch eine keuschere Sitte, die Verbreitung des Geistes der Barmherzigkeit gegen Arme und Leidende, und vor allem die Einflößung eines tiefen Sinnes für das Heilige, einer ernsten, ehrfurchtsvollen Andacht, sind nicht die Wirkungen der Verstandes-Erkenntniß, welche sie mitgebracht hat, sondern der eindringenden Kraft des Gefühls, welches sich der Herzen bemächtigte. Wer das Christenthum in seiner geschichtlichen Erscheinung als bloße Verstandes-Sache mit dem bloßen Verstande betrachtet, der kann in ihm wenig Erfreuliches finden, und muß Vieles als Unsinn und Verkehrtheit betrachten. Wer aber mit empfänglichem Gefühl, mit dem stillen Sinne der Andacht, das unter der oft wunderlichen und abstoßenden Gestalt des Aberglaubens und der Schwärmerey still wirkende Leben des frommen Glaubens und der begeisterten Liebe ins Auge zu fassen vermag, der wird in ihm zu keiner Zeit die göttliche Kraft verkennen, deren er an seinem eigenen Herzen zu seinem Heil inne wird.

Aus dem Kreise unserer täglichen Erfahrung lassen sich ebenfalls mehrere Beweise dafür anführen, daß die Religion im Gefühl ihre Quelle hat, und nicht im Verstande. Wenn das letztere der Fall wäre, so müßte die Religiosität mit der Ausbildung des Verstandes wachsen, und die Verständigsten und Gelehrtesten müßten zugleich die Frömmsten seyn; aber die Erfahrung zeigt gerade das Gegentheil. Die Verstandes-Bildung führt nicht selten zum Unglauben, und erregt Zweifel, durch welche die früher genährten frommen Gefühle unterdrückt werden. Gottesleugnung und Gleichgültigkeit gegen Religion und Kirche sind gerade in den Ständen herrschend, welche sich am meisten der Ausbildung des Geistes befleißigen. Es ist freylich eine falsche Verstandes-Bildung, welche dergleichen heillose Früchte trägt; der gesunde, richtige Verstand unterstützt eher den Glauben, als daß er ihn wankend macht; aber selbst in einer richtigen Entwickelung des Verstandes kommt der Zweifel als Uebergangspunkt vor; und es folgt daraus wenigstens so viel, daß der Verstand als solcher nicht nur verschieden ist von demjenigen Vermögen, in welchem die religiöse Ueberzeugung entspringt, sondern auch mit demselben in Gegensatz treten kann.

In den Kindern ist der Verstand noch nicht zur Entwickelung gelangt, und doch zeigen sie eine große Empfänglichkeit für die Religion, und gerade für das Wunderbarste und Geheimnißvollste in ihr. Dagegen verlieren nicht selten die gläubigsten Kinder in den Jahren der Verstandes-Entwickelung die ruhige Sicherheit ihres Glaubens, und gerathen in Zweifelsucht und Unglauben. Dieß könnte nicht seyn, wenn der Verstand das eigentliche Vermögen der Religion wäre. Die Frauen gelten mit Recht dafür, den meisten Sinn für die Frömmigkeit zu haben; sie beweisen den wärmsten Antheil an der öffentlichen Andacht, und die wärmste Verehrung gegen ausgezeichnete Geistliche und Kanzelredner. Ihnen liegt als Müttern die religiöse Erziehung der Kinder am meisten am Herzen, und durch ihr Beyspiel und ihre Ermahnungen tragen sie gewiß nicht wenig zur Fortpflanzung der Frömmigkeit in den Familien bey. Manche Gattin mahnt schon durch ihr Beyspiel den ganz in weltlichen Geschäften lebenden, oder sonst in einer gemüthlosen Einseitigkeit befangenen Mann an das Eine, was Noth ist, und wird ihm die Führerin zum Wege des Heils. Der Unglaube des verflossenen Zeitraums der Aufklärung, hat am wenigsten in das weibliche Geschlecht Eingang gefunden, und es ist dem alten väterlichen Glauben am meisten treu geblieben. Selbst wenn die Neuerungen auf weibliche Gemüther Einfluß gewannen, milderten sie sich in ihnen durch Herzlichkeit und Innigkeit. Aber es darf als Regel angenommen werden, daß im Weibe das Gefühl über die Verstandes-Erkenntniß das Uebergewicht hat. Findet man auch in vielen Frauen eine sehr richtige Urtheilskraft und einen klaren Verstand, so ist doch das geregelte, tief eindringende Nachdenken bloß die Sache der Männer, in welchen eben der Verstand gewöhnlich vorherrscht. Es ist mithin das Gefühl, was die Frauen so empfänglich für die Religion macht; und wir dürfen sie als die gültigsten Zeugen für unsere Ansicht anführen.

Endlich fragen wir einen Jeden, dem die Religion nicht bloß die Sache äußerer Uebung oder todtes Gedächtnißwerk ist, worin sich ihm die wohlthätige Kraft derselben am meisten beweist, ob in der Erweiterung seiner Verstandes-Erkenntniß oder in der Beruhigung und Reinigung seines Herzens? Er wird ihr allerdings auch die Erleuchtung seines Verstandes und die richtige Ansicht von den wichtigsten Aufgaben des menschlichen Wissens verdanken; aber diese Erleuchtung wird eben darin bestehen, daß er diese Aufgaben für den menschlichen Geist unlösbar findet, und in Demuth seine Unwissenheit anerkennt: hingegen wird er die wohlthuendsten und segensreichsten Wirkungen der Religion in seinem Herzen spüren, in dem innern Frieden welcher ihm geworden ist, in der freudigen Hoffnung, mit welcher er der Zukunft entgegengeht, in der begeisterten Liebe zu den höheren Gütern, welche seiner Gesinnung einen höheren Schwung verleiht; genug, im Gefühl wird der Gewinn bestehen, den sie ihm gebracht hat. Alle geben auch zu, daß die Wirkung der Religion im Einfluß auf das Herz bestehe, und daß der höchste Zweck derselben der Friede mit Gott, die heilige, unerschütterliche Ruhe der Seele, die seligste Gefühlsstimmung sey. Aber wenn die Religion im Gefühl ihren Zweck hat, so muß sie auch in demselben ihre Quelle haben. So wie nur das, was vom Herzen kommt, auch zum Herzen geht, wie nur solche religiöse Ermahnungen und Tröstungen ihren Zweck erreichen, welche aus dem Herzen hervorgegangen sind: so muß auch die ganze Religion diesen Ursprung haben. Der Verstand kann mitwirken zur Beruhigung und Erweckung des Herzens, aber er kann es nicht für sich allein beherrschen, nicht allein über dessen Stimmung und Richtung entscheiden: das kann nur die geheimnißvolle Macht des Gefühls, welches in der innersten Tiefe des Gemüths entspringt.

Aber ist es nicht vielleicht eine leere Streitfrage, in welchem Vermögen des Geistes die Religion ihre Quelle habe, und ob sie mehr Sache des Gefühls, oder des Verstandes sey? Oder ist es nicht wenigstens bloß eine gelehrte Frage, welche für das Leben ohne große Bedeutung ist? So viel ich einsehe, ist die Ansicht, daß die Religion unmittelbar dem Gefühle, und erst mittelbar dem Verstande angehöre, von großer und allgemeiner Wichtigkeit; und dieses zu zeigen, ist uns noch in dieser Stunde übrig.

Durch diese Ansicht ist erstens die richtige Beurtheilung jeder religiösen Erscheinung sowohl in der Geschichte, als im Leben bedingt. Viele Erscheinungen der Religion in der Geschichte bieten (wie wir schon angedeutet haben), dem Verstande entweder gar nichts oder doch nur Unbefriedigendes und Widersprechendes dar. Der Aberglaube des Fetischismus ist oft ohne alle Mitwirkung des Verstandes, allein durch die ungeregelte Thätigkeit des dunkeln Gefühls und der rohen Einbildungskraft entstanden, und nur das ahnende Mitgefühl des Beobachters kann Sinn und Bedeutung darin finden. In den Religionen dagegen, in welchen sich die Spuren eines mitwirkenden, jedoch noch sehr unbeholfenen Verstandes zeigen, finden sich so viele widersinnige und alberne Vorstellungen, daß derjenige Beobachter, der nur nach Unterhaltung für den Verstand sucht, sich mit Widerwillen wegwenden muß, und nur derjenige, welcher den tiefer liegenden Spuren des religiösen Gefühls nachzugehen weiß, Befriedigung finden wird. In welcher elenden Gestalt erscheint die christliche Kirchengeschichte, dargestellt und betrachtet im Sinne der herz- und gemüthlosen Kritik eines Aufklärers des vorigen Jahrhunderts! Alle die dogmatischen Streitigkeiten über die drey Personen in der Gottheit findet ein solcher leer, unbedeutend und abgeschmackt, weil er mit seinem flachen Verstande nicht einsieht, daß es sich dabey wirklich um eine Angelegenheit des frommen Gefühls und eine tief liegende religiöse Wahrheit handelt. Es war nämlich darum zu thun, das, Gottes Offenbarung und Erscheinung in Christo anerkennende Gefühl, vor der Verunreinigung des Götzendienstes zu bewahren, und über der Verehrung Christi nicht die wahre Andacht zu Gott dem Vater zu vergessen. Eben so können auch Viele sich nicht darin finden, wie Luther mit Zwingli sich über die Gegenwart des Leibes und Blutes Christi im Abendmahl streiten konnte, weil sie nicht einsehen, daß er eine an sich immer achtungswerthe Ansicht des Gefühls vertheidigte.

Sodann hängt von unserer Ansicht von der Natur der Religion die Duldsamkeit ab, die wir im Leben zu beweisen haben. Die Verschiedenheit der religiösen Ansichten und Meinungen hat gewöhnlich mehr in der verschiedenen Ausbildung des Verstandes ihren Grund, als in der Verschiedenheit des Gefühls und der Gesinnung; und diejenigen, die sich mit einander streiten, würden wohl in einem geeigneten Falle des Lebens in denselben Gefühlen der Anbetung und Begeisterung zusammenstimmen. Wenigstens würden sie, wenn sie sich in ihren religiösen Gefühlen und Gesinnungen verstehen könnten, den Streit über ihre Meinungen in einem friedlicheren Sinne führen. Dieß war gerade der

Fall

Fall mit Luther und Zwingli und den andern sächsischen und schweizerischen Theologen. Sie stimmten so sehr in den Grundwahrheiten des Evangeliums überein, hatten so ganz einstimmig die alles entscheidende Lehre von dem allein rechtfertigenden Glauben und der christlichen Freyheit erkannt und erfaßt, und konnten als die treuesten und wärmsten Schüler Christi gelten; und nur der Mangel an Beweglichkeit und Klarheit des Geistes, verbunden mit der Furcht vor der Uebertreibung der Freydenkerey, welche sich Karlstadt hatte zu Schulden kommen lassen, machte Luthern so unduldsam gegen die ächt evangelische Lehre der Schweizer. Hätte er eingesehen, daß es beym Abendmahl weniger auf die Vorstellung davon, als auf den gläubigen Genuß desselben ankommt, so hätte er seinen Gegner nicht so verketzern können. Wer das Gefühl als Quelle und Wesen der Religion ansieht, es selbst lebendig in sich trägt, und nicht in Verstandes-Vorstellungen einseitig befangen ist, wird immer die wahre Duldsamkeit üben, nicht die falsche, welche aus Gleichgültigkeit entspringt, sondern diejenige, welche mit einem warmen Eifer für die Religion verbunden ist. Er wird in jeder Ansicht und Meinung, welche ihm begegnet, das zum Grunde liegende Wahre und Gute aufzufassen suchen, und die äußere Hülle als unwesentlich fallen lassen. Wirklich ist auch unsere Zeit, in welcher die Lehre vom Gefühl zwar noch lange nicht herrschend ist, aber doch schon im Stillen und unbewußt ihre Wirksamkeit ausübt, mehr, als je eine andere, zur wahren Duldsamkeit geneigt. Während auf der einen Seite das theologische Nachdenken in neuer Kraft mit großer Schärfe und Tiefe erwacht, und selbst dogmatische Streitfragen von neuem erörtert werden, neigen sich auf der andern Seite Gelehrte und Ungelehrte zur brüderlichen Vereinigung mit Andersgläubigen hin; und immer mehr wird die Ansicht herrschend, daß das wahre Christenthum, unabhängig von Dogmen und kirchlichen Unterscheidungslehren, in einem in Liebe thätigen Glauben bestehe.

Von unserer Ansicht hängt ferner die richtige Art der religiösen Erziehung und des Unterrichts ab. Lebt die Religion im Gefühl und Herzen, so muß man auf dieses vorzüglich einzuwirken suchen, und die verständige Belehrung als etwas Untergeordnetes und Dienendes betrachten. Wir haben uns schon in einer früheren Vorlesung, wo wir die Religion als Sache des Glaubens betrachteten, gegen die Vernünftelen im Religions-Unterricht erklärt, und müssen hier darauf zurückkommen. Wer die Natur der Religion kennt, sieht ein, daß man sie eigentlich nicht lehren kann, sondern daß sie sich hauptsächlich durch lebendige Einwirkung auf das Herz mittheilen läßt, und wird darnach sein Verfahren einrichten. Allerdings gibt die Einsicht, daß die Religion im Gefühl lebt, für sich allein noch nicht die Fähigkeit, sie auf eine dem Gefühl entsprechende Weise zu behandeln; allein sie veranlaßt doch, das vorzüglich aufzufassen und vorzutragen, was dem Gefühl angehört, und vor allen Dingen das eigene Gefühl auszubilden, während eine bloß verständige Ansicht von der Religion, die Aufmerksamkeit vom Gefühl ablenkt, und ihm die Nahrung und Belebung entzieht. Gottesgelehrte, welche unserer Ansicht zugethan sind, werden in der Regel Schüler bilden, denen die Religion Sache des Herzens ist, während die Zöglinge einseitiger Verstandes-Theologen auch selbst einseitig und kalt seyn werden. Es ist daher zu hoffen, daß, wenn unsere Ansicht herrschend wird, die ganze Theologie einen neuen, höheren Schwung nehmen, und besonders der religiöse Jugend-

Unterricht und die Kanzel-Beredtsamkeit ein wärmeres, kräftigeres Leben gewinnen wird. In unserer Zeit, die so sehr vom Verstande beherrscht wird, kommt sehr viel darauf an, daß man von einer richtigen Theorie ausgehe. Der Verstand hat uns eine Zeitlang vom Gefühl abgeführt, und er muß uns auch wieder dahin zurückführen. Nachdem er uns lange durch seine Anmaßung getäuscht hat, Alles wissen und über Alles herrschen zu wollen, muß er nun einsehen, daß es etwas gibt, was höher als er selbst ist, und diesem Höheren demüthig dienen.

Von der allgemeinen Anerkennung, daß die Religion Sache des Gefühls ist, läßt sich vielleicht selbst eine Verjüngung und Verschönerung unserer öffentlichen Andachts-Uebung hoffen. Setzt man den Zweck derselben nicht vorzugsweise in die Belehrung, und erkennt man die Bedürfnisse des Gefühls an: so wird man vielleicht den Künsten, besonders der mit der Religion so innig verwandten, und das Herz so sehr ergreifenden Tonkunst, eine größere Mitwirkung beym Gottesdienst einräumen, als bisher geschehen ist. Der Abscheu vor dem katholischen Aberglauben hat zur Zeit der Kirchenverbesserung zu weit geführt, so daß man nicht nur die Bilder aus der Kirche entfernte, sondern auch den Gebrauch der Tonkunst entweder ganz verschmähete, oder doch allzusehr einschränkte. Die kirchliche Baukunst hat unter uns Protestanten fast ganz aufgehört; und wo man keine schönen Kirchen aus der katholischen Zeit besitzt, kann man kein kirchliches Gebäude aufzeigen, das dem Zwecke der Andacht entspricht. Aber schon fängt man an einzusehen, daß der Gottesdienst noch einen andern Zweck, als den der Belehrung hat, und daß auch für die Erweckung des frommen Gefühls gesorgt werden muß. Mit dieser Einsicht verbindet sich die wieder erwachte Liebe zu den Künsten und namentlich zur Tonkunst, deren Pflege in den Schulen und in Liebhaber-Vereinen mit Fleiß getrieben wird, wovon sich sicherlich gute Früchte erwarten lassen.

Ja ich hoffe sogar einen wichtigen, bedeutenden Einfluß dieser Lehre vom Gefühl auf das religiöse Leben, eine durch sie vorbereitete Umwandlung und Verjüngung desselben. Allerdings kann die Einsicht und der Fleiß allein nicht Solches bewirken; die begeisternde Macht des Gefühls muß sich von oben auf uns ergießen, wenn ein neues Leben in der Kirche entstehen soll. Aber es ist schon gut, wenn Empfänglichkeit vorhanden ist. Das durstige Land kann sich nicht selber tränken, der erquickende, befruchtende Regen muß von oben kommen; aber nur der lockere, empfängliche Boden kann ihn in sich aufnehmen, während er vom harten Felsen abfließt. In der That wird eine gewisse Empfänglichkeit für Eindrücke des frommen Gefühls durch die Lehre, daß es Quelle und Ziel des religiösen Lebens sei, hervorgebracht; das Bedürfniß seines erhebenden und erwärmenden Einflusses wird erweckt; man wird eines Mangels, einer Lücke gewahr, und öffnet daher gern das Herz begeisternden, erhebenden Eindrücken. Es ist eine durch die Geschichte bestätigte traurige Wahrheit, daß eine kalte, in leeren Verstandes-Begriffen befangene streitsüchtige Gottesgelehrsamkeit den nachtheiligsten Einfluß auf das Leben ausübt. Eine solche Gottesgelehrsamkeit herrschte in dem Zeitraume nach der Reformation, besonders in der lutherischen Kirche. Man glaubte damals, daß durch das, was Luther gethan, Alles vollbracht und abgeschlossen sey; so wie man vorher die Beschlüsse der Concilien und Päpste ohne Prüfung, mit knechtischem Glauben angenommen hatte, so schwur man jetzt auf die Worte Luthers; man übte keine lebendige, eindringende Bibel- und Geschichtsforschung, und drehte sich bloß in dogmatischen

Begriffen herum; man kannte nicht das Herzensbedürfniß derer, die man belehren und erbauen sollte, und speiste sie mit der Behandlung dogmatischer Streitigkeiten ab, die man mit Verletzung der Friedensliebe und des frommen Zartgefühls auf die Kanzel brachte. Die Folge davon war ein trauriger Verfall des frommen Lebens, eine alle Wärme und Begeisterung niederhaltende Kälte und Leerheit, ein Zustand der Dinge, in welchem nichts Großes und Gutes gedeihen konnte, und die größten Männer unverstanden blieben. So ist nun auch zu hoffen, daß eine wärmere, tiefere Gottesgelahrtheit den entgegengesetzten wohlthätigen Einfluß auf das Leben haben, und die Herzen, wo nicht selbst erwecken und begeistern, so doch für die Begeisterung empfänglich machen werde. Eine empfängliche sehnsüchtige Stimmung ist gewöhnlich vor großen Umwandlungen des religiösen Lebens vorhergegangen. Ehe Christus kam, war überall unter Juden und Heiden ein Hoffen und Sehnen, ein Ausschauen nach dem Heil, ein Durst nach einem bessern, tröstlichern Gottesdienst, wodurch die Herzen auf das Evangelium vorbereitet wurden. Eine ähnliche Stimmung ging der Reformation voran. Jeder Lichtstrahl, der sich zeigte, jede Regung der Freyheit, jedes Wort des Widerspruchs gegen die Gewalt der Päpste und Bischöfe wurde mit Jubel aufgenommen, und Alles harrte einer neuen Entwickelung der Dinge entgegen, ohne daß man immer wußte, was man hoffte und erwartete. Eine Stimmung dieser Art scheint auch in unserer Zeit herrschend werden zu wollen, und eine bevorstehende große Umwandlung des religiösen Lebens anzukündigen: und so wollen wir denn hoffen, daß der Geist von oben sich auf uns ergießen werde, und wollen hoffend uns auf ihn vorbereiten.

Fünfte Vorlesung.

Verhältniß der Religion zur Wissenschaft, zur Sittlichkeit und Sittenlehre, zur Kunst und zum Staatsleben.

Wir haben uns nunmehr, wie ich glaube, hinlänglich davon überzeugt, daß die Religion nicht zunächst und allein Sache des Verstandes ist, sondern unmittelbar und vorzüglich dem Gefühl angehört. Die Ideen der Ewigkeit und Unsterblichkeit, der Gottheit, der heiligen Weltordnung und einer vollkommenen, seligen Herrschaft des Guten, erkennen wir unmittelbar mit dem Gefühl, und machen sie uns erst hinterher mit dem Verstande klar. Aber daraus geht doch hervor, daß der Verstand einen gewissen Antheil an der Religion hat; auch zeigt die Erfahrung und Geschichte, daß die Wissenschaft oder die geregelte, schulgerechte Ausbildung der Verstandes-Erkenntniß, mit der Religion in einer gewissen Berührung steht: es fragt sich demnach, wie dieses Verhältniß des religiösen Gefühls zur Verstandes-Erkenntniß näher zu bestimmen sey?

Wir haben ferner gefunden, daß das sittliche Gefühl mit dem religiösen aus einer und derselben Quelle entspringt, und daß dieses, von der einen Seite wenigstens, mit ihm eins ist. Die Erfahrung lehrt, daß die Frömmigkeit auf die Sittlichkeit einen großen Einfluß hat, und daß beyde gewöhnlich in der innigsten Verbindung mit einander erscheinen; daß die Religion die Sittlichkeit fordert, die Menschen dazu erzieht und anhält, die Gewissenhaftigkeit erhöht, und die Grundsätze der Sittlichkeit heiligt. Allein die Philosophen unterscheiden zwischen Religions- und Sittenlehre, zwischen Religiosität und Sittlichkeit; und es ist vor einiger Zeit die Meinung ziemlich herrschend gewesen, daß die letztere von der ersteren unabhängig sey, daß man tugendhaft leben könne, ohne an Gott und Unsterblichkeit zu glauben, und daß die Tugend des Gotteslengners um so reiner sey, als sie uneigennützig sey. Es wird daher auch nöthig seyn, das Verhältniß der Religion zur Sittenlehre und Sittlichkeit genau zu bestimmen.

Ueberhaupt liegt es uns ob, der Religion im Gemüth und Leben ein eigenes Gebiet anzuweisen. Die Geschichte und Erfahrung zeigt uns, daß sie ein solches im Leben des Volkes einnimmt; aber es ist nirgends genau abgesteckt, und es gibt Grenzstreitigkeiten, wie die so eben angeführten sind, und zu welchen noch die zwischen Kirche und Staat kommt. Wenn wir aber das Gebiet der Religion genau abgrenzen wollen, so müssen wir auch ihr Verhältniß zur Kunst, besonders zur Dichtkunst, bestimmen; denn diese greift auch in das religiöse Gebiet ein.

Was nun zuvörderst das Verhältniß der Religion zur Wissenschaft betrifft, so berühren sich beyde zunächst in den Ideen der Ewigkeit, Unsterblichkeit und Gottheit, oder eines übersinnlichen, ewigen, rein geistigen Wesens der Dinge. Der Philosoph, wie der Religiöse, erkennt die Wahrheit dieser Ideen an; sie nehmen eine nothwendige Stelle ein in jedem Religions-System (wenn es nicht ganz unausgebildet ist) und in jedem System der Metaphysik. Beyde, Religion und Wissenschaft, haben rücksichtlich dieser Ideen eine und dieselbe Quelle, das ursprüngliche Gefühl; oder wenn man lieber will, so kann man sagen, daß die Wissenschaft auf der Grundlage der Religion ruhet. Wir haben gezeigt, daß die Wahrheiten: daß die Seele unsterblich ist, daß es eine höchste Ursache der Dinge gibt u. a. dgl., in einem unmittelbaren Gefühle liegen, welches die Quelle oder der Keim der Religion ist; dieses Gefühl nun ist zugleich die Grundlage, auf welchem die Wissenschaft ihr Gebäude aufführt. Wenn aber die Religion und die Wissenschaft sich in der Quelle berühren, so fragt sich, wo und wie sie sich von einander scheiden?

Sie scheiden sich in der Art der Auffassung und Ausbildung dieser ursprünglichen Gefühls-Erkenntniß. Die Wissenschaft thut Alles mit dem Verstande. Zuvörderst weist sie durch verständige Beobachtung das Vorhandenseyn einer solchen ursprünglichen Erkenntniß nach, und zeigt, daß wir vermöge einer innern Nöthigung an jene höheren Wahrheiten glauben müssen, und daß alle unsere Erkenntniß ohne Halt und Grund wäre, wenn wir nicht daran glaubten. Sodann faßt sie die ursprüngliche Gefühls-Erkenntniß in Begriffe, die sie mit einander in einen streng folgerichtigen Zusammenhang bringt; sie erhebt sie durch regelmäßige Anwendung der Denkgesetze zum klaren, bestimmten Wissen. Die Begriffe des Verstandes von den übersinnlichen Dingen sind aber, wie wir schon bemerkt haben, von der Art, daß dadurch das Wesen derselben nicht anders, als durch Verneinung bestimmt wird. Wir können mit dem Verstande nicht begreifen, was die Ewigkeit an sich sey, wir können sie nur als ein Seyn bestimmen, das nicht durch Zeit und Raum begrenzt ist; wir können uns die Unsterblichkeit nicht anders denken, als wie ein Seyn ohne den Wechsel von Entstehen und Vergehen; der verständige Begriff von Gott ist kein anderer, als der eines Wesens, das von aller Bedingtheit und Abhängigkeit frey, selber der Grund alles Bedingtseyns und aller Abhängigkeit ist. Der Verstand dringt daher nicht in das Wesen der übersinnlichen Dinge ein, er unterscheidet sie nur mit Klarheit von den sinnlichen Dingen, indem er sagt, was sie nicht seyen, worin sie sich von den letztern unterscheiden. Es ist eine kalte, unbestimmte, unbefriedigende Erkenntniß, die er uns davon gibt; es sind nur Schattenrisse des wahren Wesens der Dinge, die er uns liefert.

Ganz anders verfährt die Religion in der Auffassung und Ausbildung der ursprünglichen Gefühls-Erkenntniß. Sie faßt sie nicht als ein Gedachtes im todten, kalten Begriff auf, sondern als etwas Lebendiges, Wirkliches, als innere Erfahrung und Erlebniß; sie erkennt nicht nur, daß eine Ewigkeit, ein unsterbliches Leben, ein Gott zu denken ist, sondern sie wird lebendig inne, daß alles dieses wirklich ist. Sie faßt das Gefühl als solches auf, oder sie empfindet es in lebendigen Gefühlserregungen, welche im Leben bey besondern Anlässen ins Gemüth treten. Sie fühlt es lebendig, daß es eine Unsterblichkeit gibt am Grabe geliebter Personen, in der eigenen Todesgefahr, beym Herannahen des natürlichen Todes. Sie fühlt, daß ein Gott ist in Lagen des Lebens, wo das ganze Daseyn des Menschen von einem Zufall abhängt, wo ein Schlag all sein Glück vernichtet hat, oder vernichten konnte, wo das Schwert an einem dünnen Faden über dem Haupte hängt. Allerdings bedient sich die Religion auch der Vorstellungen, um sich dieser in einzelnen Augenblicken gefühlten Wahrheiten auch im Ganzen bewußt zu werden. Sie fühlt nicht bloß, sondern betrachtet auch, und sucht ein Ganzes der Weltbetrachtung oder der Weltansicht zu gewinnen. Sie entlehnt deßwegen vom Verstande gewisse Begriffe von übersinnlichen Dingen, bezieht sie aber immer unmittelbar auf das Gefühl. Von dieser Art ist der Begriff der Unsterblichkeit, durch welchen der Gehalt der ursprünglichen Idee nur verneinend bezeichnet wird, welchen aber das fromme Gefühl dennoch im beziehenden Sinne faßt. Noch lieber läßt die Religion sich von der Einbildungskraft Bilder leihen zur Bezeichnung der übersinnlichen Erkenntnisse; denn Bilder sprechen durch ihre Anschaulichkeit das Gefühl lebendiger an. Ein solches Bild ist das des Himmels, worunter wir uns anschaulich die übersinnliche Welt vorstellen. Die Erhabenheit des Anblicks des blauen Gewölbes über uns mit seinen unzähligen Sternen weckt in uns Ahnungen, welche kein Begriff wekken könnte; und schon das Wort Himmel wirkt erregender auf das Gefühl, als alle kunstgerechten Begriffserklärungen, welche der Philosoph von der übersinnlichen Welt gibt.

Die Religion unterscheidet sich aber vorzüglich dadurch von der Wissenschaft, daß sie nicht bloß bey den ursprünglichen Ideen stehen bleibt, sondern das Gefühls-Leben des Gemüths aus der Erfahrung bereichert. Sie faßt in der Natur und Geschichte Ahnungen des Ewigen auf; Gegenstände und Ereignisse, welche dem Frommen bedeutend erscheinen, werden ihm zu Bildern und Offenbarungen des Uebersinnlichen. Die Idee einer Vorsehung liegt in gänzlicher Unbestimmtheit im Gemüth, und der Philosoph kann nichts als den allgemeinen Satz aufstellen, daß Alles von

Gott abhängig und von ihm zum besten Zweck geordnet seyn müsse: der Fromme hingegen macht von dieser Wahrheit die lebendige Erfahrung, und in Folge gewisser wohlthätiger und wichtiger Lebens-Ereignisse sammelt sich in seinem Gemüth eine Summe von Gefühlen des Vertrauens und Dankes gegen Gott, wodurch ihm das, was der Philosoph ganz allgemein und unbestimmt denkt, in lebendiger, anschaulicher Wirklichkeit erscheint. Auf diesem Gebiete liegt der Ursprung der sogenannten positiven, d. h. geschichtlich überlieferten und ausgebildeten Religionen. Sie entstehen entweder aus mehreren Erfahrungen, welche sich im Verlauf der Zeiten an einander reihen, oder sie sind das Ergebniß einer großen, entscheidenden Erfahrung, wie das letztere beym Christenthum der Fall ist, welches durch Christi Leben und Tod in die Welt eingeführt ist, wiewohl auch ihm noch ältere Ueberlieferungen zum Grunde liegen. Auf diese Weise benutzt der Fromme frühere, fremde Erfahrungen; er wird in einer geschichtlich ausgebildeten religiösen Ansicht und Gefühls-Stimmung erzogen, sein Leben ist abhängig von dem der früheren Geschlechter, wogegen der philosophische Denker zwar auch von älteren Meistern lernen kann und soll, die wissenschaftliche Wahrheit aber nicht durch die Erfahrung an Umfang wächst, sondern lediglich durch die unveränderlichen Gesetze des menschlichen Geistes bestimmt ist. Während also der Philosoph die Erkenntnisse der übersinnlichen Welt schulgerecht mit dem Verstande und in der Allgemeinheit und Unbestimmtheit, in welcher sie im menschlichen Geiste liegen, als Wissenschaft darstellt, faßt der Fromme diese Wahrheiten als Gegenstände des Gefühls und der vom Gefühl geleiteten Betrachtung auf, und in dieser seiner frommen Betrachtung der Welt enthüllt sich ihm

Manches, wovon der Philosoph nichts weiß; manche Ahnung schließt sich ihm auf, welche die Wissenschaft als solche nicht fassen kann.

Endlich unterscheidet sich die Religion von der Wissenschaft dadurch, daß sie für ihre Ueberzeugung von den übersinnlichen Wahrheiten, so wie für die Aeußerung und Ernährung ihrer Gefühle, die Gemeinschaft sucht. Der Fromme bekennt seinen Glauben und spricht seine Begeisterung und Andacht aus vor Gleichgesinnten, oder sucht dafür die Einstimmung Anderer zu gewinnen, um mit ihnen in Gemeinschaft zu treten. Der Denker hingegen bleibt immer vereinzelt, selbst wenn er sich Schüler bildet, weil von diesen wieder ein jeder seine eigenen Ansichten hat. Der Verstand trennt vermöge der unendlichen Verschiedenheit der Fähigkeit und Ausbildung, während hingegen das Gefühl vereinigt. Die Frommen können auch verschiedene Meinungen haben; aber sie suchen wenigstens in der Erkenntniß der Hauptwahrheiten einig zu werden und zu bleiben, und vorzüglich pflegen sie die Gemeinschaft in der Mittheilung der frommen Gefühle.

Aus diesem Verhältnisse der Wissenschaft zur Religion ergibt sich die Antwort auf die Frage, welche schon oft ist aufgeworfen, auch wohl bejahet worden, ob nicht die erste die zweyte ersetzen, und der Philosoph aller Religion entbehren könne? O des unglückseligen Philosophen, der mit seinen wenigen und noch dazu ganz allgemeinen und unbestimmten Wahrheiten, mit seinen kalten, dürftigen Verstandes-Begriffen, in trauriger Vereinzelung, ohne die Erfahrungen der Vorwelt, ohne die Gemeinschaft gleichgesinnter Brüder, in die Kämpfe und Räthsel des Lebens hineingestellt, Ruhe und Frieden finden sollte! Schon Mancher, der den Versuch gemacht hatte, sich rein auf den philosophischen Standpunkt zu stellen und allem Glauben zu entsagen, hat die schmerzliche Erfahrung gemacht, daß eine solche Lebensansicht in schweren Prüfungen, unter der Last erdrückender Leiden, auf dem Todbette, nicht ausreicht, daß das arme, schwache Herz eines andern Trostes bedarf, als den die kalte Weltweisheit geben kann.

Es gibt übrigens nicht einmal einen Philosophen, der sich in seinem Denken ganz unabhängig von allem religiösen Einfluß behauptete. Ein Jeder ist in irgend einer Religion erzogen, und hat, in früher Jugend wenigstens, religiöse Gefühle und Glaubens-Meinungen in sich aufgenommen; und diese wirken auf die Entwickelung und Richtung seines Verstandes mehr ein, als er selbst vielleicht sich bewußt ist. Wäre Socrates als ein bloßer Philosoph zu betrachten, der alles nur mit dem Verstande ausgerichtet, und durch diesen sich die Gemüthsruhe und Heiterkeit gegeben hätte, mit welcher er den Giftbecher trank: so diente er wohl zum Beweise, daß die Philosophie dasselbe leisten könne, was die Religion leistet: aber Socrates war ein sehr frommer Mensch, und beobachtete selbst die abergläubigen Gebräuche seiner väterlichen Religion mit Sorgfalt. Noch auf dem Sterbelager, mit den letzten Athemzügen, rief er aus: „Kriton, wir sind dem Asklepios einen Hahn schuldig, vergiß nicht diese Schuld abzutragen!" womit er sein frommes Dankgefühl, vom Leben durch einen seligen Tod erlöst zu seyn, und gleichsam zu einem höheren, besseren Leben zu genesen, in der Weise seines väterlichen Glaubens ausdrückte. In der Geschichte der neueren Philosophie ist der Einfluß des Christenthums nicht zu verkennen, und die philosophische Religionslehre, die man aufzustellen pflegt, ist fast nichts als ein

System von abgezogenen Begriffen aus der christlichen Religion. Selbst wenn sich Philosophen in Gegensatz stellen mit der Religion, in welcher sie erzogen sind, so nehmen sie daraus gewisse Wahrheiten, nur in abgezogener Gestalt, in ihr System auf. Spinoza ist vielleicht der unabhängigste Denker, den die Geschichte kennt, und in seinem System möchten sich wohl keine Ideen aus der jüdischen oder christlichen Religion nachweisen lassen; dem ungeachtet gilt es die Frage, ob er dasselbe hätte aufstellen können, wenn er unter Götzendienern geboren und erzogen worden wäre, und ob ihn nicht der jüdische und christliche Monotheismus zu dieser strengen Einheit des Pantheismus geführt hat?

Wenn die Philosophie nicht für den Einzelnen zur Verständigung und Beruhigung hinreicht, und ihm nicht die Religion ersetzen kann: so kann sie es noch weniger für das ganze Volk. Die griechische Philosophie hat für die Ausbildung der Wissenschaft sehr viel gewirkt, und in ihren besseren Schulen die wichtigsten Wahrheiten der Religionslehre in großer Reinheit erkannt; demungeachtet hatte sie keinen wohlthätigen Einfluß auf das Volk, und konnte dem Ueberhandnehmen des Unglaubens und der Sittenlosigkeit keinen Einhalt thun. Zu keiner Zeit kann es dahin kommen, daß die Philosophie die Stelle der Religion im Volksleben ersetzt, und wenn die Ausbildung des Verstandes noch so hoch steigen sollte. Denn abgesehen von dem Unbefriedigenden, was die kalte, trockene Wissenschaft für das Herz hat, so würde durch sie nie eine Gemeinschaft des Bekenntnisses hergestellt werden können, und es würde immer Verschiedenheit der Ansichten und Streit über die Wahrheiten geben, an welche der Mensch mit Festigkeit glauben soll. Für diese Wahrheiten muß es eine von Allen anerkannte Gewährleistung in einer öffentlich anerkannten Religion geben, oder das Volksleben entbehrt seine festen Grundlagen und einer begeisternden Gemeinschaft im Großen.

So wenig aber die Religion durch die Philosophie ersetzt werden kann, so vielen Nutzen kann sie von ihr ziehen. Die Gottesgelahrtheit oder das wissenschaftliche Nachdenken über die Wahrheiten einer gegebenen geschichtlichen Religion muß sich der Philosophie bedienen zu einem doppelten Zwecke, einmal um den Zweifeln zu begegnen, und zweytens um dem Aberglauben entgegen zu arbeiten. Alle Zweifel entspringen aus einem falschen Gebrauche des Verstandes, aus Flachheit oder Einseitigkeit des Nachdenkens über die religiösen Wahrheiten: sie können daher durch eine erleuchtete, gründliche Wissenschaft gehoben werden; und dazu dient besonders die wissenschaftliche Beweisführung, daß der Mensch, kraft der Gesetze seiner Vernunft, an die religiösen Wahrheiten glauben muß. Den wirksamsten und nützlichsten Einfluß aber auf das religiöse Leben beweist die Wissenschaft durch die Reinigung der religiösen Bildersprache von sinnlichen Einmischungen oder abergläubigen Vorstellungen. Indem sie die übersinnlichen Wahrheiten immer im Gegensatz gegen die Sinnenwelt ausspricht, und eigentlich nur sagt, wie man sie sich nicht denken, daß man sie über alles Sinnliche erhaben denken soll, dient sie zur Reinigung der religiösen Vorstellungen, welche durch anschauliche, von der Sinnenwelt entlehnte Bilder bezeichnet werden. Die Vorstellung: Himmel z. B., erweckt zwar das Gefühl oder die Ahnung des Uebersinnlichen auf eine sehr wirksame, lebendige Weise, aber es heftet sich doch leicht der falsche, abergläubige Begriff daran, als wenn die übersinnliche Welt jenseit der Wolken oder der Sterne, an einem hocherhabenen Orte, sich befinde. Dagegen lehrt die Wissenschaft, daß es einen solchen Himmel nicht gibt, indem die Sternenwelt sich ins Unendliche ausdehnt, und von jedem noch so entfernten Punkte aus eine neue Unermeßlichkeit des Raumes anhebt, daß aber auch die ursprüngliche Idee einer übersinnlichen Welt eine solche sinnlich-räumliche Vorstellung nicht erlaubt. So reinigt die Wissenschaft die Vorstellungen von der Unsterblichkeit der Seele, welche gar leicht durch eine sinnliche Einbildungskraft zu irdisch gefaßt werden, indem sie daran erinnert, daß die ursprüngliche Idee nichts ist als die Erhebung des Geistes über alles Irdische und Sterbliche, und daß in ihr für keine sinnliche Hoffnung eine Berechtigung liegt.

Die Wissenschaft wird in der Schule ausgebildet, die Religion lebt in der Kirche: so wie sich nun Wissenschaft und Religion zu einander verhalten, so sollen sich auch Schule und Kirche verhalten. Beyde sollen von einander unabhängig seyn: die Schule soll ihre Forschungen mit freyem Geiste, durch keine ängstlichen Rücksichten auf die Kirche gehemmt und eingeschüchtert, verfolgen, jedoch nie vergessen, daß die letzten Gründe aller Wahrheit im Glauben liegen, und daß der forschende Verstand sich nicht in Zwiespalt mit dem frommen Gefühle setzen soll. Die Kirche soll, die Nothwendigkeit der Wissenschaft anerkennend, der Schule, als deren Pflegerin, eine unabhängige Stellung gönnen, und ihrer Gottesgelahrtheit nie wehren, vielmehr es ihr zur Pflicht machen, die Ergebnisse der Wissenschaft zur Sicherung des Glaubens gegen Zweifel und zur Reinigung desselben vom Aberglauben zu benutzen. Diesem richtigen Verhältnisse zwischen Schule und Kirche sind wir heut zu Tage sehr nahe gekommen; aber ehedem waren beyde entweder mit einander vermischt, oder lagen mit einander in Streit, aus Ursachen, welche wir späterhin ins Licht setzen werden.

Wir kommen nunmehr zu dem Verhältnisse, in welchem die Religion zur Sittlichkeit, und die Religionslehre zur Sittenlehre steht. Religion und Sittlichkeit haben eine und dieselbe Quelle mit einander gemein, wie wir gesehen haben, nur daß die erstere noch Mehreres, als die zweyte, nämlich auch die Ideen der Ewigkeit, Unsterblichkeit, Gottheit oder die metaphysische Erkenntniß umfaßt. Diese gemeinschaftliche Quelle ist das sittliche Gefühl, der uns eingepflanzte Trieb zum Guten und zur Vollkommenheit, was wir im Allgemeinen Liebe nennen können. Sittlichkeit ist nun das diesem Gefühl oder Triebe entsprechende Wollen und Handeln, wie es sich in den Verhältnissen dieses Lebens, in der menschlichen Gesellschaft beweisen kann, die Gesinnung und Handlungsweise der Gerechtigkeit, der Menschenliebe, der Ehrliebe, des Strebens nach Vollkommenheit; die Religion hingegen ist der Glaube an die Gültigkeit der Sittengesetze in der übersinnlichen Welt, in einer vollendeten sittlichen Gemeinschaft in der Ewigkeit, die gläubige Betrachtung des Urbildes der sittlichen Gemeinschaft. Der Tugendhafte thut das Gute, der Fromme glaubt an das Gute: jener ist handelnd, dieser betrachtend. So unterscheidet sich auch Sittenlehre und Religionslehre. Jene zeichnet der menschlichen Gemeinschaft die Gesetze vor; diese entwirft die Grundzüge einer ewigen, vollendeten Gemeinschaft der freyen Geister unter Gottes heiliger Herrschaft.

Es fragt sich nun, ob die Sittlichkeit von der Religion unabhängig sey, wie man ehedem so oft behauptet hat. Nicht nur entspringen beyde aus derselben Quelle, sondern sie setzen sich auch gegenseitig voraus. Eine Sittlichkeit, die nicht durch den Gedanken an die Unsterblichkeit der Seele, an die ewige Bestimmung des Menschen, an die ewige, heilige Weltordnung und Gottes heiliges Richteramt geweihet und gehoben ist, eine Tugend, die nicht aus der Quelle der Frömmigkeit, aus den heiligen Gefühlen der Begeisterung, Demuth, Selbstverleugnung, Hingebung und Andacht hervorgeht, ist kalt, matt und gemein. Man sagt, die Tugend des Atheisten sey uneigennützig, weil er auf keine göttliche Vergeltung rechne; aber der wahrhaft Gläubige übt die Tugend aus keinem Eigennutze, hingegen erhebt und begeistert ihn sein Glaube. Die Kantische Philosophie forderte eine Tugend aus bloßer Gesetzmäßigkeit, aus reinem Gehorsam gegen das erkannte und anerkannte Gesetz; sie kannte nicht den Einfluß des Gefühls auf den Willen, und wollte Alles mit dem Verstande ausrichten; aber Erfahrung und Wissenschaft haben uns von der Einseitigkeit und Flachheit dieser Lehre überzeugt, und uns wieder unter die begeisternde, schöpferische Herrschaft des Glaubens zurückgeführt. So wie aber die Sittlichkeit der Religion bedarf, um nicht leer und kalt zu werden, so bedarf hinwiederum auch die Religion der Sittlichkeit, um nicht in leere Gefühle und Schwärmerey auszuarten. Der Glaube soll in Liebe lebendig werden, und die Liebe soll sich auf den Schwingen des Glaubens zur übersinnlichen Welt erheben, um ihrer ganzen Fülle inne zu werden. Man unterscheide Sittlichkeit von Frömmigkeit, verstehe aber unter jener die thätige Frömmigkeit, und unter dieser den sittlichen Glauben. Und so behandle man auch die Sittenlehre und Religionslehre als besondere Wissenschaften; jene sey aber nichts, als die Anwendung der übersinnlichen Gesetze auf das irdische Leben, und diese nichts als die Verklärung der menschlichen Sittengesetzgebung zur ewigen heiligen Gesetzgebung des Himmels.

Die Philosophie zieht auch die Sittenlehre in den Kreis ihrer Erkenntnisse, und erforscht nicht nur die Gesetze des Seyns der Dinge, sondern auch die des menschlichen Handelns. Der wahre Philosoph muß nicht nur die Ideen der Unsterblichkeit und Gottheit, sondern auch die Gesetze des Guten anerkennen und thätig ausüben. Besonders in dieser Hinsicht hat man die Behauptung aufgestellt, daß die Philosophie für den denkenden, gebildeten Menschen die Stelle der Religion ersetzen könne. Wenn sie nicht nur die Wahrheiten der übersinnlichen Welt lehrt, sondern auch den Menschen an seine Pflichten erinnert: so scheint sie ja alles das zu leisten, was man von der Religion rühmt. Wir müssen daher nochmals auf das Verhältniß der Religion zur Philosophie zurückkommen, es jedoch nunmehr besonders in sittlicher Hinsicht ins Auge fassen.

Es ist wahr, es gibt eine philosophische Sittenlehre, und sie soll mit Fleiß getrieben werden. Der Philosoph soll die Gesetze des menschlichen Handelns aus den natürlichen Trieben entwickeln, und in wissenschaftlichen Zusammenhang bringen. Allein wenn er sich nicht gegen die Wahrheit verblendet, so muß er erkennen, daß die Sittlichkeit ohne Religion nichts ist. Er selbst wird die Gesetze derselben nicht finden können, wenn er sie nicht im Herzen trägt; fragt er aber sein Herz, so stellt er sich selbst unter den Einfluß derjenigen Religion, in welcher er erzogen ist, und welche auf sein Herz eingewirkt hat. Sonach gibt es keine rein unabhängige, schlechthin bloß natürliche, philosophische Sittenlehre. Der Philosoph soll zwar nichts für wahr erkennen, wenn er nicht den Grund in der menschlichen Natur nachweisen kann, und darin besteht die philosophische Behandlung der Sittenlehre, daß man sie ganz aus der Natur ableitet; aber der Philosoph würde ohne die sittliche Ausbildung, die er genossen, die menschliche Natur nicht so verstehen, wie er sie mit ihrer Hülfe versteht, und manche ihrer Forderungen nicht beachten. Wir Christen halten die einweibige Ehe für die des Menschen würdigste, und machen dem gemäß an die Keuschheit von Mann und Weib die strengsten Forderungen. Unsere Philosophen billigen ganz diese christliche Sitte, und führen für dieselbe Vernunftgründe an. Aber würden sie sie kennen ohne die christliche Religion und die europäische Sitte, und würden muhammedanische Philosophen, welche an die Vielweiberey gewöhnt sind, sie als eine Forderung der Vernunft betrachten? Heidnische Philosophen haben den Selbstmord für ein des Tugendhaften würdiges Mittel, aus der Welt zu gehen, betrachtet, christliche hingegen halten ihn für unerlaubt; lassen sich nun auch für das letztere siegende Vernunftgründe anführen, so darf man doch nicht verkennen, daß uns erst die christliche Sittenbildung darauf geführt hat. Mithin ist die Philosophie, welche man als die Stellvertreterin des Christenthums rühmt, selbst weiter nichts als dessen Schülerin, die nur aber, wie die Schüler oft thun, sich undankbar gegen ihre Meisterin erhebt, und nicht nur vergißt, was sie ihr schuldig ist, sondern sie sogar verdrängen will. — Hätte sich aber ein Philosoph wirklich von allem Einflusse seiner väterlichen Religion frey gemacht, und fühlte nichts mehr von den kindlichen Gefühlen heiliger Scheu und frommer Gewissenhaftigkeit, welche sie einflößt: so könnte er wohl durch einen richtigen Verstand und durch richtige Beachtung der christlichen und anderer Sitten, die menschliche Sittengesetzgebung richtig erforschen und darstellen; ob er sie aber in seinem eigenen Leben befolgen würde, das ist sehr die Frage. Der bloße Verstand ist ein schwacher Hüter der Leidenschaft und Selbstsucht; und wo die Antriebe des frommen begeisterten Gefühls fehlen, da kann die kalte Einsicht schwerlich das Gute hervorbringen. Besonders aber würde dem sich ganz unabhängig behauptenden Philosophen eine mächtige Unterstützung, die der sittlich religiösen Gemeinschaft, fehlen. Der Mensch in der Vereinzelung ist schwach, unvermögend und der Selbstsucht Preis gegeben, und es ist gar nicht zu berechnen, wie viel wir der Gemeinschaft verdanken. Die öffentliche Meinung befestigt unsere Grundsätze, welche der im Dienste der Leidenschaft stehende, klügelnde Verstand erschüttern kann; die Beyspiele edler Thaten regen uns zur Nachahmung auf, und zu großen schweren Unternehmungen bieten sich uns unterstützende Kräfte dar. Alles dieses würde derjenige entbehren, der aus allzuweit getriebener philosophischer Freyheitsliebe sich in der Vereinzelung behaupten wollte.

Mit der Sittlichkeit hängt der Glaube an eine sittliche Weltordnung, an einen höchsten Richter und Gesetzgeber genau zusammen, und auch diesen Glauben kann und soll der Philosoph wissenschaftlich in der philosophischen Religionslehre behandeln. Aber wie wenig kann er hierin leisten! Er stellt zwar hier nicht, wie in der Metaphysik, bloß verneinende Begriffe vom Uebersinnlichen auf, der Begriff der göttlichen Heiligkeit z. B. ist nicht bloß verneinend, sondern schließt einen wirklichen Gehalt in sich; aber er ist nichts weiter als der überschwenglich, unendlich gefaßte Begriff der menschlichen Sittlichkeit, und um den in ihm liegenden Gehalt zu fassen, muß ihn das Herz beleben. Es hilft nichts, diesen und ähnliche Begriffe zu denken, wenn man nicht im Herzen das demselben entsprechende fromme Gefühl trägt; dieses Gefühl kann aber nicht die Philosophie, sondern allein die Religion geben, in welcher man erzogen ist. Ja, es ist die Frage, ob ein Philosoph je zu diesem Begriffe gekommen wäre, wenn er sich nicht im sittlich religiösen Leben des Volkes thätig ausgebildet hätte? Aber auch davon abgesehen, daß die sittlich religiösen Ideen der Philosophie die lebendige Grundlage einer bestehenden sittlichen Religion erfordern, so sind sie an sich selbst in ihrer philosophischen Fassung höchst allgemein, unbestimmt und dürftig, und können die Bedürfnisse des Herzens keinesweges befriedigen. Wenn sich der Christ durch seinen Glauben an einen liebenden Vater im Himmel, der sich der Menschheit väterlich angenommen hat, um sie von der Herrschaft der Sünde zu erlösen, im Kampfe mit dieser und unter dem Drucke der auf ihm lastenden Schuld erleichtert und gehoben fühlt, wenn sich sein Herz voll kindlichen Vertrauens zu Gott erhebt: so hat der Philosoph als solcher nichts als wenige Gedanken, welche zwar groß und bedeutungsvoll sind, aber ihn doch unmöglich trösten können.

Aber obgleich die Philosophie auch in Beziehung auf den sittlichen Glauben, die Stelle der Religion nicht ersezzen kann, so soll sie doch mit unabhängigem, freyem Geiste diesen Glauben sowohl als die Sittenlehre durchforschen, und wird es zum großen Nutzen der Religion thun. Auch hier kann sie vor Verderbnissen bewahren, indem sie, frey von allem Herkommen, die sittliche Wahrheit der unbefangenen Prüfung unterwirft, und aus ihr alles Unlautere scheidet. Die sittliche Ansicht einer gegebenen geschichtlichen Religion unterliegt gar leicht der Verunreinigung durch Vorurtheile der Gewohnheit, und der Geist läßt sich leicht Fesseln anlegen: deßwegen ist es gut, wenn ihr der freye, lebendige Geist der Forschung zur Seite steht.

Das Ergebniß des bisherigen ist nun dieses. Die Religion grenzt zusammen mit der Wissenschaft und Sittlichkeit, und theilt mit beyden das ursprüngliche Gefühl der übersinnlichen Wahrheit und des Guten. Dieses Gefühl bringt die Wissenschaft durch eine verständige Behandlung in Klarheit und Zusammenhang, die Religion aber bildet es als Gefühl aus; jene sucht strenges Wissen, diese eine freye Betrachtung der Welt, in welcher das Gemüth Verständigung und Beruhigung findet. Die Sittlichkeit andrerseits entnimmt aus dem ursprünglichen Gefühl des Guten Antriebe und Gesetze für das Wollen und Handeln; sie fügt zur betrachtenden Ansicht der Religion die Thätigkeit und das Streben. Die Religion steht daher als Gefühl und Betrachtung mitten inne zwischen dem erkennenden Verstande der Wissenschaft, und dem eingreifenden Willen der Sittlichkeit.

Es ist nun ferner das Verhältniß der Religion zur Kunst zu bestimmen, mit welcher sie ebenfalls zusammengrenzt. Die Kunst ist im Allgemeinen Darstellung der Schönheit, dessen was gefällt, anzieht, rührt, das Gefühl in Anspruch nimmt. Es gibt aber eine niedere und höhere Kunst, so wie eine niedere und höhere Schönheit. Die niedere Kunst dient bloß zur Unterhaltung, die höhere zur Bildung, Veredelung und Erhebung des Geistes. Jene thut nichts, als daß sie den Geist durch anschauliche Darstellung von Bildern lebhaft beschäftigt, die Aufmerksamkeit in Anspruch nimmt, Gemüths-Bewegungen des Mitleids, der Furcht, der Freude u. s. w. erregt, und das Spiel der innern Thätigkeit auf eine befriedigende gefällige Weise ablaufen läßt. Dahin gehören die meisten Romane, Schauspiele und Musikstücke, welche bloß die Neugierde und Theilnahme erregen, Rührung hervorbringen, und auf eine gefällige Weise auf das Gemüth einwirken. Auch viele Gemählde und Bildwerke, die meisten Landschaften, historische Gemählde der niedern Art, niederländische Scenen, Porträte u. dgl. dienen bloß der Unterhaltung, indem sie den Betrachter angenehm beschäftigen, aber in seiner Seele keinen großen, erhebenden Eindruck zurück lassen. Diese Art von Kunst mit ihrer Schönheit gehört nicht hieher, und hat mit der Religion einen bloß entfernten oder mittelbaren Zusammenhang. Sie stellt keine höheren, übersinnlichen, sittlich religiösen Ideen dar, sondern ahmt bloß die Natur nach, und wirkt mehr auf die Sinnlichkeit und den Verstand des Beschauers, als auf das tiefere, reinere Gefühl. In der höheren Kunst hingegen und ihrer erhabenen geistigen Schönheit, kommt gleichsam die übersinnliche, bessere Welt in irdisch anschaulicher Form zur Erscheinung; sie weckt das Gemüth zu himmlischen, heiligen Ahnungen, erfüllt es mit höherer sittlicher Kraft, mit frommer Ruhe und Heiterkeit, und erhebt es über alle Leiden und Freuden dieses Lebens. Kunstwerke dieser Art sind die Bilder Christi, der Maria und der Heiligen, von dem Meisterpinsel Raphaels, Corregio's, Leonardo's da Vinci u. A.; die schöneren Landschafts-Gemählde eines Claude Lorrain, Ruisdael u. A.; die Götterbilder der Griechen und Römer, des Apollo, der Minerva u. s. w.; die altdeutschen Kirchen, die Tempel der Aegypter, Griechen und Römer; die Kirchenmusik der guten alten Schule, die Opernmusik Glucks und Mozarts; Homers, Virgils, Tasso's, Milton's, Klopstocks,

Göthes, Vossens epische und idyllische Dichtungen, die edleren Romane der Neueren; die Trauerspiele der drey Dichter-Fürsten der Griechen, Aeschylus, Sophokles, Euripides, der großen neueren Tragiker Shakespeares, Göthes, Schillers u. A.; die gefühlvolleren, edleren Lieder elegischer und lyrischer Art; Klopstocks u. A. Oden und geistliche Lieder. Die Gefühle, welche wir bey Betrachtung dieser Kunstwerke empfinden, sind um so mehr religiöser Art, je edler und erhabener sie sind. Zuvörderst erscheinen in denselben mehr oder weniger vollkommen sittliche Gestalten, welche durch die Kraft, die sie entwickeln, durch die Hoheit ihrer Gesinnung und die Festigkeit ihres Charakters unser Wohlgefallen auf sich ziehen, und erregend, erhebend, begeisternd auf unser Gemüth einwirken. Selbst die stummen Bildwerke verkündigen durch die Schönheit ihrer Gestalten und den Ausdruck von Hoheit, Anmuth und Kraft, der in ihren Geberden und Bewegungen liegt, sittliche Ideen, und erwecken zur sittlichen Begeisterung. Es ist die *sittliche Schönheit*, die Verwirklichung der Urbilder, welche im sittlichen Gefühl liegen, was hier zur Erscheinung kommt. Auch schon diese sittliche Bedeutung der Kunstwerke ist der Religion verwandt, welche ja mit der Sittlichkeit im innigsten Bunde steht. Aber sie sprechen auch geradezu religiöse Ideen aus. Der Anblick vollkommener menschlicher Gestalten, welche eher dem Himmel als der Erde anzugehören scheinen, deren Auge vom Lichte der Begeisterung strahlt, deren Handlungsweise von einem himmlischen Sinne zeugt, die Betrachtung großer menschlicher Unternehmungen, die mit Sieg gekrönt sind, die Bewunderung großartiger Tapferkeit, Kühnheit und Todesverachtung, begeisterte Selbstverleugnung und Aufopferung, erweckt in uns die Ahnung unserer hohen Würde, unserer Erhabenheit über Tod und Untergang und der ewigen Selbständigkeit des Geistes, und erfüllt uns mit jenem erhabenen Muthe und jener höheren Heiterkeit, welche sich allein auf den Glauben an die Unsterblichkeit der Seele und unsere ewige Bestimmung gründet. Das ganze menschliche Leben erscheint uns im Lichte der künstlerischen Darstellung bedeutender, herrlicher, in höherer Verklärung. Während im gemeinen Leben das Gute so oft unterdrückt und in mühseligem Kampfe mit dem Bösen begriffen ist, erscheint es uns in der Kunst in Götter- und Heldengestalten, in den großen Thaten der Helden, im kühnen Aufflug der dichterischen Begeisterung, siegreich, in kraftvoller Entwickelung, wenigstens in hoffnungsvollem Emporstreben: und dadurch wird in uns die Ahnung des in siegreicher Herrschaft bestehenden Reiches Gottes geweckt, an welches wir in der Religion glauben. Die Schilderung ländlicher Ruhe, eines arkadischen Lebens in der Idylle, das Bild einer anmuthigen Landschaft, in harmonischer Ruhe hingestellt, erweckt in uns die Ahnung eines seligen Lebens, nach welchem sich ein jedes Herz sehnt, dessen Hoffnung einen Bestandtheil jeder Religion ausmacht. Die Kunst stellt aber auch die Schattenseite des Lebens dar, den Kampf des Guten mit dem Bösen, den Untergang großer edler Naturen durch Schickung und eigene Schuld, das Mißlingen großer Unternehmungen, die Opfer, welche die Begeisterung dem erzürnten Schicksale bringen muß; sie stellt dieß dar im Trauerspiele im Kampfe und Untergange tragischer Helden, in der Musik tragischer Opern und kirchlicher Passionsstücke und allen den Tonstücken, welche den Kampf großer Leidenschaften mahlen, und das Gemüth in seiner Tiefe erschüttern und zugleich wieder beruhigen und erheben, in der

Mahlerey in den Bildern der christlichen Märtyrer, und vor allen in der Darstellung von Christi Leiden und Sterben: und dadurch weckt sie in uns das Gefühl unserer Unwürdigkeit und Schwachheit und der Demuth und Unterwerfung unter den allmächtigen, heiligen Willen des höchsten Wesens, und beruhigt durch dieses Gefühl unser von Furcht und Schmerz bewegtes Herz. Sie schildert in elegischen Gefühlsergießungen, sowohl in der Dichtung als in der Musik, den Schmerz edler Herzen über die Unvollkommenheit dieses Lebens, den Verlust theurer Güter, die Fehlschlagung schöner Hoffnungen, und weckt so die Sehnsucht nach einem bessern, seligern Seyn, deren Befriedigung die Religion verheißt. Endlich durch ihre erhabensten Schöpfungen, durch den hochstrebenden, heilig-ernsten Tempelbau, durch den kühnen Gedankenflug des lyrischen Dichters, der gleich dem Adler sich zur Sonne des ewigen Lichtes aufschwingt, durch die, des Dichters begeisterte Worte auf dem vollen Strome der Töne himmelan tragende oder die unaussprechlichen Gefühle eines ahnungsvollen Gemüths in die Fülle und Tiefe des Wohlklangs ausgießende Kirchenmusik, erhebt uns die Kunst zur Ahnung des Höchsten, was die Religion uns glauben lehrt, einer heiligen, seligen Harmonie des Weltganzen, der ewigen unendlichen Liebe, welche Alles in ihrer allmächtigen Hand hält und zum besten lenkt, und erfüllt so das Gemüth mit seliger Ruhe und freudigem Vertrauen. Diese höhere Kunstschönheit ist nichts als die anschauliche Erscheinung der religiösen Ideen, ein lebendiges, gereinigtes und verklärtes Bild der Welt, in welchem das fromme Gefühl die übersinnliche Welt ahnet. Mithin steht die Kunst mit der Religion in der genauesten Verbindung. Es ist aber nöthig, daß wir zeigen, wie sie diese Wirkungen hervorbringt, und dadurch ihr Verhältniß zur Religion genauer bestimmen.

Die Kunst ist entweder unabhängig von der Religion: weltliche Kunst, oder ihr dienstbar: heilige Kunst. Erstere nimmt ihren Stoff aus der Natur und Geschichte, oder bringt ihn mit freyer Einbildungskraft hervor; die zweyte entlehnt ihn aus der heiligen Geschichte und Sage und aus dem Kreise der heiligen Wahrheit, wie dieses mit den Gemälden aus der biblischen und kirchlichen Geschichte, mit geistlichen Liedern und Epopöen der Fall ist. Immer ist es die Gewalt der dichtenden und darstellenden Einbildungskraft, durch welche die Kunst wirkt; die weltliche aber bringt die frommen Gefühle allein durch diese Gewalt hervor, während die heilige mit dem frommen Glauben in ein näheres Verhältniß tritt, sich der Vorstellungen desselben bedient, und sie durch ihre lebhafte Darstellung ins Spiel setzt. Die heilige Dichtkunst hat noch den Vortheil, daß sie auch den Verstand mit zu Hülfe nehmen, und die religiöse Wahrheit in ihre Darstellungen verflechten kann, was besonders in geistlichen Liedern geschieht; jedoch bleibt der Gebrauch des Verstandes immer untergeordnet. Wenn es nun die Einbildungskraft ist, durch welche die Kunst wirkt, so ist ihr Verhältniß zur Religion durch sich selber klar. Wir haben gesehen, daß die Religion das ursprüngliche Gefühl zum Theil mit dem Verstande, zum Theil mit der Einbildungskraft in anschaulichen Bildern zum Bewußtseyn bringt, und daß sie aus den Erfahrungen des Lebens Nahrung für dasselbe schöpft. Hierin kommt ihr nun die Kunst zu Hülfe, welche mittelst der darstellenden Einbildungskraft die frommen Gefühle zur anschaulichen, erwecklichen Schönheit und Erhabenheit gestaltet. Die weltliche Kunst stellt die wirklichen Erfahrungen des Lebens, die Gegenstände der Natur und Geschichte, oder das, was die Einbildungskraft mit Wahrscheinlichkeit dichtet, nicht nur in lebendiger Anschaulichkeit, sondern auch in ansprechender, rührender Bedeutsamkeit dar, und erweckt so die frommen Gefühle leichter, als die wirkliche Erfahrung, welche gewöhnlich mit selbstsüchtiger oder gleichgültiger Gemüthsstimmung betrachtet wird, sich auch oft unter verwirrenden Nebenumständen darstellt, und neben den höheren, geistigen Eindrücken auch andere sinnliche, die der Furcht, des Schmerzes, der Freude u. dgl. erzeugt. Große Begebenheiten, wie die eines Krieges, lassen dem, der sie erlebt, keine Ruhe zur Betrachtung; er fürchtet, wünscht und hofft, und sucht sein Glück zu sichern: erst im Spiegel der Dichtung kann er das Erlebte mit frommen Gefühlen betrachten. Vieles erscheint uns im Leben alltäglich, und macht keinen dichterischen Eindruck auf uns, weil wir in einer gleichgültigen Stimmung sind; dieß ist besonders mit den Schönheiten der Natur und des ländlichen Lebens der Fall, welche uns erst der Landschaftsmaler und Idyllendichter recht zur Anschauung bringt. Die heilige Kunst kommt der Religion viel näher. Sie bedient sich der schon vorhandenen religiösen Bilder und der geschichtlichen Erfahrungen aus dem Kreise des religiösen Lebens, um durch die Anschaulichkeit der Darstellung das Gemüth stärker zu bewegen; sie leihet der frommen Einbildungskraft lebhaftere Farben und Bilder, um sich die religiösen Ideen zur Anschauung zu bringen; sie begibt sich auf das eigene Gebiet der Religion und tritt in ein dienendes Verhältniß zu ihr, indem sie sogar mit dem Tempelbau, der heiligen Liederdichtung und Tonkunst die Andachtsübung unterstützt. Es sind dieselben Vorstellungen, Gott, Ewigkeit, Unsterblichkeit,

Vorsehung, Vergeltung u. s. w., welche die geistliche Dichtung, wie die Religion, behandelt, nur daß sie dieselben vorzugsweise mit der Einbildungskraft behandelt, während die Religion diese nur zu Hülfe ruft, und daneben auch den Verstand gebraucht, um sich die Gefühle klarer zu machen. Die Kunstdarstellung und die religiöse Betrachtung sind im Wesentlichen eins, und nur in den Mitteln verschieden, in dem verschiedenen Gebrauche der Einbildungskraft. Die Kunst kann sich dabey der größten Freyheit bedienen, während die Religion den Gebrauch derselben mit dem Verstande einschränkt; jene schweift nicht selten in das Gebiet der Fabel und Dichtung über, diese hält sich streng an die Wahrheit, so wie sie vor dem prüfenden Verstande besteht. Die Kunst stellt das religiöse Gefühl in den Formen der Schönheit dar, die Religion erfaßt es in den Begriffen und Bildern der Wahrheit.

Sonach steht die Religion in der Mitte zwischen der Wissenschaft, welche dem Verstande, der Sittlichkeit, welche dem Willen, und der Kunst, welche der Einbildungskraft gehört. Während die Wissenschaft forscht und erkennt, die Sittlichkeit handelt, die Kunst dichtet und darstellt, so widmet sie sich der gefühlvollen Betrachtung. Mit allen dreyen aber ist sie durch das Gefühl verwandt, von allen ist sie unterstützt, und auf alle wirkt sie belebend und begeisternd ein.

Mit dem Staatsleben steht die Religion in mehrfacher Verwickelung, wie uns die Geschichte zeigen wird. Indem wir sehen werden, wie diese Verwickelungen auf geschichtlichem Wege entstanden sind, werden wir sie auch auf demselben Wege lösen können: jetzt wollen wir nur die Grenzen beyder Gebiete im Allgemeinen abstecken. Das religiöse Leben schließt, wie wir gesehen haben, das sittliche ein; alle sittlichen Gesetze werden durch die Religion geheiligt, und es ist kein religiöses Gefühl, welches nicht mit den sittlichen Gesinnungen in näherem oder entfernterem Zusammenhange stände. Nun aber ruhet das ganze Staatsleben auf sittlichem Grunde. Betrachten wir den Staat, wie ihn Viele betrachten, bloß als Schutzwächter der Gerechtigkeit, der Freyheit, der Ordnung und des Friedens: so ist es eine sittliche Aufgabe, die er zu lösen hat. Die Gerechtigkeit, die er handhabt, die bürgerliche Freiheit, welche er schützt, ist die äußere Bedingung der sittlichen Menschenwürde; die friedliche Ordnung, welche er aufrecht erhält, eröffnet dem sittlichen Handeln den freyen, ungestörten Spielraum. Die Obrigkeit ist von Gott geordnet, und Gottes Dienerin, die Bösen zu bestrafen und die Guten zu beschützen. Die Religion enthält den Glauben an ein Reich Gottes in der Ewigkeit, und durch das sittliche Leben in der Gerechtigkeit und Liebe soll dieses Reich auch auf Erden hergestellt, und immer mehr zur Vollkommenheit gebracht werden; der Staat nun ist auch ein Reich, in welchem Gottes Wille geschehen und Gerechtigkeit geübt werden soll. Aber der Staat stellt die Gerechtigkeit äußerlich her durch Vertheilung und Sicherung des Eigenthums und der persönlichen Rechte, und das sittlich religiöse Reich Gottes ist innerlich in den Herzen und der Gesinnung; der Staat wehret den äußerlichen Ausbrüchen des Bösen, die Religion rottet es aus dem Herzen aus; der Staat braucht die Gewalt und Furcht, die Religion wirkt allein durch die Kraft der Liebe; der Staat bildet nur die äußere Mauer und Schutzwehr des Heiligthumes des Reiches Gottes gegen rohe Gewalt, die Religion bildet dieses Heiligthum selbst.

Bliebe nun die Religion bloß Sache des Herzens, so würde zwischen ihr und der Rechtsanstalt des Staats kein

Zusammenstoß und keine Reibung Statt finden; jene würde zwar auf diese Einfluß ausüben, aber nur einen unsichtbaren und wohlthätigen, durch welchen kein Streit und keine Irrung erzeugt würde. Die Religion ist die Quelle, aus welcher sich in den Staat sittliche Begeisterung, fromme Gewissenhaftigkeit und alles das ergießt, wodurch sich das Staatsleben gesund erhält. Die Religion ist die Seele des Staates, welcher den Leib der Volksgemeinschaft ausmacht. Aber die Religion muß auch äußerlich werden, indem sie einer Gemeinschaft des Lebens und äußerer Unterstützungs-Mittel bedarf; es bildet sich eine religiöse Gesellschaft oder eine Anstalt der Andachtsübung, welche der rechtlichen Anerkennung und des Schutzes bedarf: und dadurch tritt die Religion mit dem Staate als Rechtsanstalt in Berührung.

Der Staat ist aber von jeher mehr gewesen, als eine bloße Rechtsanstalt, und soll auch mehr seyn. Alle gemeinsamen Angelegenheiten des Volkes, alles, was nicht bloß Sache der besonderen Bestrebung der einzelnen Bürger ist, worin sich die Kräfte der ganzen Nation vereinigen müssen, wenn es gelingen und gedeihen soll, ist Sache des Staates. Er hat dem Gewerbe und Handel eine gewisse Aufmerksamkeit zu schenken, und zu verhüten, daß sich nicht von innen oder außen Hindernisse entgegenstellen; jedoch liegt dieß seiner Hauptbestimmung, zu schützen und abzuwehren, sehr nahe, und er thut wohl, wenn er so wenig als möglich fördernd und leitend eingreift, und die Kräfte des Volkes bloß in ein freyes, ungehindertes Spiel setzt. Aber in Absicht auf die Erziehung und die Ausbildung der Wissenschaften und Künste, soll er nicht bloß schützend und wehrend, sondern selbst befördernd und leitend verfahren; weil diese Angelegenheiten, nicht, wie die des Gewerbes und Handels, in dem Eigennutz der Bürger einen Hebel finden, sondern wegen der Trägheit, mit welcher der gewöhnliche Mensch für das Höhere sorgt, einer Unterstützung und Beförderung bedürfen. Nun aber hat die Religion auf diese Angelegenheiten den wichtigsten Einfluß, und darum kommt sie vorzüglich mit dem Staate in Reibung. Wenn man diesen bloß als Schutzanstalt betrachtet, und ihm jede andere Verrichtung abspricht: so lassen sich die Verwickelungen, welche zwischen ihm und der Kirche bestehen, leichter lösen, als wenn man auch die Erziehung und Geistesbildung seiner Pflege und Obhut anvertraut.

Sechste Vorlesung.

Bild des religiösen Lebens, nach seinen verschiedenen Abstufungen und Beziehungen, im Gemüth eines ganz entwickelten und ausgebildeten Menschen.

Nunmehr haben wir in mehreren Vorträgen die Religion in ihrer Anlage, ihrem Gehalt und ihrem Verhältnisse zu den übrigen Geistes-Vermögen und Zweigen des geistigen Lebens kennen gelernt; wir haben gesehen, daß sie in einer ursprünglich im Gefühl empfangenen, und dann zum verständigen Bewußtseyn gebrachten Erkenntniß oder Ahnung von der übersinnlichen Welt besteht, die sich als Glaube geltend macht, und daß sie, so wie sie aus dem Gefühl entsprungen ist, sich auch im Gefühl lebendig zeigt, und das Gemüth durch Gefühls-Erregungen beherrscht; wir haben ihr Verhältniß zur Wissenschaft, Sittlichkeit und Kunst und zum Staatsleben kennen gelernt, mit denen allen sie näher oder entfernter zusammenhängt, indem sie sich jedoch auf dem ihr eigenthümlichen Gebiete der gefühlsmäßigen Betrachtung behauptet. Dieses alles aber haben wir nur stückweise, suchend und mit Vorurtheilen streitend, gefunden; auch ist Manches nur kurz angedeutet worden, und es möchte zweckmäßig seyn, das Gefundene nun so zusammenzustellen, daß wir es nicht nur leicht überblicken, sondern auch lebendig anschauen können. Ehe ich daher zu den geschichtlichen Betrachtungen übergehe, will ich in zwey Vorlesungen das Bild des religiösen Lebens zu entwerfen suchen, wie es im Gemüth eines alle Gaben der Natur und der Bildung in sich vereinigenden Menschen sich darstellen, und zu den angrenzenden Gebieten der Wissenschaft, Sittlichkeit, Kunst und des Staatslebens sich verhalten würde.

Um in die Uebersicht Deutlichkeit zu bringen, unterscheide ich drey Abstufungen des religiösen Lebens: 1) den allgemeinen unmittelbaren Vernunftglauben, welcher alle religiösen Grundwahrheiten oder Grundgefühle enthält, und mit der Wissenschaft zusammenhängt; 2) den geschichtlich und kirchlich ausgebildeten mittelbaren Glauben, oder den Glauben in der Gemeinschaft, im Verhältniß zu dem ebenfalls gemeinschaftlich ausgebildeten rechtlichen und sittlichen Leben, und zu der Kunst und Dichtung; 3) das persönlich eigene religiöse Leben, wie es sich in eigenthümlicher Gefühlsstimmung und Weltbetrachtung bewegt, in den Darstellungen der Kunst veranschaulicht, und in einer sittlich religiösen Gefühlsstimmung und Lebensrichtung in das thätige Leben übergeht.

Der allgemeine, unmittelbare Vernunftglaube, den wir zuerst darstellen wollen, kommt in der Wirklichkeit nicht als ein besonderer Glaube, in einem abgesonderten Bewußtseyn, vor, sondern findet sich zugleich neben jeder mittelbaren Auffassung des Glaubens. Die Grundwahrheiten und Grundgefühle, die jeder gesunden Vernunft angehören, sind mit in das eigenthümliche System einer religiösen Gemeinschaft aufgenommen, wie dieß bey der christlichen Religionslehre der

Fall ist, in welcher man Wahrheiten der Vernunft-Offenbarung und Wahrheiten der christlichen Offenbarung unterscheidet; und so liegen diese Wahrheiten auch in jedem frommen Gemüth, als Grundlagen besonderer eigenthümlicher Ansichten. Allein wir dürfen uns wohl zum Behuf der Deutlichkeit erlauben, diesen allgemeinen Glauben als etwas für sich bestehendes zu behandeln, zumal da die Wahrheiten desselben wirklich von der Philosophie in der vernünftigen Religionslehre abgesondert behandelt werden. Wir denken uns einen Menschen, welcher mit vollkommen ausgebildetem Geistes-Vermögen, mit einem lebendigen, tiefen Gefühl und einem klaren, freyen Verstande, jedoch ohne alle geschichtliche Bildung und Gemeinschaft, mit Ausnahme eines gewissen rechtlich-sittlichen Verkehrs und eines gewissen Gebrauchs der Sprache, in die Welt träte, und das wunderbare Schauspiel derselben zugleich gefühls- und verstandsmäßig betrachtete; und das Ergebniß seiner Betrachtung stellen wir in wenigen Umrissen dar, als dasjenige, was wir allgemeinen Vernunftglauben und wissenschaftliche Religionslehre nennen.

Der Mensch sieht die Welt sich vor seinen Augen als ein unermeßliches Schauspiel ausbreiten, das sich endlos im Raum und in der Zeit ausdehnt, und in mannichfaltigen sinnlichen Erscheinungen, in einem unaufhörlichen Wechsel von Entstehen und Vergehen, Geburt und Tod, entfaltet, so daß Alles vor seinen Augen schwankt und vorüberflieht, und sich in die dunkle Unermeßlichkeit des Raumes und der Zeit verliert. Er aber trägt in sich die Forderung und Ahnung eines in sich beschlossenen und vollendeten Ganzen der Welt, und eines über den zeitlichen Wechsel erhabenen, übersinnlichen, stelbständigen und unsterblichen Lebens. In sich selbst findet er einen festen Punkt dieses Lebens, obgleich er sich mit seiner körperlichen Erscheinung der Vergänglichkeit unterworfen sieht; in ihm lebt etwas, wovon er fühlt, daß es nicht dem allgemeinen Loose der Sterblichkeit unterworfen seyn kann, weil es vom Körper verschieden und über ihn erhaben ist. Eine Sehnsucht, eine Hoffnung sagt ihm, daß dieses Etwas — er nennt es Seele — nach dem Tode fortdauern wird. In den ihm verwandten und theuren Wesen findet er dasselbe geistige Leben, und mit ihnen zugleich hofft er über den Tod hinüber zu dauern; ja ein unvertilgliches, geistiges Leben scheint sich ihm sogar über die ganze belebte und unbelebte Natur zu verbreiten, und bey Betrachtung derselben regt sich in seinem Herzen ein ahnungsvolles Mitgefühl. Er ahnet ein geistiges Leben, das nicht von Zeit und Raum umschlossen, nicht dem Gesetz der Vergänglichkeit unterworfen, das ewiglich ist, was es ist, und wozu die Körperwelt nur der Vorhang oder Vorhof ist; und in diesem Leben glaubt er alle unsterblichen Seelen und vielleicht auch alles, was und in wiefern es lebt, vereinigt. Er nennt es Himmel oder Ewigkeit oder wahres Seyn der Dinge, und dorthin blickt er sehnsuchtsvoll; denn da hofft er alles wieder zu finden, was ihm hier der Strom der Zeit entrissen. Er sieht die Körper sich gegeneinander bewegen oder verharren nach den Gesetzen der Anziehung und Abstoßung; er sieht die Thiere ihren dunkeln Trieben folgen, und die Befriedigung ihres Hungers und Durstes und ihrer übrigen Bedürfnisse suchen. Auch in sich fühlt er solche thierische Triebe, aber zugleich auch höhere, innere, geistige; die Befriedigung der erstern führt ihn mit den ihm gleichen Wesen, die er lieben und achten muß, nicht selten in feindlichen Zusammenstoß: er fühlt daher die Mahnung, sie nicht rücksichtlos zu befriedigen, sondern sie nach den Forderungen der Achtung und Liebe gegen seine Nebenmenschen und nach den von diesen und von der Sitte gemachten Ansprüchen zu mäßigen und zu beschränken; er findet auch die Kraft in sich, ihren dunkeln, ungestümen Antrieben zu widerstehen, er fühlt sich frey von der Sinnlichkeit, erhaben über die körperlichen Gesetze. Er tritt also mit seinen Nebenmenschen in eine geistige, sittliche Gemeinschaft, errichtet mit ihnen rechtliche Verträge, erkennt sittliche Gesetze an, und hilft so die menschliche Gesellschaft von der Herrschaft der blinden Triebe, der Naturnothwendigkeit und des thierischen Lebens aussondern.

Diese geistige sittliche Gemeinschaft thut allein seinem Herzen wohl, und in ihr kann er allein die Zwecke und Güter finden, die ihn auf eine dauernde Weise befriedigen, während andere Gegenstände seines Strebens so nichtig und vergänglich sind, wie die körperlichen Erscheinungen. Ja, er findet in dieser Gemeinschaft die wahren, ewigen Gesetze der Welt, während der Zusammenhang und die Bewegung der Körperwelt nur für die vergängliche Erscheinung der Dinge gilt. Durch diese Gemeinschaft findet er sich in Verbindung gesetzt mit dem ewigen, unvergänglichen Leben der unsterblichen Geister. Wie sie hier besteht, ist sie nur der schwache Anfang und das Vorspiel zu jenem vollkommenen geistigen Reiche. Hier liegen die geistigen Gesetze im Streite mit den thierischen Trieben und Leidenschaften; dort aber herrschen sie allein. Mit freudig begeistertem Streben tritt er in diese Gemeinschaft, und ringt nach den höheren Gütern, die ihm allein des Strebens würdig scheinen; aber der Kampf des Geistes mit der Sinnlichkeit, des Guten mit dem Bösen, der in der menschlichen Gesellschaft, wie in seiner eigenen Brust, Statt findet, schlägt oft seinen Muth nieder, und betrübt sein Herz. Da blickt er Trost suchend empor in das Land der Vollkommenheit; sein Herz weissagt ihm, daß dort ein ungestörter Friede herrscht, und Alles sich in vollkommener Eintracht bewegt.

Die Welt bietet dem Betrachter ein mannichfaltiges Spiel von Ursache und Wirkung dar; nichts ist, was nicht als Wirkung einer Ursache angesehen werden könnte oder müßte; selbst der Mensch ist entstanden, und findet sich abhängig von einer Menge von Dingen, die auf ihn einwirken. Wo ist aber, fragt das innerste Gefühl, die Ursache, die Alles wirkt? wo die Macht, von welcher Alles abhängt? Diese höchste Ursache und Macht, antwortet dieselbe innere Stimme, ist in jener unsichtbaren Welt, von welcher die irdische nur der Vorhof ist; es ist ein höchstes Wesen, das in unendlicher Allmacht und Herrlichkeit im Heiligthum der Ewigkeit thront, wohin kein sterbliches Auge dringt. Dieses höchste Wesen hat Alles geschaffen, und erhält Alles; in ihm ist der Urquell alles Seyns und Lebens.

Es ist in der Natur und im Menschenleben ein Spiel des Zufalls, wodurch die gewöhnliche Ordnung unterbrochen wird. Der Sturmwind knickt einen Baum, der noch lange hätte grünen und blühen können: so wird auch das Leben der Thiere und Menschen oft vor dem natürlichen Endziel hinweggerafft. Wie der Wanderer, durch den übertretenden Strom oder den seinen Weg verschüttenden Bergsturz, oder durch Räuber, welche ihn überfallen, von seinem Ziel abgehalten wird, und es entweder gar nicht oder erst sehr spät erreicht: so der Wanderer dieser Erde: er kann nicht erreichen, was er sich vorgesetzt, muß oft mit unvorhergesehenen Hindernissen kämpfen, und sieht selten etwas ganz nach Wunsch gelingen. Sollte er mit Allem, was da ist, das

Spiel eines zwecklosen Zufalls seyn? Nein, ruft ihm die innere Stimme zu, jenes höchste Wesen, das Alles geschaffen hat, lenkt und ordnet auch Alles nach den besten Zwekken. Es gibt eine weise Weltregierung, und das Vertrauen zu ihr kann den Kämpfenden stärken, den Leidenden trösten, den Niedergeschlagenen aufrichten.

Von dieser Alles zum Besten lenkenden Weltregierung erwartet das dem Guten ergebene Herz auch die Befriedigung seiner reinsten Sehnsucht. Die Gesetze des sittlichen Lebens finden sich hier ohne sichere Gewährleistung, und das Böse triumphirt über das Gute. Jenes höchste, allmächtige Wesen ist der Regent, Gesetzgeber und Richter der Geisterwelt; von ihm sind die sittlichen Gesetze gegeben, und von ihm werden sie auch geltend gemacht; seine Weltregierung hat allein den Zweck, den Sieg des Guten herbey zu führen; von ihm, dem Urquell alles Lebens, kommt dem Ringenden die Kraft, zu kämpfen und zu siegen; seine Allmacht wird die Feinde des Guten zu Boden schlagen. In seiner ewigen, vollkommenen Welt schweigt aller Streit und Mißlaut; dort herrscht ewiger Friede und Wohlklang; dort wird Alles ausgeglichen und vollendet.

Das sind die Grundzüge des allgemeinen unmittelbaren Vernunftglaubens, wie er sich in jeder gesunden Vernunft findet. Er spricht sich mehr in Forderungen und Ahnungen des Gefühls, als in bestimmten Vorstellungen und Bildern aus; denn diese entstehen erst auf dem Wege der geschichtlichen Bildung und Gemeinschaft. Aber gerade in dieser unbestimmten Allgemeinheit faßt ihn die Philosophie auf, und bildet ihn zur allgemeinen Religionslehre aus. Jede Ahnung und Sehnsucht des Gefühls, womit sich der Mensch über die Unvollkommenheiten und Widersprüche dieser Welt erhebt, rechtfertigt der denkende Verstand durch Begriffe und Urtheile, in welchen das Unzulängliche der Erfahrungs-Erkenntnisse anerkannt ist. Erhebt sich der Religiöse ahnend über die Schranken von Zeit und Raum: so sagt der Philosoph: Raum und Zeit sind nicht die Formen der wahren Erkenntniß der Dinge, sondern bloß die Schranken unserer sinnlichen Erkenntniß. Erhebt sich der Religiöse über den Wechsel der Vergänglichkeit zur Ahnung des unvergänglichen Lebens: so zeigt der Philosoph, daß die Wahrnehmung eines durchgängig veränderlichen Seyns einen Widerspruch einschließt, daß wir etwas Beharrendes im Wechsel denken, und dieses im unsterblichen Geiste suchen müssen. Wenn der Religiöse eine höhere Gemeinschaft und Wechselwirkung, als die der körperlichen Kräfte und Triebe, sucht und findet: so bestärkt ihn hierin der Philosoph, indem er das Körperliche nicht für das wahre, wesenhafte Seyn anerkennt, sondern nur im Geiste die Wesenheit des Lebens findet, mithin auch nur eine geistige Wechselwirkung als die wahre ansehen kann. Auch die leiblichen Güter und irdischen Zwecke erkennt er nicht für die wahren, weil sie für den Geist keine Bedeutung haben. Wenn daher der Religiöse an ein geistiges Reich glaubt, zu welchem alle geistigen Wesen gehören: so folgt ihm der Philosoph hierin ganz; und während jener die Gesetze dieses Reiches in den guten Trieben seines Herzens lieset, bestimmt sie dieser allgemein als die Gesetze des von der Sinnlichkeit unabhängigen, freyen, in sich einigen und selbständigen Geistes. Auch eine höchste Ursache aller Dinge nimmt der Philosoph mit den Religiösen an, indem er von Ursache zu Ursache aufsteigt, und endlich das Unzulängliche aller Erklärungen einsehend, beym Anspruch der Vernunft an ein Letztes und Höchstes stehen bleibt. Und so stimmt er auch mit seinem Nachdenken in den ferneren Glauben an eine Weltregierung ein; er sieht ein, daß die Vernunft, wie mit ihrer Erkenntniß, so mit ihrem Streben in dem Gedanken einer höchsten Einheit und Harmonie ausruhen muß. Alle diese Wahrheiten aber faßt der Philosoph mehr verneinend als bejahend; er scheidet sie aus von den sinnlichen Wahrnehmungen, wehrt sinnliche Vorstellungen ab, und weist auf etwas Höheres hin, ohne es selbst verständlich machen zu können.

Seine Ueberzeugungen, Ahnungen und Hoffnungen findet der Religiöse wahr und untrüglich durch sich selbst; er glaubt daran; ein innerer Glaube, ein festes Vertrauen seines Gemüths läßt ihn nicht daran zweifeln; er traut der innern Stimme als einer Stimme Gottes, der sich ihm in seinem Herzen offenbart. Auch der Philosoph beruft sich zuletzt zur Bewährung seiner Erkenntnisse in diesem Gebiet auf diesen Glauben, den die Vernunft zu sich selber hat er weiß nichts besseres zur Begründung zu sagen, als daß die Vernunft durch ihre Natur genöthigt sey, diese Erkenntnisse für wahr zu halten.

Wir treten nun in das Gebiet des geschichtlich ausgebildeten, durch eine Gemeinschaft gesicherten, und durch bestimmte Formen vermittelten religiösen oder kirchlichen Lebens. Hier gewinnt Alles mehr Gestalt, Anschaulichkeit, Lebendigkeit; statt unbestimmter Ahnungen und Hoffnungen findet hier das Herz gewährleistende Erfahrungen und Ueberlieferungen, anziehende und wohlthuende Sinnbilder und Gebräuche. Wie dieses vermittelte religiöse Leben sich bildet, wird uns am besten die Geschichte lehren. Hier können wir nur im Allgemeinen so viel sagen, daß es durch das zunehmende Wachsthum des Bewußtseyns von den ursprünglichen

Ahnungen und Gefühlen zu Stande kommt. Ein mittelbarer Glaube ist die bewußte Auffassung des unmittelbaren, und diese Auffassung geschicht durch Verstandes-Begriffe und Bilder der Einbildungskraft, auch, insofern das religiöse Gefühl zum Handeln treibt, durch Handlungen und Gebräuche. Die Geschichte der Religion besteht darin, daß der menschliche Geist sich immer mehr des religiösen Bewußtseyns bemächtigt, und mit immer mehr Klarheit in die Tiefe des ihm inwohnenden frommen Gefühls blicken lernt. Wie verhält sich nun ein so vermitteltes, ausgebildetes, religiöses Leben zu dem allgemeinen, unmittelbaren Vernunftglauben?

Während der Vernunftglaube auf sich selber ruhet und sich selbst gewährleistet, wird hier die religiöse Wahrheit durch die Ueberlieferung alter, erprobter Erfahrungen, durch die Zeugnisse gottbegeisterter Männer und Gottgesandten, durch heilige Schriften, oder durch einen verehrten Priesterstand, bestätigt. Der Gott, der sich in jedem Menschen-Herzen offenbart, hat sich in der Geschichte noch besonders kund gethan, und sich als Lehrer und Erzieher der Menschen erwiesen. Der Mensch wird von Jugend auf im frommen Glauben erzogen, und mit der Erbschaft früherer Geschlechter genährt. Er braucht nicht von vorne anzufangen, und sich mit demjenigen zu behelfen, was er selbst oder was seine Zeitgenossen an religiöser Einsicht und Gefühlserregung gewinnen; sondern ihm wird das Beste und Probehaltigste der Ueberlieferung mitgetheilt. Er steht nicht allein, sondern sieht sich durch die Gemeinschaft Gleichgesinnter unterstützt. Durch die Ueberlieferung und Gemeinschaft nun werden ihm die allgemeinen, unbestimmten Ideen in lebendiger Wirklichkeit entgegengebracht, so daß er sie mit dem Verstande denken, mit der Einbildungskraft anschauen, mit dem Herzen fühlen kann. Er braucht seinen Gott nicht erst ahnend in der Natur und in seinen Lebenserfahrungen zu suchen; Gott hat sich seinen Vätern oder den Stiftern seiner Gemeinschaft lebendig und thatkräftig geoffenbart, hat Boten herabgesendet, um seinen Willen kund zu thun, und die Schicksale der Seinigen väterlich geleitet. Der Fromme tritt daher mit Gott in ein bestimmtes, seit Jahrhunderten bewährtes und von Allen anerkanntes Verhältniß, und gleichsam in lebendige Berührung. Gottes Wesen ist durch die Geschichte der Religion und die Erfahrungen der Frömmsten und Erleuchtesten so enthüllt und in Begriffen und Bildern dargestellt, daß Herz und Geist darin die reichste Nahrung finden. Daß er der Schöpfer und Urheber von Allem ist, wird in Bild und Ueberlieferung gelehrt; von seiner leitenden Vorsehung zeugen tausend Erfahrungen; als Gesetzgeber thun ihn heilige Sittengesetze kund, deren Erfüllung schon dem jugendlichen Gemüthe zur Pflicht gemacht ist; als Richter erscheint er in den merkwürdigen Schicksalen der Tugendhaften und Gottlosen in diesem Leben und in heiligen Lehrbildern von der Vergeltung in jenem Leben. Auch das Geheimniß der Unsterblichkeit ist durch die geschichtliche Ueberlieferung zwar nicht enthüllt (denn es bleibt ewig für den menschlichen Geist verborgen), aber doch dem Glauben näher gebracht; ja, die Hoffnung des Christen ist sogar durch eine Thatsache, durch die Auferstehung dessen, an den er glaubt, bestätigt.

Aber nicht bloß sind Verstand, Einbildungskraft und Herz lebendig beschäftigt durch eine solche Ausbildung des religiösen Lebens; auch der Wille und die That werden in Anspruch genommen. Der so geoffenbarte Gott hat seinen Willen kund gethan, und seinen Verehrern Pflichten auferlegt, Pflichten der Verehrung seiner selbst und Pflichten der Gerechtigkeit und Liebe gegen die Nebenmenschen. In der Ausübung dieser Pflichten besteht die Theilnahme an der frommen Gemeinschaft, und dadurch wird sie lebendig erhalten. Der Fromme bringt in Vereinigung mit seinen Genossen seinem Gott die Huldigung andächtiger Gebräuche und Uebungen dar, und gewinnt dadurch Nahrung für seine fromme Betrachtung und Gefühlsstimmung. Die Erleuchteteren und Frömmeren geben dem allgemeinen Glauben und Gefühl Ausdruck, und erregen die Andacht und Begeisterung; aber auch schon die Gemeinschaft selbst in der Andachtsübung wirkt begeisternd. Das Band der gemeinschaftlichen Pflichterfüllung, welche alle Genossen umschlingt, die gleiche sittliche Gesinnung, welche unter ihnen herrscht, gibt der religiösen Gemeinschaft und Ansicht erst die rechte Festigkeit; nur an den Gott glaubt man lebendig, dessen Gesetze man ehrt; nur ihn erkennt man, den man als Gesetzgeber und Richter der Welt erkennt und fürchtet. Alle religiösen Glaubens-Vorstellungen werden bedeutungsvoller und gehaltreicher durch die Verbindung mit sittlichen Gefühlen und Beweggründen. Empfängt nun noch die religiös sittliche Gesinnung und Lebensweise durch die Verflechtung mit dem Volks- und Staatsleben ein volksmäßiges Gepräge: so sind alle Bedingungen zur wahrhaften Belebung der Religion vorhanden. Der Staat wird immer beym religiösen Leben vorausgesetzt, und das Mitglied der religiösen Gemeinschaft muß nothwendig auch Bürger desselben seyn. Der Fromme kann Gott nicht dienen, ohne seine Pflichten zu erfüllen, und zu diesen gehört vor allen die Pflicht der Gerechtigkeit und der Friedensliebe, deren Erfüllung der Staat fordert. Eine religiöse Gemeinschaft kann überhaupt gar nicht bestehen, ohne das Band der bürgerlichen Gesellschaft; sie ist die schönere Blüthe der bürgerlichen Gesittung. Wo nun bürgerliche und religiöse Gemeinschaft zugleich mit Stammes- und Sprach-Verwandtschaft sich in ein Alle umschlingendes Band verweben, da ist der vollkommenste Einklang des Lebens hergestellt, und Himmlisches und Irdisches tritt mit einander in den schönsten, segenreichsten Bund.

Die Philosophie kann bey dieser Ausbildung des religiösen Glaubens und Lebens keine neuen, bestimmteren Einsichten gewinnen, und bleibt ewig an ihre bloß verneinenden und abwehrenden Formeln gebunden; aller Gewinn der religiösen Bildung ist für den Verstand bloß berichtigend, und nur für die Einbildungskraft und das Herz erweiternd und bereichernd. Aber die Philosophie findet bey einer solchen Ausbildung der Religion viel Beschäftigung. Je mehr der Glaube sich von seiner ursprünglichen Einfachheit und Unbestimmtheit entfernt, und an bestimmten Vorstellungen gewinnt, desto mehr geräth er in Gefahr, vom Aberglauben verunreinigt zu werden; denn jene bestimmteren Vorstellungen sind meistens bloß bildlich, mithin sinnlich, und also dem Aberglauben nahe liegend, welcher darin besteht, daß man die Bilder eigentlich nimmt. Der Philosophie kommt es nur zu, und dessen ist sie fähig, zu zeigen, was bloß bildlich und sinnlich, und was rein geistige Wahrheit sey, und dadurch vor dem Aberglauben zu warnen, Ja, selbst zur Vertheidigung kann sich die Religion der Philosophie bedienen, um nämlich den Zweifeln zu begegnen, welche gegen ihren Glauben erhoben werden, und zu zeigen, daß derselbe vernunftmäßig sey.

Einer solchen geschichtlichen oder kirchlichen Gestalt des religiösen Lebens, steht nun auch dienend und unterstützend die heilige Kunst und Dichtung zur Seite. Bey den Heiden veranschaulichte die bildende Kunst die sinnlichen Sinnbilder des Wesens und der Eigenschaften der Gottheit, und suchte sie zugleich dem Schönheitssinne gefällig zu machen; und die Dichtung ersann sinnbildliche Erzählungen von den Göttern, und kleidete sie in ein anziehendes Gewand. Solches erlaubt eine geistigere Religion, wie die christliche, nicht. Gott abzubilden verstattet sie eben so wenig als Fabeln von ihm zu erzählen. Aber die reineren Erkenntnisse von ihm, und besonders die Gefühle des Vertrauens und der Verehrung gegen ihn, darf die Dichtkunst in bildlicher, lebendiger Anschaulichkeit darstellen, ohne sich jedoch dem freyen Fluge der Einbildungskraft allzuviel zu überlassen. Je reiner und geistiger eine Religion ist, desto weniger Spielraum hat die Einbildungskraft, und desto strenger sind die Forderungen des Wahrheitssinnes. Der bildenden Kunst bleibt die Behandlung der geschichtlichen Gegenstände aus den heiligen Ueberlieferungen überlassen, und auch hier sind die Forderungen des geschichtlichen Wahrheitssinnes soviel als möglich zu erfüllen. Die nützlichsten Dienste leistet die Kunst und Dichtung zur Ausschmückung und Belebung des Gottesdienstes und der Andachtsübung: die Baukunst, Bildnerey und Mahlerey durch Herstellung eines zweckmäßigen Ortes für die heiligen Versammlungen und Uebungen, und die Rede-, Dicht- und Tonkunst durch begeisternde Vorträge und heilige Gesänge. Wir haben schon gezeigt, wie sich die Kunst und Dichtung an den frommen Glauben anschließen, so nämlich, daß sie die der Einbildungskraft und Erfahrung gehörigen Bilder auffassen, und ihnen mehr Anschaulichkeit verleihen, wodurch sie die Gefühle stärker erregen.

Auf der Grundlage des allgemeinen Vernunftglaubens und einer bestimmten geschichtlichen Ausbildung desselben, kann sich nun ein persönlich eigenes religiöses Leben in eigenthümlicher Gefühlsstimmung und Weltbetrachtung entwickeln und bewegen, und in letzterem kommt die Religion erst recht zur lebendigen Erscheinung. Wir wollen davon ein Bild zu entwerfen suchen, so weit es möglich ist, das Eigenthümliche, das nur aus der Erfahrung entnommen werden kann, in schwebender Allgemeinheit darzustellen.

Das persönlich eigene religiöse Leben erwächst aus dem, was der allgemeine Vernunftglaube, die in einer geschichtlichen Gestalt bestehende gemeinschaftliche Religion und die eigene Ausbildung und Lebenserfahrung an Nahrung und Erregung des Glaubens und Gefühls darbieten. Wenn der Fromme als Genosse einer religiösen Gemeinschaft einen Gott kennen lernt, der sich in Offenbarungen und Erweisungen lebendig kund gethan hat; so hat er ihn noch lebendiger und inniger in seinen eigenen Erfahrungen und Beobachtungen kennen gelernt, und so die fremde Erfahrung erprobt und erweitert. Und so sind ihm auch alle seine anderen Verhältnisse zur übersinnlichen Welt auf eigenthümliche Weise näher getreten. Er ist des Glaubens an die Unsterblichkeit in schmerzens- und trostreichen Erfahrungen sicher geworden; er hat die Leitung der Vorsehung dankbar zu rühmen; er hat die Kraft des das schwache Herz im Kampfe mit dem Bösen stärkenden und beruhigenden Geistes Gottes an sich selbst erfahren. Ueber die Wahrheiten des Vernunft- und Kirchen-Glaubens ist er mit seinem Verstande nicht hinausgeschritten, außer daß er die Vorstellungen des letztern geistiger faßt; in die Geheimnisse der übersinnlichen Welt hat er nicht eindringen gekonnt noch gewollt; sein Reichthum besteht in einer gefühlsmäßigen, begeisterten, andächtigen Betrachtung der Welt und seines Verhältnisses

hältnisses zu ihr, in einer Ansicht der Natur, der Geschichte und des Lebens, welche weniger dem Verstande Aufschlüsse gibt, als das Gemüth erhebt, erheitert, tröstet und beruhigt. An dieser Betrachtungsart, welche wir in ihren Grundlinien zeichnen wollen, wird uns am besten klar werden, was die Religion ist, und welche Stelle sie im Leben einnimmt. Wir müssen aber wohl unterscheiden die eigentliche religiöse Weltbetrachtung, deren Wirkung auf das Gemüth beruhigend und befriedigend ist, und die sittlich religiöse Gefühlsstimmung, durch welche die Religion in die Sittlichkeit übergeht und zur That begeistert. Die zweyte ist die lebendigste Frucht des religiösen Glaubens, das, wodurch er sich als gesund und kräftig bewährt; in der ersten aber liegt die Einheit und der Halt des ganzen Lebens, sie sichert dem Menschen den Frieden des Gemüths, ohne welchen er nichts ist. Wir sprechen zuerst von dieser religiösen Weltbetrachtung.

Der Fromme, in welchem der Glaube zur herrschenden Ueberzeugung geworden ist, und sein ganzes Inneres durchdringt, bezieht Alles auf die übersinnliche Welt und auf Gott. Es sind nicht in ihm zweierley Ansichten und Stimmungen, eine alltägliche, weltliche und eine nur für bessere Stunden aufgesparte, höhere, geistliche. Allerdings leben die meisten Menschen in dieser Getheiltheit, und finden es natürlich, daß man nur zuweilen religiös gestimmt seyn müsse. In ihnen ist die Religion entweder nur angelernt, oder noch mit andern Ansichten und Gefühlen in Zwiespalt. Aber so wie Gott in der Welt Alles beherrscht und durchdringt, so soll auch die Religion im Gemüthe des Menschen Alles durchdringen und beherrschen. Andere fehlen darin, daß sie meinen, die Religion müsse im Menschen Alles verschlingen und unterdrücken; mit ihr vertrage sich nicht das freudige Gefühl des Lebens-Genusses, nicht die Lust an der Schönheit der Natur, nicht der Eifer und das Streben der Berufs-Thätigkeit und Vaterlandsliebe, nicht der Forschungsgeist der Wissenschaft; das Gemüth des Frommen müsse nur von Einem Gedanken, von Einem Gefühl erfüllt seyn. So wie Gott Alles in der Natur durchdringt, ohne daß die einzelnen endlichen Kräfte dadurch außer Thätigkeit gesetzt sind: so müssen auch alle Lebensthätigkeiten des Gemüths durch den Gedanken an Gott und das Gefühl seiner Nähe nicht gelähmt, sondern vielmehr in ein freyeres, regeres Spiel gesetzt werden. Eine häufige Einseitigkeit der Menschen in Ansehung der Religion zeigt sich auch darin, daß sie die religiösen Betrachtungen auf die Zeiten des Unglücks und der Gefahr aufschieben, und so lange ihnen Alles nach Wunsche geht, wenig oder gar nicht an Gott und die Ewigkeit denken. Der wahre Fromme sucht allerdings im Unglück und in der Gefahr bey der Religion Trost und Beruhigung, aber auch das Glück des Lebens kann er nicht ohne Gott genießen; denn sonst wäre es ihm bedeutungslos, und entbehrte des wahrhaft wohlthuenden Eindruckes auf das Gemüth. Es wird indeß zweckmäßig seyn, die Weltbetrachtung des Frommen von dieser doppelten Seite darzustellen, einmal wie ihm die Welt erscheint, wenn ihn das Glück begünstigt und Alles sich ihm im heitern Lichte darstellt, und zweytens, wie er sich im Unglücke und wenn die Unvollkommenheit und Unzweckmäßigkeit in der Welt sein Gemüth verletzt und beunruhigt, zu trösten und zu beruhigen weiß. Heute werden wir bey der ersten Seite stehen bleiben.

Das Grundgefühl seines geistigen, ewigen Wesens, vermöge dessen er das Glied eines unsichtbaren, ewigen Reiches ist, das Alles umfaßt, und in welchem Gott mit allmächtiger Gerechtigkeit und Liebe waltet, erfüllt den Frommen in jeder Stimmung, mit welcher er die Welt betrachtet; dadurch erscheint sie ihm stets in einem überirdischen Lichte, und durch die irdischen Gestalten und Verhältnisse der Dinge brechen gleichsam vor seinem geweiheten Blicke himmlische Strahlen hervor.

Das erste und wichtigste Verhältniß des Menschen zur Welt ist das zur Natur, von welcher er seine Nahrung empfängt, durch welche sein leibliches Daseyn bedingt ist. Die Meisten betrachten sie mit einem kalten, herzlosen Sinne, gleichsam als eine Maschine, die man in Bewegung setzen und leiten muß, damit sie ihre Verrichtungen thue. Sie bearbeiten die Erde, säen und pflanzen Gewächse, ziehen und pflegen Thiere, und nehmen die gewonnenen Früchte ihrer Arbeit als einen schuldigen Zoll, den ihnen die Natur entrichtet. Sie genießen die übrigen Gaben und Wohlthaten derselben, die belebende Wärme der Sonne, den Schatten des Haines, den Duft und die Schönheit der Blumen, die Anmuth der Landschaft, entweder ohne sich dessen viel bewußt zu werden, oder mit einem selbstsüchtigen Gefühl, so wie sie anderes Angenehme und Schöne genießen. Der Fromme hingegen ist von dem Gefühl durchdrungen, daß die Natur, wie er selbst, Gottes Geschöpf und von seinem lebendigen Hauche belebt ist. Er betrachtet sich mit ihr in Wechselwirkung stehend: er wirkt auf sie ein, indem er die Erde bearbeitet und Pflanzen und Thiere zieht, und sie wirkt auf ihn ein, indem sie ihm Nahrung reicht; es ist aber Gott, der Alles hervorbringt durch seine Werkzeuge, Erde, Pflanzen, Thiere und Menschen; seine Gaben sind es, die wir aus der Hand der Natur empfangen, und Dank gegen ihn ist das Gefühl, mit welchem wir Alles genießen sollen. Das Anziehende und Ansprechende in der Natur, das Leben und Weben der Elemente, Pflanzen und Thiere, der freundliche Anblick der grünen Landschaft, ladet den Frommen nicht bloß zum Genuß, sondern auch zum Mitgefühl ein; er betrachtet Alles nicht, wie der gewöhnliche Mensch, als todten Stoff, der ihm zum Genuß und Gebrauch gegeben sey, er ahnet ein Leben, ähnlich dem seinigen, ein Wirken des Geistes Gottes in der Natur; er findet in ihr eine Offenbarung der Weisheit und Herrlichkeit Gottes, ein anschauliches Hervortreten der ewigen Ideen, welche in dem Geiste des Menschen als Vorstellungen und Gefühle zum Bewußtseyn kommen, eine stumme Sprache des Wortes Gottes an die Menschen. So wie das todte Gemählde Zeugniß gibt von dem lebendig schaffenden Geiste des Künstlers und ein Abdruck seines innern Lebens ist: so erscheint dem religiösen Betrachter auch die Natur, je reicher, lebendiger, ansprechender sie ist, um so mehr als ein Abglanz des Geistes Gottes. Was auf den menschlichen Geist Eindruck macht, kann nichts dem Geiste ganz Fremdes und Entgegengesetztes seyn, sondern muß mit ihm in einer gewissen Verwandtschaft stehen. Das Kunstwerk in Stein ist freylich geist- und leblos, in sofern es Stein ist, aber seiner Form nach, welche auch allein den Geist des Betrachters aufregt, ist es Werk und Ausdruck des bildenden Geistes des Künstlers. So sind selbst die todten Massen der Gebirge durch ihre gewaltigen kühnen Formen ein Werk und Ausdruck der schöpferischen Allmacht Gottes.

Durch seinen Zusammenhang mit der Natur, wird der Mensch am ersten seiner Abhängigkeit von einem Ganzen der Welt inne. Sein Fuß tritt den Boden der Erde, und er ist an denselben so ganz gebunden, daß es für ihn auch nicht die Möglichkeit eines anderen Daseyns gibt. Sein Leben ernährt sich durch das Athmen der Luft der Erde und den Genuß ihrer organischen Stoffe; und wie der Fisch außer dem Wasser stirbt, weil dieses sein Lebenselement ist, so würde der Mensch, wenn er den nährenden Brüsten der Mutter Erde entrissen wäre, sein Leben aushauchen. Diese Abhängigkeit mahnt den Frommen an seine Abhängigkeit vom Weltganzen überhaupt. Wie sein Leib, so ist auch sein Geist abhängig, und nichts für sich, sondern nur das Glied eines größeren Ganzen, eines der unzähligen Geschöpfe, welche der Herr der Welt ins Daseyn gerufen, und in ein und dasselbe Reich vereiniget hat. Der Fromme ist sich einer unsterblichen Seele, und mithin einer ewigen, erhabenen Bestimmung bewußt; aber er fühlt doch, daß er nicht für sich selbst da ist, sondern allein, um den Willen des Schöpfers zu vollbringen, zu welchem Zwecke auch die übrigen Wesen hervorgebracht sind. Diesen Willen des Schöpfers kann nur der Mensch fühlen und denken; aber die wunderbare Ordnung der Natur, die Aufeinanderfolge der Jahreszeiten, das Ineinanderwirken der Elemente, die Haushaltung der Pflanzen und Thiere, der ruhig feste Gang der Gestirne — alles erinnert ihn an die ewige Harmonie des Reiches Gottes, zu welcher auch er durch seine Thätigkeit etwas beytragen soll; und er fühlt sich wunderbar angeregt und begeistert durch den Anblick des regen Lebens und Webens in der Natur, all der mannichfaltigen, in einander greifenden Bewegung und Thätigkeit. Auch ich, denkt er, will mit wirken und schaffen, und meine Kräfte regen, damit der Wille Gottes geschehe; ich bin das Glied eines lebendigen Ganzen, so will ich mich denn lebendig beweisen, und die

Lebensverrichtung vollbringen, die mir der Herr des Ganzen aufgetragen hat.

Einen unerschöpflich reichen Stoff zur frommen Betrachtung bietet die Geschichte dar, auch wenn man sie nur im Ganzen und Großen faßt. Die erste Betrachtung, die sich aufdringt, ist die, daß das Leben jedes Volkes und jedes Einzelnen, wie es sich eben in der Gegenwart entwikkelt, durch die ganze frühere Geschichte bedingt ist. Ein Einzelner der deutschen Nation z. B. ist in allem, was er ist und hat, durch die Gemeinschaft und den Zusammenhang mit seinen Familien- und Volks-Genossen bedingt, und das ganze Daseyn der Nation ist wieder durch die Geschichte ihrer Vorfahren und aller andern Völker, der Römer, Franzosen u. a., welche auf sie eingewirkt haben, bedingt. Wie ein Blatt am Baume nichts ist ohne alle übrigen Blätter, Zweige und Aeste, Stamm und Wurzeln, und alles dieses hervorgegangen ist aus dem früheren Wachsthum des Baumes: so ist die ganze Menschheit gleichsam ein großes Riesen-Gewächs, an welchem jeder Theil durch den andern bedingt ist. Wie der Baum sich von seinen abgefallenen, in Dammerde übergegangenen Blättern ernährt, so nährt sich die Menschheit von der Erbschaft der früheren Geschlechter. Wir würden nicht so denken, fühlen und handeln, wie wir thun, wenn nicht unsere Vorfahren uns mit ihren Gedanken, Gefühlen und Handlungen vorangegangen wären. Die Geschichte zeigt uns also ein Ganzes des Menschheits-Lebens, und uns als ein Glied dieses Ganzen. Aber dieses Ganze wäre ohne Haupt, ein Leben, den wilden Elementen der Natur und seinen eigenen dunkeln Trieben und Leidenschaften hingegeben, durch die es oft gegen sich selbst wüthet und sich selbst zerstöret, wenn der Gläubige nicht Gott als den Vater der Menschheit kennte, der ihre Schicksale und ihren Lebensgang leitet. Er versteht nicht die Absichten der göttlichen Weltregierung, maßt sich nicht an, in ihren geheimnißvollen Plan einzudringen; aber dankbar erkennt er die Früchte der Vorwelt, die er genießt, alle die wohlthätigen Einrichtungen des Lebens, die Wissenschaften und Künste, Sitten und Gebräuche, welche das jetzige Leben verschönern, und vor allen die Himmelsgabe der Religion, in welcher er Trost und Beruhigung findet; und alles dieses sieht er als das Ergebniß der wohlthätigen Leitung des Vaters der Menschen an. Die ganze Weltgeschichte scheint ihm dahin zu zielen, daß die Wahrheit ans Licht gebracht, Gerechtigkeit und Gottesfurcht unter den Menschen herrschend werde; sie erscheint ihm als ein großes Entwickelungswerk des menschliches Geistes, als ein Ringen desselben mit der Sinnlichkeit und thierischen Rohheit, um zum freyen Bewußtseyn zu gelangen. Wie ermuthigend und begeisternd ist ihm diese Ansicht der Weltgeschichte! Jedes Volk, in welchem sich ein bildender Geist regt, hat seinen Theil an dem großen Werke, das eine einen wichtigeren, als das andere. Das eine thut mehr für die Religion, das andere mehr für die Wissenschaft und Kunst, das dritte mehr für das Staatsleben. Das Ganze der Geschichte erscheint dem Betrachter als ein großes Gemählde, in welchem verschiedene Theile von verschiedener Farbe und Beleuchtung sich in Ebenmaß und Einklang fügen, und demselben Zwecke dienen. Wie dankbar und freudig begrüßt er die ausgezeichneten Geister, welche Lehrer und Führer der Völker waren, vornämlich aber die Gottgesandten und Begeisterten, welche die heilige Wahrheit verkündigten, in welcher er selbst die Ruhe seines Lebens findet! Er sieht in ihnen die Werkzeuge Gottes, und in dem, was sie gethan und vollbracht, und in den sie unterstützenden Umständen seine weisen Veranstaltungen. Zugleich aber fordert ihn das, was Andere vor ihm und was Gott durch sie gethan, auf, den Zweck, um deßwillen es geschehen, an sich zu erfüllen, und zur Vollendung des Werkes Gottes seinen Theil beyzutragen. Auch er ist im Weinberge des Herrn angestellt, auch er soll das Reich der Wahrheit und Gerechtigkeit erweitern und verbreiten helfen. Der Geist Gottes, der von Anfang in der Menschheit gewirkt hat, und noch in der Gemeinschaft der Frommen und Guten wirkt, ergreift und erfüllt ihn mit begeisternder Gewalt. Er steht nicht allein, er ist nur ein Glied des großen Ganzen, das seit Jahrtausenden vor ihm gelebt und bestanden hat, und nach ihm noch fortbestehen wird. Er folgt dem unaufhaltsamen Gange, in welchem es fortschreitet; er folgt, unwillkürlich fortgezogen, aber doch mit Freyheit; denn sein Leben ist in das Leben des Ganzen verwebt, er will nichts für sich, sondern Alles für seine Brüder, für die Menschheit, für Gott. So sehen wir Christen das Leben der Menschheit und das Reich Gottes in ihr persönlich verwirklicht und lebendig dargestellt in Christo, und unser Leben soll ganz in das unsers Herrn und Meisters aufgegangen seyn; alles, was wir denken und sinnen, soll von ihm aus- und in ihn zurückgehen.

Unter dem gleichen Gesichtspunkt betrachtet der Fromme sein Verhältniß zu der mitlebenden Menschheit, zu seinen Verwandten, Freunden, Genossen, zu seinem Volke, zu andern Völkern. Sie alle sind mit ihm Glieder an dem großen Leibe der Menschheit, und theilen mit ihm dasselbe Element des Lebens. Mannichfaltig sind ihre Gaben und Bestrebungen, aber in Allen regt sich derselbe Geist, der sie zu dem einen großen Zwecke hinführt; und diesen Geist weiß der Fromme überall zu erkennen. Er umfängt Alle mit inniger Bruderliebe und Theilnahme; nichts ist ihm fremd, was ihr Wohl betrifft, denn das ihrige ist auch das seinige. Doch hat er in Allem die höheren Zwecke des geistigen Lebens im Auge, die siegreiche Durchbildung des Geistes zur Weisheit und Gottseligkeit, die Vollbringung des göttlichen Willens, wozu Alle beyzutragen berufen sind, wozu auch er sich berufen fühlt. Wie freut er sich dieses Berufes, wie freut er sich der Kräfte, die ihm Gott dazu verliehen! Mit hohem heiligen Muth geht er an sein Werk, mit der lebhaftesten Theilnahme betrachtet er, was um ihn her in dem gleichen Sinne gewirkt wird. Wie freut er sich, wenn etwas für die Zwecke Gottes und der Menschheit geschieht, wenn sich irgendwo eine neue höhere Lebensregung zeigt! Ein Funke der Begeisterung, der da oder dort aufglüht, zündet auch zugleich in seiner Seele; denn sie ist mit dem Ganzen innig verschmolzen; er lebt nur für das Ganze, für die Menschheit, für das Reich Gottes.

Aber alles, was ihm Natur, Geschichte und Leben darbietet, ist nur die irdische Erscheinung des höheren geistigen Lebens, des ewigen Reiches Gottes, an welches er so fest glaubt, als er eine unsterbliche Seele in sich fühlt. Er ist zum Bürger dieses Reiches geboren und berufen: das sagt ihm eine innere Stimme, das bestätigt ihm die Offenbarung und Leitung Gottes, deren er theilhaftig geworden ist. Welche hohe, heilige Ahnung durchbebt ihn bey diesem Gedanken, wie fühlt er sich hinweggehoben über alles Irdische, und doch auch zugleich mit Liebe an das Leben geknüpft, in welchem er schon für seinen höheren Beruf arbeitet! Alles, was er auf dieser Erde liebt, was mit ihm zu den Zwecken des

Reiches Gottes hinstrebt und hinwirkt, das wird mit ihm eingehen in das ewige, selige Reich. Das Leben auf dieser Erde ist nur die Vorbereitung zu jenem höheren, führt aber doch zu ihm. Der Fromme verachtet es nicht, sondern würdigt es nach seinem wahren Verhältniß zu jenem; es erscheint ihm im Glanze des überirdischen Lichtes; durch die irdische Hülle hindurch erkennt er das ewige Wesen der Dinge.

Siebente Vorlesung.

Fortsetzung.

Wir haben die Weltansicht darzulegen angefangen, wie sie sich ein Frommer bilden könnte, der sich über die kirchliche Gestalt der Religion zu einer persönlich eigenen Ausbildung erhoben hätte. Wir haben sie nur so weit dargelegt, als sie sich auf ein glückliches Verhältniß zur Welt bezieht, und aus einem zufriedenen und heitern Gemüth hervorgeht; das ist aber nur der geringste Theil. Man darf behaupten, daß der Mensch gar nicht zur Religion gelangen würde, wenn er auf dieser Erde durchaus glücklich, und nicht wenigstens der Sterblichkeit unterworfen wäre. Die Befriedigung seiner Wünsche, die Erreichung seiner Zwecke, der Einklang seines Lebens mit dem Ganzen der Natur, würde gar nicht das Bedürfniß des Glaubens an eine höhere Welt in ihm entstehen lassen. Zwar würden vielleicht die Fragen: woher das Alles, wozu das Alles? u. dgl. in seinem Gemüth aufsteigen, aber nur um seinen forschenden Verstand zu beschäftigen; sein Herz hingegen würde, weil diese Welt es befriedigte, keine Sehnsucht nach einer höheren empfinden, und die Regungen einer solchen Sehnsucht, die sich etwa noch zeigten, würden bald unterdrückt werden durch die überhand nehmende sinnliche Neigung und irdische Liebe, welche stets befriedigt, immer mehr Befriedigung verlangte. Erst wenn der Mensch mit der Welt in unglücklichen Zwiespalt tritt, wenn er in ihr nicht findet, was er sucht, wenn sie ihm raubt, was er am meisten liebt, wenn sie ihm Widersprüche und Unzweckmäßigkeiten darbietet, und besonders wenn das Alter und der Tod mit ihrer düstern, Schrecken erregenden Gestalt ihm entgegen treten: dann erhebt er den Blick gen Himmel, und sucht jenseits, was er hier nicht findet, Einklang, Vollkommenheit, Seligkeit. Ueberhaupt würde die geistige Natur des Menschen sich nicht entwickeln, wenn sie nicht mit der äußeren Natur in Widerstreit träte. Im Paradies würde die Menschheit stets auf derselben Stufe geblieben, und nicht weiter geschritten seyn; erst der Kampf mit dem Elend und der Sünde weckte die geistigen Kräfte des Menschen, so daß er einen Sieg nach dem andern errang, eine Stufe nach der andern erstieg. Darum hat uns auch der Schöpfer so hülflos in die Welt gesetzt, ohne Bedeckung der Haut, allen Einflüssen Preis gegeben, einer langen Erziehung und Pflege bedürftig. Das Thier, das gegen die Kälte geschützt ist, und nach wenigen Tagen oder Monaten schon sich selbständig behaupten und seine Nahrung suchen kann, ist unfähig einer höheren Entwickelung, weil es in die niedere Natur ganz paßt, und von ihren Banden festgehalten wird, so daß es nicht höher streben kann; während der Mensch ein Fremdling ist in dieser Natur, und sich überall von ihr feindlich berührt findet.

Wenn schon der Zusammenhang mit der Natur, überhaupt den Menschen an seine Abhängigkeit von einem Ganzen erinnert, und ihn lehrt, daß er nichts als ein Glied desselben, und ohne dasselbe nichts ist: so muß diese Erkenntniß noch lebendiger in ihm werden, wenn ihn die Natur von einer unangenehmen Seite berührt, ihm Furcht und Schmerz verursacht, und seinen Frieden stört. Diese gütige Mutter, diese Ernährerin alles Lebendigen, zürnet nicht selten, und verschließt ihre nährenden Brüste. Thiere und Menschen finden keine Speise mehr, und lechzen nach Wasser. Eine brennende Sonne versengt die Gewächse, oder die Kälte hemmt alles Wachsthum, oder Ungewitter, Hagel, Ueberschwemmung zerstören die Erzeugnisse der Erde. Es ist dieß eine dem Gefühl sowohl als dem Verstande sich aufdringende Zweckwidrigkeit, ein Wüthen der Natur gegen sich selbst, wodurch sie, was sie hervorgebracht, wieder zerstört. Oft beklagt der Mensch die Vernichtung der Früchte jahrelanger Arbeit durch das Losbrechen der Elemente, durch die zerstörende Kraft des Feuers und Wassers. Auch dieß schließt einen Widerspruch in sich. Der Mensch soll arbeiten und sich regen: warum nun zerstört ihm die Natur, was er geschaffen hat? Oft liegt die Schuld an seiner Unvorsichtigkeit, daß er sich nicht genug vor möglichen Gefahren gesichert, und sich den Elementen zu sehr ausgesetzt hat; aber oft hätte auch die größte Vorsicht ihn nicht sichern können. Gegen solche Gewaltthätigkeiten der Natur hilft kein Murren und Toben; dadurch macht man sich nur unglücklicher, indem man sich innerlich selbst aufreibt, und den widrigen Eindruck erhöhet; das einzige, was dem Menschen ziemt, ist demüthige Unterwerfung unter die höhere Gewalt, die Anerkennung, daß er als kleines Glied des Ganzen nicht fordern kann, daß dieses sich nach ihm richte, und der Glaube, daß es nicht die blinde Gewalt der Natur ist, der er sich unterwerfen muß, sondern der weise Wille des Schöpfers, welcher Alles zum Besten zu lenken weiß. Wer nicht gedankenlos hinlebt, sieht, daß er der zerstörenden Gewalt der Natur stets hingegeben ist. Wir wohnen auf einem leicht zugedeckten Abgrunde, der sich in jedem Augenblicke aufthun, und uns verschlingen kann. Immer kann das unterirdische Feuer hervorbrechen, das unter unsern Füßen brennt; der Blitz kann auf uns zerschmetternd herabfahren; die Wasserfluthen oder die Stürme können losbrechen, und unsere Wohnungen und uns selbst zerstören. Diese Besorgniß soll uns nicht die Lebensfreude verbittern, aber unsern Sinn über das Irdische erheben, und uns mit dem Gefühl der Ergebung in den Willen des Allmächtigen erfüllen. Unser Leben, unser Glück ruht in seiner allmächtigen Hand; er schalte damit, wie es ihm wohlgefällt, und was er beschließt, wird uns und dem Ganzen heilsam seyn.

Auch abgesehen von unserm eigenen Wohl und Wehe, stellt die Natur für den aufmerksamen, sinnigen Betrachter nicht immer das Bild der Schönheit, Lieblichkeit und Harmonie, sondern oft den betrübenden Anblick des Unschönen, Widrigen und Zwiespältigen dar. Nicht immer lächelt die Sonne freundlich hernieder, sondern birgt oft ihr segenverbreitendes Angesicht hinter düsterm Gewölk: neben der heitern Beleuchtung lagert sich der düstere Schatten; neben dem lieblichen Bilde des Lebens richtet sich die schreckliche Gestalt des Todes auf. Diesen Anblick benutzt der Fromme, um seine Lebensfreude zu mildern und zu reinigen durch das Gefühl seiner Abhängigkeit und den Gedanken an das höhere Leben, in welchem allein ewiger Bestand und selige Vollkommenheit ist. Bedarf doch selbst der Künstler des Schattens und Wechsels, um die Harmonie des Schönen hervorzubringen: wie viel mehr das Gemüth dessen, der nicht an dieser Erde hängt, sondern nach etwas höherem trachtet!

Noch mehr Zweckwidriges und Zwiespältiges bietet die Weltgeschichte dar. Wohl läßt sich in ihr ein Fortschritt zum Besseren, ein Sieg der Wahrheit und der Sittlichkeit, bemerken; aber dieser Fortschritt geht langsam durch Rückschritte, und hat nicht überall Statt. Auf das schöne Zeitalter der griechisch-römischen Bildung folgt das dunkle Mittelalter, dessen Finsterniß noch in einzelnen zurückgebliebenen Wolken Europa beschattet. Während die Bildung nach dem Abendlande fortgerückt ist, hat die Barbarey wieder vom Morgenlande Besitz genommen, und da wo einst der Leuchter des Evangeliums stand, herrscht jetzt dichte Finsterniß. Das hintere Morgenland steht entweder noch auf der uralten Stufe der Bildung, oder ist tiefer herabgesunken; an der christlich europäischen Bildung hat es nie Theil genommen, und scheint niemals daran Theil nehmen zu wollen. Eine Menge anderer Völker haben sich nie aus der Barbarey erhoben, und scheinen der Bildung ganz unfähig zu seyn. Was wir die Weltgeschichte nennen, beschränkt sich auf wenige Völker; bey den übrigen gibt es fast keine Geschichte. Diese Beobachtung muß das Herz des gefühlvollen Betrachters sehr betrüben; denn der Mensch will überall Zwecke und Endabsichten erkennen, so wie er selbst sein Leben nach Zwecken ordnet. Noch betrübender ist die häufige Erscheinung, daß ganze Völker der Wuth der Eroberungssucht Preis gegeben, und jämmerlich gemißhandelt, zertreten und vernichtet werden. Wie das wuchernde Unkraut im verwilderten Garten alle edleren Pflanzen um sich her überrankt und erstickt: so haben die erobernden Völker um sich gegriffen, und der Garten der Menschheit scheint oft aller Aufsicht zu entbehren. Warum mußte das herrschsüchtige, unbarmherzige Volk der Römer so viele Volkseigenthümlichkeiten zerstören, und Alles in eine einfärbige, charakterlose Masse zusammenwerfen? Warum mußte die ursprüngliche Bevölkerung des neu entdeckten Erdtheils fast ganz ausgerottet, und den habsüchtigen, blutdürstigen Spaniern Preis gegeben werden? Fast scheint es, als bereue der Schöpfer, diese und jene Völker geschaffen zu haben, indem er sie zerbricht, wie ein Töpfer ein mißrathenes Gefäß zerbricht. Aber kann der Allweise und Allmächtige etwas bereuen und sich selbst eines Fehlers zeihen? — Nicht weniger betrübend ist die so häufige Herrschaft der Ungerechtigkeit, der Tyranney, der blutgierigen Gewaltthätigkeit. Man muß schaudern, wenn man an die Grausamkeiten denkt, welche oft aus Laune, oft aus Härte ausgeübt worden sind. Wie entartet ist der Mensch, der sich an den Martern seiner Mitgeschöpfe freuen kann; warum aber wurde die hülflose Menschheit solchen Ungeheuern Preis gegeben?

Der Fromme weiß auf solche Fragen keine Antwort als das Bekenntniß seiner Unwissenheit und seiner demüthigen Unterwerfung unter den göttlichen Willen. Es ziemt ihm nicht zu murren, noch mit Gott zu rechten; es ziemt ihm, seiner Weisheit kindlich zu vertrauen. Zwar entdeckt er hie und da gute Folgen der Zerstörung, des gewaltthätigen Druckes, den das Böse gegen das Gute ausübt; aber diese Beobachtung kann ihn nicht ganz befriedigen, da diese Folgen fast nie denen, die gelitten haben, zu Gute kommen; er kann darin nur den Wink auf eine höhere, ewige Herstellung der Harmonie finden, an welche er fest glaubt. Uebrigens erinnert ihn alles Unheil, das in der Geschichte geübt wird, an die menschliche Sündhaftigkeit, an welcher er selbst Theil hat, und anstatt Gott anzuklagen, klagt er sein Geschlecht und sich selber an. Der Zwiespalt, der im Men-

schen

schen herrscht, der Kampf zwischen dem Guten und Bösen, der in eines Jeden Brust Statt findet, tritt auch in der Geschichte hervor, und tobt in derselben um so gewaltiger, je größer die Massen und Kräfte sind, welche in Thätigkeit erscheinen, und je weniger noch der Geist über die Sinnlichkeit gesiegt hat. Woher dieser Zwiespalt komme? diese Frage beantwortet der Fromme nur mit einer Anklage seiner selbst und mit dem Seufzer der Sehnsucht, von demselben erlöst zu werden. Gott kann er deßwegen nicht anklagen, noch auch erklären, wie es seine Allmacht und Weisheit zugelassen haben könne; nur das weiß er, daß das Böse vor ihm nicht besteht, und daß in der Ewigkeit aller Zwiespalt sich heben wird.

Mit derselben demüthigen Ergebung und Selbstanklage betrachtet der Fromme den Kampf, in welchem er selbst begriffen ist, die Unvollkommenheit und den Zwiespalt des menschlichen Lebens, an welchem er für seine Person Theil nimmt. Auch ihn berührt in seinem Thun und Streben die feindliche Gewalt des Irrthums, der Selbstsucht, der Trägheit, der Leidenschaft, und raubt ihm nicht selten die Frucht seines Strebens, oder verschließt ihm den Weg zum Ziele. Aber er kann darüber nicht murren, da er sich selbst anklagen muß, daß er manchmal aus Irrthum und Selbstsucht dem Guten feindlich entgegentritt, und seine Nebenmenschen kränkt. Außer sich Kampf zu finden, darf ihn nicht Wunder nehmen, da er oft mit sich selbst im Kampfe liegt, und das Böse nicht selten in ihm über das Gute die Oberhand gewinnt. In diesem Kampfe wendet er sich mit vertrauensvollem Gebet zu Gott, und flehet um den Sieg des Guten in ihm, um Stärkung des schwachen Willens, um Läuterung des von sinnlichen Lüsten verunreinigten Herzens. Denn er fühlt, daß alles Gute ihm nur von oben, vom Urquell des Lichtes, kommen kann, und daß er, sich selbst überlassen, dem Bösen erliegen würde. Ueberhaupt sucht er in jeder Bedrängniß Trost und Hülfe im Gebet zu Gott, und immer findet er in demselben die verlorene Ruhe des Gemüths wieder. Er weiß sich keine Gründe anzugeben, er kann nicht mit seinem Verstande durchdringen und den Zwiespalt lösen; nur das demüthige, vertrauensvolle Gefühl, mit welchem er sich zu Gott wendet, befreyt ihn von allem, was ihn drückt und stört.

Es ist aber nicht bloß die Feindschaft der Nebenmenschen und die eigene Schwachheit und Sündhaftigkeit, was das Glück des menschlichen Lebens stört; eben so häufig betrübt den Menschen der Verlust und die Vereitelung, welche ihm widrige Zufälle, die Feindschaft der Naturgewalten und die Gesetze der Vergänglichkeit bringen. Alle Güter, deren er sich freuet, sind dem Verluste ausgesetzt, und nicht bloß die niederen irdischen, Geld und Gut, sondern auch die edleren, häusliches Glück, Genuß zärtlicher Liebe. Dafür findet der Fromme Trost und Beruhigung in dem Aufblick nach oben, in der Liebe zu den unverlierbaren himmlischen Gütern, in dem Glauben an die Unsterblichkeit. Der Verlust des Irdischen kann ihn nicht sehr beugen, da er ja weiß, daß alles Irdische vergänglich ist, und da er es nie um sein selbst willen, sondern nur als Mittel und Erscheinungsform des Höheren geschätzt und geliebt hat. Der Verlust der Geliebten durch frühzeitigen Tod thut jedem, auch dem frömmsten Herzen wehe, und die Religion macht keinesweges unempfindlich gegen den Schmerz; aber die Trauer des Frommen ist mit geduldiger Selbstverleugnung und freudiger Erhebung verbunden, und das Gemüth behauptet seinen Frieden. Der Glaube an die Unsterblichkeit ist dem wahren Frommen an keine Meinung oder Vorstellung gebunden, sondern lebendiges Gefühl; auch ist er ihm nicht bloß Hoffnung des Zukünftigen, sondern Anschauung des unmittelbar Gegenwärtigen. Die Verstorbenen leben für ihn und er lebt für sie, ihre unsterblichen Seelen sind mit der seinigen fortwährend verbunden; denn er selber lebt schon hienieden ein unsterbliches, dem Ewigen geweihetes Leben. Ueberhaupt erhebt sich sein Geist stets über den Zwiespalt und die Unvollkommenheit dieser Welt zu jenen seligen Höhen empor, wo er weiß, daß seine wahre, ewige Heimath ist; stets schwebt ihm das klarheitvolle Urbild des Reiches Gottes vor, in welchem aller Zwiespalt aufgehoben, aller Streit geschlichtet, jede Sehnsucht gestillt ist, und ein ewiger, seliger Friede herrscht. Das Licht, das von oben in sein geweihetes Auge dringt, wirft seinen Schein auf die gegenwärtige Welt, und sänftigt alle zu starken Schatten, so daß das Ganze in einem milden, harmonischen Licht erscheint.

So dient also die religiöse Betrachtung der Welt dazu, dem Menschen seine Ruhe und Freudigkeit zu sichern, indem sie den Streit und Zwiespalt, von welchem er feindlich berührt wird, nicht für die Erkenntniß des Verstandes, sondern für das Gefühl ausgleicht, und nicht die äußere Harmonie, sondern die innere herstellt; und sie bewirkt dieß dadurch, daß sie den Menschen Verzichtleistung auf das Irdische, und Erhebung zu dem Ueberirdischen lehrt.

Auch in dieser persönlich eigenthümlichen Ausbildung kann und soll die Religion mit der Philosophie verbunden seyn. Nur bey einer vollkommnen Ausbildung des Verstandes findet die vollkommene religiöse Ausbildung Statt, weil diese nicht ohne eine vollkommene Harmonie des Geistes bestehen kann, deren nothwendiges Erforderniß die Ausbildung jedes Vermögens, mithin auch des Verstandes ist, hat das Gefühl oder die Phantasie ein Uebergewicht im Menschen, und ist der denkende Verstand unterdrückt oder beschränkt: so kann die religiöse Ausbildung nicht vollkommen gelingen. Freylich kann die Philosophie dem Frommen keine weiteren Einsichten gewähren, als daß sie ihm den Inhalt des allgemeinen Vernunftglaubens aufklärt, welcher, wie wir wissen, sehr wenig Bestimmtheit hat; aber vermöge der harmonischen Ausbildung seines Geistes hat er das Bedürfniß, die ewigen Wahrheiten auch mittelst des klar und bestimmt denkenden Verstandes aufzufassen, und diese Auffassung dient ihm übrigens dazu, seine Ansichten von allen irdischen Beymischungen zu reinigen und zu läutern. Auch in der freyesten, vollendetsten Ausbildung kann die Religion der Bilder und Vergleichungen nicht entbehren, und der Mensch ist immer geneigt, sich mit sinnlicher Schwerfälligkeit daran zu hängen, und mit ihnen wieder zur Erde herabzusinken. Die Philosophie bewahrt ihn vor diesem Herabsinken, indem sie ihn stets an den Unterschied des Ewigen und Uebersinnlichen von dem Zeitlichen und Sinnlichen erinnert, und seinen Geist anspornt, sich immer höher zu erheben, und Alles immer geistiger zu fassen. Es handelt sich dabey nicht bloß um mehr oder weniger reine Vorstellungen, sondern es hängt auch davon die Reinheit der Gesinnungen ab. Wer sich z. B. wegen eines erlittenen Verlustes mit der Hoffnung einer nach irdischer Art gedachten Vergeltung tröstet, hat sich noch nicht zu der ächt frommen Verzichtleistung erhoben, welche gern alles Irdische zum Opfer bringt. Derselbe Fall ist mit den Vorstellungen von der Unsterblichkeit. Wer sich mit einem Wiedersehen der verlorenen Geliebten, ähnlich dem, das man auf dieser Erde nach einer Trennung von mehreren Jahren, in einem fernen Lande feyert, tröstet, der hat sich noch nicht über die irdische Liebe erhoben, und der Schmerz hat seine Seele noch nicht so geläutert, wie er sollte. Ist nun der Verstand aufgeklärt genug, um die irdische Beymischung in solchen Vorstellungen zu entdecken; so wird der sinnlichen Selbstsucht die Stütze weggerissen, an welcher sie sich hält, und das Gemüth wird gezwungen, in einem reineren Glauben Trost zu suchen.

Wie aber würde sich eine solche religiöse Ausbildung, wie wir sie bisher geschildert haben, zur Kunst und Dichtung verhalten? Wir müssen diese auch hier als die Schwestern oder Dienerinnen der Religion betrachten; ja, sie erscheinen hier mit ihr in einem noch innigeren Zusammenhange, indem wir sie als die eigenen Hervorbringungen des vom religiösen Gefühl erfüllten Gemüthes, und als die nothwendigen Befriedigungsmittel eines lebendigen religiösen Bedürfnisses betrachten.

Der Fromme, der seine religiöse Betrachtung mit lebendigem Geiste übt, wird sich immer auf eine gewisse Weise zu der Kunst und Dichtung hingetrieben fühlen. Wir wissen, die Religion besteht in einem Gefühle, das durch Verstand und Einbildungskraft zum Bewußtseyn gebracht ist, oder in einer gefühlsmäßigen Betrachtungsart der Welt. Nun hat der ausgebildete Fromme, wie wir so eben gezeigt haben, das Bedürfniß, auch bloß von Seiten des Verstandes, mittelst der Philosophie, die ewigen Wahrheiten zu betrachten; er hat dieses Bedürfniß, weil in ihm alle Vermögen des Geistes gleichmäßig ausgebildet sind, und ein jedes seine volle Thätigkeit auszuüben verlangt. Aus demselben

Grunde aber wird er auch das Bedürfniß haben, sein religiöses Gefühl mittelst der Einbildungskraft auszusprechen, und diesem Vermögen einen freyen Spielraum zu gönnen. Er wird von Zeit zu Zeit dichterische und künstlerische Stimmungen haben; irgend eine Betrachtung oder eine durch frohe oder traurige Erfahrungen hervorgebrachte Gefühlserregung, wird zu einer Stimmung führen, in welcher die Einbildungskraft die Oberhand gewinnt, und die halb verständige, halb phantasirende Betrachtung, in welcher sich die Religion am meisten bewegt, zurücktritt. Die Natur-Betrachtung fordert am meisten zu einer solchen Stimmung auf, weil bey derselben der Verstand viel weniger beschäftigt ist, als das Auge, und durch dieses die Einbildungskraft. Sind wir recht ergriffen von der Schönheit und Herrlichkeit der Natur, so ist es eine dichterische Stimmung, in welcher wir uns befinden. Derjenige, der einen Geliebten betrauert, und in seinem Schmerz zur frommen Ergebung und Hoffnung, zu den reineren Gefühlen der geistigen Liebe und Sehnsucht durchgedrungen ist, befindet sich in einer dichterischen Stimmung; die Verstandes-Vorstellungen, an welche sich die Gefühle der Ergebung und Hoffnung anknüpfen, die Vorstellungen von Weltregierung, Unsterblichkeit, Wiedersehen, werden lebendigen Bildern weichen, mit welchen sich die Einbildungskraft zur übersinnlichen Welt erhebt. Jedes Gebet, wenn es recht herzlich und inbrünstig ist, schließt dichterische Bestandtheile in sich; der betrachtende Verstand tritt dabey zurück, und die Einbildungskraft erhebt sich mit dem Gefühl in freyerem Schwung empor. Es kommt nun darauf an, ob der Fromme mit der vollkommenen Ausbildung des Gefühls auch die Gabe der Darstellung vereinigt; ist dieses der Fall, so wird er als hervorbringender Dichter oder Künstler seine Gefühle in dichterischen und künstlerischen Schöpfungen darstellen.

Am wenigsten bedarf der Darstellungsgabe die Redekunst und die lyrische Dichtung, welche der religiösen Betrachtung am nächsten stehen, indem sie auch verständige Bestandtheile in sich aufnehmen können. Die Redekunst kann sich mit der frommen Belehrung und Ermahnung dergestalt in Verbindung setzen, daß sie diese nur durch rednerische Lebendigkeit unterstützt und ihre Eindrücke erhöht: und dieß ist der Fall mit der heiligen Redekunst, welche unter uns Christen üblich ist, und einen Haupttheil unserer gottesdienstlichen Feyer ausmacht. Sie ist theils belehrend, theils ermahnend, und wendet sich mithin an den Verstand und Willen, aber zugleich auch soll sie immer das Gefühl in Anspruch nehmen, und zu dem Ende bedarf sie einer gewissen dichterischen Darstellung. Nicht als wenn darin Gedichtetes oder Erdichtetes vorkommen dürfte, sondern der Gehalt der Wahrheit soll in eine anschauliche Form eingekleidet, auf eine ergreifende Weise dargestellt werden. Die begeisterte Rede ist die natürliche Darstellungsform des frommen Gefühls, und ihrer haben sich schon Christus und die Apostel bedient. Mehr Darstellung schon erfordert die heilige Liederkunst: sie bedarf einer rhythmischen Form, einer größeren Rundung und gehaltvollern Kürze des Ausdrucks und eines freyeren Schwunges der Einbildungskraft. Auch kann sie nicht so viel Verständiges und Lehrhaftes, wie die Redekunst, in sich aufnehmen, und muß sich mehr der Einbildungskraft bedienen. Demungeachtet ist sie eine häufig gebrauchte Form religiöser Mittheilung, welche auch am wirksamsten in die religiöse Gemeinschaft eingreift. Heilige Lieder und Gesänge sind von jeher zur Belebung der frommen Andacht gebraucht worden. Eines der wichtigsten heiligen Bücher der Israeliten enthält heilige Lieder; die ersten Christen schon erbauten sich mit Psalmen und Liedern, und Luther ergriff die heilige Harfe, um die Begeisterung seines Gemüths im Gesang auszuhauchen. Wem die Gabe der Darstellung und die Gewalt der Rede versagt ist, so daß er sich nicht selbst rednerisch oder dichterisch aussprechen kann, der wird wenigstens das Bedürfniß fühlen, sich durch die Werke Anderer begeistern und erheben zu lassen.

Eine eigene Kunstfertigkeit erfordert die Ausübung der Tonkunst, obschon sie der Liederkunst am nächsten steht, und sie zu unterstützen bestimmt ist. Besitzt der Fromme diese Kunstfertigkeit, so wird er gern sein Gefühl in Tönen ausströmen, obgleich er dabey schlechterdings alle Verstandes-Vorstellungen dahinten lassen, und sich allein der in Gefühlen und Tonformen frey waltenden Einbildungskraft hingeben muß. Ist er aber nicht selbst Tonkünstler, so wird er sich wenigstens gern durch die Anhörung von Gesang und Musik erquicken.

Entfernter von der religiösen Betrachtung steht die übrige heilige Dichtung, die heilige Epopöe, Tragödie, und welche Dichtungsart sonst noch sich mit heiligen Gegenständen befassen könnte. Um in epischen und dramatischen Formen fromme Gefühle darzustellen, muß man der Einbildungskraft viel mehr einräumen, und viel freyer dichten, auch kann man viel weniger sich an die Verstandes-Vorstellungen halten, als in der heiligen Liederkunst. Dergleichen Dichtungen sind daher nicht nur schwerer, sondern sagen auch dem frommen Gefühl weniger zu, weil sie durch die freyere Dichtung der heiligen Wahrheit zu nahe zu treten scheinen. Vielleicht sind unsere Dichter in dieser Gattung noch nicht glücklich genug gewesen; vielleicht auch sind wir noch nicht frey genug von frommer Aengstlichkeit, um der dichtenden Einbildungskraft unbefangen folgen zu können. Am wenigsten hat bis jetzt bey uns die heilige Schauspieldichtung gelingen wollen, und der wirklichen Aufführung heiliger Schauspiele widersetzt sich bey uns die öffentliche Meinung ganz bestimmt. In jedem Fall gehört eine besondere Gabe und Neigung dazu, um die religiöse Begeisterung und Andacht in diesen Dichtungsformen auszusprechen. Eher noch kann der Fromme zuweilen in fremden Schöpfungen dieser Art Nahrung und Erregung für sein frommes Gefühl finden, indem es ihm wohl thun mag, auf eine Zeit lang den heiligen Tempel religiöser Wahrheit zu verlassen, und sich in dem Lustgarten der frommen Phantasie zu ergehen.

Eine ganz besondere Kunstfertigkeit und Gabe gehört auch dazu, seine frommen Gefühle in den Formen der bildenden Künste, der Malerey, Bildnerey und Baukunst auszusprechen. In den ältesten Zeiten ist die Kunst der Malerey häufig von Mönchen ausgeübt worden, so daß sich fromme Betrachtung und bildende Darstellung unmittelbar verbanden. In der That liegt die Beschäftigung mit den Gestalten Christi, der Apostel, Engel und Heiligen, der frommen Stimmung eines katholischen und selbst auch eines evangelischen Christen sehr nahe; aber die mühsame, körperliche Darstellungsweise und die Heftung der Einbildungskraft auf die körperliche Gestalt, ist der geistigen Betrachtung nicht sehr günstig. Dieß gilt noch mehr von der Bildnerey, welche auch in der christlichen Kirche wenig Eingang gefunden hat. Die heilige Baukunst aber hat mehr die Bestimmung, der Erweckung der öffentlichen Andacht, als der frommen Gefühlsstimmung des Einzelnen zur Ausdrucksform zu dienen.

Indessen ist so viel gewiß, daß der Entwurf eines großartigen altdeutschen Tempelgebäudes nicht ohne religiös dichterische Begeisterung hat gelingen können.

Ein frommes Gemüth kann sich auch in der weltlichen Kunst und Dichtung aussprechen, und darin Nahrung und Erregung finden. Die Schönheiten der Natur, die erwecklichen, erheiternden, erhebenden Erfahrungen des Lebens, und alle die dadurch erregten Gefühle der Begeisterung, Ergebung und Andacht sind in dichterischer und künstlerischer Darstellung ein angemessener, fruchtbarer Gegenstand für ein frommes Gemüth. Der Fromme kann sich angeregt fühlen, sowohl solche Darstellungen selbst zu versuchen, um seine Beobachtungen mitzutheilen, als auch die Hervorbringungen Anderer zur Bereicherung und Anregung seines Gemüths zu benutzen. Aber wenn solche Dichtungen oder Kunstschöpfungen nicht in das Gebiet der heiligen Kunst einschreiten wollen, so dürfen die behandelten Gegenstände nicht religiöser Art seyn, und der religiöse Gehalt darf nicht in den Vorstellungen und Bildern, sondern allein in den durch die Darstellung erregten Gefühlen liegen. Man kann z. B. in einem Gedichte die Schönheit der Natur preisen, ohne daß man gerade ausdrücklich auf den Schöpfer hinweist. Ein solches Gedicht ist doch in seiner Wirkung auf das Gemüth religiös, wenn es das Gefühl einer reinen, erhabenen Freude erweckt, und die Lebenslust reinigt und verklärt. Ein Gemählde, das schöne, nicht gerade heilige Gestalten in bedeutender Handlung darstellt, wirkt dadurch religiös, daß es den Betrachter an das Höhere im Menschen erinnert, und ihn mit begeisterter Bewunderung erfüllt. Aber wenn der Fromme solche Darstellungen selbst liefern soll, so muß er durch eine besondere Gabe oder Veranlassung dazu berufen seyn; denn seine fromme Gefühlsstimmung wird ihn nicht unmittelbar dazu treiben, sondern ihn eher innerhalb des eigentlich religiösen Gebietes festhalten. Die Dichter und Künstler dieser Gattung dürfen keineswegës unfromm seyn, wenn sie etwas Vollendetes liefern wollen; aber ihre Frömmigkeit braucht gerade nicht denjenigen Grad von Bewußtseyn und kirchlicher Ausbildung zu haben, welcher dem Frommen als solchem eigen ist. Sie sind eben dadurch fromm, daß sie ihre Gefühle in bildlicher Darstellung, nicht aber in frommen Betrachtungen, aussprechen; das verständige Bewußtseyn tritt in ihnen gegen die Thätigkeit der Einbildungskraft zurück.

Im Allgemeinen wird das religiöse Gefühl immer mehr zum thätigen Eingreifen ins Leben, als zur künstlerischen und dichterischen Darstellung treiben, und dadurch wird es erst recht lebendig. In ihrem Einfluß auf das sittlich thätige Leben die Religion zu betrachten, ist nun noch unsere Aufgabe.

Die sittlich religiöse Gefühlsstimmung kann und muß von der frommen Betrachtung unterschieden werden. Sie braucht weniger der Vermittelung des Verstandes und der Einbildungskraft, und ist unabhängiger von Vorstellungen, als diese, und nimmt dafür mehr den Willen in Anspruch. Daher können Fromme von sehr verschiedener Ansicht und Betrachtungsweise in denselben sittlichen Gefühlen übereinstimmen. Es können Christen sehr von einander abweichen in ihren Glaubens-Vorstellungen von Christo und seiner Person, und doch ganz in der sittlichen Gefühlsstimmung eins seyn. Nicht als wenn es für die Sittlichkeit gleichgültig wäre, welchen Glauben man habe; der Glaube, insofern darin das Gefühl ausgesprochen ist, hat auf dieselbe den mächtigsten Einfluß; aber das Verstandesmäßige des Glaubens ist für die Bestimmung des Willens weniger wichtig. Das fromme Gefühl ist in dem Augenblick, wo es den Willen zur That bewegt, reines Gefühl, und läßt sich wenigstens ganz von der frommen Betrachtung sondern. In dem Augenblicke, wo der Christ voll des begeisternden Gefühls der Hingebung für die Sache Christi in den Tod geht, stellt er keine Betrachtung über den Zweck des Todes Jesu an; er ist ergriffen von dem frommen Eifer, seinem Herrn in den Tod zu folgen, und sein Wille gehorcht diesem Gefühl, aber sein Verstand ist in diesem Augenblicke nicht beschäftigt. In dieser Absonderung, in diesem unmittelbaren Einfluß auf den Willen, wollen wir nun die sittlich religiöse Gefühlsstimmung kürzlich betrachten, und somit die letzte Abstufung oder Verzweigung des religiösen Lebens vorführen.

Der fromme Betrachter findet, wie wir gesehen haben, sein Gefühl durch die Betrachtung der Welt entweder zum frohen Einklang oder zum schmerzlichen Mißton angeregt, welchen letztern er durch gläubige Ergebung auflöst; in jedem Fall stimmt er mit seinem Gefühl in die Harmonie des Ganzen ein. Auch die sittlich fromme Gefühlsstimmung besteht in einer solchen Harmonie, aber unmittelbar in Beziehung auf das sittliche Thun und Streben des Menschen; der Sittliche fühlt sich als Glied des Ganzen, und als solches zum Handeln angeregt.

Das Grundgefühl der sittlich religiösen Gemüthsstimmung ist das Bewußtseyn der ewigen Bestimmung des Menschen, vermöge deren er Mitglied des Reiches Gottes ist, das Gefühl der Liebe und Hinneigung zum Ewigen, die Einstimmung des Herzens in die höheren, rein geistigen Gesetze der göttlichen Weltordnung, das Bewegtseyn des innern

Menschen von dem Wehen des göttlichen Geistes. Durch dieses Gefühl wird alle Selbstsucht und sinnliche Liebe ausgelöscht, so daß der Mensch nicht mehr sein irdisches Selbst und was diesem schmeichelt, sondern allein sein rein geistiges, unsterbliches Selbst und die Güter des Geistes liebt, und zum Ziele seines Strebens macht, daß er nur sinnet, was droben ist, und sich Schätze im Himmel zu sammeln sucht. Vermöge dieses himmlischen Sinnes geht der Mensch frey und aufrecht, mit dem klaren Auge gen Himmel gerichtet, über die Erde; kein irdisches Band, und wäre es auch die Blumenkette der Liebe, fesselt sein freyes, erhabenes Streben, das in Allem dem Höchsten, Ewigen, Unvergänglichen geweihet ist. Jedes Gefühl der Liebe und Werthschätzung ist in seiner Seele durch das Andenken an seine ewige Bestimmung geläutert und verklärt; nichts ist ihm theuer und werth, was nicht in Beziehung auf das Ewige steht. Das Gefühl dieser ewigen Bestimmung erfüllt ihn mit heiligem Muth; er verachtet, was sich ihm feindlich entgegenstellt, im erhabenen Gefühl der Unsterblichkeit seines Wesens; er kann Alles, selbst sein Leben, für das Ewige opfern, und geht daher festen Schrittes seinem Ziel entgegen. Da alles, was er will und erstrebt, Gottes ist, so fühlt er sich im Vertrauen zu ihm und durch die ihm verliehene Kraft stark, alle Hindernisse zu überwinden, und sieht freudig dem Siege des Guten entgegen. Er steht nicht allein, und gehört der großen Gemeinschaft aller Bürger des Reiches Gottes an, in welcher der Geist Gottes waltet; und indem er ganz im Einklang mit derselben wirket, fühlt er sich mächtig unterstützt und gehoben, und sieht um so zuversichtlicher dem Siege des Guten entgegen. Dieses ist die Gemüthsstimmung, in welcher sich der vom sittlichen Gefühl Begeisterte in froher, glücklicher Uebereinstimmung mit der Welt fühlt.

Aber auch ihn berührt in seinem muthigen Bestreben jener Zwiespalt, welcher den frommen Betrachter beym Anblick der Unvollkommenheit und Zweckwidrigkeit in der Welt berührt. So groß sein Muth ist, so vergißt er doch nicht, daß seine Kraft endlich, sein Leib sterblich ist, und er mithin in seinem Streben unterliegen, und ein Raub der Vergänglichkeit werden kann. Er trotzt daher nicht in der Zuversicht des Sieges, sondern beugt sich im Gefühl seiner Schwäche, ohne jedoch seinen frohen Muth zu verlieren. Er sieht neben sich die Genossen fallen, und auch gegen sich selbst die Gefahr herannahen; er siehts, und faßt sich, und geht freudig seinen Weg zum Ziele. Und hofft er es auch zu erreichen, so weiß er, daß für das flüchtige Erdenleben kein dauernder Genuß zu hoffen ist, und daß die Palme des Sieges bald verwelkt. Die Demuth und Selbstverleugnung macht ihn zu jeder Entsagung bereit, selbst zu der Verzichtleistung auf den Genuß der Früchte seines Kampfes.

Aber noch mehr fordert ihn zur Demuth und Selbstverleugnung das Gefühl seiner geistigen Schwäche und Unlauterkeit auf. Er will zwar das Gute, aber in sein Streben mischt sich oft wider seinen Willen die Selbstsucht, die Leidenschaft; und ist auch seine Gesinnung rein, so fehlt es ihm an der nöthigen Stärke des Willens, um das Gute rein zu vollbringen. Da er nichts allein wirken kann, sondern nur in Gemeinschaft, so erfährt er nicht nur die feindliche Gegenwirkung der Selbstsucht, Verstockung und Bosheit Anderer, sondern sieht auch seine reinen Absichten durch den unreinen Sinn der Genossen getrübt und unvollkommen erfüllt. Im Feuereifer des Strebens hofft der Mensch immer das Beste, aber am Ziele sieht er, daß ihm das Werk nicht so gelungen ist, wie er gehofft hat. Der Fromme vergißt nie seine und seiner Mitmenschen Unvollkommenheit, beugt sich stets im Gefühle der menschlichen Unwürdigkeit, reinigt sich dadurch von aller Unlauterkeit, und mäßigt seine Hoffnungen. Aber dieses Gefühl drückt ihn nicht darnieder, und stört ihm nicht den Frieden der Seele. Er wendet sich mit Vertrauen zu Gott, und fleht zu ihm um Kraft zur Ueberwindung des Bösen; und wenn ihn das Bewußtseyn begangener Fehler drückt, so gewinnt er die Ruhe des Gemüths und das Vertrauen wieder durch den Glauben an die Gnade Gottes.

So hebt sich durch das Gefühl der Demuth aller Zwiespalt, den die Unvollkommenheit der Welt und die eigene und fremde Unlauterkeit in die Seele des sittlich begeisterten Menschen bringt, und er tritt, sey es mit dem heitern Gefühl der Begeisterung, sey es mit der frommen Betrübniß der Demuth und Selbstverleugnung, in harmonischen Einklang mit der Welt, so daß er nie aufhört mit den Trieben seines Herzens und dem Streben seines Willens den von Gott gegründeten Gesetzen gemäß in das Leben einzugreifen, und sich als ein lebendiges Glied des Reiches Gottes zu beweisen. Mit dieser Begeisterung und Hingebung greift er wirkend in das Leben seines Volkes ein, als vaterlandliebender Bürger. Sein Herz schlägt von warmer Liebe für seine Mitbürger, sein Geist faßt hohe Plane für die Veredlung des öffentlichen Lebens, muthig legt er Hand ans Werk, und im Kampfe scheut er kein Opfer. So sehr er aber sein Vaterland liebt, so ist doch seine höhere Liebe dem Reiche Gottes, der geistigen Vervollkommnung der Menschheit, gewidmet: dafür wirkt er mit allen seinen Kräften, mit Aufopferung seines Glückes, seiner Ruhe, seines Lebens. Mit Freuden gibt er sich hin, mit Freuden geht er unter im allgemeinen Leben. So strömt die begeisterte Seele des Frommen in das allgemeine Leben, dem er angehört, mit Gefühl und That über, und verschwimmt in den Wohllaut des Ganzen.

Dieß ist der Umkreis des religiösen Lebens. In diesen verschiedenen Verzweigungen und Beziehungen mußten wir die Religion betrachten, um eine klare und umfassende Kenntniß von ihrem Wesen zu gewinnen. Sie ist im eigentlichen und engern Sinne die gläubige, gefühlvolle Betrachtung, durch welche sich der Mensch, einer ihn oft feindlich berührenden und unbefriedigt lassenden Welt gegenüber, die Ruhe des Gemüths sichert, und den oft gestörten Einklang seiner Gefühle, Wünsche und Bestrebungen, mit dem Gange der Welt wiederfindet. Wir können ihr Wesen vielleicht mit den zwey Worten: „Gefühl der Weltharmonie" bezeichnen. Alles, was das Merkmal der Religion an sich trägt, gehört einem solchen Gefühl an; jeder Gottesglaube ist das Gefühl einer höheren, übersinnlichen Einheit des Weltganzen. Mit dieser kurzen Beschreibung stimmt auch die von Schleiermacher in seinen Reden über die Religion gegebene: „Anschauung des Universums" überein. In seiner christlichen Glaubenslehre dagegen bezeichnet dieser Gelehrte die Religion als „das fromme Gefühl der Abhängigkeit." Indeß wenn man, wie nothwendig, dieses Gefühl als ein frey einstimmendes denkt, so ist diese Bezeichnung mit der unsrigen eins. Abhängig sind wir, insofern wir einem Weltganzen angehören; wir müssen dieses, aber nicht mit Widerstreben, sondern mit freyer Einstimmung oder mit Liebe thun, und dadurch wird dieses Gefühl erst fromm.

Es

Es gibt ein knechtisches Gefühl der Abhängigkeit, wie dieses im Glauben an ein eisernes Schicksal liegt; ja, man fühlt seine Abhängigkeit, wenn man, wie Hiob, mit Gott hadert: beydes ist nicht das fromme Gefühl, nicht das Gefühl der Harmonie unser mit der Welt und der Welt in sich selber.

Allerdings kann man gegen den aufgestellten Begriff der Religion einwenden, daß die meisten in der Geschichte vorkommenden Religionsarten nicht ganz darunter passen. Schon der Polytheismus stellt kein ganz harmonisches Bild der Welt dar; vielmehr erlaubt er die Vorstellung eines Streites zwischen den einzelnen Göttern, und bringt mithin kein harmonisches Gefühl des Weltganzen mit sich. Noch weniger passen unter unsern Begriff solche Religionen, welche die Verehrung eines oder mehrerer böser Götter lehren; denn mit der Idee eines bösen Gottes ist ein Zwiespalt in die Welt gesetzt, und die Furcht vor einem solchen Gotte läuft dem Gefühle der Harmonie gerade zuwider. Aber wir geben gern zu, daß die meisten der geschichtlichen Religionen dem von uns aufgestellten Begriffe nicht ganz entsprechen, jedoch nur weil sie unvollkommen sind. Gerade so ist es mit der Idee des Staates an sich, und den wirklich vorhandenen Staaten: keiner entspricht der Idee ganz, keiner erfüllt ganz seine Bestimmung. Sodann fehlt doch keiner auch noch so unvollkommenen Religion die Idee der Weltharmonie ganz; sie wird wenigstens gesucht und angestrebt. Der Polytheist glaubt mit mehr oder weniger Klarheit an einen obersten, die Zügel der Weltregierung haltenden Gott, oder an ein höchstes Schicksal, dem selbst die Götter unterworfen sind, oder an einen verborgenen Gott, aus welchem alle andern entsprungen sind. Und der Anbeter böser Götter glaubt im Grunde immer an das Uebergewicht der Guten, und sucht wenigstens durch Versühnung der erstern die verlorene Harmonie wieder herzustellen. Sonach wird unser Begriff immer dazu taugen, uns als Wegweiser durch die verschiedenen Erscheinungen der Religionsgeschichte hindurch zu führen.

Achte Vorlesung.

Zweyter Theil der Aufgabe: das nachgewiesene Wesen der Religion in den verschiedenen Erscheinungsformen aufzuzeigen. Vorfrage über den Gang der Religionsgeschichte, ob es der von oben nach unten oder der umgekehrte sey. Darstellung der untersten Stufe des religiösen Lebens.

Den ersten Theil unserer Aufgabe haben wir nunmehr vollendet. Wir haben, soweit es in der uns vorgeschriebenen Kürze und bey Vermeidung aller wissenschaftlichen Schärfe und Genauigkeit, möglich war, das Wesen der Religion kenntlich gemacht, und das kurze Ergebniß unsrer bisherigen Unterhaltungen ist folgendes. Die Religion ist etwas dem Menschen ursprünglich einwohnendes, eine unabtrennbare Eigenschaft seiner Natur; sie ist nichts, was ihm erst angelernt würde, oder was ihm erst aus der Erfahrung entstünde. Daher findet man schon in den Kindern einen Keim des religiösen Glaubens, und kein Volk ist so roh, daß sich nicht gewisse Spuren von religiösen Vorstellungen bey ihm finden. Die Religion besteht in einer Ahnung von dem Uebersinnlichen, Ueberirdischen und Unendlichen, welche mit dem Gefühl der Gewißheit verbunden ist, und sich als Glauben ankündigt. Man kann die religiöse Wahrheit weder durch philosophische Beweise, noch durch die Erfahrung, sondern allein durch das Gefühl der innern Nothwendigkeit begründen. Das Geistesvermögen, mit welchem wir diese religiöse Ahnung fassen, ist nicht die Sinnlichkeit, indem sie auf etwas Uebersinnliches geht, nicht die Einbildungskraft, welche sich ebenfalls nie ganz von der Sinnlichkeit losreißen kann, noch auch der Verstand, welcher das Unendliche nicht fassen, sondern nur als etwas über das Endliche Erhabenes denken kann: es ist das Gefühl, jenes Vermögen, welches die innerste Tiefe unseres Gemüthes einnimmt. Einbildungskraft und Verstand haben einen gewissen Antheil an der Religion: sie dienen nämlich dazu, die ursprüngliche religiöse Ahnung zum Bewußtseyn zu bringen, indem die erste Bilder, die andere Begriffe leihet, in welchen sie sich abspiegelt und zum Gegenstande der Betrachtung wird. So bildet sich ein mittelbarer Glaube, oder eine Religion mit besondern Eigenthümlichkeiten, welche der ursprünglichen Anlage mehr oder weniger entspricht. In diesem mittelbaren Hervortreten steht die Religion in einem gewissen Zusammenhang mit andern Zweigen des geistigen Lebens. Durch den Verstand hängt sie mit der Wissenschaft oder Philosophie zusammen, welche die Grundwahrheiten derselben mit dem bloßen Verstande auffaßt, und in Begriffen und Urtheilen hinstellt. Durch die Einbildungskraft ist sie mit der Kunst und Dichtung verwandt, welche das Bildliche in ihr weiter ausführen, und das Gefühl durch die Gewalt der Einbildungskraft und anschaulichen Darstellung stärker erregen. Mit der Sittlichkeit und dem Staatsleben ist sie in sofern verbunden, als das religiöse Gefühl den Willen zu sittlichen

Handlungen bestimmt; ja, ein Zweig der Religion besteht in lauter sittlichen Gefühlen, die sich auf die Zwecke und Gesetze des sittlichen Lebens beziehen. Ihrem eigentlichen Wesen nach aber ist die Religion eine solche gefühlvolle Betrachtung der Welt und des Verhältnisses des Menschen zu ihr, durch welche dem Gemüth die Ruhe und der Friede gesichert wird; sie lehrt ihn, auch im Widerstreit und Zwiespalt der Welt eine höhere Einheit zu finden, dadurch daß er sich über die unvollkommene Erscheinung zu dem ewigen Wesen der Dinge erhebt. Wir bezeichneten die Religion kurz als das Gefühl der Weltharmonie. Alle einzelnen Bestandtheile, welche sie einschließt, als der Glaube an Gott, an eine ewige von ihm gegründete und behauptete Weltordnung, an die Unsterblichkeit der Seele, an eine Vergeltung und ewige Seligkeit, dienen nur dazu, dieses Gefühl der Weltharmonie zu erzeugen und zu sichern. Es kann in einer besonderen Religion das eine oder andere dieser Bestandtheile fehlen, und doch ist wenigstens das Bestreben vorhanden, eine solche Harmonie der Welt zu finden. Wie viel oder wenig, wie richtig oder unrichtig ein Mensch glauben mag, immer sucht er sich das Räthsel der Welt zu lösen, und sich eine beruhigende Ansicht von derselben zu bilden.

Wir kommen nun an den schwierigsten Theil unserer Aufgabe, die verschiedenen Erscheinungsformen der Religion nicht nur anzugeben, zu beschreiben und in ihre Arten einzutheilen, sondern auch aus den Gesetzen des menschlichen Geistes abzuleiten, und ihre Entstehung zu erklären. Unter Erscheinungsformen der Religion verstehen wir theils die Arten des Bewußtseyn oder der mittelbaren Vorstellung von dem ursprünglichen unmittelbaren religiösen Gefühl, wie solche in verschiedenen Gemüthern vorkommen — wir können dieß die innern Erscheinungsformen nennen — theils die verschiedenen Begriffe, Gebräuche und Einrichtungen, in welchen das unmittelbare religiöse Gefühl einen mittelbaren Ausdruck und eine gemeinschaftliche, öffentliche Anerkennung unter den Menschen findet; wir nennen dieß die äußeren Erscheinungsformen. Es ist unser Grundsatz, daß alle äußeren Erscheinungen der Religion, alle religiösen Lehren und Gebräuche, ihre Quelle und Wurzel in inneren Thatsachen, Erkenntnissen und Gefühls-Erregungen, haben, daß nichts was zur Religion gehört, ganz allein auf äußerlichem Wege, durch blindes, todtes Herkommen oder durch ein von aller Religion entblößtes Nachdenken und Berechnen, entstanden sey. Es gibt eine Ansicht der Geschichte der Religionen, nach welcher zu viel auf die Rechnung des Priesterbetruges gesetzt, und fromme Lehren und Gebräuche eher aus der herrschsüchtigen, schlau berechnenden Klugheit der Priester, als aus dem Glauben und der Begeisterung abgeleitet werden. Dieser Ansicht läßt sich eine gewisse Scheinbarkeit nicht absprechen. Priesterbetrug kommt oft vor, und das ganze Priesterwesen des Alterthums ruht auf dem Grundsatze, das Volk in Abhängigkeit von den Priestern zu erhalten, und ihm mehr einen Schimmer der Wahrheit als die Wahrheit selbst zeigen zu müssen; es ist eine unbestreitbare Erfahrung, daß die Religion im Alterthume nur in Bildern dargestellt, und diese mit mehr oder weniger Absichtlichkeit gewählt worden sind; diese Absichtlichkeit aber liegt dem Betruge sehr nahe, und konnte wenigstens leicht zu demselben führen; man konnte dem Volke Bilder vorhalten, ihm Vorstellungen beybringen und es zu heiligen Gebräuchen anhalten, ohne daß die Erfinder durch wirkliche religiöse Erregungen dazu veranlaßt waren, ohne daß also der äußeren Erscheinungsform der Religion eine innere zum Grunde lag. Aber ich betrachte alles, was in den Religionen der Völker aus schlauer Berechnung und Betrug hervorgegangen ist, nur als zufällig und unwesentlich, und glaube an ein lebendiges Wirken des Geistes der Religion auch in den Priesterschaften, obgleich nicht zu leugnen ist, daß Eigennutz und herrschsüchtiger Standesgeist die Lebensregungen der Religion oft getrübt und verwirrt haben. Selbst dasjenige, was aus schlauer Berechnung hervorgegangen ist, hat, insofern es vom Volke mit Glauben aufgenommen worden, einen innern Grund, und entspricht einem innern Bedürfniß; und eine öffentliche Gestalt der Religion, welche im Volke wirklich lebt, obgleich sie zum Theil von den Priestern absichtlich bearbeitet und ausgebildet worden, ist im Ganzen immer als das Erzeugniß oder der Abdruck eines innern Lebens zu betrachten. Es ist möglich, daß dieser unser Glaube bisweilen täuscht; aber da die Untersuchung über das Absichtliche und Unabsichtliche, das Aufrichtige und Erheuchelte in der Religionsgeschichte äußerst mißlich, oft unmöglich ist, und darüber meistens nur Vermuthung, nicht wirkliche Beweisführung Statt findet: so ist es besser, sich täuschen zu lassen, als sich einer Zweifelsucht hinzugeben, welche das ganze religiöse Leben als ein Gewebe von Betrug anzusehen veranlaßt, welche das Gemüth erkältet, und der Geschichts-Betrachtung den Blüthenduft der Begeisterung abstreift. Es wehet im Leben der Völker der Geist des Glaubens und der Gottesfurcht, und dieser Geist ist der wahre Lebenshauch, der Alles bewegt und Alles hervorbringt, aus welchem Wissenschaft und Kunst, Staatsleben und Gesittung Kraft und Nahrung ziehen. Ist das ganze Leben der Menschheit nicht ein todtes, durch Klugheit und List bewegtes Getriebe, nicht das niedrige Erzeugniß thierischer Triebe und unedlen Eigennutzes; lebt darin etwas Höheres und Göttliches: so muß sich dieses in der Religion, als im Mittelpunkte des Ganzen finden, und es muß darin mit seiner über Willkühr und Klugheit erhabenen Gewalt wirksam hervortreten. Eigennutz und Klugheit mögen Manches bewirkt und hervorgebracht haben; aber will man dem Menschen nicht alles Höhere absprechen, so kann man nicht alle und nicht einmal die wichtigsten und meisten religiösen Erscheinungen aus jener Quelle ableiten; dieses Höhere muß wenigstens zuweilen hervorgebrochen seyn und das Uebergewicht gewonnen haben.

Ehe wir aber in die innere und äußere Entstehungsgeschichte der Erscheinungsformen der Religion eintreten, müssen wir eine Vorfrage berücksichtigen. Es ist die, ob die Religionsgeschichte von oben oder von unten beginnt, ob die Wahrheit, die geistig reine Auffassung der Religion, das erste und ursprüngliche, und der Irrthum, die sinnliche Auffassung, erst daraus entsprungen ist, oder ob die Menschheit von Anfang ohne Unterschied mit der sinnlichen Auffassung begonnen, und sich erst stufenweise zur Wahrheit erhoben hat?

Für die letztere Ansicht sprechen bedeutende Gründe. Die Aehnlichkeit zwischen der Entwickelung des einzelnen Menschen und des ganzen Menschengeschlechts ist entschieden; diese zeugt aber für den Gang von unten nach oben. Der einzelne Mensch beginnt in Allem mit der sinnlichen Ansicht und Richtung, und erhebt sich erst nach und nach zur verständigen, geistigen Stufe. Er liebt und sucht sinnliche Güter, ist in der sinnlichen Erkenntniß befangen, glaubt lieber dem Auge und Ohre, als Verstandesgründen, und faßt selbst Verstandes-Vorstellungen in sinnlichen Bildern auf. Namentlich ist dieses mit der Religion der Fall. Unsere Kinder erhalten von uns geistige Vorstellungen von Gott und göttlichen Dingen; aber sie denken sich Alles menschlich und irdisch; ihnen ist Gott ein Individuum von menschlichen Eigenschaften, der Himmel ein Ort jenseit der Wolken, weit schöner und herrlicher als irgend ein Ort auf Erden, aber doch irdischer Art. Erst späterhin bey reiferem Verstande streifen sie diese sinnlichen Vorstellungen nach und nach ab. Denselben Gang haben erweislich manche Völker in der religiösen Ausbildung genommen. Unter den Griechen entwickelte sich aus dem herrschenden Polytheismus durch wissenschaftliches Nachdenken der Begriff Eines Gottes. Aber selbst dasjenige Volk, welches von Anfang an den Glauben an Einen Gott hatte, befolgte diesen Fortschritt der Ausbildung vom Sinnlichen zum Geistigen. Es läßt sich auf eine unwidersprechliche Weise darthun, daß die Israeliten nach und nach geistigere Vorstellungen von Gott, seinem Wesen und Eigenschaften gewonnen, und sich immer mehr von den sinnlich kindlichen Vorstellungen befreyt haben. Sollte man nun nicht annehmen dürfen, daß die Menschheit im Ganzen diesen Gang genommen, und sich von der Sinnlichkeit zur Geistigkeit erhoben habe? Was die Erfahrung lehrt, bestätigt die Seelenkunde, indem sie zeigt, daß der Mensch, vermöge der Gesetze seiner Natur, sowohl in der Erkenntniß als in der Gesinnung von der Sinnlichkeit ausgeht, daß alle Erkenntniß durch sinnliche Erregungen und Wahrnehmungen eingeleitet wird, und daraus erst die verständige Erkenntniß sich entwickelt, und daß eben so die sittlichen Triebe und Bestrebungen durch sinnliche Erregungen geweckt und fortwährend bedingt werden. Es liegt dem Menschen näher, nach sinnlich wahrnehmbaren einzelnen Ursachen, als nach einer unsichtbaren, höchsten Ursache zu fragen; irdische Zwecke nehmen ihn weit eher, als übersinnliche geistige, in Anspruch. Auf diese Wahrheit gestützt, darf man wohl jene Ansicht von dem Gange der religiösen Ausbildung für die richtige erklären.

Nun scheint es eben so sicher, daß die Verehrung mehrerer falscher Götter der Sinnlichkeit angehört, und dagegen die Erkenntniß des einen, wahren Gottes eine Frucht der höheren geistigen Ausbildung ist. Wir finden auch in der That die Vielgötterey und den Götzendienst bey solchen Völkern, welche mit ihrem ganzen Leben auf der Stufe der Sinnlichkeit stehen, und zwar einen um so gröbern Götzendienst, je mehr die sinnliche Rohheit noch das Uebergewicht hat. Es scheint mithin als ausgemacht angesehen werden zu müssen, daß der Götzendienst die ursprüngliche Form der Religion ist. Diese Ansicht ist vorzüglich durch Hume geltend gemacht worden, nachdem von jeher die entgegengesetzte, daß die wahre Religion die älteste, und der Götzendienst erst durch Entartung daraus entstanden sey, herrschend gewesen war. Aber so wie man in der neueren Zeit in so Vielem wieder auf das Alte zurückgegangen ist, zumal in religiösen Ansichten: so ist auch wieder jene alte Ansicht empfohlen worden, und zwar von bedeutenden Gelehrten. Auch lassen sich dafür sehr wichtige Gründe anführen. Zuvörderst zeugt dafür das Ansehen der heiligen Schrift, in deren alten Ueberlieferungen vorausgesetzt wird, daß die Erkenntniß und Verehrung des wahren Gottes eine natürliche Mitgabe der ersten Menschen gewesen, und durch Ueberlieferung fortgepflanzt worden, und daß erst später der Götzendienst entstanden sey. Ein ähnliches Zeugniß scheint die indische Religionsgeschichte abzulegen. In den ältesten heiligen Schriften der Indier ist die Verehrung des einen höchsten Gottes obschon in den Elementen und Kräften der Natur, enthalten, und die Götzendienste des Schiwa und Wischnu sind spätern Ursprungs. Nirgends erscheint der Monotheismus als die später aufgekommene Religionsform, als die Frucht der bessern Bildung, sondern entweder als alte Ueberlieferung oder als göttliche Offenbarung. Die Philosophen der Griechen konnten sich wohl zur Erkenntniß der höchsten Gottheit erheben, nicht aber das Volk, welches dem Götzendienst entweder treu blieb oder in Unglauben verfiel. Sonach ist wenigstens in Ansehung der Hauptwahrheit der Religion der Gang von unten nach oben nicht wahrscheinlich. Sodann scheint der Schluß von dem Zustande der wilden, rohen Völker, welche wir jetzt antreffen und beobachten, auf den ersten Zustand der Menschheit trügerisch zu seyn. Es ist mindestens nicht nothwendig, wo nicht unwahrscheinlich, daß die Menschheit überall von dieser untersten Stufe begonnen hat. So wie man sich schwerlich bewogen fühlen wird anzunehmen, daß die ersten Menschen so roh und thierisch, wie die Buschmänner oder Pescheräs gewesen seyn, und man eher geneigt seyn wird, den Zustand dieser Völkerschaften als einen verwilderten anzusehen: so kann man auch den Zustand edlerer Wilden, wie die nordamerikanischen Stämme, als einen verwilderten, nicht ursprünglichen ansehen. Aus rohen Buschmännern und Pescheräs und selbst aus nordamerikanischen Wilden, hätten sich schwerlich Völker gebildet, wie diejenigen sind, von welchen wir unsere Abstammung und Bildung ableiten. Und selbst angenommen, daß der Zustand solcher Wilden ein ursprünglicher wäre, so folgte daraus noch nicht, daß die Menschheit überall damit angefangen hätte. Man brauchte nur die Annahme aufzugeben, daß alle Menschen von Einem Menschenpaare abstammen, eine Annahme, welche zwar in der heiligen Schrift vorausgesetzt zu seyn scheint, aber keinesweges von ihr als ein unumstößlicher Glaubenssatz aufgestellt wird. Aber der ächte Kenner der menschlichen Natur wird die Ursprünglichkeit einer solchen Wildheit nicht zugeben. Es ist zwar ein unbestrittenes Gesetz, daß alles geistige Leben des Menschen von der Sinnlichkeit ausgeht, aber Sinnlichkeit ist noch verschieden von thierischer Rohheit. Letztere ist ein abweichender gestörter Zustand, ein unrechtmäßiges Uebergewicht des Thierischen und Zurücktreten des Geistigen im Menschen, während man sich einen sinnlichen Zustand denken kann, in welchem das Geistige vom Sinnlichen nicht unterdrückt, sondern nur gebunden erscheint, wie dieses bey unseren Kindern edlerer Natur der Fall ist. Die Menschheit kann aber nicht in einem abweichenden, gestörten Zustande aus der Hand des Schöpfers hervorgegangen seyn. Wir dürfen uns zwar die ersten Menschen nicht als vollkommen ausgebildete, aber auch nicht als verdorbne Wesen denken. Es ist schwer über den ursprünglichen Zustand der Menschheit etwas festzustellen, da er weit über dem unsrigen liegt; aber eine Annäherung der Vorstellung zu demselben ist doch möglich, und ich will darüber mittheilen, was mir wahrscheinlich vorkommt.

Die ersten Menschen gingen in einer gewissen Vollkommenheit aus der Hand des Schöpfers hervor. Diese Vollkommenheit war in geistiger Hinsicht nicht die des Bewußtseyns und der Freyheit, sondern die eines instinctartigen Gefühls. Sie waren sowohl im Erkennen als im Handeln mit der Natur im Einklang; sie irrten nicht und sündigten nicht. Sie erkannten das Wahre nicht durch Nachdenken, sondern durch eine Art von gefühlsmäßiger Anschauung oder Einbildung; sie thaten das Gute nicht vermöge eines freyen Entschlusses, sondern durch den reinen, starken Trieb der Natur. Da nun eine Ahnung der höchsten Einheit der Welt oder des wahren Gottes in der menschlichen Natur liegt, so erkannten sie diesen allerdings, jedoch nicht in der Art, wie wir diese Erkenntniß fassen, sondern in anschaulicher Weise, ungefähr wie die Kinder. Dieser ganze glückliche Zustand, und mit ihm die Erkenntniß des wahren Gottes, verlor sich stufenweise, nachdem das Bewußtseyn und die Freyheit in der menschlichen Natur erwacht war; die glückliche Harmonie wurde gestört, die Sünde und der Irrthum, die unglückseligen Früchte der menschlichen Willkühr, traten an die Stelle der ursprünglichen Unschuld und Unbefangenheit. Jedoch blieb ein Menschenstamm dem ursprünglichen Zustande näher, als der andere, namentlich erhielt sich die Erkenntniß des wahren Gottes durch Ueberlieferung in der Familie Abrahams bis auf die Zeit herab, wo der Götzendienst und Polytheismus fast allgemein herrschend geworden war.

Für diese Ansicht zeugt nicht nur die in der heiligen Schrift enthaltene Ueberlieferung der Israeliten von einem Leben der ersten Menschen im Paradiese, in seliger Unschuld und Zufriedenheit, sondern auch die Sage anderer Völker von einem goldenen Zeitalter, in welchem Friede und Glückseligkeit unter den Menschen geherrscht haben soll.

Allein der Gang der Religionsgeschichte mag von oben oder von unten beginnen, und der Götzendienst von späterer Entstehung seyn oder nicht; der Gang derjenigen Betrachtung der Religionsgeschichte, welche die Erklärung der Religionsformen aus der Seelenkunde zum Zwecke hat, muß von der untersten Stufe, der der Sinnlichkeit, des Götzendienstes, beginnen. Es ist lehrreich, das Hervortreten des religiösen Lebens in einem Zustande des Geistes, in welchem die Sinnlichkeit gänzlich überwiegt, zu betrachten, und dann zu demjenigen Zustande fortzuschreiten, wo der Geist immer mehr zur freyen Entwickelung gelangt. Man lernt auf diese Weise das Verhältniß des ursprünglichen religiösen Gefühls zu den andern Geistes-Vermögen am besten kennen; und das ist ja der Zweck unserer Betrachtungen.

Wir beginnen also von der untersten Stufe der Sinnlichkeit, wo das Bewußtseyn noch gar nicht zur Klarheit und Freyheit erwacht ist, sondern unter dem träumenden Spiele des dunkeln Gefühls, der sinnlichen Eindrücke und der nachbildenden und schaffenden Einbildungskraft schlummert; es ist dieß der Geistes-Zustand des rohen Naturmenschen oder Wilden, derjenigen Völker, welche noch in jeder Hinsicht unter der ersten Stufe der Gesittung und Geistesbildung stehen. Es sind die Völker, welche noch keine festen Wohnungen, noch keinen Ackerbau, und wenig oder gar keine bürgerliche Gemeinschaft kennen; welche von Jagd, Fischfang und Viehzucht leben, und allenfalls nebenbey einigen Feldbau treiben; welche entweder Familienweise zusammenleben, oder leicht in Horden unter Häuptlingen vereinigt sind. Wie ihr äußeres Leben noch ganz den zufälligen Einflüssen der Natur Preis gegeben, und noch zu keiner selbständigen Sicherheit gelangt ist: so ist auch ihr inneres Leben noch ganz im Spiel sinnlicher Eindrücke befangen, der Verstand hat noch keine regelmäßige Herrschaft erlangt, und das geistige Bewußtseyn ist noch nicht durchgedrungen. Aber wir setzen selbst in diesem Zustande des Geistes das ursprüngliche Gefühl der Gottes-Ahnung als das erste, und lassen es nicht etwa erst aus äußeren Eindrücken und Wahrnehmungen entstehen. Allerdings wird es durch den Anblick der Außenwelt geweckt; die Bilder, welche das Auge empfängt, die Töne, welche das Ohr vernimmt, regen es erst auf; allein es ist nicht das Erzeugniß dieser Wahrnehmungen, sondern liegt ursprünglich in der Tiefe des Gemüths als ein Keim, der nur der äußeren Einwirkung bedarf, um zu treiben und sich zu entwickeln.

Im ausgebildeten Zustande des menschlichen Geistes sind sinnliche Wahrnehmung, verständige Zusammenfassung und Unterscheidung, und religiöse Ahnung und Betrachtung stufenweise geschieden. Erst erkennt man den sinnlichen Gegenstand, z. B. die Pflanze, das Thier: dann sucht man mit dem Verstande den Zusammenhang dieses Gegenstandes mit den übrigen Gegenständen, und das Verhältniß desselben zur Natur auf; man fragt nach der Entstehung des Geschöpfs, seiner Nahrung, Lebensweise und Fortpflanzung, und nach seinem Verhältniß zu den andern Geschöpfen: und erst zu oberst fragt man nach der höchsten Ursache der Dinge, oder nach dem Zusammenhange mit der übersinnlichen Welt; man ist sich des Einzelnen und des Ganzen, des Sinnlichen und Uebersinnlichen, des Natürlichen und Uebernatürlichen mehr oder weniger klar bewußt. Nicht so in demjenigen Zustande, den wir jetzt betrachten, in welchem der Verstand so gut als gar nicht thätig ist, wo die Sinnlichkeit und Einbildungskraft überwiegt. Hier läuft das Höchste und Niedrigste in einander, die Gottesahnung vermischt sich unmittelbar mit der sinnlichen Anschauung, Natürliches wird als übernatürlich angesehen. Ist der Mensch zur ausgebildeten frommen Betrachtung gelangt, so sieht er in der ganzen Natur, deren Leben er sonst mittelst der Naturforschung nach Ursache nnd Wirkung bis auf einen gewissen Grad, klar und deutlich erkennt, Gott gegenwärtig; in der natürlichen Wirksamkeit der Naturkräfte sieht er eine übernatürliche Wirksamkeit Gottes, ohne daß er diese mit jener vermischt; er ahnet in den Elementen, in den Natur-Erscheinungen, Gottes Gegenwart, ohne daß er doch dieselben für Gott selbst ansieht. Anders der rohe Naturmensch, der noch nicht den Zusammenhang von Ursache und Wirkung kennt. Indem ein Naturgegenstand seine Sinne trifft und seine Gottesahnung aufregt, und sinnliche Empfindung und religiöses Gefühl, ohne vom Verstande auseinander gehalten zu seyn, zusammenlaufen, nimmt er diesen Gegenstand selbst für Gott. Man darf annehmen, daß er diese Gottesahnung in alle seine sinnlichen Empfindungen und Wahrnehmungen hineinträgt, daß er Gott überall gegenwärtig sieht, nur daß gewisse Empfindungen und Wahrnehmungen diese Ahnung besonders wecken und hervorheben. Die Grundansicht der religiösen Betrachtung des Wilden ist mithin ein sinnlicher Pantheismus; denn Pantheismus ist die Ansicht, vermöge deren man in Allem Gott sieht, Alles als unmittelbaren Ausfluß Gottes betrachtet.

Diese Naturansicht ist von der Art, daß wir sie uns nicht bloß als möglich denken, sondern uns auch lebhaft in sie hineinversetzen können. Unbekannt mit den Gesetzen und Kräften der Natur, mit lebhaften Sinnen begabt und ein dunkles Gottesgefühl in sich tragend, tritt der rohe Mensch hinaus in die reiche lebensvolle Natur. Alles um ihn her regt sich, glänzt, schimmert, tönt und rauscht, oder nimmt

sonst

sonst die Sinne in Anspruch; Alles wirkt angenehm oder unangenehm, wohlthätig oder verderblich auf ihn ein; nichts versteht er, nichts hat er hervorgebracht, nichts kann er nach seinem Willen lenken und beherrschen: muß ihn nicht Alles wunderbar ansprechen? muß ihm nicht Alles ahnungsvolle Gefühle erwecken? Sonne und Mond in ihrer Pracht und Größe, das Meer in seiner furchtbaren Majestät, der erhabene Berg, der rauschende Fluß, die erquickende Quelle, der schattende, fruchtbare Baum, das wunderbare Thier — Alles erscheint ihm als lebendig oder von Geistern bewohnt, Alles spricht ihn mit Geistes-Stimme an. — Aehnlich erscheint uns die Natur, wenn wir sie in dichterisch oder fromm erregter Stimmung, mit lebendiger Einbildungskraft betrachten, und mit ahnendem Geist ihre geheimnißvolle Sprache vernehmen.

Aber der sinnliche Mensch kann ein solches Allgefühl des Göttlichen in der Natur nicht fassen, sein Gemüth ist dafür zu eng; er beschränkt daher seine Ahnung und Anbetung auf einzelne Theile und Gegenstände der Natur. Er fühlt sich nicht immer gleich angeregt, nicht Alles macht denselben Eindruck auf ihn; sondern das Ausgezeichnete und Außerordentliche ergreift ihn, oder er gibt sich dem Spiele des Zufalls und seiner Einbildungskraft hin. Man sollte denken, daß gerade diejenigen Naturkörper und Erscheinungen die Anbetung der rohen Menschen auf sich gezogen haben müßten, welche am meisten das Gefühl der menschlichen Abhängigkeit und die fromme Ahnung zu erwecken geeignet sind, wie Sonne und Mond, Feuer, Erde, Meer und Flüsse, Stürme und Ungewitter. In der That werden auch diese Gegenstände von wilden Völkern angebetet, aber nicht so durchgängig und regelmäßig, wie man erwarten sollte. Am wenigsten genießen die Gestirne bey ihnen göttliche Verehrung. Es scheint, daß dazu schon ein gewisser Grad von verständiger Betrachtung gehört, und daß das rohe Gefühl von diesen herrlichen, majestätischen Weltkörpern nicht genug angesprochen wird. Dagegen ist die Verehrung der Gestirne, verbunden mit der Beobachtung derselben, eine im Alterthum weitverbreitete Religionsart, welche die zweyte Stufe in der Entwickelung des religiösen Lebens bezeichnet. Das Feuer hat etwas Wunderbares und Ahnung erregendes in seinem Wesen, und ist furchtbar in seinen zerstörenden Ausbrüchen: deßwegen hat es sowohl bey alten als neuen Völkern Verehrung gefunden. Die Anbetung der Erde oder vielmehr des väterlichen Bodens kommt vor, häufiger noch die des Meeres, welches den Anwohnern als eine mächtige, segensreiche, aber auch furchtbare Gottheit erscheint, indem es in seinem Schooße eine Fülle von Nahrung einschließt, aber auch mit furchtbaren Stürmen und Fluthen drohet. Flüsse, zumal solche, welche den Anwohnern so wichtig sind, wie der Nil und Ganges, oder welche für die Schiffer gefährliche Strudel bilden, wurden und werden noch verehrt; das Wohlthätige oder Gefährliche an ihnen, oder ihr wunderbares Hervorbrechen aus dem Gebirge und ihr unversiegbares Strömen nimmt das fromme Gefühl in Anspruch. Auch Stürmen und Ungewittern wurde und wird geopfert, um die zürnende Gottheit in ihnen zu versöhnen. Dagegen finden sich häufig solche Gegenstände der Anbetung, welche keinen so wichtigen Einfluß auf das Leben des Menschen ausüben, und diese Ehre bey weitem nicht so sehr zu verdienen scheinen, wie jene. Sehr verbreitet, sowohl im Alterthum als unter den rohen Völkern der neueren Zeit, ist die Anbetung der Thiere. Man vermuthet, daß ihnen ihre Schädlichkeit oder Nützlichkeit diese Auszeichnung zugezogen habe, und in der That findet sich diese Vermuthung zum Theil bestätigt. Manche Völker verehren Krokodile, Tiger und Haifische, andere erzeigen den giftigen Schlangen göttliche Ehre; auf der andern Seite ist der nützliche Stier, das Lama, das Pferd verehrt worden. Allein viele andere, theils schädliche, theils nützliche Thiere haben keine göttliche Ehre gefunden, und der vermuthete Grund möchte sich kaum als zureichend bewähren. In Aegypten verfolgte man in dem einen Bezirk die Thiere, die man in dem andern verehrte, so wie die einen Neger den Tiger verehren und schonen, und die andern diejenigen belohnen, welche ein solches Thier erlegt haben. Der wahre Grund der Verehrung der Thiere liegt in der durch ihr mehr oder weniger geheimnißvolles und wunderbares Wesen erregten Ahnung einer in der Natur wirkenden göttlichen Kraft. Der Wilde mit seinem beschränkten Geiste sieht in diesen belebten, eigenthümlich gestalteten und gearteten Wesen gleichsam die Sinnbilder der ganzen Natur, deren Wunder und Geheimniß ihm zu erhaben und unfaßbar ist. Es ist aber meistens zufällig, warum gerade dieses oder jenes Thier ein solches Gefühl erregt und göttliche Ehre gefunden hat; den Einen traf gerade der Anblick dieses Thieres mit wunderbarer Gewalt, den Andern setzte jenes in Erstaunen. Einen sehr zufälligen Entstehungsgrund hat die Verehrung der Schlange bey den Negern von Whida gehabt. Dieses Volk war gegen ein anderes ausgezogen, um ihm eine Schlacht zu liefern; und die beyden Heere standen einander gegenüber, als sich gegen die Schlachtordnung der Neger von Whida eine große Schlange herbewegte. Sie zeigte sich als unschädlich, und ließ sich betasten und aufheben.

Die Neger von Whida sahen daher in ihr ein hülfreiches Wesen, einen Boten des Sieges, und fielen voll Begeisterung ihre Feinde an, die sie auch vollkommen in die Flucht schlugen. Man schrieb nun den erfochtenen Sieg der Schlange zu, erbaute ihr aus Dankbarkeit einen Tempel, und verehrte sie höher, als die bisherigen Volksgötter. Hier kommt zwar der Glaube an Vorbedeutungen mit ins Spiel, indessen dient die Thatsache doch immer zum Beweise, daß der Zufall auf den rohen Naturmenschen einen großen Einfluß ausübt. Die Verehrung der Thiere kommt übrigens in verschiedenen Abstufungen vor, und verliert sich in die Schonung, welche unsere Landleute gegen Störche und Schwalben haben. Noch weniger als der Thierdienst läßt sich die Verehrung der Bäume und Wälder aus dem wichtigen Einflusse dieser Naturgegenstände auf die Menschen erklären; es kann im Allgemeinen nichts seyn, als die durch den Anblick derselben geweckte Ahnung der göttlichen Naturkraft, was ihnen die Verehrung zugezogen hat; und in der That kann auch uns der Anblick eines großen, alten Baums oder der Eintritt in einen hochstämmigen, dunkeln Wald, ein ähnliches Gefühl erregen. Häufig ist die Verehrung von unförmlichen, rohen Steinen von wunderlicher, conischer, pyramidalischer oder viereckiger Gestalt; man nannte sie im Alterthum Bätylien, und wahrscheinlich gehört der berühmte Stein in der Moschee zu Mekka dahin, welchen ehedem die Araber verehrt haben. Oft mochten es vom Himmel gefallene Steine seyn; und daß diese die Aufmerksamkeit des frommen Aberglaubens auf sich gezogen, ist durch ihren wunderbaren Ursprung hinreichend erklärt. Andern mochte ihre wunderliche Gestalt diese Ehre erworben haben. Aber auch hier hat sicherlich der Zufall sein

Spiel getrieben. Viele Wilde beten diejenigen Gegenstände an, die ihnen im Traume erscheinen. Man kann diese ganze Natur-Verehrung als ein träumendes Spiel der sinnlichen Einbildungskraft ansehen.

Man nennt solche Gegenstände der Anbetung im Allgemeinen Fetische, ein Wort portugiesischen Ursprungs, welches soviel als bezaubert oder wahrsagend bedeutet, und von de Brosses in die gelehrte Sprache eingeführt ist *). Die amerikanischen Wilden nennen sie Manitu oder Okki.

Wir haben aber den ganzen Umfang des Begriffes Fetisch noch nicht umfaßt; man unterscheidet zwischen natürlichen und künstlichen Fetischen, und wir haben bis jetzt bloß von den natürlichen gesprochen. Ehe wir zu den andern übergehen, müssen wir noch Einiges über die Verehrung der natürlichen bemerken.

Wir haben angenommen, daß der Fetischdienst aus einer durch eine besondere Anschauung rege gewordenen Ahnung der göttlichen Naturkraft entspringt, und daß der Fetisch gleichsam das Sinnbild oder der Vertreter dieser Naturkraft ist. Oft scheint nun diese rege gewordene Ahnung ganz in sinnlicher Dunkelheit und Unbestimmtheit zu bleiben, oft aber auch bestimmter und geistiger gefaßt zu werden. Die Amerikaner sprechen von Geistern der Gegenstände, die sie als Manitus anbeten, ungefähr so, wie die Griechen Quellen, Bäume, Berge von Nymphen bewohnt glaubten. Aber sie erheben sich auch zu Gattungs-Begriffen von Manitus, und sprechen von dem Manitu aller Fische, aller Thiere, aller Menschen; ja, sie kennen einen großen Manitu oder großen Geist, welches der Geist

*) Du culte des dieux fétiches. 1760.

oder Gott der ganzen Natur ist. In jenen umfassenderen Begriffen und in diesem höchsten hat die dunkle Ahnung der göttlichen Naturkraft ein klareres Bewußtseyn erlangt, und der Fetischismus hat sich gewissermaßen selbst überstiegen. Immer dient dieser Umstand zum Beweise, daß der Fetischismus von einer geistigen Gottesahnung ausgeht, und daß dem Fetischanbeter die Idee einer in der sichtbaren Welt zur Erscheinung kommenden übersinnlichen, geistigen Welt vorschwebt.

Zum Beweise, daß es das Gefühl des Staunens, der Furcht, der Abhängigkeit ist, was zur Verehrung der Fetische führt, dienen die Thatsachen, daß Wilde die Flaggen und Wimpel der europäischen Schiffe anbeteten, in denen sie etwas Wunderbares sahen, daß Andere mathematische Instrumente für Fetische nahmen, und Andere einer Uhr göttliche Ehre erwiesen. Kunstgegenstände, von Menschenhänden verfertigt, erscheinen dem rohen Naturmenschen, weil er sie nicht versteht, als die Erzeugnisse einer höheren Kraft oder gar als Dinge, in welchen ein höheres Wesen wohnt.

Nichts ist sonderbarer, als die Verehrung künstlicher Fetische; und wenn man die darüber gesammelten Thatsachen, ohne den Schlüssel der Erklärung zu haben, überblickt, so kann man sich des Lächelns nicht enthalten. Was soll man dazu sagen, wenn man hört, daß Steine, Pfähle und Kreuze, Häute, Knochen und andere Theile von Thieren, Gefäße mit Erde, Oel und Blut, mit Federn, Haaren und Gebeinen von Menschen und Thieren, ja mit allerley Mist und Unrath gefüllt, und andere bedeutungslose Gegenstände zu Fetischen dienen? Wir wollen dadurch Licht in diesen verworrenen Stoff zu bringen suchen, daß wir zwischen halbkünstlichen und ganzkünstlichen Fetischen, und unter den letzteren wieder zwischen bedeutungslosen und bedeutsamen unterscheiden.

Die halbkünstlichen Fetische sind nichts als die Andeutungen der natürlichen. Wenn die Ostiaken den abgeschnittenen Kopf des erlegten Bären anbeten, (wie wir früher angeführt haben); so ist derselbe nichts als das Zeichen dieses Thieres, welches sie eigentlich anbeten. Wenn sich amerikanische Wilde ein Thier zum Manitu erwählen, so gehen sie auf die Jagd, erlegen ein Thier der Art, ziehen ihm die Haut ab, und verehren dieses als ihren Manitu; aber eigentlich ist es das Thier, das sie verehren, und sie wählen dessen Haut nur zum Zeichen desselben, weil sie diese in ihrer Nähe haben, und mit sich herumführen können. Gleiche Bewandtniß hat es wohl auch mit den Gerippen, Knochen, Köpfen, Hörnern, Zähnen, Schaalen, Federn, Klauen und Gräten von Thieren, welche von verschiedenen Völkerschaften angebetet werden: es sind die Erinnerungszeichen oder Sinnbilder derjenigen Thiere, welche man als Fetische verehrt. Man vereinigt auch mehrere solcher Gegenstände in einen Fetisch, von welcher Art jene mit allerley Dingen gefüllten Gefäße sind, die wir so eben angeführt haben. Hierher mag auch jener Fetisch eines Königs von Jaqueen gehören, der aus der ausgestopften Haut eines Maulesels mit einem darauf gesetzten Menschenschädel bestand *). Solche zusammengesetzte Fetische sind als die Vertreter der ganzen Natur, oder wenigstens mehrerer in ihr wirkenden Kräfte, gleichsam als pantheistische Fetische, zu betrachten.

In dieser Art von Sinnbildnerey oder Symbolik zeigt sich ein Fortschritt des Fetischismus von der unmittelbaren

*) Meiners I. 159 zählt ihn zu den künstlichen.

Naturanbetung zur mittelbaren; von der unbewußten Anschauung zu einer Art von begriffsmäßigem Bewußtseyn. Man ergreift nicht mehr den ersten besten Gegenstand, um ihn anzubeten, man wählt sich einen willkührlich aus, oder folgt bey der Auswahl desselben irgend einer Andeutung. So jener Neger, der, als er, im Begriff, ein wichtiges Vorhaben auszuführen, des Morgens aus seiner Hütte ging, auf einen Stein trat, so daß ihn der Fuß schmerzte: auf der Stelle hob er diesen Stein auf, und erwählte ihn zu seinem Fetisch. Viele wählen auch ihre Fetische auf den Rath ihrer Priester oder Schamanen, denen sie eine höhere Erkenntniß zutrauen.

Noch freyer wird die Sinnbildnerey in den künstlichen Fetischen, welche ihrem Stoff nach keine Beziehung auf irgend einen Naturgegenstand haben. Sie sind theils gestalt- und bedeutungslos, theils bedeutsam und menschenähnlich. Zu der ersten Art gehören solche heilige Steine, welche nicht durch ihren wunderbaren Ursprung oder ihre wunderliche Gestalt die Aufmerksamkeit auf sich gezogen haben, sondern frey als Sinnbilder einer Gottheit gewählt worden sind. Das älteste Sinnbild der Venus zu Paphos war ein unförmlicher, konischer Stein; und noch jetzt verehren viele Völker im südlichen und östlichen Asien Stein-Fetische. Selbst jener Stein, den Jakob zu Bethel errichtete und mit Oel salbte, war ein ähnliches Symbol; es sollte dadurch die Nähe des hülfreichen Gottes und die Dankbarkeit dessen, der seinen Schutz genossen hatte, bezeichnet werden. Nicht seltener dienen Pfähle, Baumstämme, Holzblöcke u. dgl. zu Fetischen. Mehrere alte Götterbilder der Griechen waren von dieser Art; auch findet man solche Fetische noch jetzt unter den Negern und im nördlichen und östlichen Asien. Die Neger schlagen Pfähle in oder vor ihren Hütten in die Erde, umwinden sie mit Bast, und opfern ihnen, bis sie verfaulen. Die Kamtschadalen richten solche Pfähle oder Stämme, mit Lumpen umwickelt, im freyen Felde auf, und gehen nie vorüber, ohne ihnen eine Gabe darzubringen. Mehrere amerikanische Völker hatten und haben noch steinerne oder hölzerne Kreuze zu Fetischen. Der Götze der Buräten ist ein Leder, gleich einem Kamm, in kleine Riemen getheilt; der der Katschingen ein gabelförmiger Stock, zwischen dessen beyden Zinken ein Fuchskopf oder zwey geschnitzte Vögel gehängt werden.

Wie aber können solche nichts bedeutende Gegenstände die Stellvertreter der Gottheit seyn? Es sind ganz willkührliche Zeichen, gleichsam Zeichen der Erinnerung, dergleichen wir, um einen Weg oder einen merkwürdigen Ort, oder einen Vorfall zu bezeichnen, wählen könnten; oder so wie etwa Kinder ein Stück Holz oder einen Stein sich zur Puppe wählen. Der Wilde will mit solchen Zeichen sagen: ich will bey diesem Stein, diesem Pfahl, diesem Kreuz an meinen Gott denken, dieses Zeichen soll mich an meine Pflicht, ihn anzubeten, erinnern. Diese Sinnbildnerey geschieht unter dem Einflusse der von zufälligen Anregungen bestimmten Einbildungskraft, auch unter dem Einflusse der Schamanen; aber sie setzt doch eine gewisse Freyheit des religiösen Gefühls, eine Ahnung des göttlichen Wesens in seiner geistigen, von körperlichen Gegenständen unabhängigen Wesenheit, voraus. Der Wilde glaubt an einen oder mehrere Manitus oder Geister; er will sie aber sichtbar, gegenwärtig vor sich haben, und darum wählt er für sie solche Zeichen.

Die gestalt- und bedeutungslosen Fetische sind nichts als die Vorläufer der durch ihre Menschenähnlichkeit bedeutsamen. Wie die Kinder erst rohe Steine oder Hölzer sich zu Puppen wählen, dann aber ihnen einen menschlichen Kopf und andere Gliedmaßen zu geben versuchen; wie die Götterbilder der Griechen sich aus rohen Steinen und Klözzen entwickelt haben: so schreitet auch die rohe Sinnbildnerey der Fetischdiener von der Formlosigkeit der Fetische zu mehr oder weniger menschenähnlichen Figuren fort, und schließt sich dann an den gewöhnlichen Bilderdienst an. Den gestaltlosen Fetischen am nächsten stehen Pfähle, an deren obern Ende man einen Menschenkopf ausschnitzte oder malte, dergleichen man unter den sibirischen Völkerschaften, unter den Neuseeländern und Ceylonesen findet. Diesen Bildern folgen solche, die aus Filz oder Leder oder Kattun geschnitzt oder zusammengewickelt und ausgestopft sind. Die Buräten haben Lämmerfelle, an deren einem Ende ein Menschengesicht angebracht ist, zum Fetisch. Bey den Kalmükken und sibirischen Völkern findet man Figuren auf Papier oder Filz mit Röthel oder Blut gemalt, als Götzen. Und so hat sich die rohe phantastische Kunst der kindischen Wilden auf mancherley Weise versucht. Am häufigsten findet man Bilder aus Holz und Knochen, welche mehr oder weniger Menschenähnlichkeit haben; es kommen aber auch Bilder von Stein und Thon, seltener solche von Metall, vor, welche schon mehr Kunst erfordern. Diese Bilder sind bald bekleidet, bald nackt oder bemalt, und oft auf die seltsamste Weise ausgeputzt.

Diese Menschenähnlichkeit der Fetische setzt die Idee voraus, daß die Geister, welche sie vorstellen, oder die Gottheit überhaupt, menschenähnlich sey; und in der That ist nichts natürlicher, als diese Voraussetzung. Die Idee eines Geistes findet ihr wirkliches Abbild im Menschen, welcher eine lebendige Seele in sich trägt. Aber die dunkle Ahnung der göttlichen Naturkraft hat sich in dieser Vorstellung der Menschenähnlichkeit schon sehr zum Bewußtseyn gesteigert; es ist nicht mehr jenes pantheistische Gefühl, das an der unmittelbaren Naturanschauung haftet, nicht mehr die vage Vorstellung eines geistigen Wesens, das in der Natur lebt; sondern die Gottheit hat eine geistige Persönlichkeit gewonnen.

Wir haben den Fetischismus als die erste Erscheinungsform des ganz sinnlichen Gottesgefühls betrachtet, als die unterste Stufe, von welcher aber schon Schritte zur Erreichung einer höheren Stufe geschehen. Dem Fetischismus ähnlich ist jedoch auch der Götzendienst, der durch einen Rückschritt von einer höheren Stufe der religiösen Ausbildung entsteht. Der Kaiser Nero hatte nach Sueton von einem unbekannten Menschen ein Bildchen in weiblicher Gestalt als einen Schutzgott gegen Nachstellungen bekommen, dessen Kraft sich auch dadurch zu beweisen schien, daß er bald darauf eine Verschwörung entdeckte. Er verehrte es nun als seinen höchsten und einzigen Gott, nachdem er allen übrigen Göttern entsagt hatte, und blieb ihm bis an seinen Tod getreu. Der römische Polytheismus bot erhabenere, geistigere Götter dar, als dieser unbekannte Götze war; aber für Nero waren sie vielleicht zu geistig, er wollte einen Götzen auf seinen Leib haben, gerade so wie der Fetischdiener anstatt des großen Manitus sich lieber an seine Götzenbildchen hält. In China ist das Volk, nachdem die ehedem geistigere Volksreligion in bloßes Ceremonienwesen ausgeartet ist, wieder zur Verehrung der Schlangen, mithin zum Fetischismus, herabgesunken. Die Juden verfielen nicht nur in Götzendienst, sondern verehrten auch das eherne Bild einer Schlange, welche nichts als ein Fetisch war. Auch die Heiligen-Verehrung und besonders der Aberglaube, der mit Reliquien getrieben wird, hat Aehnlichkeit mit dem Fetischdienst. Zu Gott und Christo zu beten, fordert zu viel Geistes-Erhebung; man will das Göttliche sich ganz nahe haben, man sucht und findet es tief unten neben sich im irdischen Staube.

Neunte Vorlesung.

Fortsetzung über den Fetischismus; der damit verbundene Glaube an Unsterblichkeit; Priesterthum des Fetischismus.

In der vorigen Vorlesung haben wir die Ahnungen und Vorstellungen der Wilden von göttlichen Wesen und die Bezeichnungsart derselben in stufenweiser Entwickelung kennen gelernt. Natürlich bleiben sie nicht dabey stehen, solche Wesen anzunehmen und darzustellen; sie fühlen sich auch abhängig von ihnen, und geben dieses durch die Verehrung derselben zu erkennen. Es sind vorzüglich zwey Gemüthsstimmungen, in welchen der Mensch seine Abhängigkeit von der Gottheit anerkennt: die frohe, wenn er sich im Glück befindet, wenn ihm seine Unternehmungen und Geschäfte gelingen; und die sorgenvolle und traurige, wenn ihm Gefahren drohen oder ihn Unglück und Widerwärtigkeit betrifft. In der ersten ist das Gefühl der Dankbarkeit gegen Gott, der Glück und Segen gegeben hat, ganz natürlich, und wir finden es auch bey den Wilden. Sie opfern ihren Fetischen nach jedem glücklichen Fischfang, nach jeder glücklichen Jagd und reichen Ernte; nach einem siegreichen

Kriegszuge; nach der Geburt von Kindern; nach der Genesung von Krankheiten, und der Errettung aus Gefahren. Aber das menschliche Gemüth ist mehr von Furcht und Sorge, als vom Gefühl der glücklichen Zufriedenheit bewegt, und daher hat die Verehrung der Fetische vorzüglich den Zweck, Gefahren und Unglück abzuwenden, und den Zorn des Himmels zu versöhnen. Von einigen Fetischdienern wird behauptet, daß sie sich nur in der Noth um ihre Götter bekümmern; und ist es nicht überall, ist es nicht auch bey uns so? „Herr, wenn Trübsal da ist, so suchet man dich" ist ein nur zu wahrer Spruch. Alle Widerwärtigkeiten und jedes Mißlingen, Unglück auf der Jagd, im Fischfang, im Kriege, unfruchtbare und verderbliche Witterung, Krankheiten, Todesfälle u. dgl. werden als Wirkungen des Zornes der Götter angesehen, und man sucht sie alsdann zu versöhnen. Ein angelegentliches Bemühen des Wilden ist es, die Zukunft zu erforschen, zumal wenn er mit einem wichtigen Unternehmen umgeht, wenn er auf die Jagd und den Fischfang, oder in den Krieg zieht: alsdann fragt er seinen Fetisch, und wenn seine Antwort günstig ist, so opfert er ihm, und gelobt ihm Opfer; auch nimmt er ihn mit sich, um seines Beystandes sicher zu seyn.

Dieses alles entspricht ganz dem Gefühl der Abhängigkeit, welches dem Menschen im Verhältniß zu Gott ziemt; aber es mischt sich die Berechnung der Selbstsucht in die unwillkührliche Regung. Der Götzendiener treibt einen Handel mit seinen Götzen; er will für seine Opfer und Gaben von ihnen sich Dienste geleistet sehen, und will ihre Gunst erkaufen. Somit tritt er zu ihnen in das Verhältniß der Wechselwirkung, und vergißt ganz seine Abhängigkeit; ja, er erhebt sich sogar zum Richter über seine Götter.

Wenn die Fetische die Wünsche ihrer Anbeter nicht erfüllen, so werden sie von ihnen weggeworfen oder zerstört, oder vertauscht und verkauft, oder wenigstens erfahren sie von ihnen eine Züchtigung und thätliche Mißhandlung. Bey einer allgemeinen Seuche suchten die Einwohner von Kakongo bey ihren Fetischen Hülfe; und da diese nicht erfolgte, so warfen sie sie alle ins Feuer. Wenn die Ostiaken auf der Jagd oder dem Fischfange nicht glücklich gewesen sind, so prügeln sie ihre Fetische tüchtig dafür aus, daß sie ihnen nicht besser beygestanden haben. Wir lachen darüber, und doch kommt Aehnliches unter Christen vor. Die Neapolitaner schimpften ihren heiligen Januarius, ja prügelten ihn, weil er einen Lavastrom nicht aufhielt. Die Spanier warfen bey einer anhaltenden Dürre das Bild der Jungfrau Maria in einen Teich, und belegten sie mit den niedrigsten Schimpfwörtern. Noch häufiger als unter uns Christen sind solche Thorheiten unter andern Völkern, welchen man doch würdigere Vorstellungen von Gott zutrauen sollte, als die Wilden haben. Als der Kaiser Augustus seine Flotte durch einen Sturm verloren hatte, soll er ausgerufen haben: er wolle trotz dem Neptun siegen, und zur Strafe ließ er bey den nächsten circensischen Spielen das Bild des Gottes nicht mit herumtragen. Nach dem Tode des Germanikus steinigte der wüthende Pöbel die Tempel, zertrümmerte die Altäre der Götter, und warf die Hausgötter oder Penaten auf die Straße. Ja, in China ist es vorgekommen, daß ein Gott, dessen Priester gegen Opfer und Gaben Hülfe versprochen hatten, ohne daß sie erfolgt war, förmlich bey dem Richter verklagt wurde. Die Klage ging durch mehrere Instanzen hindurch, bis der Ausspruch des obersten Gerichtshofes zum Vortheil des Klägers ausfiel, und die Priester mit einer derben Züchtigung belegt wurden.

Ist die Noth des Fetischdieners groß und sein Anliegen wichtig, so nimmt er zu mehr als einem Fetisch seine Zuflucht, gerade so wie die Athener vor der Schlacht bey Marathon den Dienst des Pan einführten, den sie vorher nicht verehrt hatten, oder so wie sie einst bey einer Pest dem „betreffenden Gott," den sie weiter nicht nennen konnten, einen Altar errichteten.

Die Vielheit der Fetische und der Widerstreit in den Zufällen des Lebens und in den Bestrebungen der Menschen mußte den im Gemüth des Menschen liegenden Zwiespalt des Guten und Bösen wecken, und zu der Idee böser Götter führen, denen man schädliche, feindselige Einflüsse zuschrieb, und die man zu versöhnen suchte. Man bildet sie in scheußlichen Figuren mit Klauen, Hörnern und Schwänzen ab, und die Neger malen sie weiß an, so wie wir uns den Teufel schwarz vorstellen, und die Slaven sich ihren Tschernebog eben so dachten. Einige Völker in Afrika sollen fast nur solche böse Götter verehren, weil ihr beschränktes Gemüth empfänglicher für die Furcht als für die Hoffnung seyn mag. Aber überall herrscht doch die Idee vor, daß das Gute über das Böse die Oberhand habe. Dieselben Wilden, welche böse Götter fürchten, verehren einen großen, allmächtigen, guten Geist, zu dem sie voll Vertrauen beten; und wenigstens hoffen sie durch Zauberey den Einfluß der bösen Geister zu überwinden, worin doch immer die Idee der Vorherrschaft des Guten liegt.

Der Fetischdiener verehrt seine Götzen, wie alle Götzendiener und wie auch der alte Israelit, mit Opfern und Gaben. Aus Dankbarkeit bringt er ihnen einen Theil vom

Ertrage

Ertrage des Fischfangs, der Jagd, des Krieges. Er ißt und trinkt nie, er hält kein Gastmahl, ohne seine Götter Theil nehmen zu lassen. Die Opfer sind verschieden nach den verschiedenen Nahrungsmitteln, die man zu genießen pflegt; und selbst an den Mitteln der Berauschung müssen die Götter Theil nehmen. Der nordasiatische Nomade opfert Milch, der Neger Palmwein, der Chinese Arack, der rauchende Wilde Taback. Ein Opfer ist eine sinnbildliche Handlung, eine Vorstellung der Einbildungskraft, da man wohl einsieht, daß ein Fetisch weder essen noch trinken, noch rauchen kann. Es ist ein ähnliches Spiel, das die Kinder mit ihren Puppen treiben, indem sie ihnen Speisen und Getränke vorsetzen. Nur liegt im Opfer der Ernst, daß der Darbringende sich eines Theils seiner Habe und seines Genusses beraubt, eine Handlung der Hingebung ausübt, und, wenn es ein Opfer des Dankes ist, zu erkennen gibt, daß er alles, wovon er einen Theil darbringt, Gott zu verdanken hat. Allerdings bildet sich der Götzendiener ein, daß die Götzen vom Opfer wenigstens etwas, und sey es nur den Dampf des Fleisches, genießen; aber diese Vorstellung ist nicht die ursprüngliche, so wie auch die Kinder erst hinterher sich überreden, die Puppe esse und trinke wirklich. So viel ist gewiß, daß Hingebung und Entsagung das religiöse Gefühl ist, welches jedem Opfer zum Grunde liegt. Jedoch zeigt sich hier wieder der niedrige Eigennutz in Verbindung mit dem frommen Gefühl. Man opfert den Göttern meistens nur die ungenießbaren Theile der Thiere, als Knochen, Hörner, Nasen, Ohren, Füße und Gedärme, und verzehrt das Genießbare selbst, oder überläßt es den Priestern. Am freygebigsten ist man gegen die Götter in der Noth, wenn es gilt ihren Zorn zu versöhnen. Alsdann opfert man ihnen bisweilen ganze Thiere, zum Theil auf eine grausame Weise, indem man sie lebendig an den Beinen aufhängt, und so jämmerlich umkommen läßt; auch bringt man ihnen Menschenopfer. Die Neger schlachten ihren Göttern nicht nur die Kriegsgefangenen, sondern auch andere Menschen, Kinder und Erwachsene. So auch auf den Inseln der Südsee, wo man aber meistens Verbrecher opfert. In Tunkin vergiftet man jährlich etliche Kinder, um eine gesegnete Ernte zu erhalten. Bey solchen grausamen Opfern kann kaum ein Genuß von Seiten der Götter vorausgesetzt werden. Zwar bey den Mexicanern, wenn lange keine Menschenopfer waren gebracht worden, so meldeten die Priester dem Könige, die Götter seyen hungrig: mithin wurden diese als blutdürstig gedacht. Aber die ursprüngliche Bedeutung solcher Opfer war wohl keine andere, als die der demüthigen Hingebung, auch wenn man sich selbst nichts dabey abbrach; man glaubte, es versöhne die Götter, wenn ihnen zum Zeichen der Demuth etwas hingegeben, und ihnen zu Ehren dem Tode geweihet würde; und da nichts kostbarer ist, als das Menschenleben, so galten Menschenopfer für die wirksamsten Mittel der Versöhnung. Bey mehreren Völkern ist es Gebrauch, daß die Mütter der Schlachtung ihrer Kinder beywohnen, und sie beklagen; anderwärts schlachten die Väter ihre Kinder selbst. Unstreitig soll durch diese Handlungen elterlicher Hingebung und Selbstverleugnung der Werth der Opfer erhöhet werden.

Es ist das Gefühl der Abhängigkeit, welches den rohen Fetischdiener zu Opfern der Hingebung treibt, und daher entspringen auch die Handlungen der Entsagung, die er seinen Göttern zu Ehren verrichtet. Er fastet, um zürnende oder böse Götter zu versöhnen, um sich die Gnade seines

Gottes zu verdienen. Es ist bey Jagdvölkern gewöhnlich, daß bevor ein Jagdzug unternommen wird, alle Jäger acht Tage lang fasten. Dadurch hoffen sie nicht nur überhaupt eine glückliche Jagd zu machen, sondern besonders auch wahrsagende Träume zu erhalten, die ihnen Ort und Gelegenheit einer glücklichen Jagd anzeigen. Durch Fasten sucht der junge Wilde, der die Zeit der Mannbarkeit erreicht hat, einen Traum zu erhalten, der ihm den Gegenstand anzeigt, den er zum Manitu wählen soll. In Guiana müssen diejenigen, welche zu Häuptlingen erhoben werden wollen, sich langwierigen Fasten und andern Peinigungen unterwerfen. Denn mit dem Fasten, so streng es ist, begnügt sich der Wilde nicht; er zerfleischt sich den Leib, zerstümmelt sich die Glieder, peitscht sich mit Geißeln und Dornen. Besonders müssen sich diejenigen, welche Schamanen oder Priester werden wollen, diese Auszeichnung durch dergleichen Prüfungen verdienen, wodurch sie nach der Vorstellung ihrer Volksgenossen den Göttern wohlgefälliger, und ihres Vertrauens würdiger werden.

An dieser Seite hängt der Fetischismus mit der sittlichen Natur des Menschen zusammen. Die frommen Entsagungen, welche er auf eine so wunderliche Art lehrt, erinnern an die sittliche Tugend der Entsagung und Mäßigung, und lehren den Menschen, daß er für etwas Höheres als für den Genuß lebt. Neben den frommen Kasteyungen kommen auch strenge Keuschheits-Uebungen vor; und auch diese haben eine sittliche Bedeutung. Junge Ehepaare versagen sich lange die Vollziehung ihres Ehebundes. Diejenigen, welche nicht so enthaltsam sind, büßen dafür durch selbst aufgelegte schmerzhafte Kreuzigungen, oder durch Züchtigungen, die sie von Andern empfangen, oder sie lassen die

Neugebornen durch schwere Verwundungen dafür büßen. Die Irokesen haben ihre heiligen Jungfrauen, und bey den Huronen übernehmen Manche das Gelübde einer ewigen Keuschheit.

Schwach ist der Einfluß des Fetischismus auf die Heiligung der wichtigen Pflichten der Gerechtigkeit, aber ein solcher zeigt sich doch. Der Eid, die heilige Gewähr der Wahrhaftigkeit und Treue, auf welcher aller sittlich rechtliche Verkehr ruht, erhält bey den Wilden durch Berührung des Fetisches seine Weihe. Die Neger von Loango stecken, außer gewissen Zweigen, Scherben von zerbrochenen Töpfen auf ihre Felder und vor ihre Hütten, um beyde gegen Beraubung zu sichern; und selten soll man es wagen, diese heilige Befriedigung zu verletzen. Grenzt auch diese Art, das Eigenthum zu bezeichnen, an Zauberey, so liegt doch immer dunkel die Idee darin, daß die unsichtbaren Mächte dasselbe schützen. Auf der Insel Nukahiva wird das Recht der Personen und Sachen durch die Religion geheiligt, und Alles, was so geheiligt ist, heißt Tabu. In dem Begriff Tabu also beginnt für diese Insulaner der Begriff eines Rechtszustandes. Bey den amerikanischen Stämmen stehen die Gesandten unter dem Schutze des großen Geistes, und werden gewissenhaft geachtet. Selbst im Fall daß sie Krieg verkündigen, hört man sie ruhig an, und begleitet sie bis an die Grenze des Gebietes. Es darf uns nicht wundern, daß der sittliche Einfluß des Fetischdienstes so gering ist, da das sittliche Gefühl, als das geistigere und reinere, sich überall erst später entwickelt, wenn der Mensch zum Bewußtseyn seiner selbst, und das gesellschaftliche Leben zu einem gewissen Grade von Ausbildung gelangt ist. Das dunkle Gefühl der Ahnung der göttlichen Naturkraft, mit welchem der Fetischismus beginnt, ist nicht geeignet, das sittliche Gefühl ganz ins Leben zu rufen: der Mensch erkennt zwar daran seine Abhängigkeit, aber nur in Beziehung auf die übermächtige Gewalt, nicht auf die Gesetze des Weltganzen.

Auch Gebete gehören zu den gottesdienstlichen Mitteln der Wilden. Sie reden ihre Götter an, wenn sie ihnen opfern, bezeichnen den Zweck ihrer Opfer, und bitten um Hülfe oder Schonung. Freylich sind diese Gebete so roh, wie der ganze Gottesdienst; sie sind nichts als die Eingebungen der eigennützigen Furcht. Wenn die Wilden in Sibirien krank sind, so werfen sie eine Hand voll Taback ins Feuer, fallen nieder, und rufen: da nimm, rauche und sey nicht mehr zornig! Und doch sind diese rohen Aeußerungen die Keime einer edleren Ausdrucksweise des frommen Gefühls. Gebete sind die Bezeichnungen des religiösen Bewußtseyns, der Erhebung des Gemüths zu dem Unsichtbaren; an ihnen entwickelt sich die reinere Vorstellung von Gott und göttlichen Dingen. Die Gebete der nordamerikanischen Wilden an den großen Geist sind sehr erhebend, und in ihnen spricht sich ein sehr reines Gefühl der Anbetung aus.

Die Vorstellungen der wilden Völker von der Unsterblichkeit der Seele sind sehr dürftig, und zeugen von einem sehr geringen Grade von Selbstbewußtseyn und Innerlichkeit des Lebens. Manche können, wie die Kinder, den Tod gar nicht begreifen. Die Chiquiten in Paraguay suchen die Seelen ihrer verstorbenen Verwandten eine Zeitlang in den Gebüschen, mit denen ihre Wohnungen umgeben sind; und wenn sie sie nicht finden, so gestehen sie, daß sie nicht wissen, was aus ihnen geworden sey. Andere bringen ihren Todten mehrere Wochen hindurch immer noch Nahrung, indem sie sich nicht darin finden können, daß sie todt seyn sollen. Viele amerikanische Wilde haben gar keine Vorstellung von einer Fortdauer, und der Tod der Menschen, wie der Thiere, ist ihnen eine gänzliche Vernichtung. Selbst unter den nördlichen rohen Völkern, als Lappen und Grönländern, kommt diese Hoffnungslosigkeit vor. Mehrere nordasiatische Völkerschaften halten den Tod für eine göttliche Strafe, und erwarten nach demselben weder Gutes noch Böses, indem sie glauben, der Zorn der Götter sey durch denselben vollkommen versöhnt. Diese Erscheinung, daß Menschen ohne alle Hoffnung leben, in Beziehung auf das künftige Leben, ist allerdings betrübend; aber sie ist nur die Frucht einer tiefen Unterdrückung der geistigen Natur, und macht bloß eine Ausnahme aus. Der größte Theil selbst der rohen Völker, glaubt an eine Fortdauer der Seele nach dem Tode, und einen jenseitigen Zustand; aber freylich sind die Vorstellungen davon oft sehr trostlos und unwürdig.

Um an eine Fortdauer der Seele zu glauben, muß man diese als ein geistiges, über den Körper erhabenes Wesen denken; aber die Begriffe der Wilden von der Natur der Seele sind noch äußerst sinnlich. Die Träume sind es, die ihnen eine Ahnung von dem unabhängigen Daseyn derselben gaben; denn während der Leib unthätig daliegt, sind die Seelenkräfte thätig. Die Grönländer glauben, die Seele verlasse zuweilen im Traume den lebenden Leib, um auf die Jagd, oder auf Reisen oder sonst wo hin zu gehen; ja sie glauben sogar, daß dieses in wachem Zustande geschehe, indem sie die Seele noch vom Lebensathem unterscheiden, und der Meinung sind, der Mensch könne leben, während die Seele aus dem Leibe entfernt sey. Demungeachtet nehmen sie doch auch wieder an, daß die Seele so eng mit dem

Leibe verbunden sey, daß sie mit ihm wachse und abnehme. Ihre Zauberer leiten viele Krankheiten daher ab, daß die Seelen der Kranken verstümmelt oder sonst beschädigt worden, und versprechen die Heilung dadurch zu bewirken, daß sie die abgerissenen Stücke der Seele wieder herstellen, oder an die Stelle der beschädigten Seele eine ganz frische und gesunde, entweder die eines Kindes oder eines Thiers, bringen wollen. Sie denken sich die Seele als ein blasses und weiches Wesen, das weder Fleisch noch Bein habe. Diese Vorstellung von der Seele, daß sie eine Art von körperlichem Wesen, nur zarter und schwächer, als der Leib, sey, ist sehr verbreitet. Nach der Meinung der alten Griechen und Hebräer, und selbst einiger Wilden, ist sie der Schatten des Körpers; und unstreitig hat die Erscheinung, daß der Körper im Sonnenschein einen Schatten wirft, zu dieser Vorstellung beygetragen. Den Patagoniern ist die Seele das durchsichtige Bild des lebenden Menschen, und der Wiederhall, der von den Felsen zurücktönt, ist nichts, als die Antwort der Seele, wenn man sie ruft.

Zufolge dieser dürftigen Vorstellungen von der Natur der Seele, denkt man sich auch ihren Zustand nach dem Tode sehr körperlich und irdisch. Die Wilden in Paraguay können sich die abgeschiedenen Seelen nicht ohne Nahrung denken, meinen aber, sie würden im Lande der Schatten keine andere Nahrung finden, als das Harz gewisser Bäume, Honig und etwas Fische. Die Seelen sind dort, wie hier, den Beschwerden der Jahreszeiten und der Witterung, den Nachstellungen von Feinden und Thieren ausgesetzt; die Einen sind reich, die Andern arm, die Einen herrschen, die Andern dienen; überhaupt denken sie sich den Zustand in der andern Welt als die Fortsetzung des gegenwärtigen.

Die Otaheityer hofften dort ihre Frauen wieder zu finden, und mit ihnen von neuem Kinder zu zeugen. Wenn man sich nun den Zustand der Seele so ganz irdisch denkt, so ist es natürlich, daß man die Verstorbenen mit den Kleidern, Waffen und Geräthschaften ausstattet, von welchen man glaubt, daß sie dort davon Gebrauch machen werden. Die Irokesen gaben sogar den Todten Farben mit, damit sie sich in der andern Welt malen könnten. Die alten Araber ließen auf dem Grabe des Verstorbenen sein Kamel Hungers sterben, damit er sich dort desselben bedienen könnte. Die Grönländer begruben mit ihren Kindern einen ihrer treusten Hunde, damit er sie zu den ihnen vorangegangenen Verwandten führen sollte. Bey den Karaiben und andern wilden Völkern begrub man die Sklaven mit ihren Herren, die Gefangenen mit ihren Siegern, die Frauen mit ihren Männern. Die Einwohner der Insel Borneo glauben, daß diejenigen, welche sie tödten, ihre Sklaven in der andern Welt werden, und daher versorgen sie sich so viele, als sie können, durch Meuchelmorde und durch Erkaufung von Schlachtopfern. Der Glaube, daß jenes Leben die Fortsezzung von diesem sey, kann für die Unglücklichen nicht tröstend seyn. Daher fürchteten sich diejenigen, welche von den Christen gemißhandelt oder gedrückt wurden, daß es ihnen dort eben so gehen werde, und wollten deßwegen von dem Himmel der Christen nichts wissen, weil sie diese als ihre Herren dort wieder zu finden fürchteten. Ja, manche Völker fürchten für die abgeschiedenen Seelen einen zweyten Tod. Den Weg in das Land der Seelen denken sich die nordamerikanischen Wilden als höchst langwierig, gefahrvoll und beschwerlich, so daß manche Seelen darauf umkommen; besonders droht ihnen ein Fluß, über den sie sezzen müssen, und ein Hund, der sie zu verschlingen sucht. Nach der Vorstellung der Grönländer müssen die Seelen nach dem Tode fünf Tage lang an einem rauhen Felsen hinabrutschen, um an den Ort der Seligen zu gelangen. Dieses Herabrutschen ist nicht nur sehr peinlich und mit Verwundung begleitet, sondern auch gefährlich; geschieht es bey schlechtem, kaltem Wetter, so kann die Seele dabey zu Grunde gehen, wo es dann mit ihr aus ist.

Bey einigen Völkern überwiegt der traurige Eindruck, den der Tod macht, so sehr, daß sie sich den Zustand der Abgeschiedenen als sehr traurig und elend vorstellen, und von ihnen einen gefährlichen Einfluß fürchten: daher sie sich scheuen, ihren Namen zu nennen, oder sonst etwas zu thun, was ihren Schlummer stören könnte. Wenn bey den Abiponern eine Familie eines ihrer Mitglieder verliert, so verbrennt sie seine Kleider und Waffen, verläßt ihre Hütte, und nimmt einen andern Namen an, damit der Verstorbene sie nicht finden könne. Die Tscheremissen bewachen das Grab eines Verstorbenen, damit er es nicht verlassen und die Lebenden verschlingen könne. Auf einer ähnlichen Vorstellung beruht die schöne, aber schauerliche Erzählung von Göthe: die Braut von Korinth; und auch bey unsern Landleuten kommt hie und da die abergläubige Furcht vor, daß die Verstorbenen ihre am Leben gebliebenen Gatten oder Kinder nachholen möchten, wie man sich ausdrückt.

So trostlos diese Beobachtungen sind, so bleibt es doch immer erfreulich, daß die Hoffnung eines bessern Lebens im Ganzen überwiegend ist, zum Zeugniß, daß eine solche Hoffnung dem Menschen angeboren ist, und tief in seinem Gemüthe liegt. Rührend ist die kindische Hoffnung der Negerslaven in Westindien, nach ihrem Tode in ihr Vaterland versetzt zu werden, daher sie sich häufig umbrachten, um sich der Sklaverei zu entziehen, und am Orte ihrer Sehnsucht wieder aufzuleben. Die meisten Neger stellen sich das zukünftige Leben in Vergleich mit diesem als einen Zustand der Glückseligkeit vor. Die nordamerikanischen Wilden denken sich das Land der Seelen als sehr entfernt, weit gegen Abend liegend; und die Reise dahin ist zwar sehr gefährlich, aber sind sie einmal dort glücklich angelangt, so finden sie eine beständig ergiebige Jagd und einen reichen Fischfang, eine Fülle von Lebensfreuden, deren sie ohne Arbeit in einem ewigen Frühling genießen. Der Lappländer der unter einem feindseligen Himmel ein düstres Leben hinbringt, hofft im andern Leben ein milderes Klima und eine bessere Art von Rennthieren. Die Patagonier denken sich das zukünftige Leben als einen Zustand ewiger Trunkenheit: so roh und thierisch sind ihre Gefühle, daß sie das, was wir uns als erhaben über alle Sittlichkeit vorstellen, gerade als denn sinnlichsten Zustand denken; aber immer ist es doch ein Zustand des Wohlseyns, und mit dieser rohen Hoffnung verbinden sie die geistige, daß die Abgeschiedenen zu dem Gotte ihrer Vorfahren und ihres Geschlechts kommen werden. Die Kamtschadalen denken sich den Zustand der Seligkeit nicht ohne Mühe und Arbeit, aber doch ohne Hunger und ohne den Druck von den Russen, mithin immer als eine Art von Seligkeit.

So wie der Glaube an Fetische einen nur noch schwachen Einfluß auf die Sittlichkeit hat, so steht auch der Glaube an die Fortdauer der Seele in noch gar keiner oder in sehr geringer Verbindung mit derselben. Die meisten Wilden wissen nichts von einer Vergeltung in der andern Welt, von einer Belohnung und Bestrafung. Manche unterscheiden einen Ort der Seligkeit und einen Ort der Qual, ohne daß sie gerade damit die Idee der Vergeltung verbinden. An den ersten Ort lassen sie die Reichen und Mächtigen, allenfalls auch die Tapferen, an den zweyten die Armen und Geringen kommen. Die Einwohner der Südsee-Inseln glauben, daß bloß die Seelen der Häuptlinge an den Ort der Seligen, welchen sie in die Sonne setzen, gelangen, und daselbst Ueberfluß an Brodfrucht, Fischen, Hunde- und Schweinefleisch finden werden; die Seelen der Leibeigenen hingegen wandern in Thiere oder kommen um. So unterwerfen sich also diese Völker mit ihrem Glauben an die andere Welt ganz den zufälligen Unterschieden, welche hienieden unter den Menschen Statt finden; ihr Geist kann sich nicht mit Freyheit zu einem unabhängigen Glauben erheben. Der Idee einer Vergeltung nähert sich der Glaube der Apalachiten und Brasilianer, welche die Seelen der Tapfern in die Sonne oder in ein seliges Land jenseit hoher Berge versetzen, die Muthlosen hingegen zu den bösen Göttern wandern lassen, oder in Abgründe, die von ewigem Schnee und Eise starren, verstoßen. Denn die Tugend der Wilden ist die Tapferkeit, und ihr Laster die Feigheit. Dagegen ist es wieder sonderbar und widersprechend, daß einige Wilden diejenigen, welche eines gewaltsamen Todes sterben, und selbst die Tapfern, die in der Schlacht umkommen, von dem Orte der Seligkeit ausschließen. Aber keine christliche Lehre hat nach dem Zeugnisse der Missionaire so viel Eingang bey den Wilden gefunden, als die von einer ewigen Vergeltung; es scheint daß diese Idee nur im rohen Gemüth schlummert, und geweckt zu werden erwartet.

Es finden sich unter den Wilden auch Anklänge der Seelenwanderungslehre, welche allerdings sehr viel Ansprechendes, zumal für rohe Menschen hat. Die Nordamerikaner glauben, daß die Seelen der Kinder, weil sie das Leben noch nicht genug genossen haben, in andere menschliche Leiber übergehen: sie begraben deßwegen Kinder nahe an den Wegen, um den Seelen derselben Gelegenheit zu geben, in die Frucht vorübergehender schwangerer Weiber einzugehen. Aehnlich denken die Neger; und das königliche Geschlecht in Loango behauptet das Vorrecht, daß die Seelen ihrer Angehörigen immer wieder in die Kinder ihres eigenen Geschlechts wandern. Auch nehmen viele Wilde in Amerika und Afrika das Einwandern der Seelen in Thiere an. Aber alle diese Vorstellungen kommen nur abgerissen und neben andern vor, die ihnen widersprechen.

Es ist wahr, der Glaube der Wilden an die Unsterblichkeit der Seele ist in den Vorstellungen, die sie davon hegen, sehr schwankend, und auch noch nicht in den gehörigen Zusammenhang mit der Sittlichkeit gesetzt. Aber im Gefühl, in einem erhebenden, wenn auch zum Theil noch rohen Gefühl, lebt er doch in ihrem Gemüth. Wenn sie den Manen ihrer Väter die gefangenen Feinde schlachten als Opfer der Rachsucht, so glauben sie an eine geistige Gemeinschaft mit den Verstorbenen. Wenn diejenigen hingegen, welche in die Hände ihrer Feinde gefallen sind, den Martern, welche man ihnen bereitet, im Gedanken an die Geister ihrer Väter trotzen, und um ihnen keine Schande zu machen, keinen unwürdigen Laut von sich geben: so lebt der Glaube an die Unsterblichkeit in ihnen mit einer erhebenden sittlichen Kraft.

Der Fetischismus ist in seinem ersten Entstehen, das Werk augenblicklicher Erregung und die Sache der Vereinzelung. Ein Jeder ergreift den Gegenstand als Gott, der sich ihm darbietet, ein Jeder hat seinen eigenen Fetisch, und betet ihn allein an. Aber schon zeigen sich Anfänge der religiösen Gemeinschaft, eine Mittheilung der religiösen Ideen, eine Theilnahme an den Vorstellungen und der Anbetungsweise Anderer. Unter den Wilden in Amerika, Afrika, Sibirien, hat nicht nur jede Familie ihren Fetisch, sondern auch jede Gemeinde und Völkerschaft; und man behauptet, daß solche öffentliche Fetische weit andächtiger und standhafter verehrt werden, als die Schutzgötter einzelner Personen, vorzüglich aus dem Grunde, weil ihre Verehrung durch ein alte Ueberlieferung geheiligt ist. Solche gemeinschaftliche Fetische sind nicht als ursprünglich zu betrachten, sondern erst auf geschichtlichem Wege nach und nach geworden, was sie sind. Vielleicht denken wir uns die Sache am wahrscheinlichsten so. Es ist natürlich, daß der Fetisch eines durch Tugend und Glück ausgezeichneten Mannes von seiner Familie nach seinem Tode als Familiengott verehrt wird. Wenigstens finden wir bey den Negern den Gebrauch, die Fetische der Vorfahren aufzubewahren. Nach Römers Bericht waren in der Hütte eines Negers mehr als 20000 Fetische zusammengehäuft. Ferner kann man annehmen, daß der Fetisch einer reichen, angesehenen Familie von der Gemeinde, und der einer angesehenen Gemeinde vom ganzen Stamm zum Schutzgott erwählt wurde. Auch konnten besondere Vorfälle, wie jene zufällige Erscheinung einer Schlange zwischen zwey feindlichen Heeren, dazu beytragen, daß ein Fetisch gemeinsame und öffentliche Verehrung fand; wenigstens ist es sicher, daß jene Schlange auf die angegebene Weise zur Ehre gelangte, Schutzgott des ganzen Volkes der Whida-Neger zu werden. So bildet sich also eine Mittheilung und Ueberlieferung im Fetischdienst.

Aber dadurch wird die Natur desselben etwas verändert. Wer sich aus eigener Bewegung einen Gegenstand wählt, fühlt in sich eine, wenn auch dunkle Regung des religiösen Gefühls, und ahnet Gottes Nähe. Freylich ist diese Ahnung schon weit unbestimmter, falls der Fetisch von künstlicher Art ist; denn dann ist er nicht unmittelbarer Gegenstand der Anbetung, sondern bloß ein Stellvertreter des unbekannten Gottes; indeß trägt doch der Erfinder oder Verfertiger eines solchen Fetisches irgend eine Ahnung in sich, welcher er Ausdruck und Gegenstand geben will. Anders aber ist es bey der Annahme eines fremden Fetisches. Derjenige, der einen Fetisch sucht oder anzunehmen geneigt ist, hat allerdings auch irgend eine Ahnung des Göttlichen, sonst würde er nicht der Anbetung fähig seyn; aber sein Gemüthszustand wird doch gewöhnlich viel todter, und sein Gefühl gröber und eigennütziger seyn. Er nimmt den fremden Fetisch vielleicht nur darum an, weil er an ihm Schutz zu finden hofft, und sein Glaube an ihn gründet sich vielleicht nur auf die Erfahrung, die er von dessen Wirksamkeit zu haben glaubt. Weil der frühere Eigenthümer desselben glücklich war, so hält er ihn für mächtig, und um dieser seiner Macht willen sucht er ihn. Ja, es kann seyn, daß er dem Stoffe oder der Form des Fetisches die Wirksamkeit beylegt, die er ihm zuschreibt, daß er ihn von einem Geist oder einer Zauberkraft bewohnt glaubt, und daß er so von der symbolischen Anbetung in die abergläubige, götzendienerische verfällt. Es scheint allerdings, daß die Fetischdiener in der Regel diese abergläubige Vorstellung haben, das Ding oder die Figur, die sie anbeten, sey der Gott selbst, so wie auch die übrigen Götzendiener und selbst die Heiligen-Anbeter das Bild des Gottes oder des Heiligen für belebt, und für den

Gegenstand ihrer Verehrung selbst halten. Allein dieser Aberglaube bildet sich erst in der Ueberlieferung, und ist keinesweges ursprünglich. Am deutlichsten läßt es sich bey dem edleren Götzendienst zeigen, daß er ursprünglich symbolisch, und der abergläubige Mißverstand später ist; aber auch der Fetischismus hat etwas Symbolisches an sich, und dieses geht erst durch die Ueberlieferung verloren. Ueberhaupt ist die Ueberlieferung die Mutter mancher Irrthümer in der Religion, wie uns dieses die Folge unserer Betrachtungen lehren wird. Gewöhnlich wird nur der todte Stoff, nicht der lebendige Geist, nicht die lebendige Bedeutung der Sache überliefert, und so Aberglaube erzeugt. Die Mittheilung und Ueberlieferung muß aber im Fetischismus um so eher zum Aberglauben Veranlassung geben, da es sich hier um ganz dunkle Gefühle handelt, und alle Erläuterung in der Sprache fehlt. Es gibt noch keine Götterlehre, keine Lehre der heiligen Wahrheit, kaum daß man wenige Worte betet; ja, die Götter haben nicht einmal immer Namen, welche ihr Wesen und ihre Wirksamkeit bezeichnen. Immer aber bleibt diese Art von Ueberlieferung ein wichtiges Moment in der Religionsgeschichte, das wir wohl beachten müssen; es ist der erste Fortschritt vom Unmittelbaren zum Mittelbaren, vom Besondern zum Gemeinsamen.

Am meisten tragen zu einer Art von religiöser Gemeinschaft unter den Wilden, die Priester oder Beschwörer oder Propheten bey, welche die Franzosen im Allgemeinen Jongleurs nennen, und die wir mit dem tartarischen Worte S c h a m a n e n bezeichnen wollen. Diese Menschenart findet sich fast unter allen Völkern, welche auf dieser Stufe des religiösen Lebens stehen. Sie ist sehr wichtig, weil sie einen großen Einfluß auf das religiöse Leben ausübt, und weil in ihr der Keim des Priesterthums liegt. Eine flüchtige Bekanntschaft mit dieser Erscheinung könnte geneigt machen, den Grund ihrer Entstehung im Betrug zu suchen; aber obgleich es wahr ist, daß die Schamanen sehr oft Betrug üben, oft nichts als Betrüger sind, so können wir doch nicht zugeben, daß das ganze Schamanen-Wesen eine Frucht des Betruges sey. So wie wir annehmen, daß das religiöse Leben, wenigstens in seinen wesentlichsten Erscheinungen, aus einer inneren Anlage, aus einem gewissen Glauben, aus einem Gottesgefühl hervorgegangen ist: so leiten wir auch das Schamanen- und alles Priester-Wesen theils aus einer wirklichen Begeisterung von Seiten derer, die als Schamanen und Priester anerkannt wurden, theils aus einem der menschlichen Natur eingepflanzten Glauben an Begeisterung und Offenbarung von Seiten derer, welche Schamanen und Priester anerkannten, ab. Nehmen wir im Zustande der Wildheit die Möglichkeit einer religiösen Erregung an, so müssen wir auch die Möglichkeit annehmen, daß der Eine und Andere sich durch einen besonders hohen Grad religiöser Empfänglichkeit vor den Uebrigen auszeichnete, und der Führer derselben in Sachen der Religion werden konnte. Freylich mochten die Erregungen, die sie hatten, sehr unklar und mit Selbstbetrug verbunden seyn, so daß sie sich zutrauten, etwas zu wissen und zu können, was sie nicht wußten und kannten; allein sie fühlten sich doch immer begeistert, und waren es auch auf ihre Weise. Auf der andern Seite war das Volk so bereitwillig sie für begeistert zu halten, daß nur wenig dazu gehörte, dessen Ansprüche zu befriedigen. Ein gemeiner Glaube der Wilden ist, daß die mit der fallenden Sucht Behafteten unter dem Einflusse der Gottheit stehen, und mit höheren Kräften be-

gabt

gabt seyen. Solche Personen wurden daher ohne ihr Zuthun für Gottvertraute gehalten, und dafür in Anspruch genommen, höhere Aufschlüsse zu geben, zu wahrsagen und zu zaubern. Die Einwohner der Südseeinseln verehren die Wahnsinnigen als Gottbegeisterte, und ein ähnlicher Glaube herrschte bey den Griechen. Es scheint überhaupt, daß der Zustand der Begeisterung in rohen Menschen mit Zuckungen, Bewußtlosigkeit und Raserey verbunden ist, oder leicht damit verwechselt wird. Da nun ein solcher Zustand, den man für den der Weihe und Begeisterung hält, nicht immer eintrat, wenn es eben verlangt wurde: so war es natürlich, daß diejenigen, welche demselben unterworfen waren, veranlaßt wurden, ihn durch künstliche Mittel herbeyzuführen. Diese Mittel sind heftige Verdrehungen des Körpers, heftige Sprünge und Bewegungen, heftiges Schreien und Brüllen, so lange fortgesetzt, bis ein Zustand der gänzlichen Ermattung, der sinnlosen Betäubung, oder wohl gar der krampfhaften Zuckung eintritt; und die Anwendung dieser Mittel finden wir bey den Schamanen aller Völker. Manche trinken Tabackssaft oder einen Absud von Fliegenschwämmen, um desto schneller in den Zustand der Verzükkung zu gerathen; Andere saugen das Blut der Opferthiere, welches angeblich eine ähnliche Wirkung hervorbringt. Manche Vorkehrungen, welche sie anwenden, sind darauf berechnet, die Anwesenden in Schrecken zu setzen. Dahin gehört das gräßliche Brüllen, das Rühren der Zaubertrommeln oder klappernder Instrumente, und die phantastische Kleidung, die mit den Köpfen und Klauen von allerley Thieren, mit Muscheln u. dgl. besetzt ist. Meistens benuzzen die Schamanen die Nachtzeit, und treiben daneben allerley Taschenspielereyen und Bauchrednerey. Natürlich ist alles dieß Betrug, der aber wohl erst durch Selbsttäuschung herbeygeführt worden ist.

Die Schamanen bilden meistens eine Art von Stand oder Orden. Sie treiben ihren Beruf als ein Gewerbe, und nähren sich davon; der gemeinsame Vortheil hält sie zusammen, und sie haben zum Theil sogar eine eigene, den Laien unverständliche Sprache. Da epileptische Zufälle oft den Beruf zum Schamanen-Amt begründen, und gewöhnlich forterben: so ist dieses in gewissen Familien erblich geworden. Ueberhaupt ist der ungebildete Mensch geneigt, geistige, wie andere, Vorzüge als erblich anzusehen, und alles Ueberlieferte gewinnt bey ihm leicht Achtung. Es darf uns daher nicht wundern, daß auch hier die Erblichkeit Statt findet. Die Schamanen nehmen zwar Schüler in ihren Orden auf, unterwerfen sie aber schweren Prüfungen, welche in langwierigen Fasten und Kasteyungen, häufigem Genuß betäubender Mittel u. dgl. bestehen, und deren Zweck ist, zu Verzückungen fähig zu machen. Alle diejenigen, welche sich diesem Lehrlingsstande nicht unterwerfen, und doch den Schamanen-Beruf treiben wollen, werden als Zauberer angesehen, des Umgangs mit bösen Geistern beschuldigt, und gerade so verfolgt, wie die Irrlehrer in der katholischen Kirche. Jedoch sollen die Schamanen einiger Völker diesen Gemeingeist nicht haben, und sich bisweilen zanken und sogar handgemein mit einander werden.

Die Wilden haben den Aberglauben, daß diese Gaukler in einem näheren Verhältnisse zu den Göttern oder Geistern stehen, und sie dergestalt beschwören können, daß sie entweder in sie fahren, sie in Verzückung setzen und aus ihnen reden, oder daß sie auf ihr Geheiß zwar nicht sichtbar, aber hörbar erscheinen, und auf ihre Fragen antworten.

Man traut den Schamanen zu, daß sie Krankheiten heilen können, nicht nur durch ärztliche Mittel, sondern auch besonders dadurch, daß sie anzugeben wissen, womit man die erzürnten Götter zu versöhnen habe, oder daß sie die bösen Geister, welche die Krankheiten verursacht haben sollen, bezwingen oder tödten, oder daß sie die Verzauberung, in welcher der Grund der Krankheiten liegen soll, heben. Denn mit dem Glauben an Schamanen ist der Glaube an Zauberey und die Wirkung böser Geister verbunden, so wie die Schamanen und Zauberer im Gegensatz stehen. Ein Hauptgeschäft der ersteren ist die Enthüllung der Zukunft oder die Wahrsagerey; denn nichts liegt dem rohen Menschen mehr am Herzen, als in die Zukunft schauen zu wollen. Die Schamanen bedienen sich dazu verschiedener Mittel, der Geister- und Todtenbeschwörung, und gewisser Arten von Zeichendeuterey. Uns ist hier am wichtigsten ihr Einfluß auf den Fetischismus, den wir etwas genauer angeben wollen.

Sie sind es, aus deren Händen die Fetischdiener gewöhnlich ihre Fetische empfangen. Wer mit seinem bisherigen Fetisch unzufrieden ist, oder wer zu einer wichtigen Unternehmung eines besonderen Schutzes bedarf, der fragt einen Schamanen, welchen Fetisch er wählen soll, und dieser nennt ihm den Gegenstand, von dem er ihm Schutz verspricht, oder gibt ihm einen künstlichen Fetisch, den er verfertigt hat, die meisten künstlichen Fetische rühren von den Schamanen her, und durch ihren Einfluß vorzüglich wird der Fetischismus der natürlichen Unmittelbarkeit entwandt, und das Sinnbildliche darin in abergläubiges Mißverständniß verkehrt, so daß die Fetische als geheimnißvolle Zaubermittel angesehen werden. Das ursprüngliche religiöse Gefühl des Wilden bleibt nicht mehr seiner eigenen Erregung überlassen, sondern die Schamanen spielen damit nach Willkühr, und treiben mit der kindischen Leichtgläubigkeit einen gewinnsüchtigen Betrug. Der Fetischismus dieser Art ist beynahe mehr Glaube an ein Wirken göttlicher Kräfte im Menschen, als an die Allgegenwart Gottes in der Natur; aber auch in jenem Glauben, obschon er sehr getrübt erscheint, und von der Selbstsucht der heiligen Betrüger jämmerlich getäuscht wird, liegt ein ächt religiöser Bestandtheil. Denn in seiner geistigen Natur ahnet der Mensch die Spur der Gottheit; die höheren Kräfte, die in ihr wirken, erscheinen ihm als ihre Ausflüsse; er fühlt sich vom Athem derselben ergriffen und gehoben. Aber noch lebendiger regt sich in ihm diese Ahnung, wenn er in Andern höhere Kräfte wirksam sieht oder wähnt.

So wie die Schamanen das, einen göttlichen Schutz suchende dunkle Gefühl des Wilden leiten und beherrschen, und dadurch ihren Einfluß behaupten; so nehmen sie auch die dem Menschen natürliche Neigung, der Gottheit Opfer und Entsagungen darzubringen, in Anspruch, und erweitern dadurch ihren Einfluß. Sie legen denen, welche einen Fetisch suchen, Fasten und andere Enthaltungen auf, damit sie sich eines offenbarenden Traumes würdig machen sollen. Sie fordern zur Versöhnung der erzürnten Götter Opfer, und sie sind es, welche die Menschenopfer, wo nicht aufbringen, doch im Gange erhalten. Denn man hat die Beobachtung gemacht, daß je weniger sie bey einem Volke gelten, die Menschenopfer um so seltener sind; auch ist es erwiesen, daß bey den einem Priesterthum ergebenen Völkern, bey welchen diese grausamen Opfer vorkommen, die Priester es sind, welche sie fordern, während der menschlichere Sinn der Könige und Gewalthaber sie gern in Abnahme kommen lassen möchte. Durch eine richtige Berechnung findet der eigennützige Standesgeist der Schamanen und Priester seinen Vortheil dabey, denen, die sie beherrschen, schwere Opfer und Handlungen der Selbstverleugnung aufzulegen. Was der Mensch theuer erkauft, schätzt er am meisten; je mehr ihn also der Schutz der Götter und der Dienst der Priester kostet, desto mehr ergibt er sich den letztern. Ein großer Theil der selbstverleugnenden Hingebung gegen die Götter wird auf die Diener derselben, die Priester, übergetragen; und wer zu Opfern bereitwillig ist gegen die Götter, der ist auch zum Gehorsam gegen die Priester geneigt. So aber wird der obschon rohe Ausdruck der frommen Selbstverleugnung, als welchen wir die Menschenopfer in ihrem ersten Ursprunge ansehen dürfen, von der Herrsch- und Eigensucht der Schamanen und Priester in einem knechtischen Gehorsam gegen ihre angemaßte Gewalt verwandelt, und dem religiösen Gefühl, welches zur Entschuldigung dienen kann, entzogen, so daß fast nichts als die abstoßende knechtische Fühllosigkeit von Seiten der Opfernden und von Seiten derer, die das Opfer fordern, die verabscheuungswürdige, grausame Selbstsucht übrig bleibt. Denselben Hergang der Sache, das dasjenige, was ursprünglich dem frommen, wenn auch noch rohen Gefühl angehört, durch Entartung und Verbildung unter dem Einflusse des Herkommens und der gedankenlosen Gewohnheit, besonders aber unter der eigensüchtigen Herrschaft der Priester, zum Aberglauben und zum Gräuel wird, finden wir noch häufig anderwärts in der Religionsgeschichte. Alles, was ursprünglich aus dem Gemüth des Menschen quillt, ist gut, wenigstens entschuldbar; aber die eigensüchtige Willkühr der Menschen verderbt und vergiftet es.

Die Schamanen sind es endlich, welche den Glauben an böse Geister und deren verderblichen Einfluß erwecken und nähren. Dieser Glaube hat zwar eine Wurzel im menschlichen Gemüth, nämlich im Gegensatz des Guten und Bösen: allein es ist die Frage, ob er sich ohne die Schamanen so unter den Wilden entwickelt haben würde, wie er sich findet. Diese Betrüger nämlich, so wie sie ihre angebliche Wirksamkeit auf gute schützende Geister zurückführen, schreiben auch alles, was ihnen hinderlich ist, und ihren Mitteln widersteht, bösen Geistern und deren Dienern zu, wozu noch der Neid gegen solche Schamanen, die nicht vom rechtmäßigen Orden sind, hinzukommt. Sie trüben also den Glauben der Fetischdiener durch diese Furcht vor bösen Geistern und Zauberern, und tragen in ihre Vorstellung von der übersinnlichen Welt den Zwiespalt menschlicher Leidenschaften.

Im Schamanen-Wesen liegt der Keim des Priesterthums, jedoch ist dieser Keim noch schwach. Ein Priesterthum kann nicht bestehen ohne ein System oder eine Einheit der Religion, ohne feste Einrichtungen und Gebräuche des Gottesdienstes, und ohne daß durch alles dieses ein fortgehendes Bedürfniß des priesterlichen Amtes begründet ist. Im Fetischismus aber ist Alles augenblicklich, vereinzelt, abgerissen; ein Jeder hat seinen besondern Fetisch, den er mit sich herumtragen, dem er auf seine Weise dienen kann, ohne eines Priesters zu bedürfen. Die Schamanen sind gewöhnlich nicht Opferer, wie es die Priester sind; sie geben nur in außerordentlichen Fällen die Opfer an, mit welchen man die Götter versöhnen soll, und die Fetischdiener opfern selbst, entweder der Hausvater oder die Angesehenen und Häupter der Stämme. Nur unter einigen Völkerschaften, den sibirischen Heiden und den Negern, verrichten die Schamanen selbst die Opfer. Der Fetischdiener kann auch seinen Fetisch aufgeben, wenn er will, sobald er glaubt, daß er ihm nicht helfe; dadurch aber wird jedes Band, das sich zwischen ihm und dem Schamanen knüpfen konnte, sogleich wieder zerrissen. Ja, so wie der Wilde seinen Fetisch, der ihm nicht nach Wunsch hilft, nicht nur züchtigt, sondern auch wohl sogar wegwirft: so wird er auch bisweilen an seinen Schamanen irre, empört sich gegen sie und entledigt sich ihrer. Dieß ist der Fall bey großen Unglücksfällen, bey herrschenden Seuchen, wo sie nicht helfen können. Die Fürsten der Hottentotten und Kaffern lassen oft bey hartnäckigen gefährlichen Krankheiten alle Schamanen, deren sie sich bemächtigen können, tödten. Ein patagonischer Fürst befahl, daß man alle Menschen der Art umbringen sollte, weil keiner von ihnen der verheerenden Blatterkrankheit hatte Einhalt thun können. Einst rotteten die Chiquiten in Paraguay alle ihre Schamanen aus, weil sie gefunden zu haben glaubten, daß diese Menschen nur Böses, oder doch weit mehr Böses als Gutes stifteten. Der Erfolg entscheidet in den Augen der Wilden über die Wahrhaftigkeit und das göttliche Ansehen der Schamanen. Hie und da schaden sich diese auch selbst durch ihre Uneinigkeit, und untergraben gegenseitig ihr Ansehen.

Da wo der Fetischismus Festigkeit und Einheit gewonnen hat, findet sich auch ein bestehendes Priesterthum. Dieß ist der Fall bey den Negern von Whida, bey denen der Dienst jener Schlange zur öffentlichen und Staats-Religion geworden ist. Dieser Fetisch hat einen Tempel, einen geregelten Dienst und ein ordentliches Priesterthum. Freylich scheint die Entstehung und Erhaltung desselben auch einen

Grund in dem zu einem gewissen Grade ausgebildeten Staatswesen dieses Volkes zu haben. Ueberhaupt ist das Schamanen-Wesen eine Folge der beginnenden Bildung, und, trotz seiner nachtheiligen Seiten, eine wohlthätige Erscheinung. Die rohesten, unwissendsten Wilden, wie die Pescherás, haben keine Schamanen. Diese sind gewissermaßen die Stellvertreter der Religion im Volksleben; sie wecken und nähren den Glauben, obschon sie ihn mißbrauchen und in Aberglauben verkehren; sie erinnern, wenn auch auf eine sehr irrige, unvollkommene Weise, an höhere Verhältnisse und Beziehungen, und hindern, daß der Mensch nicht ganz zum Thiere herabsinkt.

Zehente Vorlesung.

Beschluß über den Fetischismus: dessen Verhältniß zum ursprünglichen religiösen Gefühl oder zum Wesen der Religion und dessen Einfluß auf das Leben. Die Naturreligion der alten Völker; ihr Verhältniß zum Fetischismus und ihre Grundzüge.

Wir haben die religiöse Erscheinung des Fetischismus in ihren Grundzügen dargestellt, und ihre Entstehungsgründe in der menschlichen Natur und in den Verhältnissen der menschlichen Gesellschaft nachgewiesen. Ehe wir nun zu einer neuen Stufe der Entwickelungs-Geschichte des religiösen Lebens fortgehen, wollen wir uns erst deutlich bewußt werden, wie sich der Fetischismus zum ursprünglichen religiösen Gefühl und den andern mit demselben in Berührung stehenden Geistes-Vermögen, nämlich dem sittlichen Gefühl, dem Verstand und der Einbildungskraft, verhält, und in wiefern das Wesen der Religion in ihm, als einer religiösen Erscheinungsform, hervortritt. Auch wollen wir das Verhältniß der Fetisch-Religion zu dem ganzen Lebenszustand der Wilden ins Auge fassen.

Als die Quelle des Fetischismus haben wir ein gewisses pantheistisches Gefühl oder die Ahnung der Allgegenwart Gottes in der Natur angenommen; und dieses Gefühl ist wenigstens ein Bestandtheil des ursprünglichen religiösen Gefühls, wenn es auch dieses nicht ganz erschöpft. Damit verbunden ist das Gefühl der Abhängigkeit, das sich in der Furcht vor den Naturgewalten äußert; und auch dieses ist ein ächter Bestandtheil des religiösen Gefühls. Was aber sehr unvollkommen sich äußert, ist das Gefühl der geistigen Selbständigkeit unseres inneren Wesens, der innere Kern des Glaubens an die Unsterblichkeit der Seele; und weil dieses Gefühl noch so unvollkommen ist, so äußert sich auch das sittliche Gefühl noch sehr schwach und unrein; fast ganz noch fehlt der Glaube an eine ewige Bestimmung des Menschen (denn die wenigen Hoffnungen eines seligen Lebens nach dem Tode wollen wenig sagen, da die Idee einer ewigen Vergeltung so gut als ganz fehlt), und eine gänzliche Lücke ist noch gelassen für die Idee eines sittlichen Reiches Gottes und eines großen heiligen Planes der Weltregierung. Wir haben schon bemerkt, daß der Grund, warum die sittlichen Bestandtheile der Religion so unvollkommen im Fetischismus hervortreten, in dem rohen Rechtszustande des Volkslebens liegt. Die Wilden kennen noch fast keine andere Angelegenheit, als die des körperlichen Bedürfnisses und der persönlichen Selbstsucht; sittliche Zwecke sind ihnen fast ganz fremd: mithin kann auch ihre Religion keine sittlichen Gefühle erwecken. Sie kennen noch kein irdisches Reich der Gerechtigkeit, mithin können sie auch an kein Reich Gottes glauben. — Dieser Parallelismus des religiösen und politischen Lebens ist sehr merkwürdig, und veranlaßt zu einer ungemein wichtigen Betrachtung. So groß und fruchtbar der Einfluß der Religion auf das ganze Leben ist, und so wahr es ist, daß ihre Kraft sich auf alle Gebiete desselben erstreckt; so ist sie doch nicht so selbständig und allmächtig zu denken, daß sie das ganze übrige Leben gestalten könnte; vielmehr steht sie selbst auch unter dem Einflusse der übrigen Lebensgebiete, besonders des Staatslebens. Wo dieses unvollkommen ist, da ist es auch die Religion; wo Despotismus herrscht, da schmachtet auch die Religion in feiger Schwäche; wo hingegen politische Freyheit herrscht, da regt sich auch die religiöse. Diese Beobachtung werden wir durchaus in der Religionsgeschichte bestätigt finden. Etwas unabhängiger von dieser Wechselwirkung mit dem übrigen Leben ist das Christenthum. Zwar ist es mittelst dieser Wechselwirkung ins Leben getreten, und es hätte nicht erscheinen können, wenn die Juden und Griechen nicht gerade diese Stufe der Bildung erreicht gehabt hätten, welche sie erreicht hatten; wenn nicht die Sittlichkeit und Verstandes-Bildung so weit gediehen gewesen wäre. Jetzt aber nachdem es in die Welt getreten ist, kann es einem Volke, dem es gebracht wird, allerdings den Anstoß und die Kraft zu höherer Bildung geben. Allein ganz unabhängig ist es in seiner Wirkung doch nicht. Ist das Staatsleben in Despotismus, Schlaffheit und Feigheit versunken, so wird das Christenthum schwerlich den Geist evangelischer Freyheit entwickeln können; und fehlt es im wissenschaftlichen Gebiet an Licht und Leben, so wird auch in der Religion der Geist der Wahrheit sich nicht lebendig regen. Die Beyspiele aus der Geschichte, welche diese Beobachtung bestätigen, sind nicht fern zu suchen; wir brauchen nur nach dem Süden und Osten Europas zu blicken. Wie sehr haben daher diejenigen Frommen Unrecht, welche für das Staatsleben und die Geistesbildung kalt und gleichgültig sind, ja vielleicht sogar behaupten, der Fromme müsse dafür gleichgültig seyn. Ein Christenthum ohne Vaterlandsliebe und bürgerliche Freyheit, ohne Wissenschaft und übrige Geistesbildung, wird bald in sich selbst kraftlos zusammensinken, und ein geistloses, jämmerliches Daseyn behaupten. Doch wir kehren zum Fetischismus zurück!

Es ist vorzüglich das Gefühl der überlegenen Naturgewalt, welches in ihm hervortritt, das Gefühl der natürlichen Abhängigkeit, mit geringer Erregung des Gefühls der geistigen Selbständigkeit und sittlichen Bestimmung. Der Fetischismus ist die erste, unvollkommene Art derjenigen Gattung, die wir **Naturreligion** nennen, in welcher der Mensch sich gegen die Welt mehr leidend als thätig verhält. Wie tritt nun jenes Gefühl hervor? Wir wissen, daß der Verstand und die Einbildungskraft zur Vermittelung des Bewußtseyns davon dienen, daß der erstere die Erregungen desselben in Begriffen, die zweyte in Bildern abspiegelt. Aber der Verstand ist im Fetischismus fast gar nicht thätig. Begriffe von göttlichen und ewigen Dingen kommen fast gar nicht vor, ausgenommen etwa die Begriffe von Manitus oder Geistern, welche nicht einmal allgemein zu seyn scheinen, und den schwankenden Begriff der Seele in ihrer Getrenntheit vom Leibe, welcher aber doch sehr sinnlich gefaßt wird. Sonst herrscht ganz die sinnliche Einbildungskraft vor. In den natürlichen Fetischen wird die Idee der Gottheit ganz sinnlich und körperlich gefaßt, und hier ist es fast ganz allein die Sinnen-Anschauung, durch welche das religiöse Gefühl ins Bewußtseyn tritt, und äußerlich dargestellt wird. Bey den künstlichen Fetischen ist die symbolische Einbildungskraft thätig, d. h. diejenige Einbildungskraft, welche beym Anschauen eines Gegenstandes eine Vorstellung oder Gefühls-Erregung hervorruft, welche nicht unmittelbar an denselben geknüpft ist. Wenn der Fetischdiener beym Anschauen eines Klotzes oder Pfahles das Gefühl der Nähe der Gottheit faßt, so ist das eine Wirkung der symbolischen Einbildungskraft, so wie wir uns mittelst derselben beym Anblick irgend eines Zeichens des Bezeichneten erinnern. Den Mangel der Verstandes-Thätigkeit im Fetischismus erkennt man besonders auch daraus, daß in ihm gar keine Regel und Einheit, sondern lauter Einzelheit, Abgerissenheit und Veränderlichkeit ist. Ein Jeder hat seinen eigenen Fetisch, den er ändern kann, wenn und wie er will; es gibt keine stehenden Begriffe von den Göttern, keine herrschenden Gottheiten, keinen stehenden herrschenden Cultus; selbst das Priesterthum ermangelt noch alles Bestandes. Es ist aber eine Eigenthümlichkeit des Verstandes, überall Einheit und Bestand zu suchen, und wieder herzustellen, während die Sinnlichkeit nur mit dem Mannichfaltigen, Augenblicklichen, Zufälligen zu thun hat. Daß der Verstand so wenig beym Fetischismus thätig ist, wird ebenfalls aus dem übrigen Lebenszustande der Wilden erklärlich. Das Nachdenken ist bey ihnen auf keine Weise geübt, es gibt bei ihnen auch nicht die ersten Anfänge der Wissenschaft, keine Naturbeobachtung, keine Rechtsbegriffe; nur allein die Sprache enthält Begriffe und logische Verknüpfung, aber doch wohl nur in sehr unvollkommener Ausbildung. Eine geistige Religion ist nur da möglich, wo der Geist durch Nachdenken und Wissenschaft ausgebildet ist.

Obschon aber der Verstand so wenig im Fetischismus thätig ist, so erscheint doch das religiöse Gefühl in ihm in mittelbarer Auffassung und Darstellung; und zwar kommt diese zu Stande theils durch die symbolische Einbildungskraft, welche künstliche Fetische schafft, theils und vorzüglich durch den Einfluß der Schamanen, welche meistens diese Art von Fetischen erfinden und angeben, und überhaupt das religiöse Bewußtseyn des Volkes wecken und beherrschen. Das unmittelbare religiöse Gefühl ist unter den Fetischdienern nicht mehr den freyen Regungen der Natur überlassen, sondern wird von einem religiösen Lebens-Zustand, von einem Herkommen und Uebereinkommen oder einer Ueberlieferung, beherrscht. Der Sohn macht es, wie der Vater; er betet den Fetisch des Vaters an, oder fragt, wie es die Sitte mit sich bringt, einen Schamanen um die Wahl eines Fetisches, folgt dessen Rathschlägen, erfüllt die ihm auferlegten Bedingungen, und handelt in Allem nach fremder Anregung und Anleitung. Der Glaube an Fetische und Geister, an die Wirksamkeit der Schamanen und Zauberer, wird dem jungen Geschlecht vom alten überliefert, und nicht immer wieder von neuem hervorgebracht; Alles hat eine bestimmte Form erhalten.

Betrachten wir nun die Religion der Fetischdiener im Verhältniß zu ihrem übrigen Leben, so finden wir, daß sie sich auf alle Gebiete desselben bezieht und alle beherrscht, ja, daß sie fast der einzige Zweig des geistigen Lebens ist, der hervortritt. Die religiöse Zeichendeuterey beherrscht alle öffentlichen Unternehmungen, Jagd- und Kriegszüge, vertritt also gewissermaßen die Stelle der Naturkunde und Politik; auch die Arzneykunde ist fast nichts als religiöse Wunderwirkung, und wird von den Schamanen geübt: mithin bleiben nur die Geschicklichkeiten und Erfahrungen der Jäger und Krieger und die wenigen ärztlichen Mittel der Schamanen in diesen Lebens-Gebieten übrig, als Anfänge einer

Art von Bildung. Eine Wissenschaft gibt es außer der Schamanen-Kunst nicht, kein Nachdenken über allgemeine und ewige Wahrheiten. Das sittliche Leben empfängt, wenn wir etwa die Tugenden der Tapferkeit, Geduld und Ehrliebe, welche im Volksthum ihre Wurzel haben, ausnehmen, alle seine Anregungen aus der Religion, welche Fasten, Enthaltungen und Selbstpeinigungen gebietet, und die Eide heiligt. Mithin ist es nicht zuviel gesagt, wenn wir behaupten, daß die Religion in diesem Zustande Alles in Allem ist, der Inbegriff des geistigen Lebens überhaupt. Dieß hat aber seinen Grund theils im Mangel an Geistesbildung, theils in den Priestern, welche vermöge dieses Mangels an Bildung Gelegenheit finden, sich in Alles zu mischen und überall ihren Einfluß hin zu erstrecken. Die Religion an sich steht wohl mit Allem in näherer oder entfernterer Beziehung, aber sie macht nicht Alles aus. Der Staatsmann soll mit religiösem Sinne seine Unternehmungen beginnen, aber nicht Kenntniß und Klugheit durch religiöse Ahnung ersetzen wollen. Der Arzt soll mit religiösem Geiste die Natur erforschen, und über den einzelnen endlichen Ursachen die er aufsucht, nicht die höchste Ursache vergessen, welche er nicht begreifen, nur glauben kann; er soll aber die Krankheiten nicht mit Zauberformeln und Geheimnissen zu heilen suchen. Die Zauberey ist nichts als eine Beschönigung der Unwissenheit, und erhält sich allein durch diese. Allerdings können durch Erfahrung und Ahnung Mittel gefunden werden, welche an Wirksamkeit vielleicht die der gelehrten Arzeneykunde übertreffen; auch gibt es vielleicht eine sogenannte sympathetische und eine magnetische Heilart, welche auf uns unbekannten Gesetzen beruhen; aber alles dieses hat mit der Religion höchstens einen entfernten Zusammenhang. Wo der Verstand ausgebildet ist, da tritt die Religion aus solchen Vermischungen heraus, und nimmt ihr eigenes, hoch über allem Andern liegendes Gebiet ein. Die Priester werden von denjenigen, welche in den verschiedenen Gebieten des Lebens Einsicht und Kenntnisse genommen haben, aus ihrem angemaßten Besitzthum vertrieben. Die Staatsmänner lassen sich nicht mehr von ihnen rathen oder gebieten, weil sie nach ihrer eigenen Einsicht handeln können; die Arzneykunde bildet sich durch Erfahrung als ein eigener Berufszweig aus, und ihr muß die Zauberey weichen; und so sondert sich ein Zweig des Lebens nach dem andern von der unförmlichen Masse, welche die Religion anfangs darstellt.

Die Unvollkommenheit und der Unzusammenhang des Fetischismus ist bedingt durch die schweifende, ungeordnete Lebensart der Wilden, welche fast nichts als Jagd und Fischfang treiben. Sie stehen in keinem festen, beständigen Verhältniß zur Natur, und darum können sie auch nur flüchtige, abgerissene Ahnungen von der göttlichen Naturkraft fassen, und zufällige, oft geringfügige Gegenstände der Natur, stellen sich ihnen als Bilder und Vertreter der in ihr wohnenden höheren Kraft dar. Sie fassen keine abgezogenen Begriffe von den Kräften der Natur, denn ihr Verstand ist noch ganz in den zufälligen Anregungen der Sinnlichkeit befangen: nicht einmal der regelmäßige Wechsel der Gestirne und die Ordnung der Zeiten prägt sich ihrem Geiste ein: daher auch bey ihnen die Verehrung der Sonne, des Mondes und der übrigen Gestirne fehlt, oder doch selten ist, obschon wir sie für den natürlichsten Gottesdienst der Naturmenschen halten würden. Ihr Geist ist so wenig an Ordnung und Einheit gewöhnt, daß nicht einmal die großen Verhältnisse der Natur-Ordnung auf sie Eindruck machen.

Der erste Schritt zur Bildung überhaupt und zur religiösen Bildung insbesondere ist durch den Ackerbau bedingt. Diese Lebensart erfordert durchaus eine gewisse Regel und Ordnung. So wie die Jahreszeiten sich folgen, so folgen sich auch Saat und Ernte im festen Kreislauf. Man kann nicht säen, wenn man will, sondern wenn es die Jahreszeit und Witterung erlaubt. Der Ackerbauer ist an feste Wohnsitze gebunden, wohnt in Häusern, die er nicht so leicht abbrechen kann, wie der schweifende Jäger oder Nomade seine Hütte, und behauptet den von ihm bebauten Acker als Eigenthum. Schon dieser ruhige Bestand des Lebens muß seinen Geist an eine Regel und Einheit gewöhnen, und die abziehende und verallgemeinernde Thätigkeit des Verstandes wecken. Aber die Bebauung der Erde fordert auch mehr Nachdenken und Erfindungskraft, als die Lebensart der Wilden, weckt das Bedürfniß mechanischer Gewerbe, und begünstigt daher die Entwicklung des Verstandes und der ersten Keime einer Wissenschaft. Ein Theil des Volks widmet sich den Gewerben, erbaut Städte, und wohnt noch näher beysammen. Freylich hat in diesem Zustand die Wissenschaft ihre engen Grenzen, und wird bald durch den Sinn der Gewohnheit festgestellt. Der Ackerbau begünstigt durch den regelmäßigen Kreislauf, in dem er sich bewegt, diesen Sinn; und wo die Natur durch Fruchtbarkeit die Arbeit der Menschen belohnt, da ist der Geist der Erfindung, der immer Neues schafft, nicht sehr rege. Die erste Stufe der Erhebung der Menschheit aus dem sinnlichen Zustande ist die der Gewohnheit, des gewohnheitsmäßigen Verstandes, der gewohnheitsmäßigen Sitte. Es ist dadurch schon sehr viel gewonnen, nämlich eine Regel und Einheit; der Mensch ist nicht mehr den wandelbaren Zufälligkeiten des

Naturlebens Preis gegeben; er hat eine gewisse Selbständigkeit, wenn auch noch nicht die Freyheit des Geistes erlangt.

Auf der andern Seite begünstigt der Ackerbau auch die sittliche Ausbildung der Menschheit. Die Ackerbauer wohnen in festen Sitzen neben einander, und treten zu einander in feste Verhältnisse. Wenn sie sich nicht ewig bekriegen sollen, so ist eine Bestimmung des Eigenthums nothwendig; ihr Gewerbe aber, das eine fortgesetzte Pflege und Aufsicht fordert, und keine Unterbrechung leidet, verträgt sich nicht wohl mit dem Kriege; auch scheint ihr Sinn schon durch die ruhige, stätige Natur ihres Geschäfts zum Frieden gestimmt zu werden. Die Anerkennung und Bestimmung des Eigenthums ist daher eine natürliche Folge des Ackerbaues; damit aber ist ein wichtiger Schritt zur sittlichen Ausbildung gethan. Der Grundsatz selbst, daß ein Jeder sein Eigenthum haben müsse, setzt das Erwachtseyn des sittlichen Gefühls der Menschen-Achtung und Gerechtigkeit voraus; und zum Behuf der Bestimmung und Beschützung des Eigenthums sind Einrichtungen nothwendig, welche einen rechtlichen und bürgerlichen Zustand überhaupt begründen. Ohnehin begünstigt das ruhige Zusammenwohnen der Ackerbauer die Entstehung eines bürgerlichen Gemeinwesens, und wäre es auch nur durch Unterjochung. Die Freyheit oder vielmehr Ungebundenheit des wilden Zustandes, geht auf dieser Stufe der Gesittung nothwendig verloren; aber dieser Verlust ist ein Gewinn, oder führt wenigstens zu anderen wichtigeren Vortheilen. Die einzelnen Familien und Stämme bleiben nicht mehr abgesondert unter dem väterlichen Regiment der Hausväter und Stammhäupter; sie vereinigen sich zu einem Volke, das einem Alleinherrscher oder wenigstens einem herrschenden Stamme gehorcht. Diese größere Verbindung begünstigt nicht nur die Entwickelung rechtlicher Formen, sondern erweitert auch den Gesichtskreis des Geistes, so daß er sich eher zu der Idee eines Welt- und Natur-Ganzen erheben kann, als im Einzelleben des wilden Natur-Zustandes. Es entsteht nun auch eine Geschichte und ein Gedächtniß der Geschichte. Das Leben der Wilden hat wenig Veränderung, und die Begebenheiten, welche etwa eintreten, als Sieg und Niederlage, und ausgezeichnete Waffenthaten verschwinden, wie die Spuren des Wanderers auf der Steppe, welche der Wind verwehet, und dauern vielleicht nur auf ein oder zwey Geschlechter hinaus; übrigens wird der Lebenszustand durch solche Begebenheiten wenig oder gar nicht verändert, während in dem Zustand, den wir jetzt vor Augen haben, die Erbauung von Städten, die Unterjochung und Einverleibung von benachbarten Stämmen, die Thaten eines Königs u. dgl. eine zusammenhangende Geschichte bilden, und auf den Lebens-Zustand den bedeutendsten Einfluß haben. Dadurch aber wird das Bewußtseyn des menschlichen Geistes sehr erweitert. Das menschliche Leben entwickelt sich vor seinem Blicke als ein großes Ganzes, in welchem eine Art von Plan und Zweckmäßigkeit erkennbar ist; auch werden dadurch sittliche Gefühle rege, das Gefühl für das Bessere und Vollkommnere, die Gefühle der Dankbarkeit, Bewunderung und Nacheiferung.

Dieser Zustand nun muß für das religiöse Leben bedeutende Fortschritte mit sich führen, welche wir uns, ohne noch die Geschichte darüber zu befragen, im voraus, als nach nothwendigen Gesetzen bestimmt, folgendermaßen denken können.

Vermöge der festen Verhältnisse, in welche der Mensch zur Natur getreten ist, muß diese auf ihn bleibende, große

Eindrücke machen, sich ihm in festen, großen Zügen, nicht mehr bloß in abgerissenen Einzelheiten, darstellen. Alles geht auch hier von jenem pantheistischen Gefühl aus, aus welchem sich der Fetischismus entwickelt. Der Mensch fühlt die Ahnung Gottes, die er im Herzen trägt, durch den Anblick der Natur in sich erweckt; die Natur ist ihm ein Bild der überall gegenwärtigen und wirksamen Gottheit, jedes Geschöpf ein Glied derselben. Aber da dieses Allgefühl, wie bemerkt, nothwendig beschränkt werden muß, wenn es den engen Geist des Menschen nicht gleichsam zersprengen oder erdrücken soll; so beschränkt es der zu einem Bestand und einer Ordnung des Lebens gelangte Mensch nicht, wie der Wilde, auf gewisse einzelne Gegenstände, die ihm zufällig begegnen, sondern auf solche, welche einen wichtigen Einfluß auf sein Leben ausüben, und in denen er die stätige Ordnung der Natur dargestellt findet. Als solche bieten sich ihm natürlich Sonne, Mond und Gestirne dar, welche er ohnehin zum Behuf seines Gewerbes beobachten, und deren Wechsel er befolgen muß. Diese Gegenstände sind anfangs auch Fetische; in ihnen wird mit sinnlicher Anschauung Gott erkannt, sie sind die vereinzelten, zufälligen Bilder desselben. Aber weil sie beständig und regelmäßig als solche angeschaut und verehrt werden, so gewinnen sie eine allgemeinere Bedeutung, und werden die Stellvertreter der ganzen Natur. Andere Gegenstände, welche ebenfalls einen beständigen, wichtigen Einfluß auf das Leben haben, können mit ihnen die Verehrung theilen, wie etwa das Meer, oder ein großer Fluß. Selbst geringere Fetische, wie gewisse Thiere, können sich im Besitz der Anbetung behaupten. Aber diese geringeren Gegenstände werden entweder den wichtigeren untergeordnet, oder sie erhalten auch eine allgemeinere Bedeutung.

Die Anbetung der Natur bleibt nicht mehr, wie bey den Wilden, ein ungeordnetes Chaos, eine Zusammenhäufung von lauter einzelnen Zufälligkeiten, sondern es bildet sich darin eine feste Ordnung und eine mehr oder weniger klare Einheit. Dazu trägt sehr viel bey das Zusammenschmelzen der einzelnen Horden und Stämme in ein Volk. Die Fetische der Einzelnen, der Familien und Horden müssen den allgemein anerkannten Fetischen immer mehr weichen; es bildet sich eine Gemeinschaft in der Anbetung, der Eine theilt mit, der Andere nimmt an, und so entsteht eine Volksreligion mit Zusammenhang und Einheit.

Aber der Fetischismus verallgemeinert sich nicht bloß dadurch, daß er sich auf gewisse Gegenstände beschränkt und in ein Ganzes abschließt; er erhebt sich auch zu einer verständigen begriffsmäßigen Einheit, und streift so die sinnliche Form, die ihm ursprünglich eigen ist, ab. Die Gewohnheit und Stätigkeit in der Verehrung der Natur, muß die abziehende, verallgemeinernde Thätigkeit des Verstandes wecken. Indem man die Natur immer in denselben Gegenständen verehrt, entwickeln sich mehr oder weniger allgemeine Begriffe von der Natur. Solche Begriffe sind der Begriff der Entstehung und Zeugung, der Begriff von Naturkräften, besonders der zeugenden und gebärenden, der erhaltenden und zerstörenden Kraft, der Begriff des Lebens und Todes, des Lichtes und der Finsterniß und ihres Kampfes, der Begriff der Vergänglichkeit und der alles verschlingenden Zeit und ähnliche mehr. Diese Begriffe entwickeln sich um so leichter, als sie in jenen Gegenständen, zumal den Gestirnen, sinnlich angeschaut werden. Denn der Einfluß der Sonne auf die Erde ist nichts anders als das stets unterhaltene Spiel von Zeugung und Geburt; ihr Auf- und Untergang bedingt allen irdischen Wechsel und bildet ihn ab. Die Anschauungen des Meeres oder eines Flusses, die ehedem als Fetische verehrt wurden, werden mittelst des verallgemeinernden Verstandes zum Begriffe des Wassers überhaupt erhoben, und man beobachtet die Wirkungen dieses Elementes in seiner Wechselwirkung mit Sonnenwärme und Luft, wozu der Ackerbau vielfache Veranlassung gibt. Man erhebt sich überhaupt zum Begriffe von Elementen, als den Trägern von Naturkräften, und es bildet sich eine Art von System der Naturkunde.

Dergleichen Begriffe nun dienen neben der zum Theil noch festgehaltenen Anschauung einzelner Naturkörper zu Hüllen und Stützen des religiösen Gefühls, und bringen es zum Bewußtseyn. Die Idee der göttlichen Naturkraft wird nicht mehr bloß sinnlich angeschaut, sondern in einem Begriffe gedacht, nicht mehr bloß in einem kleinen abgerissenen Theile geahnet, sondern in einem größeren Inbegriff von Naturtheilen oder Kräften, dergleichen die Gestirne und ihr ganzer Lauf, die Elemente und ihre Wechselwirkung sind. Und zwischen der sinnlichen Anschauung, die noch einen Theil ihrer Rechte behauptet, und den Verstandes-Begriffen, schwebt die Einbildungskraft, welche beyde unter sich und mit dem Gefühl verbindet, und ein lebendiges Ganzes daraus zusammenwebt. Hier können wir das Verhältniß der verschiedenen Geistes-Vermögen, welche bey der Bildung religiöser Vorstellungen und Ueberzeugungen zusammenwirken, deutlich einsehen. Nehmen wir an, daß die Sonne und der Mond, als Stellvertreter der göttlichen Naturkräfte, die Gegenstände der Verehrung eines Volkes seyen, so liegt dieser Religion das religiöse Gefühl der in der Natur gegenwärtigen Gottheit zum Grunde, die Sinnlichkeit leihet derselben die Anschauungen dieser beyden Himmelskörper, der Verstand macht es klar durch die Begriffe der zeugenden und gebärenden Naturkraft, als der Ursache aller Dinge, und die Einbildungskraft verknüpft Gefühl, Sinnes-Anschauung und Verstandes-Begriff zu einem lebendigen Ganzen der Vorstellung, in welcher die Idee der Gottheit in das Bewußtseyn tritt.

Wenn schon im Fetischismus sittliche Bestandtheile und Ahnungen der Selbständigkeit und Ewigkeit des menschlichen Geistes vorkommen: so müssen die sittlichen Ideen und die Vorstellungen von der menschlichen Seele noch lebendiger und ausgebildeter in einem solchen Lebens-Zustande hervortreten, wo das bürgerliche und sittliche Leben weit mehr gefördert ist. Die Gesetze und Sitten, welche das Leben regeln und heiligen, werden als Ausflüsse der Gottheit angesehen werden, die man sich als ein heiliges Wesen denkt; man wird sich zur Ahnung einer übersinnlichen, die Welt umfassenden Gesetzgebung erheben, und dem sittlichen Verhalten des Menschen einen Einfluß auf das ewige Schicksal der Seele zuschreiben; man wird eine ewige Vergeltung annehmen, weil man eine zeitliche durch Belohnung und Bestrafung im Verkehr und Gericht kennt, oder man wird sonst die Scheidung des Bösen vom Guten in der Ewigkeit vollbracht denken. Jedoch wird im Ganzen das Sittliche noch gegen das Naturgefühl zurücktreten, und die Religion auf dieser Stufe wird noch immer den Charakter einer Natur-Religion an sich tragen.

Suchen wir nun für diesen vermuthlichen Bildungsstand der Religion die geschichtliche Wirklichkeit, so finden wir sie in den Religionen der vornehmsten alten Völker, wenn auch nicht auf eine so entsprechende Art, daß das eine und andere genau auf einander paßte. Diese Religionen schließen mehrere Bestandtheile in sich, und stellen nicht das einfache Ergebniß einer einzigen Bildungsstufe dar, sondern die Zusammensetzung mehrfacher Bestandtheile. Die Völker von Indien, Persien, Chaldäa, Assyrien, Syrien, Phönicien, Aegypten, nebst einigen andern benachbarten und verwandten, scheinen diejenigen zu seyn, in welchen die Bildung zuerst begonnen, und das alte Hirten- und Naturleben sich in das geregelte der Ackerbauer und Städtebewohner verwandelt hat; und bey ihnen finden wir wirklich diese Art von Natur-Religion. Bey ihnen wurden Sonne und Mond nebst den Elementen und Naturkräften verehrt. Die Indier verehren diese Gestirne sowohl an sich als in den Gottheiten Schiwa und Pararadi, welche einen Theil ihrer Prädicate von Sonne und Mond empfangen. Die Braminen beten täglich die Sonne nebst den Elementen an. Das Feuer wird ebenfalls verehrt, es gehört dem Schiwa an; das Wasser dagegen gehört dem Wischnu, und es wird besonders im Fluß Ganges verehrt. Auch die Erde und Luft werden in den Göttern Lakschmi und Indra, und letztere auch als Element angerufen. Die Religion der ältesten heiligen Schriften der Indier, der Veda's, ist die Verehrung des höchsten Wesens, wie es sich in den großen Gegenständen der Natur offenbart. Wahrscheinlich steht diese Religion noch höher und ist noch geistiger, als diejenige Naturreligion, die wir hier als die nächste Stufe nach dem Fetischismus betrachten. Aber wir wollen jetzt keine Religionsgeschichte geben, sondern bloß eine Rangordnung der verschiedenen Religionsformen nach psychologischen Grundsätzen versuchen; und so viel ist gewiß, daß sich in der indischen Religion auch Bestandtheile der ersten, einfachen Naturreligion finden. Auch die abgezogenen Begriffe gewisser Naturkräfte finden sich in der indischen Religion. Wischnu ist die erhaltende, und Schiwa die zerstörende Kraft. Am deutlichsten ist in der ägyptischen Religion die Anbetung der Natur mit dem Ackerbauwesen verbunden. Osiris und Isis sind, nach einer alten Deutung, die Sonne und der Mond, in Beziehung auf die regelmäßige Ueberschwemmung des Nils, und auf die davon abhängige Bebauung des Landes gedacht; oder, nach einer andern Deutung, der Nil und die von ihm befruchtete Erde; und an diese alles Leben in Aegypten bedingenden Gegenstände knüpfen sich die Ideen der zeugenden und gebärenden Naturkraft an. Von Osiris erzählt die Fabel, daß er die Aegypter von ihrer armseligen und viehischen Lebensart befreyt, ihnen den Gebrauch der Früchte gezeigt, ihnen Gesetze und Gottesverehrung gegeben habe: mithin ist es klar, daß seine Verehrung mit der Beförderung des Ackerbaues im Zusammenhang steht. In die Symbole und Mythen von diesen Göttern sind auch Beziehungen auf die Astronomie und das Kalenderwesen verflochten. Ihnen, als wohlthätigen Göttern, steht der böse Gott Typhon entgegen, welches die Personification theils des aus der Wüste wehenden giftigen Gluthwindes, theils des den Nil verschlingenden Meeres, oder überhaupt alles Verderblichen in der Natur seyn mag. Jener Wind ist der Fruchtbarkeit des ägyptischen Landes gefährlich, und wirkt dem wohlthätigen Einflusse des Nils entgegen. Die Verehrung der Sonne findet sich auch ganz einfach in der ägyptischen Religion. Man räucherte der Sonne dreymal des Tages, beym Aufgange, gegen Mittag und beym Untergange. Eine Naturreligion hatten ferner die Babylonier, Assyrer, Syrer und andere Völker. Die

Namen Baal und Bel, Adonis und Thammuz, welche zum Theil in der Bibel vorkommen, bezeichnen wahrscheinlich eine Naturgottheit, unter welcher man sich die Sonne oder die männliche Zeugungskraft der Natur dachte. Die Mylitta der Babylonier, die Athera oder Aschera oder Atergatis oder Derketo der Syrer, die sogenannte syrische Göttin zu Hierapolis sind dagegen Personificationen des Mondes oder der weiblichen Naturkraft. Der Naturdienst erscheint am einfachsten bey den alten Persern, welche, nach Herodot, der Sonne, dem Monde, der Erde, dem Feuer, dem Wasser, den Winden opferten. Besonders aber war die persische Religion Feuer- und Wasser-Dienst. Feuer brannte, als heiliges Sinnbild, in allen Häusern, auf allen Bergen, und in besonders dafür errichteten Feuertempeln. Es war aber nicht bloß das körperliche Feuer, das man verehrte, sondern das Urfeuer, die göttliche, belebende Naturkraft; aber diese Idee, so wie die des Urwassers, ist erst von der Anschauung des wirklichen Elementes abgezogen. Dieser Elementen-Dienst der Perser hatte auch eine Beziehung auf den Ackerbau, und den Zweck, diesen zu heiligen. Selbst in der griechischen Religion liegen Bestandtheile der Naturreligion. Am deutlichsten ist Neptunus die Personification des Meeres, Apollon der Sonnengott, Diana die Mondgöttin. Venus ist die weibliche, gebärende Naturkraft, auch Juno nähert sich dieser Idee, und Jupiter ist der gewölbte Luftkreis, der die Erde umspannt, die umfassendste Idee der schöpferischen, allwaltenden Naturkraft. Plato war der Meinung, daß die ältesten Griechen die Sonne, den Mond und die übrigen Gestirne früher, als andere Götter, angebetet hätten. Auch bey den Galliern und Germanen findet sich die Anbetung der Gestirne und

Elemente, obgleich das zweyte Volk noch nicht ganz diesen Stand der Gesittung erreicht haben mochte. Zum Beweise, daß der Dienst der Sonne und des Mondes ein Zeichen der fortgeschrittenen Bildung ist, dient die Thatsache, daß in Amerika und Afrika, wo sonst der Fetischismus zu Hause ist, der Sonnen- und Monddienst bey den größeren und gebildeteren Völkern, als den Mexicanern, den Peruanern, den Einwohnern von Bagota und Florida, den Negern am Cap Mesurado und von Congo, vorkommt.

Aber noch haben sich neben diesem höheren Naturdienst Ueberreste des Fetischismus erhalten. In Aegypten wurden viele Thiere verehrt, in jedem Nomos oder Gau ein eigenes. Zu Thebä in Oberägypten wurde der Widder, zu Hermopolis in Mittelägypten und zu Mendes, an einer der Mündungen des Nils, die Ziege und der Ziegenbock, zu Cynopolis der Hund, zu Lykopolis der Wolf, zu Bubastis die Katze, zu Tachompso das Krokodil verehrt. Der Gau oder die Stadt trug gewöhnlich den Namen des daselbst verehrten Thieres. Ja, jedes ägyptische Haus hatte sein heiliges Thier, gewöhnlich einen Vogel. Die Verehrung solcher Thiere war sehr eifrig. Wenn eines starb so trauerte der ganze Gau. Die Leichen der gestorbenen Thiere wurden, wie die der Menschen, um so köstlicher einbalsamirt und beygesetzt, je heiliger sie im Leben waren verehrt worden. Dergleichen Thiermumien hat man in neueren Zeiten häufig gefunden. Manche Thiere waren dem ganzen Lande heilig, als der Stier und die Kuh, der Hund, die Katze, die Ibis, der Falke und der Käfer. Außerdem waren einzelne Individuen gleichsam als die Stellvertreter ganzer Thiergeschlechter oder der Thierwelt überhaupt geheiligt, und galten als verkörperte Götter oder als die Hüllen einer besondern Naturkraft. Es waren dieß die drey Stiere Mnevis, Onuphis und Apis. Der heiligste unter ihnen war Apis. Man glaubte, daß er von einer Kuh geboren sey, welche durch die Strahlen des Mondes befruchtet worden, und von Natur noch nicht im Stande gewesen sey, zu empfangen und zu gebären. Er mußte von schwarzer Farbe seyn, mit einem weißen Dreyeck auf der Stirne, und einem halbmondförmigen Fleck auf der rechten Seite; auch mußte er einen Knoten unter der Zunge haben, der einem Käfer glich. War er gestorben, so herrschte Trauer durch ganz Aegypten so lange, bis ein neuer wieder gefunden war. Bisweilen harrte man Jahrelang auf einen neuen Apis, fand man aber einen neuen, d. h. fand man ein neugebornes Kalb, an welchem sich jene Zeichen wahrnehmen ließen: so fütterte man ihn erst vier Monate lang in einem nach Osten hin offen stehenden Gebäude. Alsdann wurde dem Volke die Erscheinung eines neuen Gottes verkündigt, und ein Freudenfest ausgeschrieben, das mit dem Neumonde begann. Hierauf wurde der Stier auf einem kostbaren, vergoldeten Schiffe nach Heliopolis gebracht, und vierzig Tage lang von den Priestern im Tempel gefüttert; endlich wurde er nach Memphis in den Tempel des Phtha gebracht, und daselbst durch eine zahlreiche Priesterschaft mit prächtigen Opfern verehrt.

Dieser Götzendienst ist offenbar ein Ueberrest des Fetischismus, wie aus seiner Aehnlichkeit mit der Verehrung der Schlange bey den Negern von Whida erhellet, welche nichts als ein Fetisch ist. Diese Neger glauben noch immer dieselbe Schlange zu besitzen, welche ihnen ehedem einen so herrlichen Sieg verschafft hat. Sie stirbt nicht, wie der Apis, und wird nicht von neuem geboren; aber es sieht sie auch niemand außer dem Hohenpriester. Sie hat einen Tempel und eine zahlreiche Priesterschaft, welche ihr dient; außerdem steht ihr ein zahlreiches Harem von schönen Mädchen zu Gebot, mit welchen sie sich, wie man vorgiebt, vermählt. Die älteren Priesterinnen halten jährlich einen Streifzug durchs Land, um für die Schlange Mädchen zu rauben, die sie dann in Gesängen und Tänzen unterrichten, welche sie zu Ehren der Gottheit singen und tanzen müssen. Haben sie die Zeit der Mannbarkeit erreicht, so wird ihre Vermählung mit der Schlange vorgenommen; und hierauf kehren sie in ihre Familien zurück. Sie gelten fortan für die Gemahlinnen der Schlange, und nehmen Theil an den ihr gebrachten Opfern; jedoch dürfen sie sich mit sterblichen Männern verheyrathen, so bald sie wollen. Sie genießen nur dann den Vorzug, daß sie eine fast unumschränkte Herrschaft über ihre Männer ausüben dürfen. Auch vom Apis wird erzählt, daß man ihm jährlich eine Jungfrau zugeführt, und mit ihm vermählt habe. — Es mag seyn, daß man späterhin diesem Thierdienst eine symbolische Bedeutung gegeben hat, wie man denn den Stier Apis als eine Verkörperung des Osiris ansah; auch bezog man die verehrten Thiere auf die Gestirne, den Stier auf das Zeichen des Stiers, den Bock auf das des Steinbocks; aber ursprünglich waren sie sicherlich Fetische.

Auch bey den Indiern fehlt es nicht an Spuren des Fetischismus. Außer mehreren Thieren, welche zu heiligen Sinnbildern dienen, und die man mit einer Art von frommer Ehrfurcht betrachtet, werden bey ihnen Stier und Kuh ganz eigentlich verehrt. Jener stellt den Gott Schiwa vor, und hat eben so gut ein Fest, wie der Apis in Aegypten hatte; diese ist der Bhawani oder Lakschmi, als Allmutter, heilig, deren Bild oder Zeichen man an den Eutern, auf der Zunge, im Munde und am Schwanze derselben finden will.

In einer religiösen Ansicht der Thierwelt, welche mit dem Fetischismus verwandt ist, hat der im ganzen Alterthum verbreitete Gebrauch von Sinnbildern aus dem Thierreiche seinen Ursprung. Die Aegypter bildeten ihren Gott Thoth oder Merkur mit einem Ibiskopfe ab, weil dieser Vogel zu erscheinen pflegt, wenn man das Steigen des Nils an seinem Maße wahrnahm, und weil Merkur zuerst das Steigen des Nils gemessen haben sollte. Den Osiris bildete man mit dem Sperberkopfe, weil dieser Vogel mehrere heilige Bedeutungen hatte; die Isis erscheint mit dem Stierkopfe, der Anubis mit dem Hundskopfe. Die Göttin Derketo war halb Fisch, halb Weib. Alle diese uns anstößigen, und unwürdig scheinenden Gestaltungen sollten einen ernsten heiligen Sinn haben. Bey den Indiern bezeichnet der Elephant die Klugheit und Stärke, und acht dieser Thiere tragen die Welt; auf dem Schwane fährt Brahma, auf dem rothgelben Adler oder Habicht Wischnu; der Käfer soll mit seinen krummen Hörnern und glänzenden Flügeln die Sonne und die Planeten abbilden; der Rabe ist ein Symbol der Seelen der Verstorbenen. Selbst in den Gottesdienst der alten Hebräer fand die Thier-Sinnbildnerey Eingang. Die Cherubim waren aus Mensch, Löwe, Adler, Stier zusammengesetzte Thiergestalten, und sollten die Weisheit und Macht des in seinen Geschöpfen sich verherrlichenden Urhebers der Natur abbilden.

Bey dem einfachen Dienste der Gestirne, Elemente und Naturkräfte blieb man nicht stehen. Der Mensch will die Gegenstände seiner Anbetung nicht nur sichtbar vor sich haben, sondern sich auch nahe gerückt sehen. Das stätige Ackerbau- und Städteleben bringt die Erbauung von Tempeln mit sich. Wie der Mensch in festen Häusern wohnt, so sollen es auch die Götter. Der Nomade errichtet seinem Gotte wenigstens ein Zelt; so die Hebräer bis auf Salomo: bequemt er sich aber zum Ackerbau und zu festen Wohnsitzen, so will er auch seinem Gotte ein Haus bauen. Nachdem David sich selbst einen Wohnsitz gegründet hatte, erlaubte es ihm sein frommes Gewissen nicht mehr, die heilige Lade unter den Teppichen wohnen zu lassen. In den Tempeln der Götter aber will man ihre Bildnisse sehen; und so wie der Fetischdiener sich Zeichen und Bilder schafft, so auch der Verehrer der Natur in ihren Elementen und Kräften. Nur die alten Perser verehrten die Natur ohne Bilder; das Feuer war das Sinnbild, unter welchem sie den Geist der Natur verehrten. Auch die alten Germanen beteten Sonne und Mond ohne Bildnisse an. Im Tempel der syrischen Göttin waren andere Götter in Bildnissen dargestellt, für Sonne und Mond aber waren nur Throne errichtet, ohne Bildnisse; und als Grund davon gab man an, daß man die andern Götter nicht sehe, Sonne und Mond aber stets vor Augen habe. Die meisten Völker hingegen begnügten sich nicht mit dieser Einfachheit, sondern forderten Bilder. Die natürlichsten Abbildungen von Sonne und Mond sind glänzende, strahlende Scheiben. Ein solches Sonnenbild findet sich im Tempel der Sonne bey den Ruinen von Babain in Aegypten, welchen Sicard beschrieben hat; auch hatten die Peruaner ein solches. Die Araber bildeten den Mond unter einer Scheibe mit Hörnern ab. Aber man wich von diesen natürlichen Bildern ab, und wählte eine künstliche Bezeichnung. Die Sonne verehrte man in Spitzsäulen oder Obelisken, welche vielleicht die Strahlen derselben darstellen sollten; ein viereckiger Stein mit den Andeutungen eines menschlichen Antlitzes, stellte die Mondgöttin der Araber vor.

So wie schon der Fetischdiener sich seinen Götzen menschenähnlich vorstellt und abbildet, so vergeistigt und verpersönlicht sich auch der Naturanbeter die Gegenstände seiner Verehrung. Daher finden wir fast überall menschenähnliche Götter und Götterbilder. So werden die Sonnen- und Mondgötter der Aegypter, Osiris und Isis, Wischnu und Schiwa, welche ursprünglich Wasser und Feuer darstellen, und andere Naturgötter, mehr oder weniger rein in menschlichen Personen und Bildern vorgestellt und abgebildet. In dem Grade aber als die ursprünglichen Natur-Anschauungen sich vergeistigten und vermenschlichten, wurden sie auch erweitert, vervielfacht und in einander verschlungen. Eine Menge Ideen und Beziehungen schlossen sich an die Grundidee an, so daß oft eine Zusammensetzung entstand, welche gar nicht mehr oder doch nur mit großer Mühe und Unsicherheit wieder aufgelöst werden kann. Eine Hauptquelle der Verwirrung liegt darin, daß die besondern Ideen und Vorstellungen alle im Grunde in Eine Idee, die der Gottheit oder Natur, zusammenlaufen, und daß das Eine oft verschieden dargestellt und das Verschiedene wiederum eins ist. So laufen die Ideen des Apollo und der Minerva, der Diana und Venus zusammen oder berühren sich wenigstens, und es ist unmöglich feste Grenzen zu ziehen. Ein jeder Gott und dessen Idee, Abbildung und Verehrung, ist im Fortgange der Zeit und unter ihrem Einflusse gewachsen, und hat sich immer mehr ausgebildet. Aber dieses Wachsthum und diese Ausbildung geschah nicht, wie bey einem

organi-

organischen Körper, in gesetzmäßiger Art, sondern es war ein gesetz- und formloses Ansetzen verschiedenartiger Bestandtheile, etwa so wie sich die angeschwemmten Gebirgsarten bilden. Zwey Bestandtheile waren es, welche sich zu durchdringen oder zu verbinden pflegten: die Ideen der über die Religion nachdenkenden und sie erweiternden Priester, und die Sinnbilder, welche diese Ideen bezeichnen sollten, und theils in anschaulichen Bildern, theils in Gebräuchen bestanden. Möglich ist es auch, daß geschichtliche Ereignisse auf diesen Bildungs-Prozeß Einfluß hatten. Es ist schon eine alte Vermuthung, daß Osiris ein weiser, wohlthätiger König Aegyptens gewesen sey, den man zu einem Gott erhoben habe. Auch unter den indischen Gottheiten vermuthen Manche vergötterte Menschen. Sicher ist es, daß in der griechischen Götterlehre die Menschenvergötterung Statt findet. Allein in der morgenländischen Götterlehre wird man oft durch die geschichtliche Form in welcher die Sagen von den Göttern eingekleidet werden, getäuscht, so daß man geschichtliche Begebenheiten vermuthet, wo nichts als religiöse Begriffe gegeben werden. Die Verbindung, Neben- und Unterordnung derselben, wird häufig durch das Verhältniß von Gatte und Gattin, Bruder und Schwester, Vater und Sohn, Mutter und Tochter bezeichnet; es werden von den Göttern allerley menschliche Handlungen und Schicksale erzählt, wodurch aber lauter religiöse Ideen bezeichnet werden sollen. Die ganze Darstellungs- und Lehrart der Religion ist sinnbildlich. In der That verlangte der sinnliche Geist des Volkes diese Mittheilungsweise; aber auch der Standesgeist der Priester, den wir späterhin kennen lernen werden, erlaubte keine andere. Namentlich war die Weisheit der ägyptischen Priester in lauter dunkle Fabeln und Erzählungen eingehüllt, die nur einen schwachen Schimmer der Wahrheit von sich gaben; und vielleicht sollten, wie Plutarch vermuthet, die vor die Tempel gestellten Sphinxe andeuten, daß die Theologie der Priester in einer räthselhaften Weisheit bestehe. Diese Sinnbilder und Räthsel aber wurden häufig mißverstanden, und gaben zu mancherley Verwirrungen Anlaß. Denn es ist nichts leichter mißzuverstehen, als was bloß auf näheren oder entfernteren Aehnlichkeiten beruht, und wobey weniger der unterscheidende Verstand, als der Witz der Einbildungskraft, beschäftigt wird. Ja, es scheint fast, als hätten die Priester das Mißverständniß der Sinnbilder beabsichtigt oder doch gern gesehen.

Zur Fortbildung, aber auch zur Verwirrung der Götterlehre trägt die Geheimlehre der Priester bey, die nicht in den Volks-Gottesdienst eindringt, aber sonst früher oder später verrathen wird, und oft nur in einem schwachen Schimmer oder in Bruchstücken ans Licht kommt, so daß sich die gelehrten Forscher oft vergebens mühen, einen Zusammenhang zwischen den verschiedenen Vorstellungen zu finden und ein Verhältniß festzustellen. Manche Verwirrung ist durch das Wandern religiöser Vorstellungen und Gebräuche zu andern Völkern und deren Vermischung mit fremden Vorstellungen und Gebräuchen entstanden. Die Religion ist mit der Sonne nach Westen gewandert. Der ägyptische Priesterstamm selbst ist vielleicht aus Indien über Aethiopien eingewandert, und hat den rohen Horden der Eingebornen Religion und Sitte gebracht, so daß jedoch eine ungleichartige Mischung seiner Ueberlieferung und Weisheit mit dem rohen Glauben des Volkes entstand. Daher die Schwierigkeiten der ägyptischen Götterlehre, welche einem verschlungenen Knäuel gleicht, den man vergebens zu entwirren sucht.

Endlich machen noch die Dichter die Verwirrung vollkommen. Diese spinnen aus den religiösen Ideen und Symbolen nach ihrem Wohlgefallen Mährchen oder sogenannte Mythen, in welchen die menschlichen Vorstellungen von den Göttern und göttlichen Dingen noch weiter ausgeführt, zu einem Mittel der Unterhaltung verwendet, und mehr oder weniger der Andacht und frommen Betrachtung entzogen werden. Dergleichen Mährchen finden sich am häufigsten bey den Indiern und Griechen. Jene haben ganze große religiöse Heldengedichte, in welchen die Thaten der Götter erzählt werden. Bey den Griechen war es vorzüglich Homer, welcher religiöse Mythen ausspann, und in seine beyden Heldengedichte verwebte. Durch diesen Einfluß der Dichtung ist die religiöse Sinnbildnerey zu sehr unter die Herrschaft der Einbildungskraft gekommen, so daß der religiöse Wahrheitssinn zurückgedrängt worden ist. Zwar hatten die religiösen Heldengedichte der Indier auch einen religiösen Zweck, sie sollten erbauen und erheben; aber sie beschäftigten zu sehr die Einbildungskraft, und überschütteten die Religion mit einem Schwall von Bildern. — Wie nun unter diesen Einflüssen die Naturreligion der alten Völker sich gestaltet hat, wollen wir in der nächsten Vorlesung an einigen Hauptzügen ihrer heiligen Symbolik und Mythologie sehen.

Eilfte Vorlesung.

Einige Hauptzüge aus der Mythologie der Aegypter, Indier und anderer Völker; ihre Lehre von der Unsterblichkeit.

In der Betrachtung des Naturdienstes der alten Völker sind wir so weit gekommen, daß wir die Grundideen desselben und die Bedingungen seiner fortgehenden und sich mannichfaltig verschlingenden Ausbildung kennen gelernt haben. Er besteht in der Betrachtung und Verehrung der Natur in ihren Haupttheilen, Elementen und Grundkräften, zum Theil mit Beziehungen auf den Ackerbau und die Jahres-Ordnung. Seine Form ist sinnbildlich und sagenhaft; das Göttliche ist nicht nur vermenschlicht, sondern zum Theil sogar in thierischen Bildern dargestellt. Nun wollen wir einige Hauptzüge der Götterlehre und des Gottesdienstes dieser Völker angeben, und daran sehen, wie jene Grundideen auf eine sonderbare Weise eingehüllt und verunstaltet sind.

Folgendes ist die Fabel von Isis und Osiris, den Volksgottheiten der Aegypter, von der wir jedoch mehreres weglassen, was theils unanständig, theils sinnlos ist. Sie waren die Kinder des Saturn und der Rhea, und liebten und vermählten sich schon vor der Geburt in Mutterleibe. Osiris war König von Aegypten, und gab diesem Lande Ackerbau und Gesittung. Darauf zog er auch in andere Länder, um Gesittung zu verbreiten, wofür er die Menschen durch Ueberredung und Gesang zu gewinnen wußte. Allein er hatte einen bösen Bruder, Typhon, der sich gern in seiner Abwesenheit gegen ihn empört und sich an seiner Stelle auf den Thron gesetzt hätte. Indeß benahm sich seine Gemahlin Isis so klug, daß sie alle Rathschläge des Bösewichts zu vereiteln wußte. Aber nach Osiris Zurückkunft verschwor sich Typhon mit 72 Männern, und erdachte mit Hülfe der eben anwesenden äthiopischen Königin, Namens Aso, folgende List. Er maß insgeheim den Leib des Osiris, ließ nach der Größe desselben einen schönen und prächtig geschmückten Kasten verfertigen, und denselben ins Speisezimmer bringen. Da Alle beym Anblick desselben ihr Wohlgefallen bezeigten, versprach er, ihn demjenigen zu schenken, der ihn gerade ausfüllen würde. Alle versuchten es, einer nach dem andern, aber keiner paßte hinein, bis sich endlich Osiris auch hineinlegte. Sogleich sprangen die Verschworen hinzu, warfen den Deckel darauf, und nachdem sie ihn befestigt, brachten sie den Kasten auf den Fluß, und ließen ihn durch die tanaitische Mündung (die daher den Aegyptern verflucht ist) ins Meer schwimmen.

Osiris Tod verkünden Pane und Satyre mit Klaggeschrei durch ganz Aegypten. Als Isis ihn erfuhr, schnitt sie sich eine Locke ab, und legte Trauerkleider an. Dann zog sie aus, den Leichnam ihres Gatten zu suchen; sie fragte und forschte überall, bis endlich Kinder ihr die Mündung angaben, durch welche Typhon und die Seinigen den Kasten ins Meer getrieben hatten. Sie suchte nun den Anubis auf, den Sohn des Osiris, den er mit Nephthys, der Gattin Typhons, durch Irrthum gezeugt hatte, erzog ihn, und hatte dann an ihm einen Wächter und Begleiter, von dem man sagt, daß er den Göttern, so wie die Hunde den Menschen, zur Bewachung diene. (Anubis wird mit dem Kopfe eines Hundes abgebildet). Hierauf erfuhr sie, daß der Kasten von den Meereswellen in der Gegend von Byblus an Land getrieben, und in einem Haidengesträuche niedergesetzt worden; das Gesträuch aber sey in kurzer Zeit zu einem großen Baum emporgewachsen, und habe den Kasten in sich eingeschlossen, und der König, voll Verwunderung über die Größe des Baumes, habe ihn abhauen und den Stamm als einen Pfeiler unter seinen Pallast setzen lassen. Isis ging daher nach Byblus, und setzte sich daselbst weinend an eine Quelle, ohne mit jemand zu reden, außer mit den Mägden der Königin. Diese aber grüßte sie aufs freundlichste, flocht ihnen die Haare, und hauchte sie mit dem trefflichsten Wohlgeruche an. Als die Königin ihre Mägde erblickte, wurde sie wegen der schön geschmückten Haare und des ambrosischen Geruchs begierig, die Fremde zu sehen. Sie ließ sie daher holen, machte sich mit ihr bekannt, und wählte sie zur Säugeamme ihres Kindes.

Isis säugte nun das Kind, indem sie ihm statt der Brust den Finger in den Mund gab, des Nachts aber brannte sie durch ein göttliches Läuterungsfeuer alles an ihm ab, was sterblich war. Sie selbst flog in Gestalt einer Schwalbe um die Säule herum und klagte. Aber einst sah die lauschende Mutter das Feuer und schrie. Da gab sich die Göttin zu erkennen, und bat sich die Säule des Pallastes aus. Sie zog dieselbe mit leichter Mühe hervor, hieb das Holz rund herum ab, und gab es in Leinewand gewikkelt und mit Balsam begossen, der königlichen Familie (daher die Byblier noch jetzt das im Isistempel liegende Holz verehren); über den Kasten aber fiel sie mit so heftigem Weinen her, daß der jüngste Sohn vor Schrecken und Jammer darüber starb. Den ältesten nahm sie nebst dem Kasten mit sich zu Schiffe, und fuhr ab; aber auch dieser starb, als er sie bey ihrer heftigen Trauer über den Kasten belauschte, und von ihrem Zornblicke getroffen ward. Er hieß Maneros, und wurde späterhin noch von den Aegyptern besungen.

Isis begab sich hierauf zu ihrem Sohne Horus, der in der Stadt Buto erzogen wurde, und brachte den Kasten an einen verborgenen Ort. Typhon aber, der einst des Nachts bey Mondschein jagte, fand denselben, und da er den Leichnam erkannte, zerriß er ihn in 14 Stücke, und warf ihn überall herum. Auf die Nachricht davon schiffte Isis in einem von Papyrschilf gemachten Fahrzeuge über die Sümpfe, um diese Stücke wieder aufzusuchen. Sie fand auch wirklich alle, bis auf eines, welches war in den Fluß geworfen, und von gewissen Fischen gefressen worden (daher diese seitdem von den Aegyptern verabscheut wurden). Sie setzte den Leichnam wieder zusammen, und bestattete ihn auf der Insel Philä, aber auch überall, wo ein Glied gefunden worden, stiftete sie Gräber. Zum Andenken des fehlenden (männlichen) Gliedes heiligte sie den Phallus, das Sinnbild der männlichen Kraft, dem zu Ehren seitdem ein Fest bey den Aegyptern gefeyert ward. Dem Osiris aber brachten die Priester zu Philä jährlich ein feyerliches Todtenopfer von Milch aus 360 Schalen.

Nun kam die Zeit der Rache, deren Werkzeug Osiris Sohn, Horus, wurde. Ihn prüft und unterrichtet der

Vater, der aus der Unterwelt heraufkommt und ihm erscheint. Er liefert dem Typhon eine Schlacht und nimmt ihn gefangen. Isis aber, die den Gefangenen in Verwahrung bekommen hat, läßt ihn los, anstatt ihn zu tödten, und schenkt ihm die Freyheit. Darüber wird Horus so aufgebracht, daß er Hand an seine Mutter legt, und ihr die Krone vom Haupte reißt, wofür ihr Merkur einen Ochsenkopf aufsetzte, welcher seitdem das Abzeichen der Isis geblieben ist. Typhon vergilt die Milde der Isis mit Undank, und beschuldigt den Horus einer unächten Geburt; aber die Götter erkennen ihn für ächt, und der Verläumder wird nochmals besiegt. Horus besteigt den Thron seines Vaters, und er ist der letzte unter den Göttern, welche über Aegypten regiert haben.

Wie diese Fabel entstanden sey, läßt sich nicht angeben; auch ist sie nicht durchaus deutbar, jedoch finden sich vielleicht folgende Gedanken in ihr.

Typhons Nachstellung und Grausamkeit ist die Macht der überhand nehmenden Dürre, welche die den Nil ernährenden und anschwellenden Feuchtigkeiten aufzehrt. Die ihm beystehende äthiopische Königin bedeutet die südlichen Winde aus Aethiopien. Die Einschließung des Osiris in den Kasten scheint die Verbergung und Abnahme des Nils anzuzeigen. Isis trauert um Osiris, wenn das Land nach der Erquickung des Nilwassers lechzt. Osiris Tod ist gerächt, und Typhon überwunden, wenn der Nil über seine Ufer tritt, welches zur Zeit der Sommer-Sonnenwende geschieht. Horus bezeichnet diesen frohen Wechsel; er siegt über das feindselige Wesen in der Natur, die giftige Gluth wird vertrieben, das Land erquickt sich. Aber zugleich ist Osiris die Sonne, und sein Verschwinden wird zum zweyten Mal beklagt, wenn die Sonne im Spätjahr nach der Tag- und Nachtgleiche sich zurückzieht und der Winter sich nähert. Alsdann pflegen die Priester einen vergoldeten Ochsen, mit einer schwarzen Decke umhüllt, herumzuführen, und zwar vier Tage lang, weil sie vier Dinge beklagen, das Abnehmen des Nils, das Aufhören der feuchten Winde, die von den südlichen überwältigt werden, das Abnehmen des Tages und den Laubfall der Bäume. Erst im ägyptischen Monat Tybi, in unserm Januar, kommt die Sonne aufwärts, und mit ihr keimt die Saat auf: alsdann wird ein Freudenfest gefeyert. Ueberhaupt ist Osiris und Isis das geordnete fruchtbare Naturleben in seinem Wechsel, Wachsthum und Abnehmen; Typhon aber das Ungeordnete, Feindliche, Verderbliche in der Natur, und die ganze Leidensgeschichte stellt den Kampf des Lebens mit dem Tode dar. Dem Osiris ist daher der Ackerstier geweiht, und er lebt im Stier Apis fort; dem Typhon gehören der Esel der Hirtenvölker, das Nilpferd, das Krokodil, das Schwein, welche Thiere insgesammt ihn als den Gegensatz der Kultur und als ein wildes, rohes Wesen bezeichnen sollen.

Daß Isis den Osiris in Byblus aufsucht und betrauert, hat vielleicht darin seinen Grund, daß in dieser Stadt ein ähnlicher Gottesdienst bestand, der wahrscheinlich ägyptischen Ursprungs war. Man verehrte dort einen dem Osiris ähnlichen Gott, Adon oder Adonis, d. i. Herr, genannt, nebst einer weiblichen Göttin, welche die Griechen Aphrodite nannten, welche aber wohl nichts anders als die weibliche Naturgöttin Isis seyn mochte; und man erzählte von beyden Göttern folgende Sage. Aphrodite stritt sich mit der Persephone über den Besitz des geliebten Adonis. Der Streit kommt vor Zeus, der die Entscheidung gibt, daß jede der beyden Göttinnen den Adonis ein Drittel des Jahres hindurch besitzen solle: das dritte Drittel ist seiner freyen Wahl überlassen, und er schenkt es der Aphrodite, bey der er acht Monate und nur vier in der Unterwelt verweilt. Nach einer andern Form der Fabel leidet Adonis einen blutigen Tod. Ares ist auf ihn eifersüchtig, und sendet einen Eber, durch dessen Zahn Aphrodites Liebling auf der Jagd fällt. Nun feyerte man zu Byblus und anderwärts zu Ehren des Adonis ein doppeltes Fest, das sich auf diese Fabel bezog. Das erste war ein Todtenfest, an welchem man um den verschwundenen Gott trauerte. Die Frauen überließen sich den ausschweifendsten Klagen, schoren sich das Haar, und erschienen im Trauergewande. Man stellte die Leiche des Adonis aus, und bestattete sie. Hierauf folgte ein Freudenfest, an welchem man das Wiederfinden des Gottes feyerte. Anderwärts war die Ordnung der Feste umgekehrt. Der Sinn dieser Fabel und dieser Feste ist wahrscheinlich die Idee des Wechsels, welchen die Sonne und die von ihr belebte Natur erleidet, oder die Idee der Vergänglichkeit überhaupt. Adonis Tod oder Verschwinden ist das Abnehmen und Untergehen der Sonne; sein Wiederfinden ist die frohe, lebenerzeugende Wiederkehr derselben. Man besäte bey diesem Feste sogenannte Adonisgärtchen, Kästchen mit Erde gefüllt, mit allerley Samen, und trieb sie in künstlicher Wärme, so daß das Hervorgesprossene eben so schnell wieder verwelkte; ein froh wehmüthiges Bild des Naturlebens. Der Sinn und Zweck des Festes war gewiß ächt religiös, aber seine sonderbare sagenhafte Form mochte wohl ganz die Wirkung desselben vereiteln.

Einen ähnlichen Sinn hatte der phrygische Dienst der Cybele und des Attis, ihres Geliebten, dessen Verschwinden und Wiederfinden ebenfalls in einem Doppelfeste ge- feyert wurde.

In Phönicien und Palästina verehrte man eine Göttin, die bald Athera oder Aschera, bald Atergatis und Derketo heißt, und mit welcher der in der Bibel erwähnte Gott Dagon der Philister wohl eins ist. Diese Göttin war halb als Weib, halb als Fisch vorgestellt, wie auch ihr Name darauf deutet; in heiligen Teichen wurden Fische gefüttert, die der Göttin heilig waren; ihre Priester und Verehrer enthielten sich des Genusses der Fische. Auch Tauben waren dieser Göttin heilig, und man aß diese Vögel nicht, wenigstens an gewissen Oertern in Syrien, wo nicht in ganz Syrien. An diesen Dienst knüpfen sich mehrere Mythen, welche aber den Sinn desselben eher verstekken, als erklären. Man erzählte von einem Ey, das einst vom Himmel in den Euphrat gefallen, das Fische ans Ufer getragen und Tauben ausgebrütet hätten, und woraus die Venus, d. i. die Fischgottheit Atergatis, hervorgegangen sey. Ein anderer Mythus: In der Nähe von Askalon verehrte man eine Göttin mit Namen Derketo. Aphrodite, von dieser Göttin beleidigt, entzündet in ihr eine heftige, leidenschaftliche Liebe zu einem jungen, schönen Priester. Aus Scham über diese Schwachheit tödtet sie den Jüngling, und das Kind, das sie als Frucht dieser Liebe geboren hat, läßt sie in eine Einöde im Gebirge aussetzen; sie selbst aber stürzt sich in den See, und wird in einen Fisch verwandelt. (Dadurch soll erklärt werden, warum man diese Göttin als Fisch abbildete). Das ausgesetzte Kind wird im Gebirge wunderbar von Tauben ernährt, bis ein Hirte, Namens Simma, es findet, und es an Kindes Statt annimmt. Er gibt ihm den Namen Semiramis, welcher in der Landessprache soviel als Taube, oder Feldtaube bedeutet haben soll. Dieses Kind erwächst zu einer Jungfrau von wunderbarer Schönheit, und wird mit einem Statthalter des assyrischen Königs Ninus, und endlich mit diesem Herrscher selbst vermählt. Sie ist die nachher so berühmte Alleinherrscherin des assyrischen Reiches. Nach einer andern Sage war sie endlich selbst als Taube aufgeflogen. Vielleicht kann die einfache Deutung dieses Dienstes und der an ihn geknüpften Sagen befriedigen, daß man im Meere, der Quelle aller befruchtenden Feuchtigkeit, und in der durch außerordentliche Fruchtbarkeit ausgezeichneten Fischnatur, so wie in der fruchtbaren, brütenden Taube, die gebärende Kraft der Natur angeschaut und göttlich verehrt hat.

Aber Andere glauben die Sache tiefer schöpfen zu müssen. Die sogenannte syrische Göttin, welche zu Hierapolis verehrt wurde, war ursprünglich mit dieser Fischgöttin eins, obgleich sie nicht mit Fischtheilen abgebildet wurde, wenigstens nicht zu der Zeit, als sie der Verfasser der Abhandlung von der syrischen Göttin sah. Aber ihr Dienst hat mit dem der Atergatis oder Derketo große Aehnlichkeit; namentlich war ihr auch der Fisch heilig. Von dieser Göttin wird nun erzählt, Deucalion sey der Gründer ihres Tempels. Er habe ihn an den Schlund gebaut, in welchem sich das Gewässer der großen Fluth verlaufen; er habe sich hier nach seiner Rettung zuerst niedergelassen, habe hier zur Göttin gebetet, und ihr Altäre und Tempel errichtet. Zum Andenken dieser Begebenheit wurde zu Hierapolis der Gebrauch beobachtet, alle Jahre zwey Mal Wasser aus dem Meere in den Tempel zu tragen, und es in eine Kluft zu gießen. Man vermuthet daher, der ganze Dienst dieser Göttin und ihre Idee beziehe sich theils auf den großen Wechsel in der

Geschichte der Erde, durch welchen auf die Herrschaft der Wasser das geordnete, fruchtbare Leben auf dem Trockenen folgte, theils auf den jährlich wiederkehrenden Wechsel von Regenzeit, Saat und Brut u. s. w. das Sinnbild der Taube, das in diesen Dienst verflochten ist, würde die thierische Fruchtbarkeit und vielleicht das ganze Naturleben in seiner Fruchtbarkeit bezeichnen. Man verbindet mit diesen Sagen und Sinnbildern die sonderbare Sage von dem Fischmenschen Oannes, welcher aus dem Meere nach Babylon kam, und den Menschen Gesetze, nützliche Gewerbe, Künste und Wissenschafte brachte, womit die aus den Wassern der Urzeit auftauchende Bildung und Gesittung des Menschengeschlechts abgebildet seyn soll. So viel ist gewiß, daß die Sinnbildnerey der alten Religionen oft den sonderbarsten Gang genommen hat, den kein Scharfsinn und kein Witz genau verfolgen kann. Wie unbestimmt aber und dunkel mußte durch dergleichen Sagen und Gebräuche das fromme Gefühl angeregt, wie leicht mußte Aberglaube erzeugt werden!

Die Verehrung der Natur in Fischgestalt erinnert an eine Reihe von Sagen, welche die Indier von ihrem Gott Wischnu erzählen. Wischnu ist das Wasser, als allerhaltende und allnährende Urkraft; diese Idee aber ist aus dem physischen Gebiete bis in das sittliche hinauf gesteigert worden, so daß sich Wischnu auch als der Erhalter und Wiederhersteller im Menschenleben, als der Stifter und Beförderer der Gerechtigkeit und Gesittung, der Weisheit und Frömmigkeit, beweist. Er übt dieses Amt mittelst seiner Verkörperungen oder Erscheinungen, deren man neun oder zehen zählt. Zuerst erschien er als Fisch. Als nämlich ein Dämon oder Riese die göttlichen Gesetzbücher geraubt hatte, und das menschliche Geschlecht in Lasterhaftigkeit versank,

Wischnu aber beschloß es durch eine Fluth zu vertilgen: erschien dieser Gott dem frommen König Satjavrata in Gestalt eines Fisches, kündigte ihm die Fluth an, aber auch daß er ihn und die sieben Altväter durch ein wunderbar gebautes Fahrzeug zu erhalten beschlossen habe, sandte ihm dieses zu, und rettete ihn aus der Fluth. Als diese zu Ende war, verließ der König nebst seinen Gefährten das Schiff, und gemeinschaftlich beteten sie Gott an, der sie so wunderbar errettet hatte. Brahma fing hierauf an, die Welt wieder zu bevölkern; Wischnu aber, noch immer in der Gestalt des Fisches, tödtete jenen Riesen, riß ihm mit seinem Horne den Bauch auf, und nahm die Gesetzbücher heraus, die er verschlungen hatte. — Die Gestalt einer Schildkröte nahm dieser Gott an, als die Welt durch den ins Meer gestürzten Berg Meruwa, die Wohnung der Dewa's, versinken wollte; er nahm sie auf seinen Rücken, und trug sie heraus. Auch als Eber rettete er die Erde aus den Fluthen, in welche sie ein wilder Riese gestürzt hatte. Dieser wollte ihn mit einer Keule tödten, aber Wischnu riß ihm mit seinen Hauern den Leib auf, hob die Erde aus den Wassern, und befestigte sie durch die Berge. Wahrscheinlich beziehen sich diese Sagen auf die Erd-Umwälzungen der Vorzeit durch Wasserfluthen (wie denn die erstere Geschichte offenbar die des Noah ist) und auf den Sieg des thierischen Lebens, erst in den Fischen, dann in den Amphibien, und endlich in dem dem Wasser noch halb angehörigen Schweine. In der vierten Verkörperung erscheint Wischnu schon auf einer höheren Stufe als Mensch-Löwe, als welcher er den Riesen Erunia-Kassiaben besiegte, der Götter und Menschen verfolgte und mißhandelte, und sich sogar als Gott verehren ließ. Die folgenden Verkörperungen sind ganz menschlicher Art. Als ein Bramin in Zwerggestalt zähmte Wischnu den Riesen Bely, der die Unsterblichen aus dem Himmel vertrieben hatte. Als Parassurama oder als Büßender lehrte und übte er die reine Tugend und die Verachtung aller vergänglichen Dinge, und bezwang dabey die Könige, die sich Söhne der Sonne nannten, deren Reiche er den Braminen gab. Als Ramo, Held in Menschengestalt, vertilgte er den Rawuna, Riesenkönig von Ceylon, der ihm seine geliebte Sita geraubt hatte, wobey ihm der Fürst der Affen und Bären beysteht. Als Krischna wird Wischnu von Dewagui, der Schwester des Königs Komsa, geboren, von diesem verfolgt und wunderbar gerettet, bringt unter Hirten eine glückliche Jugend zu, wird Krieger aus Liebe zur Gerechtigkeit, und sein Leben ist eine Reihe von großen und schönen Thaten. In Buddhe erschien Wischnu als der Lehrer von Licht und Recht, als der König der Tugend und Weisheit, der heilige und selige Betrachter, als Oberhaupt der stillen Betrachter und Weisen. Man kann diese Verkörperung als die höchste Stufe der Welt- und Menschen-Entwickelung ansehen, und die ganze Folge dieser Sagen scheint eine Geschichte derselben zu seyn. Man hat vermuthet, daß geschichtliche Begebenheiten und Personen in diese Mythologie verwebt seyen; es kann aber auch seyn, daß sie nichts als sinnbildlich eingekleidete Ideen enthält. In mehreren dieser Verkörperungen wird Wischnu noch jetzt bey den Indiern verehrt, und mehrere heilige Gebräuche beziehen sich darauf; aber der Sinn derselben ist verhüllt, die Deutung wenigstens für den großen Haufen verloren, und der Aberglaube nimmt von demjenigen Besitz, was ursprünglich der frommen Betrachtung gehört hatte. Die Verehrer des Krischna zu Jagrenat, den eine roh gearbeitete Bildsäule von Holz und rother Farbe darstellt, und welcher an dem einen Feste auf einem großen Wagen herumgeführt wird, denken schwerlich an den geistigen Sinn der Fabel von Wischnu's Verkörperung als Krischna, am wenigsten diejenigen, welche sich in dumpfer Begeisterung unter die Räder des Gotteswagens werfen und sich zerschmettern lassen. Offenbar haben die Dichter das Meiste zur Verwirrung dieser Symbole beygetragen, welche mit einer Menge von Nebenumständen erzählt werden, die nur zur Ausschmückung dienen, aber von der Hauptidee abführen. Die Sage von Rama füllt ein ganzes großes Heldengedicht, in welchem natürlich das Dichterische das Religiöse überwiegt und verdunkelt.

Wäre nun der Gottesdienst und die heilige Sage eines Volkes bey Einem Gotte oder doch in Einem Kreise von Ideen geblieben: so möchte die Ausbildung und Verwickelung noch so groß seyn, man würde doch wenigstens einen Faden der Vermuthung finden. Aber theils durch das Nachdenken der Priester, welche nicht bey der einfachen Volksreligion stehen bleiben konnten, theils durch Verschmelzung der Religion verschiedener Stämme, namentlich der des Priesterstammes mit der der rohen Horden, welche durch jenen ihre Gesittung erhielten, ist eine Zusammensetzung oder ein System von Götterlehre entstanden, welches den Betrachter in Erstaunen aber auch in Verlegenheit setzt.

Die Aegypter hatten nach Herodot drey Götter-Ordnungen. Die erste besteht aus acht Göttern; die zweyte begreift deren zwölfe; die Götter der dritten Ordnung sind aus diesen zwölfen entstanden, und unter ihnen sind Osiris und Isis. Die Nachrichten über dieses System sind höchst dunkel und unbefriedigend. Es scheint, daß die erste Ordnung

nung von acht Göttern die sieben Planeten-Götter mit dem sie alle umschließenden Himmelsgewölbe, das man Pan oder Mendes nannte, enthielt. Die zwölf Götter der zweyten Ordnung, unter welchen Herkules gewesen seyn soll, waren vielleicht die Personificationen der zwölf Zeichen des Thierkreises; denn Herkules ist der Sonnen- und Jahres-Gott. Erst in der dritten Ordnung erscheinen die Landes-Gottheiten Osiris und Isis, in welchen der Wechsel der Natur in näherer Beziehung auf die Beschaffenheit des ägyptischen Landes angeschaut war. Es scheint also, daß die ägyptischen Priester dieselben Ideen in einer steigernden Stufenfolge gedacht und versinnbildet haben, ungefähr so, wie wir in der Wissenschaft den niedern Begriff auf den höhern zurückführen, und denselben Gedanken in verschiedenen Beziehungen denken. Auch Ideen über die Weltschöpfung kommen in diesem Göttersystem vor. Die Göttin Athor ist die heilige Urnacht, aus welcher Alles hervorgegangen. Die Griechen nennen sie Aphrodite, insofern in beyden Göttinnen das Princip der Liebe gedacht wird. Sie erscheint auf Münzen mit einer Taube in der rechten, welches Sinnbild an die syrischen Gottheiten erinnert. Diese gebar den Phthas und die Neïth, die männliche und weibliche Urkraft. Pthas, den die Griechen Hephästos nennen, ist das Urlicht, das Urfeuer. Sein Name bedeutet Hand; er ist der Werkmeister und Bildner der Welt. Neïth ist die weibliche Bildnerin, die alles gebärende Natur. In ihren Begriff verfließt der der Isis, wie der niedere Begriff in den höheren; denn Isis ist ebenfalls die gebärende Natur: nur daß in Neïth der Begriff der Weisheit vorherrschte. Sie war die Orts-Gottheit von Sais, und ihr Tempel daselbst trug die Inschrift: „Ich bin das All, das gewesen ist, das ist und das seyn wird; noch nie hat ein Sterblicher meinen Schleier aufgedeckt." Kneph wird bald der Sohn, bald der Vater des Phthas genannt, und auch dieser Gott ist Weltbildner; er wurde unter dem Bilde einer kreisförmigen Schlange vorgestellt, als der ewige, durch sich selbst bestehende, Gott des Lebens, denn die Schlange ist ein Sinnbild des Lebens. Das alles sind Vorstellungen von der in der Natur wirkenden Gotteskraft, nur höher gesteigert als ein sinnbildlicher Cultus der Landes-Gottheiten, Früchte eines gebildeteren Nachdenkens.

Eine wichtige Stelle im Göttersystem der Aegypter nimmt der Gott Thoth oder Theith, von den Griechen Hermes genannt, ein. Er ist der Genius der Weisheit und Wissenschaft, der Erfinder der Sprache und Schrift, der erste Gesetzgeber, der Lehrer der Künste und der heiligen Gebräuche. Er steht den Göttern Isis und Osiris als Rathgeber und Freund zur Seite; während der Abwesenheit des letztern war er der erstern als Reichsgehülfe zugesellt; ja, er brachte die Götter der dritten Ordnung zur Geburt. Die Sage nämlich ist, der Sonnengott habe aus Eifersucht über die ihm untreue Rhea den Fluch ausgesprochen, daß sie weder in einem Monate noch in einem Jahre gebären sollte: da habe Hermes dem Monde im Würfelspiel die fünf Schalttage des ägyptischen Jahres abgewonnen, und in diesen Tagen seyen die fünf Götter, Isis, Osiris, Arueris, Typhon und Nephthys zur Welt gekommen. Jener Gott ist mithin der Geist der Religion selbst, welcher die Götter erkennt, faßt und darstellt, gleichsam das Bewußtseyn der Religion. Er ist der Lehrer der Astronomie; nun aber ist die ägyptische Religion aus physikalischen und astronomischen Ideen zusammengesetzt: mithin ist er gleichsam der Schöpfer des Göttersystems, der die Götter ins Licht des Daseyns gerufen hat. Manche Forscher der Mythologie halten diesen Gott für die Personification der Priesterweisheit oder den Genius der Priestercaste; und wenn man es recht versteht, so ist es richtig. Man muß es nicht so nehmen, als wenn die Priester sich selbst oder ihre Weisheit hätten vergöttern wollen; sondern so wie sie in der Natur außer dem Menschen die Gottheit erkannten, so erkannten sie auch im Menschengeist, der die Natur als göttlich betrachtet, etwas Göttliches; sie glaubten, nur das Göttliche könne das Göttliche erkennen. Hermes ist gleichsam der Mittler zwischen Gott und Menschen, der dem Menschen das Göttliche ausdeutet und zum Bewußtseyn bringt.

Sehr zusammengesetzt ist auch das indische Göttersystem, und dieses kennen wir zum Glück vollständig, so daß es schon weit leichter ist, davon eine klare Ansicht zu fassen. An der Spitze desselben steht die verborgene, in ihrer Ueberschwenglichkeit verhüllte Gottheit, das höchste Wesen, durch sich selbst bestehend, ohne Anfang, unendlich, unvergleichbar, die Fülle der Barmherzigkeit, Parabrahma genannt. Dieser höchste Gott wird nicht verehrt, hat keine Altäre noch Tempel. Er offenbarte sich als Schöpfer, als Brahma, indem er die Welt hervorbrachte. Brahma ist der höchste der geoffenbarten Götter, der Schöpfer und Herr aller Dinge. Aber auch er genießt keine Verehrung, außer von den Brahminen, welche ihn alle Morgen anbeten, und von ihm ihren Ursprung und Namen ableiten. Wischnu ist die zweyte gezeugte Gottheit, die Idee der erhaltenden, ernährenden Kraft, angeschaut im Wasser. Er wird mit blauer Farbe abgebildet; unter seinen Sinnbildern ist die Muschel, das Sinnbild der Zeugung, und die Keule, womit er die Tyrannen und Riesen zerschmettert. Der dritte Gott ist Schiwa, die zerstörende, umwandelnde Kraft des Feuers, der Erzeuger sowohl als der Rächer, der Furcht und Thränen Schaffende, der unwiderstehliche Streiter und Sieger des Todes, der Herrscher des Himmels, der Erde und der Unterwelt. Seine Farbe ist die rothe; er ist mit dem Dreyzack und Schwerte bewaffnet, von Schlangen, Blitzen und Todtenschädeln umgeben, und erscheint in furchtbarer Gestalt. In die Verehrung dieser beyden Götter theilen sich die beyden Hauptsekten der Indier, die Wischnu- und Schiwa-Sekte. Ursprünglich mag der Dienst dieser verschiedenen Götter, in einer einfacheren Gestalt, verschiedenen Stämmen angehört haben. Der wilde rasende Schiwa-Dienst war vielleicht die Religion eines wilden Stammes der Eingebornen, der sanftere Dienst des Wischnu dagegen die eines gesitteteren und die einfache geistige Anbetung des Brahma gehörte dem edleren Stamme der Brahminen an. Erst späterhin sind diese verschiedenen Gottesdienste in Ein System der Verehrung verschmolzen worden. Andere sehen den Brahma-Dienst für den älteren an, worauf der Schiwa-Dienst gefolgt sey, und die Verehrung des Wischnu halten sie für eine Reformation des wilden Schiwa-Dienstes. So viel ist gewiß, daß diese Götter nicht ursprünglich neben einander verehrt, sondern erst später auf geschichtlichem Wege mit einander in Verbindung gesetzt sind, und diese Stelle im System erhalten haben, so wie auch gewiß ihr Begriff und ihre Eigenschaften erst nach und nach durch ein künstliches Nachdenken so weit ausgebildet worden sind. Es gehörte gewiß viel Zeit dazu, bis die Anschauungen der göttlichen Naturkräfte im Wasser und Feuer sich zu den Ideen der erhaltenden und umwandelnden Kräfte steigerten. Am höchsten aber steht die Idee der verborgenen Gottheit, worin das religiöse Nachdenken die höchste Stufe erreicht hat.

So wie diese Götter jetzt gedacht und im System einander beygeordnet werden, bilden sie die sogenannte Trimurti oder Dreyeinigkeit, den Inbegriff aller geoffenbarten Kräfte der Gottheit; eine sehr verfeinerte Idee, welche gewiß das spätere Erzeugniß der Priester-Weisheit ist.

Allen diesen Göttern stehen weibliche Gottheiten zur Seite: dem Parabrahma die Paraschatti, die alles hervorbringende Urmutter; dem Brahma die Saraswadi, die Göttin der Weisheit und Wissenschaft, der Harmonie und des Ebenmaßes; dem Wischnu die Lakschmi die ihn bey allen seinen Verwandlungen begleitet, die Göttin aller Fruchtbarkeit, aller Schönheit und alles Wohlseyns, die Mutter der Welt, die große Gebärerin, die Holde, welcher zu Ehren die Kuh verehrt wird; dem Schiwa die Parwadi oder Bhamani, welche alle Verrichtungen ihres Gatten theilt, als wohlthätige Erzeugerin und Freudengeberin, und als Rächerin, als schöne, huldreiche Göttin, und als die Thränen-schaffende, Züchtigende. Ob diese weiblichen Gottheiten auch ursprünglich Stammes-Gottheiten waren, oder ob sie die Erzeugnisse der sinnenden Priester-Weisheit sind, läßt sich schwerlich ausmachen; aber auch hier müssen wir die Spuren einer geschichtlichen Fortbildung anerkennen.

Noch haben die Indier mehrere Götter des zweyten Ranges. Der erste ist Indra, der Gott des Luftkreises, der Wolken-, Donner- und Regen-Gott, der Beherrscher der Sterne. Surya ist der Gott der Sonne, der auf einem von sieben Rossen gezogenen Wagen fährt: Soma oder Tschiandra der Beherrscher des Mondes, auch König der Pflanzen: Pavana oder Maruta der Gebieter der Winde: Agni der Gott des Feuers: Varuna des Wassers: Jama der Richter der Todten, Schiwas Diener, dessen Befehle ausrichtend. Rama oder Schirama, Krischna und Buddha oder Dherma sind Verkörperungen des Wischnu. Ganewadi oder Ganescha ist der Gott des Schicksals, des Gelingens und Mißlingens; er wird mit dem Elephantenkopfe abgebildet. Camadewa ist der Gott der Liebe. Subramanja, ein Sohn des Schiwa, ist der Führer des himmlischen Heeres, eine Art von Herkules; er wird mit sechs Köpfen abgebildet, und reitet auf einem Pfau. So wie mehrere dieser Götter Personificationen der Elemente und Naturkörper, andere nichts als besondere, entweder sinnbildliche oder geschichtliche Auffassungen der Gottheit des Wischnu sind: so dürfen auch wohl die andern für nichts als für besondere Gestaltungen oder Beziehungen der religiösen Grundideen, und für die späteren Erzeugnisse der Mythologie angesehen werden. Der Gang der indischen Religion, wie jeder polytheistischen, brachte es mit sich, daß sich die Götter vervielfältigten. Auf der einen Seite ist eine Richtung auf das Eine und Höchste vorhanden, aber diese fand nur in der Priester-Religion Statt; auf der andern hingegen ist alles darauf angelegt, die Ideen der Gottheit zu versinnlichen; und man war nicht zufrieden, die verschiedenen Beziehungen derselben mit verschiedenen Sinnbildern und Beylegungen zu bezeichnen, sondern man zerlegte das eine Wesen in mehrere Glieder, und bildete daraus neue Wesen. Dadurch aber wurde das Volk immer tiefer in die Sinnlichkeit hineingezogen, so daß es wieder gewissermaßen auf die Stufe des Fetischismus herabsank; die Gottheit erschien ihm wieder in der Zersplitterung, wie dem Fetischdiener, und die Früchte der Bildung, welche zu einer gewissen Einheit in der Ansicht der Natur und Gottheit geführt hatte, gingen zum Theil verloren.

Betrachten wir überhaupt den Gewinn, den die religiöse Bildung in diesem Naturdienste, so weit wir ihn bis jetzt kennen gelernt haben, gemacht hat, so ist nicht zu leugnen, daß das religiöse Gefühl in demselben zu einem höheren Grade der Entwickelung gestiegen ist. Nicht nur hat sich der Mensch von der dunkeln, zufälligen Ahnung der Gottheit in einzelnen Naturgegenständen zu der frommen Betrachtung der Elemente und Gestirne, sondern auch zu den umfassenden Begriffen von allgemeinen Naturkräften erhoben; ja, an diese haben sich auch Begriffe von geistigen und sittlichen Kräften und Verhältnissen angeschlossen; man setzt in das göttliche Wesen nicht nur die Quelle alles physischen Lebens, alles Zeugens und Gebärens, aller Fruchtbarkeit und alles Segens, sondern den Göttern wird auch Weisheit, Gerechtigkeit, Anmuth und Schönheit zugeschrieben: mithin ist das Gefühl der Abhängigkeit von der unsichtbaren göttlichen Macht auf eine sehr vollständige Weise zum Bewußtseyn gebracht. Aber der Verstand leidet einen schädlichen, verwirrenden Einfluß von Seiten der Einbildungskraft. Ihr gehört die Vorstellung der Naturkräfte als Personen, wodurch zwar mehr Geistigkeit und Lebendigkeit in die Begriffe kommt, aber auch eine Absonderung und Vereinzelung entsteht, welche die Erhebung zu dem höchsten Gedanken Eines Gottes schwer, ja unmöglich macht. Die Religion besteht gerade darin, daß man von allem Einzelnen zum Einen und Höchsten aufsteigt, und hier wird man bloß zu mehr oder weniger umfassenden Theilen des Weltganzen geführt. Zwar findet sich auch die Idee eines obersten Gottes, aber nur in der Geheimlehre der Priester, und vielleicht erst als Erzeugniß ihres späteren verfeinerten Nachdenkens. Besonders ist aber die Art von sinnbildlicher Bezeichnung schädlich, welche hier allgemein üblich ist. In Bildern müssen wir zwar fast immer von der übersinnlichen Erkenntniß reden; aber die Bilder müssen angemessen, nicht unwürdig und nicht willkürlich gewählt seyn, und trotz der Bildersprache muß doch in der Lehre der Wahrheit ein fester Gang und eine sichere Aufeinanderfolge der Begriffe seyn, so daß die Deutung leicht und sicher von Statten geht. Aber die Bilder, die man hier braucht, sind nicht nur menschlich und unanständig, sondern oft von den Thieren entlehnt. Freylich erschienen den Alten, vermöge der ihnen eigenen kindlichen Unschuld, die Natürlichkeiten des Menschen und die Thierwelt in einem andern Lichte, als uns, die wir durch eine verfeinerte Scham und eine allzugroße Entfernung von der Natur verwöhnt worden sind; allein die Sinnlichkeit erhielt durch diese Art von Sinnbildnerey zu viel Uebergewicht, und die Freyheit des Verstandes litt darunter. Das Schlimmste aber war unstreitig, daß durch die Willkür, mit welcher die Bilder gewählt und durch einander geworfen wurden, der ursprüngliche Sinn verloren ging, und Mißverständniß sich auf Mißverständniß häufte. Es konnte aus dieser Symbolik sich keine feste Lehre der Wahrheit entwickeln, weil jeder gute Gedanke, der etwa gefaßt wurde, wieder in die trübe Masse der Sinnbilder zurücksank. Eben deßwegen aber entstand aus diesem Naturdienst wieder eine Art von Fetischismus. Die sinnliche Symbolik unterdrückte wieder den erwachenden Verstand; ja, das fromme Gefühl, das sich geistiger hervorthun wollte, wurde mehr oder weniger zur sinnlichen Empfindung herabgezogen.

Es ist nun Zeit, daß wir auch die Vorstellungen von der Unsterblichkeit der Seele kennen lernen, welche mit diesem Naturdienste zusammenhangen. Wir bleiben aber nur bey denen der Aegypter und Indier stehen, die wir auch allein einigermaßen kennen. Bekannt ist die Sitte der Aegypter, ihre Todten einzubalsamiren und als Mumien aufzubewahren. Die Priester verstanden und übten die Kunst, die Leichen dergestalt mit Spezereyen zu durchbeizen, daß sie ganz austrockneten, und der Fäulniß trotzten. Die Mumien wurden nun in den Todtenstätten in Gräbern beygesetzt, wo sich auch ein Grab des guten Gottes Osiris fand, neben welchem zu ruhen für die Aegypter ein tröstlicher Gedanke war. Osiris ist nicht nur der wohlthätige Gott der Oberwelt, sondern auch der Unterwelt; wie er oben der Segen spendende Nilgott ist, so reicht er unten den Seelen der Verstorbenen das kühlende Wasser. Die abgeschiedenen Seelen kommen nach dem Tode in das Todtenreich, Amorthes genannt, wo sie unter Osiris Obhut in seliger Ruhe wohnen. Es scheint, daß die Dauer dieser seligen Ruhe abhängig gedacht wurde von der Dauer des Leichnams, und daß sich mit dem Glauben an die Ruhe der Seele im Todtenreiche, der Glaube an eine Seelenwanderung verband, so nämlich, daß man sich vorstellte, die Seele gehe nach der Auflösung des Leibes in Thierleiber über, und kehre nach einem gewissen Kreislaufe, in welchem sie ihre Läuterung vollbracht, in einen Menschenkörper zurück; durch das Einbalsamiren aber und den Aufenthalt in der Unterwelt wird dieser Läuterungsproceß, wo nicht entbehrlich gemacht, so doch abgekürzt. Schon in dieser Idee einer Läuterung liegt eine sittliche Mahnung; denn es wird vorausgesetzt, daß die Seele durch das irdische Leben, durch sinnliche Lüste und Genüsse, verunreinigt sey. Aber der Aegypter kennt auch eine Vergeltung nach dem Tode. So wie über den Verstorbenen noch über der Erde von den Genossen seiner Kaste ein Todtengericht gehalten, und er nach Maßgabe seiner Handlungen der feyerlichen Bestattung würdig oder unwürdig erklärt wird: so hat er im Todtenreiche ein Gericht zu bestehen, welches Osiris, der Todtenrichter, über ihn hält, und ihm, je nachdem er fromm oder nicht fromm gewesen, sein Loos zutheilt, und schwerere oder leichtere Züchtigungen und Läuterungen auflegt. Das Ziel von Allem ist die Rückkehr in die seligen Behausungen der Götter oder der Gestirne, unter welchen die Sonne die erste Stelle einnimmt. Bey der Einbalsamirung der Leiche, wenn man die Eingeweide derselben dem Nil übergab, wurde im Namen des Verstorbenen dieses Gebet gesprochen unter Anblickung der Sonne: „O du Herrscher Helios (Sonne) und ihr Götter alle, die ihr dem Menschen das Leben verliehen habt, nehmt mich auf und führet mich in den Chor der ewigen Götter! Denn ich habe, so lange ich in der Zeitlichkeit war, die Götter verehrt, die meine Eltern zu verehren mich angewiesen; auch habe ich diese selbst, die Urheber meines irdischen Daseyns, jederzeit geehrt. Ich habe keinen meiner Nebenmenschen getödtet, kein mir anvertrautes Pfand unterschlagen. So ich aber in meinem Leben durch Essen und Trinken dessen, was verboten war, gesündigt, so habe ich dieses nicht durch mich selbst gethan, sondern davon trägt dieser Bauch die Schuld.“ Diese Idee der Rückkehr in die Sonne ist so rein und erhaben, daß sie unserm Glauben an ein seliges Leben im Himmel wenig nachgiebt.

In diesem Glauben scheinen Bestandtheile des Fetischismus der Eingeborenen von Aegypten, mit Bestandtheilen der Priester-Religion in einander verwachsen zu seyn. Die Eingeborenen, wie mehrere wilde Völker, mochten glauben, daß die Seele den Leib noch so lange bewohne, als er nicht verwese, und balsamirten ihn daher ein, oder trockneten ihn, ehe sie diese Kunst verstanden, und bestatteten ihn. Aus der Vorstellung des ungestörten Beysammenruhens der Mumien in den Gräbern, entwickelte sich dann die Idee einer seligen Ruhe der Seelen im Hades, und daran schloß sich die sittlichere Vorstellung eines Gerichts, entlehnt aus dem rechtlichen und sittlichen Verkehr der Lebendigen. Die Idee einer Seelenwanderung und einer Einkehr in die Wohnungen der Götter scheint aus der Priesterlehre, und mit dieser vielleicht aus der indischen Religionslehre herzustammen; jedoch hat die erstere auch eine gewisse Verwandtschaft mit der Verehrung der Thiere, welche die Aegypter kannten, und mit dieser ganzen Art von Naturdienst.

Bey den Indiern ist die Seelenwanderungslehre einheimisch, hängt aber genau mit der Idee eines Abfalls der Geister von Gott zusammen. Alle Seelen oder Geister welche einen thierischen oder menschlichen Körper beleben, sind gefallene Engel oder Geister, die wegen ehemaliger Verschuldungen, wodurch sie ihre ursprüngliche Reinheit und Güte verloren, sich in einem Zustand der Strafe oder Prüfung befinden. Es sind funfzehn Stufen, die sie durchlaufen müssen: sieben unter der Menschheit, welche zur Strafe und Züchtigung dienen, die menschliche, welche zur Prüfung dient, und sieben über der Menschheit, welche zur Läuterung und Vollendung führen. Ich kann mich nicht überreden, daß dieser Zusammenhang der Ideen der Seelenwanderung und der Läuterung ursprünglich sey. So wie der Naturmensch in allen Gegenständen die Gottheit sieht, und sie selbst in den Thieren verehrt, so ahnet er auch in allem, was lebt und athmet, eine Seele, etwas seinem Leben verwandtes. Es ist dieß eine Ansicht, welche man auch jetzt noch von einem gewissen philosophischen Standpunkt in einer weichen Stimmung fassen kann. Je mehr aber das Gefühl der Gottheit und das Bewußtseyn des Sittengesezzes hervortritt, desto mehr erscheint jenes Verbreitetseyn der Gottheit und des seelischen Lebens als eine Entäußerung und als ein Abfall. Daher erzählen die Indier von ihrem Weltschöpfer Brahma die Fabel, daß er aus Stolz vom höchsten Gotte abgefallen, und zur Strafe zu mehreren Verwandelungen verdammt worden sey. So konnte sich die Idee der Seelenläuterung nach und nach entwickeln. Es liegt in ihr allerdings eine sittliche Bedeutung; denn sowohl die Idee des Abfalls als die der Wiederkehr sind geeignet, das sittliche Gefühl zu ergreifen und aufzuregen. Aber es fehlt noch in dieser Ansicht die Idee der geistigen Selbständigkeit; der Geist ist noch zu sehr in das allgemeine Naturleben verflochten, das Bewußtseyn der Persönlichkeit macht sich nicht geltend, daher auch als die höchste Stufe ein bewußtloses Versinken in die Gottheit gedacht wird. Sodann fließt aus der Idee, daß die Geister zur Strafe in die Materie verstoßen seyen, der falsche sittliche Grundsatz, daß man sich durch Büßungen reinigen müsse, von dessen Einfluß wir später reden werden. Endlich war auch diese Lehre so sehr mit Fabeln verwachsen, daß sie sich dem einfachen Wahrheitssinne nicht klar darstellte, und daher die Wirkung auf das Herz großentheils verfehlen mußte.

Die Vollkommenheit einer Religionslehre zeigt sich in der richtigen Verbindung des Gottes-Glaubens mit dem sittlichen Gefühl. In der ägyptischen und indischen Religionslehre ist eine solche Verbindung hergestellt, obschon auf eine sehr unvollkommene Weise. Die Götter der Indier sind ihren Verrichtungen und Begriffen nach nicht bloß Naturwesen, sondern auch sittliche Wesen, wie Wischnu der Erhalter und Schiwa der Rächer ist. Aber theils sind diese sittlichen Eigenschaften in unwürdige Fabeln verhüllt, theils bricht neben ihnen die wilde, rohe Naturkraft hervor, die man in den Göttern anschaut. Besonders ist der Dienst des Schiwa und seiner Gattin Parwadi ein wilder Naturdienst, in welchem die Wuth roher Wollust und das Schrekken des Todes sich zu einer rasenden Begeisterung verbindet. Auch der Dienst des Osiris hat eine sittliche Seite, indem man ihn als Todtenrichter fürchtet, und in ihm das Muster eines wohlthätigen, weisen Königs verehrt; aber in ihm sind auch Bestandtheile eines rohen Fetischismus, und eines wilden Naturdienstes vereinigt. Der Gott, der im Apis-Stier verehrt wurde, welchem unzüchtige Sinnbilder und Gebräuche geweihet waren, konnte doch nur eine unvollkommene sittliche Wirksamkeit auf das Herz ausüben. Das sittliche Gefühl ist noch weniger, als das religiöse Gefühl der Abhängigkeit, in reinen, würdigen Begriffen hervorgetreten, und vermischt sich noch mit der das Uebergewicht behauptenden sinnlichen Erregung.

Zwölfte Vorlesung.

Das Priesterthum der Naturreligionen.

Vom Naturdienst der alten Völker, besonders der Aegypter und Indier, haben wir die vermuthliche Entstehung aus dem Gestirn- und Elementendienst nachgewiesen, auch einige Hauptzüge der dazu gehörigen Götterlehre und Sage angeführt; aber unsere Ansicht davon würde ganz unvollständig und einseitig bleiben, wenn wir uns nicht mit dem bey diesen Völkern bestehenden Priesterthum bekannt machen wollten. Wir mußten auf dasselbe schon mehrmals hinweisen, um das Eine und Andere zu erklären. Dieser Naturdienst ist so genau mit dem Priesterthum verwachsen, daß er ohne dasselbe weder hätte entstehen und sich fortbilden, noch auch sich erhalten können.

Wir haben gesehen, daß der Fetischismus ohne ein ordentliches, festes Priesterthum ist, und daß die Schamanen nur eine Art von außerordentlichem Priesterthum, oder vielmehr das Amt von Propheten oder Begeisterten versehen. Wie kommt es nun, daß überall wo ein geregelter Naturdienst, die Verehrung der Gestirne und der Elemente, besteht, auch ein geschlossenes Priesterthum vorkommt? Die Aegypter und Indier hatten und haben noch eine Priesterschaft von großem, mächtigem Einfluß; ein gleiches gilt von den Persern. Die syrischen und phönicischen Götter hatten ihre Priester. Selbst bey den Galliern und Germanen finden wir neben dem Gestirn- und Elementen-Dienst eine mächtige Priesterschaft. Dieselben Thatsachen bieten uns die neueren Götzendiener von Afrika und Amerika dar. Die Peruaner, Mexicaner, Floridaner, Bagotaner, die Neger von Congo und andere Verehrer der Sonne und des Mondes sind priesterliche Völker.

Wie sollen wir uns nun diese Erscheinung erklären, daß der Gestirn- und Elementen-Dienst durchaus mit einem regelmäßigen Priesterthum verbunden ist?

Ein geistreicher Forscher *) findet die Ursache in dem Bedürfnisse solcher Völker, die Gestirne und Elemente, die sie verehren, in ihren Veränderungen zu beobachten; und weil dieses nicht die Sache eines Jeden sey, so habe sich ein besonderer Stand diesem Berufe widmen müssen, und so sey das Priesterthum entstanden. Gewiß ist, daß die Priester der Aegypter und Indier die Sternkunde trieben, auch gewisser anderer Naturkenntnisse sich beflissen, so wie sie überhaupt die Gelehrten und Weisen des Volks waren. Auch ist es wahr, daß die Zeichendeuterey, welche mit dem Elementendienst zusammenhängt, einen Stand nothwendig macht, der sich dieser Kunst widmet, und daß mithin das Bedürfniß derselben zur Entstehung eines Priesterthums Anlaß geben konnte. Aber so wahr diese Erklärung der Sache ist, so reicht sie doch nicht aus, und geht nicht tief

*) Benj. Constant de la religion. T. II. chap. 4.

genug. Die Griechen waren in den ältesten Zeiten ebenfalls einem Naturdienst ergeben, und auf ihre religiöse Ausbildung wirkte Aegypten und das übrige Morgenland ein; sie hingen auch der Zeichendeuterey an, wie die Morgenländer; und dennoch bildete sich bey ihnen kein solches Priesterthum, wie in Aegypten und Indien. Auf der andern Seite findet sich ein solches wohl auch ohne diese Art von Naturdienst; wie dieses bey den Whida-Negern der Fall ist, welche ihrer heiligen Schlange ein Priesterthum gegeben haben.

Nach meiner Meinung ist das Priesterthum zugleich mit einem regelmäßigeren, umfassenderen Naturdienst, die Folge der ersten Stufe der Gesittung. Der religiöse Mensch hat um so mehr das Bedürfniß der Gemeinschaft und der Leitung, je gesitteter er ist. Der Fetischdiener bedarf wenigstens der Schamanen und Zauberer, um dem Drange seines religiösen Gefühls zu genügen. Da aber der Fetischismus durchaus in sich ohne Einheit und Zusammenhang ist, so kann auch der Stand jener Gaukler keinen regelmäßigen und gesicherten Einfluß gewinnen. Aber schon da, wo ein Fetisch die alleinige Verehrung erhält, und die übrigen Fetische entweder verdrängt oder in Schatten stellt, bildet sich ein Priesterthum, wie bey den Negern von Whida; die Einheit des Cultus bringt auch eine ständige Dienerschaft desselben mit sich. Noch mehr aber ist dieses der Fall da, wo sich der Naturdienst nicht bloß an einen einzelnen Gegenstand heftet, sondern zu einer umfassenderen, verstandesmäßigeren Betrachtung der Natur erweitert, und das ganze Geistesleben sich von der thierischen Roheit und kindlichen Einfalt zur Stufe der Gewohnheit und einer gewissen Verstandes-Bildung erhebt. Indem sich Alles erweitert und in eine ruhige Ordnung fügt, indem die Berufsarten der Ackerbauer und Gewerbsleute sich scheiden und befestigen, indem Rechte und Sitten theils durch Gewohnheit, theils durch den Willen der Gesetzgeber festgesetzt werden: so gewinnt auch der Gottesdienst eine feste Gestalt, und es bildet sich ein Priesterstand. Wie die Gestirne, die man verehrt, in unwandelbaren Bahnen ihren Lauf vollenden, wie die Jahreszeiten und mit ihnen die Naturerscheinungen einen regelmäßigen Wechsel beobachten: so stellt sich auch das Leben der Völker, welche diesen Naturdienst haben, in großen, unwandelbaren Ordnungen fest. Die Ausnahme, welche die Griechen machen, läßt sich wohl erklären, wie wir es später versuchen wollen; bey ihnen kamen mehrere Ursachen zusammen, um einen andern Lebenszustand herbey zu führen.

Das Priesterthum ist theils das erbliche Eigenthum einer Kaste oder einzelner Familien, theils wird es von Körperschaften, die sich durch Wahl ergänzen, verwaltet. Das Kasten-Wesen findet sich bey den Aegyptern, Indiern und Aethiopiern; bey den Persern scheint es keinen festen Bestand gewonnen zu haben. Unsere Aufmerksamkeit muß sich vorzüglich auf die Priesterkasten Aegyptens und Indiens richten, welche wir etwas näher betrachten wollen.

Das ganze Volk der Hindu oder Indier theilt sich in vier Hauptclassen, wovon die erste das Geschlecht der Brahminen, die zweyte die Regenten und Krieger, die dritte die Feldbauer und Kaufleute, und die vierte die Künstler und Handwerker begreift. Diese Menschenklassen sind nicht nur durch ihre Verrichtungen, sondern auch dem Geschlecht nach von einander getrennt, so daß sie sich durchaus nicht mit einander vermischen und in einander übergehen können. Die eine ist edler als die andere, und den obersten Rang nehmen die Brahminen ein, wie solches aus der Fabel von ihrem Ursprunge erhellet. Die Brahminen nämlich sind aus dem Haupte Brahma's, des Schöpfers, hervorgegangen, die Regenten und Krieger aus den Schultern, den Armen und der Brust, die Feldbauer aus dem Bauche, und die Handwerker aus den Füßen desselben. Mithin wenn die ganze Nation als ein Körper zu betrachten ist, nehmen die Brahminen die Stelle des Hauptes ein; und insofern sie die Weisen und Gelehrten sind, hat diese Fabel allerdings einen guten Sinn; aber nach der Auslegung der Brahminen wird ihnen dadurch nicht bloß ein Vorzug des Berufs, sondern auch der Art nach beygelegt.

Durch diese Einrichtung ist das ganze Berufsleben in ewige Schranken festgebannt, und die von der Natur verschieden ausgetheilten Gaben können sich durchaus nicht entwickeln. Der begabteste Geist in einer unteren Klasse kann sich nicht zu der höheren Berufsart erheben, und der schwächste Kopf in einer höheren Klasse behauptet vor ihm den Vorzug. Die starre Natur-Nothwendigkeit der Geburt entscheidet alles; der Freyheit des Geistes ist durchaus kein Spielraum gelassen. Das Abscheulichste aber ist, daß, da die Vermischung der Kasten nicht verhindert werden konnte, die aus dieser Vermischung Entstandenen unreine Kasten bilden. Die verworfenste derselben ist die der Paria's, welche ärger verabscheut wird, als die unreinsten Thiere. Der Hindu hat die zarteste Schonung gegen die Thiere, füttert die hungrigen, und scheut sich, sie zu tödten; aber mit einem Paria hat er kein Mitleid, und leistet auch dem elendesten keine Hülfe; denn er darf nie mit einem Verworfenen der Art in Gemeinschaft treten. Dadurch wird also in Hinsicht auf die sittliche Achtung der Menschen ein ungerechter, ewiger Unterschied aufgerichtet, und aller sittliche Werth von dem Zufalle der Geburt abhängig gemacht. Nach dem Vorgeben der Brahminen, welche die Lehre von der Seelenwanderung hier geltend machen, sollen die Seelen der gröbsten Sünder in die Leiber der Paria's fahren: welche abscheuliche Annahme! Also schon vor ihrer Geburt haben diese elenden Menschen gesündigt, und eine fremde Schuld drückt sie ihr Leben lang!

Was nun die Brahminen betrifft, so haben sie allein durch ihre Geburt das Vorrecht, Diener der Religion zu seyn, die heiligen Bücher zu studiren und auszulegen, und die heiligen Gebräuche zu verrichten, obschon nicht alle Priester sind. Sie unterscheiden sich in der Tracht durch die Ordensschärpe und die Haarschur, welche Unterscheidungszeichen sie im siebenten Jahr durch eine Einweihungs-Feyerlichkeit erhalten. Es gibt unter ihnen vier Grade oder Weihen. Die erste und zweyte erhalten alle. Wer die zweyte erhalten hat, heißt Grahasta d. i. ehefähig, und darf als Hausvater leben und Gewerbe treiben; will er sich aber dem Dienste der Religion widmen, so muß er ein eheloses Leben führen, und sich den Studien ergeben, nach deren Vollendung er entweder Tempelpriester oder Doctor der heiligen Wissenschaft wird. Der dritte Grad, den nur solche erhalten, die dazu Trieb fühlen, ist der eines Wanaprasta oder Einsiedlers und Büßers. Ein solcher lebt in der Einsamkeit das strengste enthaltsame Leben; sein Eheweib darf ihn begleiten, aber nur als Schwester; er badet sich nicht und schläft auf bloßer Erde. Der höchste Grad ist der eines Sanjasi, der alles verlassen hat. Nur ein Wanaprasta kann diesen Grad erhalten, und zwar erst im 72. Jahr des Lebens. Wer ihn annimmt, entsagt Weib und

Kindern, und allem, was er hat, lebt bloß von Almosen, befleißigt sich der höchsten Selbstbeherrschung und der Unterdrückung aller sinnlichen Gemüthsbewegungen, und richtet seine Betrachtung allein auf Gott und dessen unendliches Wesen.

In allen Graden müssen sich die Brahminen einer gewissen Enthaltsamkeit, Reinheit und Heiligkeit befleißigen. Der erste Grad verpflichtet, von Almosen zu leben, bloß auf Matrazen oder auf der bloßen Erde zu schlafen, kein Betelblatt zu kauen, noch sich mit Oel zu salben, den Bart nicht zu scheeren, sich jedes vertrauten Umgangs mit dem zweyten Geschlecht zu enthalten, und sich täglich bey vielen Gebeten und Ceremonien in einem See oder Flusse zu waschen. Der im Ehestande lebende Brahmin des zweyten Grades muß sich des Weins und jedes starken Getränkes, der Zwiebeln, Rüben, Eyer, Fische und alles Belebten enthalten, und sich jeden Morgen und Abend baden. Derjenige, der sich dem Priesterthum und den Studien widmet, darf nie heirathen. Mithin sind die Brahminen ein geheiligtes Geschlecht, nicht nur durch die Geburt, sondern auch durch ihre Lebensart ausgezeichnet.

Außer ihren religiösen Vorzügen behaupten diese Priester auch einen hohen politischen Vorrang. Selbst die Kaste der Regenten oder Krieger ist ihnen untergeordnet. Die Rajahs oder Fürsten waren nicht aus der Kaste der Brahminen, sondern aus der der Krieger; aber die Priester beschränkten sie durch religiöse Gesetze, und waren ihre Rathgeber. Da sie allein die heiligen Bücher zu erklären befugt waren, so konnten die Könige nichts ohne sie thun. Sie sind die Richter; denn Niemand kennt die Gesetze besser als sie. Sie sind Aerzte; denn Krankheiten werden als Strafen für gewisse Vergehungen betrachtet, und können nur durch Büßungen und gewisse Gebräuche, welche sie bestimmen, geheilt werden. Für alle Stände oder Kasten sind die Brahminen die Gegenstände der tiefsten Verehrung. Ihnen blindlings zu gehorchen, sie reichlich zu beschenken, ist heilige Religionspflicht für jeden Indier. Im Heldengedicht Ramajan wird eine idealische Stadt, der Sitz des frommen Königs Duscha-Rutha, geschildert, welche ein Wunder der Bauart, und deren Bewohner voll Weisheit und Tugend waren. Alle waren tief unterrichtet in den heiligen Büchern, voll Wahrheit, Eifer und Mitleid, Herren ihrer Begierden und Leidenschaften; unter ihnen war kein Geizhals, kein Lügner, kein Betrüger, kein Unversöhnlicher; aber zugleich wird ihnen auch die Tugend der Freygebigkeit gegen die Brahminen beygelegt: „keiner gab den Brahminen weniger als tausend Rupien." Man darf ihnen milde Gaben, um die sie ansprechen, nicht versagen. Ihre Ländereyen sind frey von allen Abgaben; sie selbst sind frey von allen Lebensstrafen; denn einen Brahminen zu tödten, wäre das größte Verbrechen, auch wenn er sich die größte Vergehung hätte zu Schulden kommen lassen. Nur mit Ausschließung, Verbannung und Geldstrafen dürfen sie belegt werden.

Auch bey den Aegyptern bestand die Eintheilung in Kasten und zwar zu Herodots Zeit in sieben, deren vornehmsten die Priester- und Krieger-Kaste, und deren unterste und verachtetste die der Hirten waren. Die Priester waren im Besitz ähnlicher Vorrechte, wie die der Brahminen sind. Sie besaßen einen großen Theil der Ländereyen, ohne davon die geringste Abgabe zu entrichten. Außerdem zogen sie von den Opfern sehr reiche Einkünfte an Lebensmitteln.

Sie hatten fast alle Gewalt in den Händen. Zwar waren die Könige nicht gerade immer aus ihrer Kaste, aber sie hatten bey der Wahl derselben die meisten Stimmen, weiheten sie ein, standen ihnen als die einzigen Rathgeber und Beamten zur Seite, regelten und beaufsichtigten ihr Leben, und waren die Erzieher ihrer Söhne; und wenn ein König nicht in ihrem Sinn regierte, so stürzten sie ihn wohl gar vom Throne. Sie waren die Gesetzgeber, und hatten die Gerechtigkeitspflege zu verwalten. Außer diesen politischen Vorrechten waren sie im alleinigen Besitze der Wissenschaft, der Astronomie, der Meßkunst, der Arzneykunde, und machten sich der Nation als Sterndeuter, Wahrsager und Beschwörer wichtig. Sie waren der einzige gebildete Stand in Aegypten, und alle Werke des Geistes und Denkmäler der Kunst und Wissenschaft, die wir noch jetzt bewundern, gehören ihnen an. Die Priesterkaste scheint in mehrere Classen eingetheilt gewesen zu seyn, welchen besondere Verrichtungen zukamen. Die meisten mögen wirklich beym Gottesdienste beschäftigt gewesen seyn; andere hatten mit der Verwaltung der priesterlichen Güter und Einkünfte, oder mit dem Lesen und Abschreiben der priesterlichen Schriften, oder mit dem Unterrichte der Jugend, oder mit der Ausübung der Arzneykunde, oder mit öffentlichen Angelegenheiten zu thun.

Die ägyptischen Priester behaupteten ihr hohes Ansehen nicht minder, als die indischen, durch eine heilige Lebensart und durch eine gewisse äußere Würde, obschon sie sich nicht solche strenge Enthaltungen auflegten. Sie schoren alle drey Tage ihr Haar am ganzen Leibe, damit ja keine Unreinigkeit an ihm haftete, und nur bey Trauerfällen ließen sie das Haar wachsen; sie wuschen sich zwey Mal bey Tag und bey Nacht, und säuberten fleißig ihre Trinkgefäße. Sie enthielten sich mehrerer thierischen und Pflanzenspeisen, die man für unrein oder ungesund hielt, namentlich der Fische, des Schweinefleisches und der Hülsenfrüchte, wiewohl ihnen und den Königen allein das Weintrinken erlaubt war. Gewänder von thierischem Stoff war ihnen verboten, sie trugen keine andern, als von ägyptischer Leinewand, so wie Schuhe von Schilfrohr.

Es ist wohl Niemand, der nicht gern die Frage beantwortet zu sehen wünschte, wie diese so höchst merkwürdige und wichtige Einrichtung der Kasten entstanden seyn möge. Allgemeine Erklärungsgründe liegen in dem natürlichen Unterschied der Stände, der Vorliebe der alten Völker für das Geschlechts- und Stammes-Wesen, wovon noch bey uns die Achtung für den Adel übrig ist, und der Geist der Gewohnheit, der unter diesen Völkern Alles feststellte. So wie der priesterliche Beruf sich von den übrigen Berufsarten ausschied, so konnte er sich auch in gewissen Geschlechtern feststellen, und aus diesen konnte sich ein ganzer Stamm bilden, der sich zuletzt ganz abschloß, und durch seine lange behaupteten Vorzüge ein solches Ansehen gewann, daß man ihn als ein von der Natur begünstigtes Geschlecht ansah. Allein diese Gründe möchten wohl kaum als hinreichend angesehen werden können. Sehr vieles spricht für die Annahme, daß die Priesterkaste der Aegypter ein fremder aus Aethiopien eingewanderter Stamm sey, welcher die rohen Landes-Einwohner zur Religion und Gesittung theils mit Gewalt, theils mit Güte gewöhnt, und dadurch sein Uebergewicht gegründet habe. Ja, man will an den Schädeln der Priester-Mumien eine Art Verschiedenheit entdeckt haben, welche auf einen indischen Ursprung deutet, so daß man vermuthet, dieser Stamm sey aus Indien eingewandert, und habe sich die Stämme der Eingeborenen unterworfen. Eben so hält man auch die indische Priesterkaste für einen fremden Stamm, der von Norden her eingewandert sey. Wie in Aegypten alles nach Süden hin deutet, so in Indien nach Norden hin. Auch ist die Brahminen-Kaste vor den geringeren Kasten durch die hellere Farbe und edlere Gesichtsbildung ausgezeichnet. „Der Abstand zwischen den spanischen Creolen und den Peruanern an Farbe und Profil, sagt Heeren, ist nicht so groß, als zwischen den Brahminen und Paria's; eine Vergleichung, die ich um so lieber wähle, da die Gründung der Herrschaft der Spanier in jener Weltgegend nicht bloß durch das Schwert, sondern auch durch das Kreuz, vielleicht das passendste Gegenstück zu der Gründung der Herrschaft des herrschenden Stammes der Indier über die Ureinwohner seyn würde, wenn wir die Geschichte davon hätten." Derselbe Forscher macht aufmerksam auf eine Spur in der indischen Sage, von einem Kampfe der Brahminen mit der Kriegerkaste, wodurch, wie er glaubt, die Oberherrschaft der erstern entschieden oder befestigt seyn könnte.

Dem sey nun, wie ihm wolle: mag die Kasten-Einrichtung durch Gewohnheit entstanden, oder nur durch sie befestigt und verjährt seyn; immer gehört sie in diesen Zustand des Gewohnheits-Lebens, dessen religiöse Bildung wir hier betrachten.

Bey andern Völkern bestand bloß ein erbliches Priesterthum, ohne die übrigen Kasten-Unterschiede, wie unter den Medern und Persern, wo die Magier einen erblichen Priesterstand bildeten. Anderwärts war das Priesterthum nur in gewissen Familien erblich, wie bey den ehemaligen

Mexicanern und Peruanern, und wie noch jetzt bey mehreren afrikanischen Völkerschaften. Solche erbliche Priester können ebenfalls zu einem hohen Grade von Ansehen und Macht gelangen. Die Magier waren die Rathgeber der Könige, und hatten auf die Regierung den größten Einfluß; ja sie suchten sich sogar in der Person des falschen Smerdis des Thrones zu bemächtigen. Die Priester der Mexicaner waren ebenfalls die Rathgeber der Könige; kein Krieg konnte ohne ihre Einwilligung unternommen werden, und ihre Entscheidungen galten als Orakelsprüche. Der Hohepriester in Congo genießt beynahe göttliche Ehre; seine Person ist heilig und unverletzlich, und seine Wohnung ein unzugängliches Heiligthum. Ohne seine Genehmigung dürfen die Könige nichts Wichtiges unternehmen, und kein Befehlshaber oder Statthalter sein Amt antreten. Diejenigen, welche zu einem solchen Amte ernannt sind, erscheinen mit demüthigen Bitten und mit Geschenken vor der Wohnung des Hohenpriesters. Sind ihm die Geschenke angenehm und genügend, so kommt er endlich hervor, besprützt die Bittenden mit Wasser, bestreut sie mit Staub, läßt sie sich auf die Erde legen, tritt ihnen mit dem Fuße auf den Leib zum Zeichen, daß sie seine unterwürfigen Knechte sind, und läßt sie alsdann schwören, daß sie ihm gehorsam seyn wollen.

Bey den Galliern scheinen die Druiden eine durch Wahl ergänzte Körperschaft gebildet zu haben; wenigstens konnten die Söhne der Edeln nach einer schweren und langwierigen Prüfung in den Priesterstand aufgenommen werden. Diese Art zum Priesterthum zu gelangen ist eigentlich die natürliche; denn sie findet sich bey den Wilden, deren Schamanen auf diese Weise ihre Schüler und Nachfolger heran ziehen. Aber auch diese Priester behaupteten einen hohen Grad von Ansehen und Gewalt. Sie waren im ausschließlichen Besitz der Wissenschaft, Dichtkunst und Erziehung. Die Könige standen unter ihrem Einfluß, und waren oft nichts als die Vollzieher ihrer Befehle. Sie hatten ebenfalls die richterliche Gewalt in den Händen, schlichteten alle Streitigkeiten, und bestraften sogar die Vergehungen der Krieger. Auch besaßen sie große Ländereyen, und waren von aller Todesstrafe ausgenommen.

Eine solche Art von Priesterthum hatte nun den entschiedendsten Einfluß auf das religiöse Leben; ja, dieses stand in gänzlicher Abhängigkeit von ihm. Die Priester waren im alleinigen Besitz der Verwaltung des Gottesdienstes; nur sie hatten das Recht zu opfern und die heiligen Gebräuche zu vollziehen. Eifersüchtig bewachten sie dieses Recht, und gestatteten Andern durchaus keine Theilnahme. Wer bey den Aegyptern ohne Zuziehung der Priester opferte, wurde mit dem Tode bestraft. Daß nun die Verrichtung der gottesdienstlichen Gebräuche das Geschäft eines besonderen Standes war, ist nicht zu tadeln; denn selbst bey uns evangelischen Christen wird ein geistliches Amt mit Recht für nothwendig gehalten, weil sonst Verwirrung entstehen, und die heiligen Gebräuche ihre Würde verlieren würden. Aber die Priester haben von jeher darauf gedacht, ihr Amt so wichtig und unentbehrlich als möglich zu machen, und dessen Wirkungskreis ins Unendliche auszudehnen. Die Brahminen haben durch eine unsägliche Menge von Gebräuchen, Reinigungen, Büßungen u. dgl., womit sie den Gottesdienst zu beladen wußten, dafür gesorgt, daß kein Indier in Einfalt und Unschuld des Herzens seinen Gott verehren kann. Sie gestatten nicht einmal gern die Ausübung einer persönlichen und häuslichen Gottesverehrung ohne ihren Einfluß, da doch der Mensch wenigstens für sich selbst das Recht hat, seinem Gott zu nahen. Sie lehren allein die rechtmäßigen Gebete, und verbieten einem Jeden unter einem schrecklichen Fluche, sie einem Andern zu offenbaren. Niemand darf sich im Ganges, dessen Wasser eine reinigende Kraft haben soll, baden, ohne sich dabey der von den Brahminen geweiheten Strohhalmen zu bedienen. Sie haben es dahin zu bringen gewußt, daß eine jede wohlhabende Familie sich einen Brahminen als Hauspriester hält, welcher alles zu beachten und zu benutzen weiß, um sich der Herrschaft über die frommen Gemüther zu bemächtigen, und sie nach seinen Absichten zu lenken. Aehnliches ist überall von allen Priestern geschehen; alle haben das Volk immer mehr von sich abhängig zu machen, und jede religiöse Selbständigkeit zu unterdrücken gesucht, da doch diese gerade das Ziel aller religiösen Bildung ist.

Die Priester waren im alleinigen Besitz der Religionslehre und heiligen Sinnbildnerey; sie schufen oder überlieferten wenigstens die Göttersagen und heiligen Gebräuche. Aber anstatt dahin zu arbeiten, daß das Volk die heilige Wahrheit immer reiner und klarer erkennte, und es zu sich heranzuziehen, suchten sie es immer mehr von sich abhängig zu machen und tiefer hinabzudrücken. Die sinnliche, oft unwürdige Art von Sinnbildern, die wir im Alterthum herrschend finden, und welche die Quelle so vieler Mißverständnisse waren, wurde allerdings durch die sinnliche Fassungskraft des Volkes nothwendig gemacht; allein die Priester kamen dieser Unfähigkeit nicht sowohl zu Hülfe, als machten sie sich zu Nutze, um ihre Herrschaft zu befestigen. Sie hätten das Volk nach und nach von den rohen Bildern entwöhnen, und ihm bessere geben sollen; aber man bemerkt wohl ein Wachsthum der Sinnbilder und Gebräuche, jedoch nicht nach klaren Grundsätzen und aufstrebenden Ideen, sondern ohne allen Plan, oder vielmehr dem Plane gemäß, das Volk immer unwissender und abhängiger zu machen. Daß die Priester den Aberglauben oft absichtlich befördert haben mögen, ist gewiß kein ungegründeter Verdacht. Der unter den Götzendienern herrschende Wahn, daß die Götzenbilder von den Göttern selbst bewohnt seyen, und das ganze Mißverständniß, das Zeichen mit der bezeichneten Sache zu verwechseln, fällt den Priestern zur Last, von denen es abgehangen hätte, dem Aberglauben zu steuern. Die Priester waren es, welche die Menschenopfer in Gang erhielten, wenigstens bey einigen Völkern; auch dürfen wir ihnen die unzüchtigen Gebräuche, welche so häufig vorkommen, zur Last legen. Denn die Priesterklugheit bringt es, wie wir gesehen haben, mit sich, vom Volke schwere und erniedrigende Aufopferungen zu fordern.

Im Allgemeinen mochte sich Standesgeist und Herrschsucht mit eigener Unklarheit und Befangenheit in der Seele der Priester verbinden, um ihnen solche Grundsätze vorzuzeichnen. Sie hatten selbst keine klare Einsicht in das Wesen und den Zweck der Religion, und eine dumpfe Abhängigkeit des Volkes von dem bestehenden Gottesdienst scheint ihnen das Ziel gewesen zu seyn, wohin zu streben sie sich verpflichtet hielten. Wenige mochten sich über diesen Standpunkt erheben, und diese Wenigen konnten nicht einen durch Jahrhunderte bestimmten Gang der Dinge ändern. Bey diesen alten Priesterschaften ist überhaupt die einzelne Persönlichkeit nichts, das Ganze, der Geist und Vortheil des Ganzen Alles. Man hat bemerkt, daß die Geschichte unter so vielen großartigen Denkmälern des priesterlichen Geistes fast gar keine Spur einzelner großer Männer unter den Priestern und ihrer Werke aufbewahrt hat. Es werden zwar Namen genannt, aber sie scheinen keine einzelnen Personen, sondern Classen oder Collectiven zu bezeichnen. Sanchuniaton war ein priesterlicher Schriftsteller der Phönicier, aber sein Name scheint keine besondere Person zu bezeichnen. Der indische Religionsstifter Buddha soll nach der Versicherung mehrerer Indier kein Individuum, sondern eine Gattung oder ein Collectiv seyn, und sein Name nichts als einen Weisen bezeichnen. In Aegypten wurden alle Schriften religiösen Inhalts des Hermes zugeschrieben, und kein besonderer Verfasser davon genannt. Alle Besonderheit, alle persönliche Auszeichnung war dem Ganzen untergeordnet; alle Einzelnen beugten sich unter das mächtige Gewicht des uralten Bestandes der Dinge. Wenn also auch der Eine oder Andere neue Ideen und Grundsätze hätte fassen können, so wäre er schwerlich im Stande gewesen, sie auszuführen. Aber selten erlaubte es wohl der angeerbte Standesgeist, daß Einer dergleichen Ideen faßte. Die indische Sage enthält die Spur einer großen, durch einen Einzelnen oder eine Gemeinschaft versuchten Umwandlung des Gottesdienstes und des ganzen religiösen Lebens. Das Religionssystem des oben genannten Buddha ist nichts als eine verbesserte Gestalt der alten Religionslehre, die aber nicht durchdrang, und deren Anhänger aus Indien vertrieben wurden. Obschon Buddha als eine Verkörperung des Wischnu angesehen wird, (wenn nicht etwa zwey Buddha zu unterscheiden sind), so ist dennoch seine Lehre als Ketzerey ausgestoßen worden, und warum? weil er den Kasten-Unterschied aufheben wollte, weil er das Heiligthum der Priesterherrschaft antastete. Er sprach nämlich den Begeisterten aus allen Ständen den Zutritt zu der Priesterweihe zu, und hob mithin geradezu die Scheidewand, welche die Priesterkaste von den andern trennt. Wenn dieses Religionssystem in Indien herrschend geworden, und der freye Geist desselben lebendig geblieben wäre: so wäre vielleicht der ganze religiöse Zustand der Indier ein anderer geworden, und das Volk hätte sich zu einem höheren Grade von Geistesbildung erhoben.

Wie eifersüchtig die Priester ihre Vorrechte bewachten, sieht man aus dem Bestreben, ihre Weisheit in ein für alle Andern undurchdringliches Geheimniß zu hüllen. Niemand darf bey den Indiern die heiligen Bücher lesen außer den Brahminen; und siedendes Oel soll demjenigen in den Hals gegossen werden, der diesem Verbote zuwider handelt. Welches kann aber der Grund desselben seyn? gewiß nicht die Sorge für das Seelenheil des Volkes, sondern gerade umgekehrt die Absicht, ihm die Einsicht in die religiöse Wahrheit zu verschließen. So blieben auch bey den Aegyptern die heiligen Bücher des Hermes für das Volk ewig verschlossen. Der gemeine Aegypter durfte nicht lesen lernen. Es gab eine Schrift für das Volk, aber die Priester hatten außer den Hieroglyphen noch eine eigene Schrift, welche den Uebrigen unzugänglich, und in welcher ihre Bücher geschrieben waren. Die Priester erklärten dem Volke nicht einmal die heiligen Gesänge, welche bey Feyerlichkeiten gesungen wurden. Bey der Einweihung des Stieres Apis sangen die Jünglinge Lieder, welche Niemand verstand. Welche Verachtung des Volkes zeigt sich in dieser absichtlichen oder unabsichtlichen Unterlassung, ihm etwas zu erklären, das, wenn es unverstanden blieb, zwecklos war. Aus demselben Grunde vertrauten die Brahminen ihre heiligen Lieder der Schrift nicht an: sie wollten sie dadurch nicht ins Volk kommen lassen. Sogar in Mitte des Priesterstammes selbst bestand eine Stufenfolge des Geheimnisses. Nicht allen Priesterclassen waren alle Bücher des Hermes zugänglich; die höheren Wissenschaften waren ein Eigenthum der höheren Priesterclassen, und den unteren war nur ein entfernter Antheil daran gestattet. Wie das ganze Volk in Abhängigkeit von den Priestern stand, so fand wieder unter ihnen selbst eine strenge Unterordnung Statt; überall herrschte die starre Nothwendigkeit.

Aber nicht bloß die religiöse Weisheit, auch alle übrigen Kenntnisse verhüllten diese Priester vor den Augen der Ungeweiheten. Die griechischen Reisenden hatten die größten Schwierigkeiten zu überwinden, um etwas von ihrer Sternkunde zu erfahren. Den Priestern war es nicht darum zu thun, mit ihren Kenntnissen zu nützen; ihr liebloser, eigennütziger Sinn ließ sie dieselben als ein unveräußerliches Eigenthum ihres Standes betrachten. Hätten sie Andere zur Kenntniß der Stern- und Naturkunde zugelassen, so hätte vielleicht ein Strahl von Geistesbildung auf das Volk fallen können; und dieses sollte ja in ewiger Unmündigkeit bleiben.

Mit der geistlichen Herrschsucht der Priester verband sich die weltliche: daher wir sie überall entweder im Besitz hoher politischer Gewalt finden, oder sie doch darnach streben sehen. In der That hat diese Verbindung der geistlichen und weltlichen Macht ursprünglich ihren Grund in der sittlich religiösen Idee, daß das Rechts- und Staatswesen etwas Heiliges sey, und in der heiligen Scheu vor den Göttern seine festeste Stütze habe. Es ist unmittelbar klar und gewiß, daß es keine Sittlichkeit ohne Religion gibt, und daß mithin die Priester Recht hatten, wenn sie das Volk durch die Religion zur Sittlichkeit erzogen. Nicht weniger ist dem Kenner der Rechtslehre der Zusammenhang der Rechtsidee mit dem Sittengesetze einleuchtend. Die Rechtsverfassung soll das, was durch die Sittlichkeit mit Freyheit verwirklicht wird, durch Zwang verwirklichen, nämlich Achtung der persönlichen Würde, Schonung und Sicherung der Verhältnisse sittlicher Wesen zu einander. Selbst die Polizey, welche Verbrechen zu verhüten sucht, hat mittelbar einen sittlichen Zweck. Rechts- und Polizeygesetze sind allerdings die Sache der gesetzgeberischen Klugheit, aber sie müssen doch aus einer sittlichen Gesinnung, aus Begeisterung für das Urbild der Gerechtigkeit hervorgehen, wenn sie nicht ihres Zweckes verfehlen wollen; und wir dürfen annehmen, daß die ältesten Gesetzgeber wirklich aus einer Art von religiöser Begeisterung handelten. Auch die Rathschlüsse und Unternehmungen der Staatsklugheit, die Beschlüsse von Krieg und Frieden u. dgl. haben nicht nur das äußere, leibliche Wohl des Volkes zum Zweck, sondern sind meistens Aufgaben der Gerechtigkeit und Volksehre, mithin sittlicher Art, und können nicht gerathen, ohne daß die sittliche Gesinnung und Begeisterung den Ausschlag gibt. Dazu kommt, daß der Mensch bey solchen Unternehmungen am meisten seine Abhängigkeit von einer höheren Macht erkennt, daß er sich gedrungen fühlt, die Hülfe derselben anzuflehen, und mithin zu der Religion und deren Dienern seine Zuflucht zu nehmen. Man glaubte in der alten Welt das Schicksal der Einzelnen und Völker in den Gestirnen oder in den Veränderungen der Elemente und andern Zeichen zu lesen; und wer möchte nicht gerne bey großen Unternehmungen den Ausgang derselben vorhersehen? Es darf uns daher nicht

Wunder

Wunder nehmen, daß die Priester auf die Gesetzgebung und Regierung einen solchen Einfluß haben, und es wäre ungerecht, diesen ganzen Einfluß auf Rechnung ihrer Herrschsucht zu setzen. Aber daß sie denselben aus Herrschsucht so weit als möglich auszudehnen gesucht, daß sie Eingriffe in die königliche Gewalt gethan, und sich allerley Anmaßungen erlaubt haben, würden wir mit Recht vermuthen dürfen, wenn uns auch die Geschichte keine Belege an die Hand gäbe. So wie sie aber ihr geistliches Ansehen gebrauchten, um ihre weltliche Gewalt zu befestigen und auszudehnen, so brauchten sie hinwiederum diese zur Befestigung von jener. Es war unmöglich, sie aus dem Besitze der alleinigen Verwaltung des Gottesdienstes zu vertreiben, da sie jeden Empörer oder Neuerer, wenn es einen solchen gegeben hätte, mit dem starken Arme der weltlichen Macht zu Boden schmettern konnten. Aber nicht zufrieden mit dieser schrecklichen Waffe, gebrauchten sie noch die geistlichen Schreckmittel des Fluches und Bannes. Die Sagen der Indier sind voll von den schrecklichen Wirkungen des Fluches eines Brahminen. Denjenigen, den die Götter selbst nicht vernichten können, der weder durch Indra, noch Schiwa noch Wischnu getödtet werden kann, wird das Feuer verzehren, wenn ihm ein Brahmine flucht. Wenn Jemand den Druiden ungehorsam war, so schlossen sie ihn von den Opfern aus, welches eine schreckliche Strafe war; denn die Ausgeschlossenen galten für ehrlos und verworfen, Alle flohen sie und mieden ihren Umgang.

Aus allem diesen erhellet, welchen Einfluß die Priester auf das religiöse Leben hatten; sie hatten es gebildet, hatten die Gebräuche und Sinnbilder geschaffen, und behaupteten den Bestand derselben. Alles Gute und alles Böse, was die alten Religionen hatten, muß ihnen zugeschrieben werden. Durch ihren Einfluß hatte sich der rohe Fetischismus zu einer edleren Form ausgebildet; sie hatten die Kenntniß der Natur erweitert, und dadurch dem frommen Gefühl ein klareres und umfassenderes Bewußtseyn gegeben. Zugleich hatten sie die Gesittung gefördert, Gesetze gegeben und Einrichtungen gegründet, und alles dieses durch die Religion geheiligt. Aber sie waren es auch, welche in diesen Zustand der Dinge alle die Verderbnisse und Verwirrungen, welche wir bemerkt haben, brachten, indem sie das Volk eher niederhielten, als aufrichteten, den Aberglauben eher nährten und verstärkten, als ihm entgegen arbeiteten, und das Mißverstehen der heiligen Gebräuche und Sagen oft absichtlich, oft unabsichtlich veranlaßten und unterhielten. Was wir daher in den alten Religionen Falsches und der wahren Idee der Religion Zuwiderlaufendes finden, ist nicht sowohl das Erzeugniß des frommen Gefühls, welches immer seiner Natur gemäß wirket, als das Ergebniß der priesterlichen Art, die Religion zu behandeln, der Einmischung der priesterlichen Herrschsucht und Geheimnißkrämerey. Es ist die menschliche Unlauterkeit und Sündhaftigkeit, welche die Wirkung des frommen Gefühls verunreinigt, und dessen Entwickelung hemmt; und diese Unlauterkeit und Sündhaftigkeit müssen wir größtentheils den Priestern, welche dazu berufen waren das Volk zu leiten und zu bilden, zur Last legen. Endlich haben sie die steife Unbeweglichkeit des ganzen Zustandes und die in ihm liegende Unmöglichkeit eines Fortschrittes, die mit dem Bedürfnisse desselben wuchs, verschuldet. Denn je älter dieser Zustand wurde, desto dringender wurde das Bedürfniß sich zu einem höheren zu erheben; aber desto starrer wurde er auch durch die immer mehr befestigte Herrschaft der Priester und ihre ihnen immer mehr zur Natur werdende Abneigung, den Schleier zu lüpfen, der ihr Geheimniß bedeckte. Als dieser Zustand der Dinge noch jugendlich frisch war, da war es möglich, ihn zu verändern und zum Bessern fortzuführen; denn damals hatte er noch eine gewisse Beweglichkeit, und der Geist, der noch nicht lange diese Stufe der Erkenntniß erstiegen hatte, war noch zum Fortschreiten geneigt: und daher geschah auch im grauen Alterthum bey den Indiern durch Buddha der Versuch einer Umwandlung. Aber seitdem die Priesterherrschaft diese ersten Regungen des Geistes niedergedrückt, und ihr Uebergewicht befestigt hatte, war an keine Veränderung mehr zu denken, und Alles war in den alten Formen erstarrt. Wir haben den Geist dieses ganzen Religionszustandes als den der Gewohnheit bezeichnet; und dieser Geist ist in der Priesterschaft gleichsam verkörpert; sie bildet den festen Damm gegen die Beweglichkeit, welche eigentlich die Natur des menschlichen Geistes ausmacht; sie weiß Alles zu versteinern. Die Folge davon war, daß diese Art von Religionen entweder gleich einer starren Masse, in welcher die Lebensbewegung erloschen ist, gleich einem Gebirg, oder gleich den großen Bauwerken, welche wir demselben Priestergeiste verdanken, sich ewig unverändert erhielt, oder von außen verändert und zerstört wurde, was auch ihr wirkliches Schicksal gewesen ist. Die ägyptische Religionsverfassung wurde durch die Eroberungen der Perser und Griechen dergestalt erschüttert, daß schon früher gewisse Veränderungen eintraten, und späterhin die geistige Gewalt des Christenthums eher in die starre Masse eindringen konnte, als es ohne jene Erschütterungen und Veränderungen möglich gewesen wäre. Anders war es in Indien, welches zwar auch in alten und neueren Zeiten von Eroberern heimgesucht, aber nicht so sehr in seinem inneren Leben erschüttert worden ist, wie Aegypten. Der Mohammedanismus hat daselbst Eingang gefunden, ohne die alte Religion zu stürzen und aufzulösen. Die mongolischen Eroberer wie alle rohen Stämme, welche die Herrschaft über gesittete Völker erringen, hatten auf das geistige Leben der Ueberwundenen wenig oder gar keinen Einfluß. Die einzige Hoffnung, dem brahminischen Aberglauben ein Ende gemacht zu sehen, beruht auf den Bemühungen der englischen und andern christlichen Missionare, das Christenthum in Indien auszubreiten; aber die Brahminen-Kaste setzt denselben große Hindernisse entgegen, und es ist die Frage, ob und wenn sie werden ganz besiegt werden.

Es ist eine zu eigenen Betrachtungen auffordernde Erscheinung, daß es einen menschlichen Bildungsstand gibt, der in sich selbst die Unfähigkeit und die Hindernisse einer fortschreitenden Entwickelung enthält, und nur von außen her die zerstörende oder umbildende Kraft erfahren kann. Die Menschheit trägt allerdings in sich den Keim und die Kraft einer unendlichen Entwickelung, aber nicht jeder Einzelne, nicht jedes Volk, wenn sie sich selbst überlassen werden, entwickeln sich wirklich, und nicht jeder Bildungsstand ist der Entwickelung fähig. Wenn nämlich in einem solchen die Kraft des Bestandes die Kraft der Entwickelungs-Fähigkeit besiegt, so bildet er zwar einen Ring in der Kette der Entwickelung, muß aber, wenn diese Statt finden soll, durch eine höhere Kraft gesprengt oder aufgelöst werden. Daraus erhellet die Nothwendigkeit des Christenthums, als eines Sauerteigs, welcher die ganze Masse der Menschheit durchsäuren, und jeden Theil, der sich verhärten und versteinern will, in Gährung setzen muß. Diese Betrachtung kann uns sogar trösten wegen der gewaltthätigen Art, mit welcher es leider zum Theil verbreitet worden ist. Der Bildungsstand der alten Sachsen, der Mexicaner und anderer Völker, welche mit Gewalt zum christlichen Glauben bekehrt wurden, hätte nie weiter geführt, wäre ewig geblieben, was er war. Es ist eine einschmeichelnde Idee, daß die Bildung eines jeden Volkes sich aus seinen Anfängen unvermischt entwickeln sollte, wie eine Pflanze, welche nach ihren eigenen Gesetzen wächst, blüht und Früchte trägt; aber es ist ein Traum, der nicht verwirklicht werden kann. Nicht jede einzelne Bildungsform, sondern die Bildung der ganzen Menschheit ist einer so sich entwickelnden Pflanze zu vergleichen; einzelne Zustände oder Formen in ihr sind, wie die härteren, unedleren Theile der Pflanze, welche die schlechteren Säfte an sich ziehen, und an der Schönheit und Milde der Blüthe und Frucht keinen Theil haben, wie etwa die Dornen oder die Kelchblätter, oder die Samenkapseln. Aber sowie dergleichen Auswüchse oder Hüllen durch Naturgesetze bedingt sind, so sind es auch solche Bildungsformen; und daher wollen wir nicht mit Unwillen und Verachtung darüber urtheilen, auch nicht das Priesterthum allzu hart richten, welches allerdings das Hinderniß der Fortbildung ist. Betrachten wir es als eine Natur-Erscheinung, welche nach gewissen nothwendigen Gesetzen entsteht, sowie auch wirklich die Starrheit seines Bestehens etwas der Natur-Nothwendigkeit Aehnliches hat; und zwar ist es eine großartige, gewaltige Natur-Erscheinung. Es lebt in den alten Priesterschaften, besonders in den indischen, ein großartiger Sinn, von welchem ihre großen Bau- und Kunstwerke zeugen; und die ältesten Geschlechter derselben waren gewiß von einer wahren Begeisterung erfüllt. Das Priesterthum war in einer Hinsicht schädlich, aber in anderer Hinsicht auch nützlich und nothwendig; denn ohne dasselbe wäre keine Religion dieser Art und keine Gesittung möglich gewesen. Die Priester erhoben das Volk zu einer, wenn auch dunkeln Ahnung der Gottheit, gewöhnten es zur heiligen Scheu, zur Zucht und Ordnung, und beförderten die Entwickelung von manchem Guten und Schönen. Nur eine Religion, wie das Christenthum, macht das Priesterthum entbehrlich, und doch auch nicht zu allen Zeiten und auf jeder Bildungsstufe. Die Griechen entbehrten eines geschlossenen Priesterthums, und bey ihnen war die Religion einer freyeren Behandlung überlassen; sie löste sich aber auch fast ganz in Dichtung und Weltweisheit auf; und so viel Schönes die Bildung der Griechen hat, so kann sie doch nicht als Muster für alle Völker gelten. Ein warnendes Beyspiel stellt uns in dieser Hinsicht besonders China auf, wo das ehedem mächtige Priesterthum soviel als nichts mehr gilt, und die weltliche Macht, die Willkür des Kaisers und der Mandarinen, Alles ist, wo diejenigen, welche Alles, was an Priesterthum und Priesterherrschaft erinnert, wie die Wurzel alles Uebels verabscheuen, ihr Musterbild finden. Was ist die Folge dieses Sieges der weltlichen Macht über die geistliche gewesen? Unglaube unter den höheren Ständen, grober Götzendienst unter dem niederen Volke, leere Gebräuche und Förmlichkeiten ohne allen religiösen Geist, der entsetzlichste, grausamste Despotismus, die niedrigste Sklavengesinnung, Feigheit mit Arglist gepaart, ein gänzlicher Mangel an jeder edlen Gesinnung, eine sittliche Fühllosigkeit, welche selbst die natürlichen Gefühle der Vater- und Mutterliebe unterdrückt, und eine Gleichgültigkeit, welche nur durch Habsucht noch in Bewegung gesetzt werden kann, eine gänzliche Erstarrung des Lebens in Gewohnheit und Einförmigkeit; genug, der gräßliche Zustand einer Gesittung ohne allen Geist *). Das Priesterthum kann nur durch einen höheren Grad von religiöser Bildung, durch einen lebendigen Geist des Glaubens, entbehrlich gemacht werden. Wo dieser noch fehlt, und das Volk einer äußerlichen, sinnlichen Gewähr der religiösen Wahrheit bedarf, da ist die Herrschaft der Religion einzig durch das Priesterthum bedingt. Und ist es nicht edler, sich vor einer Gewalt zu beugen, die sich auf das Heilige gründet, als vor der Geißel eines Zwingherrn im Staube zu kriechen? Mag jenes zum Theil Täuschung seyn, so ist dieses die elendeste, niedrigste Wahrheit, welche auch das Thier anerkennt, daß man sich der überlegenen Gewalt beugen müsse. Die Priester-Herrschaft nährt doch immer ein Gefühl der Religion, wenn auch ein unreines und abergläubiges; aber die weltliche Zwingherrschaft ruft nichts als thierische Begierden hervor, und unterdrückt jeden edleren Keim.

Das Priesterthum hat seine nothwendige Stelle in der Entwickelungsreihe der Religion, und es trägt nur die Schuld der Anmaßung und der Ueberschreitung seiner Grenzen; es wollte immer mehr seyn, als es seyn sollte. Aber das ist ein allgemeiner menschlicher Fehler. Niemand ordnet sich gern dem Ganzen unter, ein Jeder trägt in das, was er treibt, mehr oder weniger die Selbstsucht, die Anmaßlichkeit, die Leidenschaftlichkeit; ein Jeder ist mehr oder weniger einseitig, und sucht mehr seine, als Gottes Sache.

*) S. Benj. Constant de la religion T. II. L. IV. ch. 12.

Dreyzehnte Vorlesung.

Gottesdienstliche Formen und Gebräuche und sittlicher Einfluß dieser Religionen auf das Leben.

Um den Geist der bisher betrachteten Religionen zu bezeichnen, müssen wir die gottesdienstlichen Formen derselben nicht übergehen: darin zeigt sich die thätige Frömmigkeit, auf die es doch überall ankommt. Aus der Art, wie der Mensch seine Götter verehrt, erhellet oft deutlicher, als aus seinen Glaubens-Vorstellungen, von welcher Art seine Frömmigkeit ist. Auch den Einfluß, den diese Religionen auf das Leben ausüben, dürfen wir nicht unbemerkt lassen; denn darin zeigt sich besonders ihr Geist lebendig.

Die Art von Sinnbildnerey, welche in den alten Religionen, mit Ausnahme der persischen, herrschend war, brachte es mit sich, daß man die Götter abbildete, und zwar menschenähnlich. Man sollte denken, daß, wenn man einmal diesen Weg betreten, man als Ziel die höchste Vollkommenheit und Schönheit der Gestalt hätte ins Auge fassen müssen, weil man ja doch den Göttern das Vollkommenste zuschreiben muß. Allein bey den Völkern, die bis jetzt den Gegenstand unserer Betrachtung ausmachen, nahm die heilige Bildnerey meistens einen andern Gang. Die Symbolik der Aegypter und Syrer war noch sehr mit dem Thierdienst verwachsen: daher finden wir in ihren Götterbildern das Menschliche mit dem Thierischen auf eine sonderbare Art gemischt. Isis und Osiris werden zwar auch menschlich gebildet, und unter den altägyptischen Denkmälern sollen sich herrliche Götterbilder finden; aber die eigenthümliche Gestalt jener Göttin ist die eines Weibes mit einem Stierkopf, und Osiris hat einen Sperberkopf. Der Anubis wird mit einem Hundskopfe abgebildet, der Jupiter Ammon mit dem Kopfe eines Widders, Hermes mit dem einer Ibis. Die Götterbilder der Indier haben in der Regel keine thierischen Gliedmaßen, aber sind darum nicht weniger unförmlich; sie haben mehrere Häupter und Arme, wodurch ihre mehrfachen Eigenschaften und Wirkungen abgebildet werden sollen, und in ihrer Gestalt ist überhaupt kein richtiges Verhältniß. Daß die Derketo der Syrer halb Weib, halb Fisch war, haben wir schon bemerkt. Der Anblick dieser abentheuerlichen Göttergestalten mochte wohl eine wunderliche Ahnung, aber durchaus kein Gottes würdiges Gefühl erwecken.

Allgemein ist der Aberglaube unter den Götzendienern, daß die Götter in den Bildern wohnen. Ursprünglich sollten diese nur an sie erinnern, ihre Eigenschaften versinnbilden und der Verehrung einen Gegenstand darbieten; aber die heilige Ehrfurcht, mit welcher man sie betrachtete, erzeugte den Wahn, den die Priester begünstigten, daß sie nicht bloße Sinnbilder, sondern vom göttlichen Wesen selbst erfüllt seyen; wie sehr aber darunter die wahre Frömmigkeit leiden mußte, ist durch sich selbst klar.

In einem vortheilhafteren Lichte erscheint der Tempelbau der Indier und Aegypter. Verehrt man die Götter in Bildern, so erbaut man ihnen Wohnungen, Heiligthümer, Tempel. Selbst die Israeliten, welche keine Götterbilder verehrten, behielten die allgemeine Sitte bey, und errichteten ihrem Jehova einen Tempel. Bewundernswürdig sind die heiligen Bauwerke der Indier und Aegypter, von welchen noch Ueberreste vorhanden sind. Die ältesten Tempel der Indier waren unterirdisch, in Felsen gehauen, oder Tempelgrotten. Dergleichen finden sich auf den Inseln Elephante und Salsette. Der Tempel auf Elephante hat ohne die Nebenkammern etwa 120 Fuß in der Länge und eben so viel in der Breite. Der darüber liegende Berg wird von Pfeilern getragen, welche man vom Felsen selber hat stehen lassen. Die Wände sind mit Abbildungen der Götter bedeckt, besonders des Schiwa, welchem der Tempel scheint geweihet gewesen zu seyn. Das Ganze ist ein Werk, dessen Ausführung und Vollendung eine lange Reihe von Jahren große Ausdauer und Kunst erfordert hat. Die Steinart des Felsens, in welchen Alles gehauen ist, der harte Thonporphyr, konnte vielleicht nur mit Hülfe des schon im Alterthum berühmten indischen Stahls, Wudz genannt, bezwungen werden, und welche Berechnung und welche Kühnheit gehörte dazu, diese großen Räume auszuhölen, und vor dem Zusammenstürzen zu sichern! Noch größer sind die Tempelgrotten auf Salsette. Der hohe Berg, welchen diese Insel enthält, ist allenthalben ausgehölt. Der eine Tempel, den man vorzugsweise die große Pagode nennt, ist gewölbt, 100 Schritt lanz und 40 breit, mit 4 Säulen am Eingange und 30 im Innern, und läuft am Ende in eine Art von Kuppel aus. Zwey andere

Pagoden scheinen dieser an Größe kaum nachzustehen, und daneben und dazwischen sind viele kleinere Grotten, die man noch nicht hat zählen können; außerdem Treppen, Teiche, heilige Plätze, Alles in den Felsen gehauen. Die Tempelgrotte zu Carli scheint in Rücksicht der Vollendung der Arbeit die erste unter allen zu seyn, wenn sie auch an Umfang den Anlagen auf Salsette nachsteht. Der Haupttempel ist gleichfalls gewölbt, von Pfeilern unterstützt, und endet in eine Kuppel. Aber alles bisherige übertreffen die berühmten Grotten von Ellore. In einem Felsengebirge, das sich in der Form eines Halbzirkels oder Hufeisens über eine halbe Meile in die Breite ausdehnt, findet sich eine Reihe von Grotten, oft in zwey oder drey Stockwerken übereinander, die bald mit einander in Verbindung stehen, bald von einander durch Zwischenräume getrennt sind, in denen sich aber wieder viele kleinere Grotten finden. Die unterirdische Baukunst wetteifert hier an Größe und Pracht mit den prächtigsten Bauwerken über der Erde. Man findet hier Vorhöfe, Treppen, Brücken, Säulen und Säulengänge, Obelisken, Colosse, und fast an allen Wänden Bildwerke in halb erhabener Arbeit. In der einen Tempelgrotte findet sich ein zweyter Tempel, aus einem freystehenden Felsenstück in Form einer Pyramide gehauen, dessen Bau wundervoll seyn soll. Wenige indische Gottheiten sind bekannt, denen nicht hier ein Tempel geweiht wäre: das Ganze ist daher eine Tempelstadt, ein Pantheon. Die zahllose Menge der kleinen Grotten scheint theils zu Wohnungen für die Priester, theils zu Herbergen für die Tausende von Pilgern und Büßenden bestimmt gewesen zu seyn, welche, wie noch jetzt bey den besuchtesten Pagoden Indiens, bey diesen Heiligthümern zusammenflossen. Bewundernswürdige Denkmäler, theils in Felsen gehauen, theils Gebäude über der Erde, sind die sogenannten sieben Pagoden von Mavalipuram an der Küste von Coromandel. Es sind nicht bloß 7 Pagoden oder Tempel, sondern die weitläuftigen Ruinen einer ehemaligen großen Königsstadt, welche zum Theil vom Meere verschlungen ist. Man findet hier außer Grotten auch eigentliche Bauwerke, Mauern aus mächtigen Quaderblöcken aufgeführt. Die Verschiedenheit der Bauart berechtigt zu der Vermuthung, daß diese Denkmäler nicht zugleich, sondern in langen Zwischenräumen entstanden sind; aber die Geschichte schweigt gänzlich über den Ursprung derselben, und die Sage setzt ihn in das tiefste Alterthum. Wahrscheinlich erbaute die herrschende Priesterkaste diese Tempelstadt, als den Mittelpunkt ihres Cultus und ihrer politischen Macht. Die Pagoden der Indier, welche noch stehen und besucht werden, sind meistens sehr großartige, bewundernswürdige Gebäude in Pyramidenform; und gewöhnlich finden sich mehrere neben einander. Als das Muster von allen kann die Pagode von Chalambrom in der Landschaft Tanjore betrachtet werden. Eine doppelte Einfassung umschließt hier die Heiligthümer; die äußere, ein länglichtes Viereck, 220 Toisen lang und 160 breit, ist aus Backsteinen, mit Quadern bekleidet, die innere aber ganz aus Quadern gebaut. Jede Seite hat ein prächtiges Thor, und über demselben eine Pyramide von 150 Fuß Höhe, von unten bis oben mit Bildwerk bedeckt. In der zweyten Einfassung sind die heiligen Gebäude und Anlagen. Ein Theil des innern Flächenraums ist von einer dritten Einfassung umschlossen, um welche inwendig ein Säulengang lauft; in ihr finden sich drey Capellen. Die Mitte des Raumes nimmt ein großer, zu den heiligen Reinigungen bestimmter Teich ein, um welchen ebenfalls ein Säulengang läuft. An der rechten Seite ist der Haupttempel, der wieder seine Einfassung mit einem Säulengang hat, Eine Vorhalle von 6 Reihen Säulen führt zu dem Tempel, dessen Heiligstes stets durch viele Lampen erleuchtet ist. Vor dem Eingange steht das Standbild des heiligen Stiers Nundi. Neben dem Tempel ist ein Saal, dessen flache Decke von 100 Säulen getragen wird. Alles aber übertrifft das an der andern Seite des Teiches befindliche Gebäude, ein Heiligthum oder eine Capelle in der Mitte einer ungeheuern Säulenhalle, 360 Fuß lang und 260 breit. Gegen 1000 Säulen, jede 30 Fuß hoch, und gerade Gänge bildend, tragen das flache Dach, das aus großen, platt aufliegenden Steinblöcken besteht. Alles ist mit Bildwerk bedeckt, durch welches ganze Scenen aus dem epischen Gedicht Mahabarat und der Götterlehre dargestellt sind.

Noch mehr Bewunderung verdienen die heiligen Denkmäler des alten Aegyptens, von deren Ueberbleibseln wir dem Kaiser Napoleon und seinen Gelehrten prächtige Abbildungen verdanken. Die bedeutendsten dieser Denkmäler finden sich in Oberägypten an der Stelle der alten Königsstadt Theben. Es sind Königs-Paläste und Tempel; aber auch erstere sind mit heiligen Bildwerken geziert, und durch religiöse Beziehungen geweihet. Im großen Palast von Medinat-Abu findet sich ein Säulenhof oder Peristyl, dessen Säulen eine himmelblaue Decke mit goldenen Gestirnen tragen, und an dessen Pilastern colossale Götterbilder lehnen, wovon der Eindruck nach der Beschreibung der französischen Gelehrten außerordentlich erhaben seyn soll. „Wie kann man bey dem Anblick dieser Versammlung von Göttern, welche die allenthalben auf diesen Mauern geschriebenen Gesetze der Weisheit und Gerechtigkeit zu verkündigen scheinen, nicht von tiefer religiöser Ehrfurcht ergriffen werden! Indem die ägyptischen Künstler diese Götterbilder an die Pilaster fügten, welche die reiche Decke mit goldenen Gestirnen auf blauem Grunde tragen, scheinen sie nicht die Gottheit selbst unter dem azurnen Gewölbe des Himmels, der ihre Unermeßlichkeit ausfüllt, darstellen gewollt zu haben? Und wenn wir, denen der Cultus und die Sitten der Aegypter fremd sind, nicht ohne Rührung in diese Hallen treten konnten, in denen jeder Pfeiler eine Gottheit ist: welchen lebendigen und tiefen Eindruck mußte der Anblick dieser Stätte nicht auf diejenigen hervorbringen, für die Alles hier einen religiösen Sinn hatte!" — Der große Tempel von Karnak ist eines der erhabensten und prächtigsten Bauwerke, welche man kennt. Zu ihm führt von Süden her ein frey stehendes Thor von mehr als 62 Fuß Höhe, aus Sandstein gebaut; auf das reichste mit Bildwerk verziert. Aus diesem Thore tritt man nicht sogleich in den Tempel, der noch 130 Fuß entfernt ist, sondern in eine Gallerie von Widder-Colossen, 22 an der Zahl, die dem Besucher des Heiligthums ankündigte, daß es dem Jupiter Ammon geweihet sey. Den Eingang selber bildet eine Vorhalle oder ein Pylon, vor welchem ebenfalls Colossen standen; durch diese Vorhalle gelangt man in einen Säulenhof, und aus diesem in einen Säulensaal, auf welchen das Adytum oder Allerheiligste folgt. Die Gebäude auf der Ostseite des Nils bilden zwey Gruppen, welche durch eine Allee von Sphinx-Colossen verbunden sind, die sich in der Nähe von Karnak in mehrere spaltete. Alle diese Sphinxe haben an 12—18 Fuß Länge; es sind theils liegende Löwen mit Widder- und weiblichen Köpfen, theils liegende Widder.

Die große Hauptallee muß allein mehr als 600 Colosse enthalten haben; die Gesammtzahl überstieg wahrscheinlich weit das Doppelte. Die noch vorhandenen sind meisterhaft gearbeitet. „Die stolze Ruhe, welche ihre Lage ausdrückt, mußte in den Pilgern, die in dieser Riesenallee von dem einen Heiligthum zum andern mit den großen Processionen, dergleichen auf den Mauern abgebildet sind, wallfahrteten, mit dem Gefühl der Ehrfurcht zugleich das stille Nachdenken erhalten, in welches die Ueberreste dieser Werke noch jeden Betrachter versenken“ *). Die hohe künstlerische Vollendung der Bildwerke, welche diese Gebäude enthalten, gibt ihnen einen entschiedenen Vorzug vor den indischen Denkmälern. Die Mauern sind mit gemalten Sculpturen bedeckt, welche historische Scenen, Schlachten, Processionen, Einweihungen vorstellen, und welche durch gute Zeichnung und frisches Colorit gefallen. Von dem Kopfe eines Colosses sagen die französischen Gelehrten: „Er hat jene Ruhe voller Anmuth, jene glückliche Gesichtsbildung, die mehr als die Schönheit selbst gefällt. Es ist unmöglich die Gottheit unter Zügen darzustellen, welche ihr mehr Liebe und Verehrung gewinnen könnten.“

Diese heiligen Bau- und Bildwerke legen von dem Geiste, der in der indischen und ägyptischen Religion lebte, ein vortheilhaftes Zeugniß ab. So albern uns manche Sinnbilder ihrer Götterlehre und ihres Gottesdienstes erscheinen, so können wir doch nicht läugnen, daß wenigstens

*) Heerens Worte, dem wir überhaupt in der Beschreibung dieser und der indischen Denkmäler gefolgt sind. S. Zusätze zu der dritten Ausgabe der Ideen über die Politik, den Verkehr und den Handel der vornehmsten Völker der alten Welt.

ihre Künstler und die sie leitenden Priester und Herrscher, von sehr würdigen und erhabenen Gefühlen der Frömmigkeit erfüllt waren, und daß das diese Tempel betretende Volk einen sehr erhebenden Eindruck empfangen mußte, einen Eindruck, welcher alles Nachtheilige der übrigen Sinnbildnerey überwog. Groß und Ehrfurcht gebietend waren übrigens die heiligen Anstalten und Stiftungen, die zahlreiche Priesterschaft, der Reichthum und die Pracht, welche sie umgab, der zahlreiche Zufluß von Pilgern. Beym Heiligthum von Chalambrom waren nicht weniger als 3000 Brahminen angestellt; und da die Kosten der Unterhaltung bloß aus milden Gaben bestritten wurden, indem das Heiligthum selber ohne Vermögen an liegenden Gründen ist: so mußte der Zufluß der Pilger unermeßlich seyn. Dagegen ist die Pagode des Jagrenat so reich, daß ihre Einkünfte nicht nur zur Unterhaltung der zahlreichen Priesterschaft, sondern auch vieler tausend armer Pilger, die hier umsonst gespeist werden, hinreichen. Auch der Reichthum und Glanz der ägyptischen Tempel muß groß gewesen seyn, da die Priesterschaft ein Drittheil der Ländereyen besaß, und jene großen Bauwerke aufführen konnte. Von der Pracht und Feyerlichkeit der Umgänge und anderer heiligen Handlungen zeugen die Bildwerke in den Ruinen von Theben.

Die gewöhnlichsten heiligen Handlungen sind auch hier Opfer; und da hierin eine Hauptquelle der Einkünfte der Priester lag, so hat ihr Eigennutz unstreitig die Andacht des Volkes auf diese das fromme Gefühl so wenig berührenden Formen geflissentlich geheftet. Die Opfer waren blutige und unblutige; bey den Indiern, die so wenig Fleisch genießen, und wegen ihrer Begriffe von der Seelenwanderung das Leben der Thiere schonen, sind sie meistens von der letzten Art, und bestehen in Reis, Kokosnüssen, Butter, Oel, Früchten und Blumen. Demungeachtet kommen bey ihnen Spuren von Menschenopfern vor. In Zeiten großer Landplagen und gefährlicher Kriege stürzte man die vornehmsten Brahminen von den Pagoden herunter, um den Zorn der Götter zu versöhnen. Noch im Jahre 1746 soll der König von Trawancur in einem Kriege funfzehn kleine Kinder, theils christlicher Eltern, theils von einer unedlen Kaste lebendig haben begraben lassen. Freywillige Menschenopfer kommen noch jetzt in Indien vor, und in ihnen liegt vielleicht zum Theil der Ursprung der Menschenopfer. Am Feste des Gottes Jagrenat werfen sich Viele unter die Räder des Wagens, auf welchem sein Bildniß herumgeführt wird, um sich zerquetschen zu lassen. Andere stürzen sich in den Ganges oder einen andern Strom, um desto eher mit den Göttern vereinigt zu werden. Die religiöse Begeisterung kann sich im rohen Menschen zu einer Art von Wuth steigern, in welcher er in gewaltigen Bewegungen des Körpers, heftigen Tänzen und Sprüngen tobt, und selbst Hand an sich legt und sich verstümmelt. Dergleichen Verstümmelungen waren besonders bey den phrygischen Priestern üblich, wenn sie in heilige Raserey geriethen. Von der Selbstverstümmelung aber zur Selbstopferung ist nur ein Schritt. Zu Herodots Zeit kannten die Aegypter keine Menschenopfer mehr, allein in ältern Zeiten scheinen sie wirklich deren auch gebracht zu haben. Am meisten bekannt sind die Menschenopfer, welche die Cananiter dem Götzen Moloch, und die Phönicier und Carthager dem sogenannten Saturn darbrachten. Man opferte vorzüglich Kinder, welche man in die Arme des ehernen Standbildes des Götzen legte, von wo sie in ein unten angezündetes

Feuer rollten. Man pflegte bey großen Unglücksfällen hunderte von Kindern zu opfern. Als Agathokles gegen Karthago heranzog, wurden 200 Kinder aus den angesehensten Familien zum Opfer bestimmt, und außerdem wurden noch 300 andere von armen Eltern dargebracht. Es war nicht genug, daß die Eltern den schmerzlichen Verlust erlitten, sie mußten die Kinder selbst und zwar mit freudiger Miene darbringen. Damit jedoch der unfreywillige Ausbruch ihrer Klagen das Opfer nicht störte, machte man während desselben eine alles übertäubende rauschende Musik. Auch die Gallier und Germanen kannten Menschenopfer. Die Griechen und Römer gaben denjenigen Göttern, welche mit Menschenopfern verehrt wurden, gewöhnlich den Namen Kronos oder Saturn, weil diesem Gotte bey ihnen ehedem solche Opfer gebracht worden waren; und wäre er der Gott der Zeit und Vergänglichkeit, wie man es gewöhnlich annimmt, so hätte es wohl einen Sinn gehabt, ihm, dem Alles Verschlingenden, selbst das Edelste, das Menschenleben, zu weihen; aber Saturn ist der Gott der alten, rohen Zeit, welcher diese Opfer eigen waren, und daher benennt man jeden Gott, welcher Menschenopfer erhielt, mit diesem Namen. Am blutdürstigsten war der Gottesdienst der Mexicaner. Bey ihnen opferte man alle Gefangenen, welche man im Kriege gemacht hatte; und es soll vorgekommen seyn, daß an einem Tage in verschiedenen Gegenden des Reichs bey 20000 Menschenopfer gebracht wurden. Wenn eine Zeit lang keine Menschen waren geopfert worden, so meldeten die Priester dem Könige, daß die Götter hungrig wären. Alsdann sandte dieser bewaffnete Schaaren aus, um Gefangene einzubringen, mit deren Blut man den Hunger der Götter stillen könnte.

Die Opfer sind theils Dank-, theils Sühnopfer, und die Menschenopfer haben meistens den letzten Zweck gehabt, obschon sie auch zum Theil als Dankopfer sind gebracht worden. Kriegsgefangene wurden zum Dank für den erhaltenen Sieg und zur Versöhnung der gefallenen Krieger geopfert. Die Aegypter scheinen ehedem dem Nil, wenn er über das Land geleitet werden sollte, eine Jungfrau geopfert zu haben. Dieß kann man aus der noch bestehenden Sitte, um diese Zeit das irdene Bild einer Jungfrau in den Strom zu werfen, mit Wahrscheinlichkeit schließen. Den Sühnopfern scheint man eine stellvertretende Bedeutung zugeschrieben zu haben, so nämlich, daß man auf sie den Zorn der Götter ableiten wollte, welcher die Opfernden treffen könnte. Nach Herodot verfluchten die Aegypter die Opferthiere mit der Formel, daß das Unheil, welches die Opfernden oder ganz Aegypten treffen könnte, auf ihr Haupt fallen sollte. Auf den Siegeln, mit welchen die Opferkälber von den Priestern bezeichnet wurden, war ein knieender Mensch, der den Opferstreich empfangen sollte, abgebildet. Dieses Sinnbild bezeichnet die sehr wahre Idee, daß alle Menschen sich mit dem Gefühl der Vergänglichkeit und Unwürdigkeit vor Gott zu beugen haben. Man hielt das Blut eines lebendigen Wesens, zumal eines Menschen, für am meisten geeignet, den Zorn der Götter zu versöhnen, und das Leben oder das Heil der Opfernden zu erkaufen: vielleicht nach dem Rechtsgrundsatze der Vergeltung, vielleicht weil ein blutiges Opfer am meisten das Gefühl der Selbstverleugnung erweckte. So roh sinnlich und barbarisch der Opferdienst ist, so kann man doch nicht leugnen, daß er, wenigstens in seinem Ursprunge, aus religiösen Gefühlserregungen hervorgegangen ist; aber er war nur zu sehr geeignet, in ein leeres Formenwesen überzugehen, und das fromme Gefühl eher zu unterdrücken, als zu erwecken und zu nähren. Denn wenn sich auch in Jemanden ein Gefühl der Abhängigkeit und der Schuld regte, und seinen innern Frieden störte; so entledigte er sich desselben leicht durch Darbringung von Opfern, mit welchen er die erzürnte Gottheit zu versöhnen hoffte. Der Opferdienst führte daher eher von der Frömmigkeit des Herzens ab, als daß er sie beförderte.

Wie die Sagen der Götterlehre meistens vom Volke nicht verstanden oder mißverstanden wurden, so war auch gewiß mancher Opfer- und andere Gebrauch zur sinnlosen Form geworden, die man mit frommer Gedankenlosigkeit, ohne allen Nutzen für das Herz, beobachtete. Das Blumenopfer Arkja bey den Indiern hat gewiß ursprünglich einen schönen Sinn gehabt; es soll sich auf die Wohlfahrt der Seelen und ihre Wanderungen beziehen. Indem man geheimnißvolle Gebetsformeln, deren Sinn selbst für die Brahminen ungewiß ist, hersagt, bestreut man das Bild des Gottes mit Blumen, und geht um dasselbe oder dessen Tempel hundert und acht Mal herum, zur Andeutung der periodischen Wanderungen der Seelen.

Außer den eigentlichen Opfern waren auch Gaben und Geschenke, als Zeichen der Dankbarkeit gegen die Götter, sehr üblich. Man brachte die Erstlinge der Früchte, einen Theil der Siegesbeute, die Werkzeuge, mit denen man sich Unterhalt, Sicherheit, Ruhm erworben hatte, Zeichen der Rettung aus Krankheit und andern Gefahren u. dgl. m. dar. Reiche stifteten in die Tempel kostbare Geschenke zum Andenken, oder lieferten dahin einen Theil ihrer Schätze ab. Unermeßlich sollen die Reichthümer gewesen seyn, welche in mehreren alten Tempeln aufgehäuft waren. So zwecklos diese Gaben waren, so wenig mag meistens wahre Frömmigkeit daran Antheil gehabt haben. Es war ein für die Reichen und Mächtigen leichtes Mittel sich die Gunst der habsüchtigen Priester und der Götter, welchen man die gleiche Leidenschaft lieh, zu erkaufen.

Eine Seite des alten Gottesdienstes, welche den Geist desselben vorzugsweise bezeichnet, erlaubt die edlere Sitte kaum anzudeuten. Man verehrte, wie bemerkt worden, in den Göttern die zeugende und gebärende Naturkraft, und bezeichnete diese geradezu als diejenige Kraft, welcher das Menschengeschlecht seine Fortpflanzung verdankt. Man nannte das Zeichen derselben Lingam, Joni, Phallus, und betete es als ein göttliches Sinnbild an. Diese Sinnbildnerey und Anbetung widerstrebt unserm Schamgefühl, aber sie verdankt ihren Ursprung dem zwar rohen, aber schuldlosen und unbefangenen Natursinne der Alten, vermöge dessen sie das Wichtige und Heilige eines Verhältnisses, dem Alles seine Entstehung verdankt, offen, ohne Verschleierung anerkannten. Es mochte nicht gerade die rein religiöse Anerkennung der göttlichen Naturkraft seyn, wie sie sich in allem Entstehen offenbart, was man ursprünglich in diesem Dienst aussprach; die späteren Mythologen mögen die Sache allerdings etwas zu allgemein und geistig genommen haben. Aber gewiß war es nichts als der Wunsch eines fruchtbaren Ehesegens oder der Dank dafür, was jener allgemeinen Idee zum Grunde lag; denn, wie bekannt, ist das Glück zahlreicher Kinder den Morgenländern höchst wichtig, und ihren Frauen gilt der Ruhm der Fruchtbarkeit mehr, als die Zierde der Schamhaftigkeit. Nachher hat sich freylich in den ernsten und ehrenwerthen Sinn des Gebrauchs das Gift der Wollust eingeschlichen, so daß er sittenverderbend und ein wahrer Gräuel geworden ist. Es ist gefährlich in der Natur, zumal in einem Triebe derselben, das Göttliche zu verehren, wenn man nicht zugleich die sittliche Kraft aus Gott hat, sich über sie und ihre Reize zu erheben. Aber eben für das letztere thaten die alten Religionen wenig oder nichts, und daher mußte die Anbetung des Lingam für die Sitten höchst verderblich seyn. Den Priestern lag, wie bemerkt, weniger das geistige Heil des Volkes, als der Glanz ihrer Tempel und die Herrschaft ihres Standes am Herzen: und so begünstigten sie die mit diesem Dienst verbundenen Unsittlichkeiten, weil daraus ein Vortheil für sie entstand. Wenn aber auch nicht wirkliche Ausschweifungen die unmittelbare Folge waren, so hatte immer dieser Dienst etwas den Geist Umnebelndes und Niederdrückendes durch die wilde Musik, das tobende Geschrey und die Ausbrüche heiliger Raserey, welche gewöhnlich damit verbunden waren. Es wurde kein Gefühl der frommen Erhebung zu Gott, oder auch nur der heitern Freude, sondern eine Art von Trunkenheit des Geistes, ein Versinken in die Natur und deren dunkle Regungen, hervorgebracht. Ja, man kann sagen, daß der Naturdienst überhaupt fast durch alle seine Sinnbilder und Gebräuche diesen Einfluß auf das menschliche Gemüth ausgeübt hat. Der allgemeine Fehler war, daß das Geschöpf, die Natur, anstatt des Schöpfers, Gottes, verehrt wurde, und daher leitet der Apostel Paulus mit Recht alle Unsittlichkeiten des Heidenthumes ab (Röm. 1, 25. f.). Denn wo der Geist nicht über die Natur hinausstrebt, in das Gebiet der göttlichen Gesetzgebung und Freyheit, da wird er ein Sklave der Natur und ihrer dunkeln Triebe.

Allerdings findet sich auch in diesen Naturreligionen die Idee der Entsagung, Mäßigung und Reinigung, wovon wir die Keime schon im Fetischismus nachgewiesen haben, und wodurch jener Begünstigung der Sinnlichkeit ein Gegengewicht gehalten wird. Fasten, Enthaltungen und Selbstpeinigungen gelten auch hier für ein Mittel, sich des Wohlgefallens der Götter und ihrer Nähe würdig zu machen. Man fastet an gewissen den Göttern heiligen Tagen, besonders vor Festen. Die Aegypter und deren Priester thaten es vorzüglich an den Festen der Isis. In der Stadt Busiris wurde der Isis jährlich ein Fest gefeyert, zu welchem aus allen Gegenden des Landes Tausende zusammenströmten, und alle nach vollbrachtem Opfer gegeißelt wurden. Die Indier haben zwey allgemeine Hauptfasten, und die Brahminen noch ein drittes für sich, welches den ganzen Monat December hindurch dauert. Freywillige Fasten sind unter den Indiern sehr gewöhnlich, und oft unglaublich streng. Die Reisenden erzählen von indischen Männern und Weibern, welche mehrere Wochen, ja mehrere Monate fasteten, ohne etwas anderes, als von Zeit zu Zeit ein wenig frisches Wasser zu genießen. Ueberhaupt begünstigt die brahminische Religion das Büßungs-Wesen sehr durch die Lehre von einem Fall und Herabsinken der Geister in die irdische Materie, von welcher sie sich wieder durch Reinigungen los zu machen haben. Auch schreibt man den Büßungen eine hohe Kraft zu, und in den heiligen Sagen erscheinen die Büßer beynahe mächtiger, als die Götter selbst. So hatte der Riese Erunia-Kassiaben durch seine strengen Büßungen von Brahma die Zusage erhalten, daß er weder von Menschen noch Göttern, weder von Riesen noch von Thieren sollte verwundet, ja weder bey Tag noch bey Nacht, weder in noch außer einem Hause, getödtet werden können. Aber der Bösewicht — denn das war er trotz seines Büßens — mißbrauchte den erhaltenen Vorzug dergestalt, daß er Götter und Menschen mißhandelte und verfolgte, so daß Wischnu selbst sich vor ihm verbergen mußte. Dieser Gott verkörperte sich endlich in einen Menschlöwen, und tödtete als solcher den Riesen unter der Thür des Palastes in der Dämmerung, indem Tag und Nacht sich schieden, so daß Brahmas Zusage nicht verletzt, und die Welt dennoch von diesem Ungeheuer erlöst wurde. — Bekanntlich gehen die Brahminen, besonders die der höheren Grade, dem Volke mit dem Beyspiel der Entsagung voran. Es gibt aber auch aus den übrigen Kasten heilige Büßer, welche die Selbstpeinigungen bis ins Ungeheuere treiben. Es gibt deren, welche sich in eiserne Käfige einschließen; welche schwere eiserne Ketten nach sich schleppen, die sie an den empfindlichsten Theilen des Körpers befestigt haben; welche schwere eiserne Halskrägen tragen; welche auf Sandalen gehen, die mit scharfen Spitzen versehen sind, und bey jedem Tritte die Fußsohlen verwunden; welche einen Baum umklammern, den sie geschworen haben, nie wieder zu verlassen, oder an den sie sich mit Ketten haben schmieden lassen; welche sich mit einem Theile des Leibes haben in die Erde eingraben lassen. Die strengsten Büßer findet man unter der Secte der Joghis, welche ganz nackt unter Bäumen oder unter den offenen Hallen der Pagoden wohnen. Sie lassen ihre Haare ohne alle Pflege wachsen, so daß sie manchen bis auf die Fersen herunterfallen, und so verwirrt und zusammengewachsen sind, wie ein Weichselzopf. Manche verdammen sich zu einem ewigen Stehen, und ruhen nur manchmal auf einem von ihnen ausgespannten Seile aus, so daß ihnen die Beine dick anschwellen. Andere halten immerwährend die Arme über den Kopf, so daß sie ihnen ganz absterben. Andere richten das Gesicht so lange gen Himmel, bis sie den Kopf gar nicht mehr in eine andere Stellung bringen können. Manche halten ihre Fäuste so lange zusammengedrückt, bis ihnen die Nägel durch die Hände durchwachsen. In diesen Uebertreibungen wird derselbe Fehler, wie in jener Hingebung an die Sinnenlust, nur im Gegensatze, begangen; es ist der Fehler der leidenden Hingebung an die Natur, sowohl in der Lust als im Schmerz, der Fehler, das Höhere, das man ahnet, im Fleische, in der Körperlichkeit, erfassen zu wollen. Bey solchen Büßungen geht der Geist, anstatt gehoben zu werden, unter in Fühllosigkeit, Gedankenlosigkeit und Trägheit. Die Sittlichkeit erscheint so als eine äußere, verzerrte Gebehrde, nicht als die vollendete Schönheit und Würde der menschlichen Natur. — Auch bey den amerikanischen Völkern, welche einen ordentlichen priesterlichen Gottesdienst hatten, finden wir den Wahn der Selbstpeinigungen. Die Einwohner von Florida hatten jährlich Bußfeste, an welchen alle ohne Ausnahme fasteten, die Priester in Wildnisse flohen, und die Weiber sich verwundeten und ihr Blut in die Luft spritzten. Die mexicanischen und peruanischen Priester geißelten sich an manchen Festen mit schweren, knotigen Peitschen bis aufs Blut, und das Volk that es ihnen nach. Manche dieser Priester zogen sich in die Wüste oder auf hohe Berge zurück, stachen sich die Augen aus, oder stürzten sich von Felsen in Abgründe. Die Peruaner hatten bekanntlich eine Art von Vestalinnen, Jungfrauen, welche der Sonne geweihet waren, und eine ewige Jungfrauschaft bewahrten. Im vornehmsten Tempel zu Mexico waren zwey Klöster, eines für Jungfrauen und eines für Jünglinge, welche sich der Entsagung, Selbstpeinigung und Andacht widmeten.

Im ganzen Alterthum waren gewisse Begriffe von Reinigkeit und Unreinigkeit herrschend (und sind es noch unter den heutigen Morgenländern), welche eine wichtige Bedeutung für das religiöse Leben haben. Die körperliche Reinigkeit ist selbst den Thieren Bedürfniß, wie viel mehr dem Menschen, dem die Natur übrigens den Ekel nicht nur vor dem Genusse, sondern selbst vor dem Anblicke und der Berührung gewisser Dinge eingepflanzt hat. Die Gefühle und Begriffe sind in dieser Hinsicht bey den verschiedenen Völkern verschieden; dem einen ist eine Speise unrein, welche das andere ohne Scheu genießt; aber fast alle vereinigen sich im Abscheu vor gewissen natürlichen Ausscheidungen des menschlichen Körpers und vor krankhaften Zuständen desselben. Das Gefühl für die Reinigkeit läßt sich ausbilden, theils nach den Grundsätzen der Gesundheitslehre, theils nach den natürlichen und herkömmlichen Regeln des Anstandes und der Schönheit; und die Ausbildung desselben ist ein wesentliches Stück der Sittlichkeit. Man darf sich daher nicht wundern, daß die Sitte gewisse Satzungen dieser Art, die uns ohne natürlichen Grund zu seyn scheinen, geheiligt, und mit der Religion in Verbindung gesetzt hat. Körperliche Unreinigkeit gilt nach der Ansicht der alten Welt zugleich für eine sittliche Befleckung. Die Hand des Mörders ist mit Blut verunreinigt, aber auch sein Inneres ist durch ein Verbrechen befleckt: hingegen ist derjenige gewissermaßen auch innerlich unrein, der sich bloß äußerlich verunreinigt hat, so wie auch solche Verbrechen, welche mit keiner äußerlichen Verunreinigung verbunden sind, gewissermaßen eine solche herbeyführen; Aeußeres und Inneres falken hier zusammen, so wie überhaupt in diesen alten Religionen das Geistige vom Körperlichen noch nicht geschieden ist. Daher kommt es, daß Waschungen und Reinigungen nicht nur überhaupt als religiöse Pflichten gelten, und einen递 Haupttheil der täglichen frommen Uebungen, namentlich bey den Priestern, ausmachen, sondern auch als Sühnungsmittel für besondere Sünden gelten. Die Brahminen haben ein Weihwasser, womit sie den zu Entsündigenden besprengen; auch legen sie ihm noch besondere Wasserreinigungen auf. Bey jeder Pagode finden sich heilige Teiche, in denen sich die Pilger baden; manche Heiligthümer sind aber besonders durch ihr Reinigungs-Wasser berühmt. Dem Wasser des Ganges und Indus schreibt man eine besondere Kraft der Entsündigung zu. Daher sind Wallfahrten zu solchen Reinigungs-Wassern die gewöhnlichen Büßungen, welche die Brahminen den Sündern auflegen. Bey einem Reinigungs-Bade wird folgendes Verfahren beobachtet. Sobald man ins Wasser gestiegen ist, schöpft man mit der holen rechten Hand Wasser, und gießt es, mit dem Gesicht gegen die Sonne gekehrt, nach drey Weltgegenden hin aus. Dieß wird drey Mal wiederholt. Hierauf läßt man drey Mal aus derselben Hand Wasser ins Angesicht fließen, ohne daß jedoch dieses von der Hand berührt wird, und so verfährt man mit allen Theilen des Körpers, wobey man, während des Waschens, alle geheiligten Namen des Schiwa oder Wischnu, je nachdem man zu der einen oder andern Sekte gehört, ausspricht, und zu ihnen betet. Dabey muß man sich immer gegen den Aufgang der Sonne oder die heiligen Berge im Norden, die Wohnung der Götter, wenden. Außer dem Wasser gibt es bey den Indiern noch ein Reinigungs-Mittel, das nur durch ihre religiösen Begriffe erklärlich wird, indem es natürlich betrachtet ein Mittel der Verunreinigung ist. Es ist die Asche von verbranntem Kuhmist. Die Kuh ist bekanntlich ein heiliges Thier, und das Tödten eines solchen ist eines der größten Verbrechen.

Es ist von selber klar, daß solche Reinigungs-Gebräuche zwar ihre Wurzel im religiösen Gefühl haben, aber auch sehr natürlich in bloß äußerliche Formen, wobey man weder etwas fühlt noch denkt, ausarten. Mit solchen Entsündigungen ist bey den Indiern, wie ehedem bey den Peruanern, ein Sündenbekenntniß verbunden, welches natürlich das Gewissen mehr anregt, als Waschungen; aber auch diese Handlung kann dadurch ihre Kraft verlieren, daß der Brahmine über den Sündenbekenner, nach Besprengung mit Weihwasser, ein Gebet ausspricht, und ihn so entsündigt, wodurch der Wahn erzeugt wird, als sey nunmehr alles abgethan und die Rechnung mit Gott abgeschlossen. Die Inkas der Peruaner sprachen, nachdem sie der Sonne ihre Sünden gebeichtet, folgendes Gebet: „Ich habe meine Sünden der Sonne bekannt: du, Fluß, nimm sie hin, und trage sie ins Meer, damit sie nie wieder zum Vorschein kommen." Ist es nicht natürlich, eine solche Reinigung als eine Art von Zaubermittel zu betrachten! Der Geist der Gewohnheit und die sinnliche Gewalt der Natur gewinnt die Oberhand über die Regungen des sittlichen Gefühls, und die Uebung der Andacht wird ein äußerliches geistloses Wesen. Die indische Religion ist die wahre Mutter alles des Unwesens, welches wir Werkheiligkeit nennen, und wodurch selbst das Christenthum noch in einem großen Theile der Christenheit entweihet wird. Auch das Gebet, der geistigste Theil der Gottesverehrung, der unmittelbare Ausdruck des frommen Gefühls, ist in dieses leere Formenwesen hineingezogen worden. Die Unfähigkeit der Meisten, Gebete selbst hervorzubringen, und das Bedürfniß der Gemeinschaft machte Gebets-Formeln nothwendig, aber diese wurden theils mit Gedankenlosigkeit hergesagt, theils im Verlauf der Zeit so verderbt und verstümmelt, daß sie Niemand mehr verstehen konnte. Nach den Grundsätzen der Brahminen kommt wenig darauf an, den Sinn derselben zu verstehen; man schreibt ihnen eine Art von Zauberkraft zu. Um ihre Wirkung zu erhöhen, wiederholt man sie sehr oft; und um die Wiederholungen genau zählen zu können, bedient man sich der abscheulichen Erfindung des Rosenkranzes, indem man am Ende eines jeden Gebetes ein Kügelchen fallen läßt. Es ist auch nicht ungewöhnlich, daß die Indier Andere, besonders die Priester, für sich beten lassen, gleich als wenn damit den Göttern ein Dienst geschähe. Die Tibetaner und Kalmücken treiben es aber noch weiter, sie bedienen sich der Gebetsmaschinen. Sie drehen die auf Streifen geschriebenen Gebete in holen Walzen mit Rädern herum, indem sie sich einbilden, daß sie die Götter lesen, indem sie herumgedreht werden. Andere suchen sich sogar die Mühe des Herumdrehens zu ersparen, indem sie eine Art von Gebets-Windmühlen errichten. Der Unsinn ist stark; aber fließt er nicht folgerichtig aus dem Wahne, daß Gebete etwas seyen, das nur verrichtet werden müsse, um Gottes Gnade zu verdienen?

Wohlthätig mußte die Religion auf das Leben einwirken durch die Idee der Unsterblichkeit der Seele, welche sie geltend machte. Die Indier haben ein Todtenopfer, Pidra-jagna genannt, das zwar auch meistens als ein leerer Gebrauch geübt werden mag, aber doch vielleicht Manchen an dasjenige erinnert, wozu es gestiftet ist. Es hat den Zweck, die Aussöhnung und schnellere Seelenreinigung der Verstorbenen zu befördern, und wird am Jahrestage ihres Todes und an einigen andern Tagen, welche dazu bestimmt sind, für die Verstorbenen zu beten und zu opfern, gefeyert. Es besteht in allerley Reinigungen und andern Gebräuchen, welche zum Theil sinnlos, zum Theil aber wirklich sinnbildlich sind, und sich auf die Reinigungsstufen der Seele beziehen. Sehr sinnvoll und erwecklich waren die ägyptischen Gebräuche in Ansehung der Todten: das Gericht, das über einen Verstorbenen gehalten wurde in Hinsicht auf seine Würdigkeit, feyerlich bestattet zu werden, das Einbalsamiren der Leiche und die Bestattung derselben in einer der heiligen Todtenstädte. Viele Aegypter behielten auch die einbalsamirten Leichen ihrer Väter und Brüder 'im Hause, um sie desto mehr zu ehren. Man versetzte solche Leichen im Fall der Noth als ein Kleinod; und wer dann die gemachte Schuld nicht bezahlte, ward für sich und für alle seine Nachkommen ehrlos. Man brachte auch die Mumien zu den Gastmählern, um sich dadurch an den Tod zu erinnern.

Die indische Lehre von der Seelenwanderung begründet eine sehr fromme Ansicht von der Natur. Alles Leben ist ein Ausfluß der Gottheit, nicht bloß die Seelen der Menschen, sondern auch der Thiere; ja selbst den Pflanzen kommt ein ähnliches Leben zu. Die Seelen vollbringen eine Reihe von Wanderungen durch menschliche und thierische Körper, bis sie wieder zu ihrem ursprünglichen Zustand und der Wiedervereinigung mit der Gottheit gelangen. Der Indier muß hiernach die Natur mit einem viel wärmeren Mitgefühl betrachten, als wir, die wir die Pflanzen- und Thierwelt als tief unter uns stehend betrachten. Aber diese Ansicht, so schön sie ist, führt zur Weichlichkeit. Auf sie gründet sich die Scheu, das Lebendige zu tödten und zu genießen, welche so weit geht, daß die Brahminen kein Wasser auf die Erde zu gießen wagen, aus Furcht, irgend ein Insect zu tödten. Daher auch die Sorge für kranke und hungrige Thiere, für welche man, wie für Menschen, Spitäler stiftet. Aber mit dieser Weichlichkeit verträgt sich übel der Haß und die Verachtung der Menschen von der unreinen Kaste, von denen man keinen anzurühren wagt, und wenn man ihn dadurch vom größten Verderben retten könnte.

Den besten und größten Einfluß mochte die Religion dieser Völker durch die weltliche Gewalt der Priester, und überhaupt durch ihre genaue Verbindung mit dem Staate auf das Leben ausüben. Die Gerechtigkeit und Ordnung des bürgerlichen Lebens erschien dadurch dem Volke nicht als Menschenwerk, sondern als göttliche Stiftung, nicht als die Erfindung der Klugheit oder der Willkür und Herrschsucht, sondern als ein Ausfluß des heiligen Wesens der Götter. Die heilige Scheu erleichterte dem Volke den Gehorsam, den es wohl sonst mit Widerstreben würde geleistet haben; dagegen wurde aber auch die Willkür der Herrscher durch den Einfluß der Priester gezügelt, und diese bildeten ein sehr heilsames Gegengewicht gegen den weltlichen Despotismus. Wir kennen ein höheres Musterbild des Staatslebens als das der Priesterherrschaft; wir fordern, daß die klare Vernunft und die begeisterte Liebe der Gerechtigkeit Regenten und Volk in einträchtiger Wechselwirkung vereinige; aber die auf einer religiösen Idee ruhende Priesterherrschaft ist doch besser, als die rohe Krieger-Herrschaft oder die Oligarchie verderbter Geschlechter, oder das Maschinenwesen des Mandarismus oder der Beamten-Herrschaft. Das günstigste Bild von der Priester-Herrschaft der Indier findet sich in ihren heiligen Heldengedichten. „Das Uebergewicht der geistlichen Macht über die weltliche zeigt sich hier in seiner ganzen Stärke, aber ohne die gehässigen Farben, welche wir nach dem Kreise unserer Erfahrungen oder Erinnerungen ihr zu geben gewohnt sind. Nicht bloß die Könige, selbst die Göttersöhne, blicken mit Ehrfurcht zu den heiligen Männern hinauf, die, berühmt durch ihre Büßungen, selbst den Göttern den Rang streitig machen. Glücklich preisen sich die Fürsten, an deren Höfen sie erscheinen; und in dem Ideal des Fürsten ist stets das Bild des Herrschers mit dem des Heiligen verschmolzen". So schildert der Ramajan den Beherrscher von Ujadhza, Duscha-Rutha. „Er war vollkommen belesen in den Vedas und Vedengas; von großer Geschicklichkeit, geliebt von seinem Volk; ein großer Wagenlenker; unermüdet in Opfern; hervorragend in heiligen Gebräuchen; ein königlicher Weiser, fast einem Rischi gleich; berühmt durch die drey Welten; triumphirend über seine Feinde; Beobachter der Gerechtigkeit; Herr seiner Begierden; an Pracht gleich dem Schukra; Beschützer seiner Unterthanen gleich Menu, dem ersten der Herrscher" *). Freylich mochte das Staatswesen noch große Unvollkommenheiten an sich tragen, und den Anforderungen der Gerechtigkeit zum Theil sehr wenig entsprechen. Die tadelnswürdigste Einrichtung ist die der Kasten, wie sie zumal in Indien besteht, wodurch nicht nur alle freye Bewegung des Lebens gehindert, sondern auch die Idee der Menschenwürde ganz verdunkelt ist; denn wo nicht menschliche Gestalt, Vernunft und Sprache einem Wesen menschliche Rechte zusichern, wo ein Mensch recht- und würdelos geboren seyn kann, da herrscht die Naturnothwendigkeit und Gewohnheit, nicht die Gerechtigkeit und Freyheit.

Ueber-

*) S. Heeren Zusätze S. 306 f.

Ueberhaupt kommt alle Eigenthümlichkeit dieses religiösen Zustandes darauf zurück, daß der Mensch sich noch mehr der Natur unterworfen, als wie ein freyes Glied des geistigen Reiches der übersinnlichen Welt fühlt. Seine Götter sind Naturkräfte; seine Vorstellungen von ihnen Sinnbilder; sein frommes Gefühl ist Sinnenrausch, Raserey der Lust oder der Trauer; seine Andachtsübung äußerliches Formenwesen; seine Tugend theils eine bequeme äußere Zucht, theils ein Wüthen gegen die Natur, ein krampfhaftes Ringen des sittlichen Gefühls mit den natürlichen, selbst den unschuldigsten Trieben, eine äußerlich gesuchte, erzwungene Freyheit von der Sinnlichkeit, die wieder selbst höchst sinnlich ist; das Rechtswesen ist eine von der Natur gegründete, unveränderliche Ordnung, durch welche ein sehr ungleiches Loos ausgetheilt wird; das Ganze ist mit einer Natur-Erscheinung zu vergleichen, wie wir schon das Priesterthum betrachtet haben; und zwar tritt in ihr ganz das großartige Gepräge mächtiger Naturwirkungen hervor. Der Tempelbau wetteifert mit den gewaltigen Bildungen der Gebirge an Größe und Kühnheit; die heiligen Stiftungen und Feste gebieten durch ihren Glanz und die Volksmenge, die sie versammeln, Achtung und Ehrfurcht; die Priesterschaft, auf welcher das ganze religiöse Leben ruhet, behauptet sich in herrschendem Ansehen und hohen Vorrechten, als ein ausgezeichneter, über alle hervorragender Stand, dem selbst die Könige gehorchen müssen; es lebt in ihr ein hoher, wenn auch herrschsüchtiger und liebloser Geist, und sie behauptet sich im Besitze ihrer Macht, gleich den todten Massen der Natur, mit einer starren Unbeweglichkeit, welche nur durch gewaltige äußere Kräfte überwunden werden kann.

Vierzehnte Vorlesung.

Ergebnisse für die Entwickelungsgeschichte der Religion aus der bisherigen Darstellung der Naturreligion.

Nunmehr haben wir die Naturreligionen der alten Welt, sowohl nach ihrer Götterlehre, als nach ihren priesterlichen und gottesdienstlichen Einrichtungen, kennen gelernt, auch schon über den Gewinn, den die religiöse Ausbildung der Menschheit in ihnen gemacht, unser Urtheil gefällt. Ehe wir aber weiter gehen, wollen wir gleichsam nochmals auf den zurückgelegten Weg zurückschauen, und die Ergebnisse unserer bisherigen Betrachtungen zusammenstellen.

Wir nennen diese Religionen Naturreligionen, weil in ihnen die Gottheit mehr in den Elementen und Kräften der Natur, als in dem geistigen Wesen des Menschen und der sittlichen Weltordnung, und die Abhängigkeit des Menschen von ihr mehr mit dem Gefühl der Nothwendigkeit, als der Freyheit erkannt wird, oder weil sich der Mensch mehr leidend als thätig gegen die Welt verhält. Das Geistige und Sittliche tritt überall sehr zurück, oder nimmt wieder das starre Gepräge der Naturnothwendigkeit an. Diese ganze Richtung hat ihren Grund darin, daß in der Art, wie das ursprüngliche religiöse Gefühl zum Bewußtseyn gebracht worden ist, die Sinnlichkeit und Gewohnheit noch zu sehr vorherrscht, und die Freyheit des Geistes noch allzu sehr gebunden ist. Der thierische Zustand der rohen Sinnlichkeit ist verlassen worden, man hat den Weg der Verstandes-Bildung betreten; aber theils ist noch viel Sinnlichkeit mit übergegangen, theils hat man nicht die reinen, ewigen Gesetze der Wahrheit gefunden, sondern nur diejenigen ergriffen, welche die Erfahrung darbot, und das Herkommen schuf.

Ueber den Fetischismus haben sich diese Religionen dadurch erhoben, daß in ihnen die Ahnung der Gottheit sich nicht mehr zufällig bald von diesem, bald von jenem Naturgegenstand erregen, auch nicht mit einer kindischen Einbildungskraft willkürlich an unbedeutende Bilder knüpfen läßt, sondern daß sie sich an einen umfasenderen Verstand und eine von diesem geleitete Einbildungskraft anlehnt, und in den Begriffen von Naturkräften und selbst von geistig sittlichen Kräften und in bedeutungsvolleren, edleren und würdigeren Bildern zum Bewußtseyn kommt. Selbst ein thierisches Sinnbild, wie das eines Stierkopfes, mit welchem die Isis abgebildet wird, steht bedeutend höher, als ein Fetisch, weil darin kein Individuum, sondern ein Gattungsbegriff angeschaut wird. Aber außer daß der Fetischismus sich noch in Ueberresten, wie in der Verehrung der Thiere in Aegypten, erhalten hat, und die Sinnbildnerey theils durch ihre sinnliche Richtung, theils und noch mehr durch die mit ihr verbundenen Mißverständnisse die Verstandesbegriffe, welche sie bezeichnen soll, verdunkelt und verwirrt, so fehlt es in dem Ganzen an der Einheit, welche das Wesen aller Wahrheit, und besonders der religiösen, ausmacht. Die Idee der Gottheit wird zersplittert, in mehrere Kräfte und Personen zerlegt, und die Idee des einen höchsten Wesens höchstens in der Weisheitslehre der Priester ausgesprochen; im Gottesdienst aber wird die Gottheit immer nur als eine Vielheit dargestellt. Und diese Vielheit erscheint selbst dem nachdenkenden Forscher ohne Grund und Regel; man sieht nicht ein, warum man gerade so viel Götter annimmt, man hätte eben so gut noch mehr annehmen können, wenn man einmal mehr als einen annehmen wollte. Denn die Naturkräfte und die Kräfte und Gesetze des Geistes lassen sich ins Unendliche vervielfältigen. Dazu aber kommt noch der Uebelstand, daß der eine Gott von dem andern nicht wesentlich unterschieden ist, und daß die Eigenschaften und Wirksamkeit des einen in die des andern überlaufen, so daß alles in und durch einander schwankt. Wer möchte z. B. das Gebiet des Schiwa genau von dem des Wischnu scheiden; wer möchte sagen, was dem Osiris eigenthümlich angehört, und was der Isis? Es ist viel Verstand in diesen sinnbildlichen Götterlehren, ja viel Tiefsinn, zumal in der Geheimlehre der Priester, indem oft die Ergebnisse der tiefsten Forschung wenigstens geahnet und angedeutet sind; aber es ist ein träumender Verstand, der darin waltet, es fehlt die wache Klarheit und das prüfende Maß, womit allein die Wahrheit genügend erfaßt werden kann. Nirgends sieht man ein Bestreben, in die religiöse Erkenntniß einen sicheren, gemessenern Gang zu bringen, und die Grenzen ihres Gebiets genau abzustecken. Wohl erfand man neue Sinnbilder und Sagen, womit man die Summe der religiösen Erkenntnisse vermehrte; aber man verwirrte sie dadurch nur desto mehr. Es ist nicht genug, daß man Begriffe faßt und bezeichnet; man muß sie auch mit den schon vorhandenen in Zusammenhang bringen, und ihr Verhältniß bestimmen. Nur darin zeigt sich der Sinn für die Wahrheit. Diese wird nicht gefunden durch die bald dahin, bald dorthin schweifende Thätigkeit des Verstandes, durch die Auffassung bald dieser, bald jener Vorstellung, sondern allein durch die ståte Beziehung auf große, feste Grundsåtze, durch die das Ganze überblickende, prüfende Vergleichung des Verstandes. Dieser wahre und prüfende Verstand ist der ächte Geist der Bildung; durch ihn wird der Menschengeist sein selbst erst inne, und gewinnt das wahre Bewußtseyn. Er fehlt noch in diesen Naturreligionen, weil die sinnliche Einbildungskraft noch ein zu großes Uebergewicht hat. Der Bilder, mit welchem man göttliche Kräfte und Eigenschaften bezeichnen kann, gibt es unendlich viele, und die Einbildungskraft hat in sich selbst kein Maß, womit sie ihre Hervorbringungen beschränken und ordnen könnte: wenn sie daher der Verstand nicht beherrscht, so kann sie nur ein ungeordnetes Chaos hervorbringen. Auf diese Weise fielen, wie schon bemerkt, diese Naturreligionen gewissermaßen wieder in den Fetischismus zurück, nach welchem ebenfalls die Welt als ein ungeordnetes Chaos unendlicher Kräfte betrachtet wird. Während der Fetischdiener die Gottheit in unzähligen Naturgegenständen und Zeichen anschaut, schaut sie der Aegypter und Indier in einer Menge eingebildeter Wesen an. Ohnehin artete dieser Naturdienst dadurch wieder in Fetischismus aus, daß die Götter durch eine allzu sinnliche Bezeichnung in eine Art von natürlichen Individuen verwandelt, und der Verstand nebst dem geistigen Gefühl zur sinnlichen Anschauung und Empfindung herabgedrückt wurde.

Mit dem klaren Verstande fehlte auch der Sinn für die Schönheit. Die Einbildungskraft erschöpfte sich in abentheuerlichen Zusammensetzungen der Sinnbilder, welche das Wesen der Götter bezeichnen sollten, mit welchen Mancherley angedeutet, aber weder Verstand noch Gefühl gehörig befriedigt wurden. Nur bey den Aegyptern scheint die bildende Kunst einen hohen Grad von Vollkommenheit erreicht zu haben, so wie auch die Baukunst bey ihnen und den Indiern Bewundernswürdiges geleistet hat. Die heilige Dichtkunst der Indier wird sehr gerühmt, aber es möchte noch zu früh seyn, ein Urtheil über sie zu fällen, weil man sie noch sehr unvollständig kennt. Ich gestehe, daß das, was ich davon gelesen habe, mich sehr wenig angesprochen hat. Es scheint mir auch hier die Klarheit und das Maß zu fehlen. Dem indischen Epos liegt die große Idee der Verbindung des Menschlichen mit dem Göttlichen zum Grunde, so wie auch dem Griechischen, in welchem die Götter sich in die Kämpfe und Angelegenheiten der Menschen mischen. Aber im indischen Epos sind die handelnden Personen nicht bloß gottähnliche und gottgeliebte Menschen, sondern selbst Götter, die in die menschliche Natur herabgestiegen sind, oder auch thierische Gestalten angenommen haben: dadurch wird das Menschliche eher vernichtet, als gehoben, und jenes begeisternde Gefühl, welches wir beym Anblick der Heldenthaten großer Männer empfinden, kann nicht erregt werden. Die indische Dichtung sucht das Ungeheure, und fällt dadurch ins Abentheuerliche. Ein Hauptfehler des Epos ist übrigens die Verwirrung, welche durch eine Menge von Episoden entsteht: es ist mehr eine Aneinanderreihung von Mährchen als ein Heldengedicht.

Der Mangel der Klarheit zeigt sich nicht weniger in der Auffassung der sittlichen Ideen der Religion. Die sittlichen Eigenschaften der Götter treten nicht bestimmt hervor, zumal in der Bezeichnung, welche dem die heiligen Gebräuche verrichtenden Volke vorschweben mußte. Manches, was in der Sage oder Geheimlehre den Göttern beygelegt wird, verdient allerdings Beyfall: aber es machte sich zu wenig im Gottesdienste selbst geltend. Uebrigens herrschten doch die physischen Eigenschaften der Götter vor, oder vermischten sich auf eine wunderliche Weise mit den sittlichen. Auch hier schwankt alles unklar in einander, und die sittliche Wahrheit tritt noch nicht ans Licht. Die Idee der Seelenwanderung hat sehr wichtige sittliche Beziehungen, veranlaßt aber auch Irrthümer und Einseitigkeiten. Besonders fehlt der Geist der sittlichen Freyheit, das Gefühl der Selbständigkeit und Menschenwürde. Das Gefühl der Naturnothwendigkeit hält Alles darnieder. Der Geist des Menschen fühlt sich noch ganz in die Naturverkettung verschlungen, indem er zwar einen höheren Ursprung hat, aber doch, nachdem er in den Körperstoff herabgesunken ist, die niederen Naturordnungen durchlaufen muß. Die Geburt entscheidet über ihn, ob er in einem unreinen, verworfenen Menschen aus der Kaste der Paria's, oder in einem edlen, bevorrechteten Brahminen zur Erscheinung kommt. Heilige Gebräuche, Opfer, Waschungen, Selbstpeinigungen haben die Kraft, den Geist von der Materie zu reinigen; und wenn auch die Besiegung der Leidenschaften und die Selbstbeherrschung das Ziel ist, nach welchem die Weisen streben, so ist doch ihre Tugend nur die überspannte der Weltverachtung.

Es ist jetzt an der Tagesordnung, die Mythologie und Dichtkunst der Indier sehr zu bewundern und zu preisen;

und man muß fürchten, verketzert zu werden, wenn man einen andern Ton anstimmt. Diese Bewunderung hat theils ihre Quelle in dem Reize der Neuheit, der um so größer ist, je mehr Dunkelheit auf dem indischen Alterthum liegt, theils in der herrschenden Richtung unserer Zeit, welche eher das Dunkle als das Klare, eher das Phantastische als Verständige, liebt. Nachdem man sich sowohl in der Philosophie als Theologie der verständigen Klarheit übersättigt hatte, und dadurch in Flachheit und Kälte verfallen war, suchte man vermöge eines gesunden Triebes das Tiefe und Begeisternde wieder, fand es aber zum Theil in dem, was wir mit Recht verlassen haben, was tief unter unserm jetzigen Bildungsstand liegt, in dem Abentheuerlichen des Mittelalters und Katholicismus, und so auch in der phantastischen Mythologie der Indier. Uebrigens beurtheilte man diese ganz falsch, weil man sich mehr an das System der Brahminen, als den Volksglauben hielt, und weil man weder den wissenschaftlichen, noch den sittlichen Maßstab anlegte, und sich wenig darum kümmerte, welche Wirkung auf das Leben dadurch hervorgebracht wird. Die Götterlehre der Priester enthält manches Schöne und Tiefsinnige; aber theils mag es nicht ursprünglich, sondern erst später angebildet seyn, theils zog der öffentliche Gottesdienst davon keinen Gewinn, welcher trotz aller jener philosophischen Ideen ein grober Götzendienst ist. Die Religion ist nicht dazu da, ein Spielwerk des priesterlichen Dichtergeistes zu seyn, und durch ihre halb dichterischen, halb philosophischen Sagen einige spätere Gelehrte bey ihren Forschungen zu ergötzen; sondern sie soll das Volk erheben und veredeln; aber diesen Zweck fassen die Freunde der alten Symbolik und Priesterherrschaft nicht ins Auge. Nicht ohne Grund tadelte daher der verewigte **Voß** diese Vorliebe für das alt-orientalische Religionssystem und das damit verbundene Bestreben, die dunkeln Ideen desselben in die klare, dichterische Mythologie der Griechen überzutragen. Indeß wenn auch der Werth dieser Religionen verhältnißmäßig sehr gering, und in ihnen der Verstand noch nicht zur Klarheit gelangt ist; so hat doch die religiöse Bildung in denselben gewisse Ergebnisse gewonnen, welche immer sehr wichtig sind, und die wir jetzt kenntlich machen wollen.

Es sind in diesem Zustande des religiösen Lebens schon diejenigen Erscheinungsformen des ursprünglichen religiösen Gefühls hervorgetreten, welche auch in künftigen, vollkommneren Zuständen nothwendig bleiben. Dieß sind 1) **Sinnbilder für den Glauben, und Lehrmeinungen oder Dogmen;** 2) **gottesdienstliche Sinnbilder und Feyerlichkeiten, nebst sittlichen Lebensregeln;** 3) **Formen der Gemeinschaft** für den Glauben und das Leben.

Alle die Vorstellungen, welche wir in diesen Religionen von Gott und Unsterblichkeit gefunden haben, gehören zu der ersten Classe von Formen, und sind theils Sinnbilder, theils Lehrmeinungen. Ein Sinnbild ist eine Vorstellung entweder der Sinnen-Erkenntniß oder der Einbildungskraft, durch welche eine höhere, geistige Vorstellung bezeichnet wird. Schaut man in der Sonne die Gottheit an, so ist dieß ein Sinnbild der Erfahrung oder ein natürliches Sinnbild. Bildet sich hingegen der Mensch die Vorstellung eines Wesens, wie Osiris, so ist dieß ein Sinnbild der Einbildungskraft, oder ein künstliches. Zu den letztern gehören auch die heiligen Sagen, wie jene von Osiris Tod, Verschwinden und Wiederfinden, in welchen unter der Hülle anschaulicher

Vorstellungen geistige Ideen verborgen liegen. Freylich werden Sinnbilder leicht mißverstanden, so daß man die Schale nicht mehr vom Kern unterscheidet, und z. B. die Sonne selbst für Gott, und Osiris für ein wirkliches Wesen hält, und dann fallen sie in die Gattung der Lehrmeinungen. Unter diesen sind Vorstellungen zu verstehen, welche der Verstand für mehr erkennt nach Form und Gehalt, Vorstellungen, an welchen bewußtermaßen die Einbildungskraft keinen Antheil hat, und keine Hülle von der eigentlichen Vorstellung zu scheiden ist. Von dieser Art ist die Lehre von der Seelenwanderung, welche gewiß jeder Aegypter und Indier eigentlich verstanden hat. Freylich laufen sinnbildliche und verständige Vorstellungen sehr in einander über, und sind in der Wirklichkeit schwer von einander zu scheiden. Durch beyderley Arten von Vorstellungen kommt das religiöse Gefühl zum Bewußtseyn, am deutlichsten bey den Verstandes-Vorstellungen, weil diese am klarsten sind. Schaut man die Sonne an, empfindet ihre wohlthätige Wärme, und denkt an ihre wohlthätigen Wirkungen: so wird dabey die Vorstellung und das Gefühl der segenreichen göttlichen Wirksamkeit rege; durch diese innere Verknüpfung wird die Sonne Sinnbild der Gottheit, und die ursprüngliche Ahnung derselben kommt zum Bewußtseyn, oder wird vermittelt. Denkt man sich das Leben der Seele über dieses Menschenleben hinaus dauernd, in das Leben der Thierwelt verflochten: so erinnert man sich dabey an das Gefühl der Unvergänglichkeit, und dieses wird ebenfalls vermittelt. Man denkt sich diese ursprüngliche Idee in der Vorstellung der Seelenwanderung sehr bestimmt und klar, aber doch nur mittelbar. Man faßt sie nicht an sich auf, so wie sie im Gemüth liegt, sondern mittelst einer andern Vorstellung, in welcher sie sich gleichsam abspiegelt. Aber alles Bewußtseyn kommt durch eine solche Abspiegelung zu Stande, und darum geht die Bildung des religiösen Bewußtseyns gleichen Schritt mit der mittelbaren Auffassung des unmittelbaren religiösen Gefühls. Die Lehrmeinungen treten in diesen Natur-Religionen noch sehr zurück, und die sinnbildlichen Vorstellungen behaupten fast allein den Platz, weil die Ausbildung des Verstandes noch sehr unvollkommen ist. Nur in der Priesterweisheit hat sich die Verstandes-Erkenntniß mehr entwikkelt, wovon aber dem Volke wenig oder nichts zu gut gekommen ist.

Aus den Sinnbildern und Lehrmeinungen erwachsen unter den Händen der Dichter heilige Sagen oder Mythen, indem das der Einbildungskraft gehörige weiter ausgesponnen, und in Geschichte verwandelt wird. Aber oft läßt sich nicht mehr die Grenze ziehen zwischen Glaubens-Sinnbildern und Sagen, und zwischen dem, was dem Glauben und was bloß der Einbildungskraft angehört.

Die zweyte Classe der religiösen Formen begreift die gottesdienstlichen Sinnbilder und Gebräuche und die sittlichen Pflichten, durch deren Beobachtung man der Gottheit seine Ergebenheit beweist. Hier befinden wir uns in einem andern Gebiet. Hier kommt es nicht bloß auf Vorstellungen, sondern zugleich auf eine Gefühlsstimmung und auf Handlungen an. Ein Opfer ist ein Sinnbild, denn es bezeichnet nicht bloß, daß man den Göttern ein Thier oder eine andere Gabe darbringt; es soll das Gefühl der Hingebung, der Dankbarkeit und der Demuth überhaupt, aber doch immer viel mehr bezeichnen, als die Handlung an sich bedeutet. Ein Gefühl ist hier das Bezeichnete, ein Gefühl, das in einer besondern Erregung begriffen ist; aber es drückt sich in einer Handlung, oder in der Theilnahme an einer Handlung aus, wie wenn man mit Andern gemeinschaftlich eine Festlichkeit begeht, oder einem gottesdienstlichen Gebrauche zusieht. Durch die Formen der ersten Classe (die Glaubens-Sinnbilder und Lehrmeinungen) wird die Gottheit und Unsterblichkeit mehr an sich erkannt, hier im Verhältniß zu dem Anbetenden; dieser fühlt lebendig, daß es etwas höheres gibt, als dieses Leben, und sucht sich damit in Berührung zu setzen.

Manche dieser gottesdienstlichen Handlungen drücken das fromme Gefühl auf eine so geistige und angemessene Weise aus, daß sie nicht zu den eigentlichen Sinnbildern zu zählen sind. Dahin gehören heilige Lieder und Gebete, von denen besonders die letztern fast aller sinnlichen Darstellung zu entbehren scheinen. Indeß ist doch das Bildliche auch in ihnen nicht ganz zu vermeiden; schon der laute Ausdruck in der Sprache ist eine Art von sinnlicher Form: und daher zählen wir auch sie mit Recht zu den Sinnbildern, im weitern Sinne.

Eine andere Art gottesdienstlicher Formen sind mehr für die Anschauung, als für die Handlung, vermitteln diese jedoch oder unterstützen sie. Ich meine heilige Gebäude und Anlagen und bildliche Darstellungen der Götter und ihrer Eigenschaften. Offenbar sind auch dieß Sinnbilder. Heilige Gebäude versinnbilden die Nähe der Götter, Bildwerke deren Wesen, und Anderes reihet sich wenigstens an das sinnbildliche Ganze des Gottesdienstes an. Auch diese Handlungs- und Darstellungs-Sinnbilder dienen dazu, das religiöse Gefühl zum Bewußtseyn zu bringen. Das Gefühl der Hingebung wird klarer in der Handlung eines Opfers, als ohne alle Handlung; ja, es wird dadurch oft erst erweckt. Heilige Bau- und Bildwerke können das Gemüth dergestalt ergreifen, daß es vorher nicht gekannte Gefühle empfindet.

An die sinnbildlichen Gebräuche schließen sich sittliche Pflichten, sowohl Verbote als Gebote, mit deren Beobachtung man ebenfalls die Götter ehret. Sie sind nicht sinnbildlich, sondern eigentlich zu verstehen, und gehören der sittlichen Ueberzeugung an. Das Gebot, Wohlthaten zu üben, enthält ganz einfach den Ausdruck einer sittlichen Gesinnung. Solche Pflichtgebote entsprechen den Lehrmeinungen: in beyden bringt der Verstand das unmittelbare Gefühl zum Bewußtseyn, während an den Sinbildern die Einbildungskraft Antheil hat. Aber auch hier läuft das Sinnbildliche und Verständige in einander. Waschungen gehören an sich nur zur körperlichen Reinigkeits-Pflege, haben aber in den alten Religionen eine höhere Bedeutung, und sind mithin sinnbildlich zu fassen. Das bey den Indiern bestehende Verbot, eine Kuh zu tödten, bezieht sich auf die sinnbildliche Heiligkeit dieser Thierart, und spricht mithin nicht einfach die sittliche Ueberzeugung aus. Solche sinnbildliche Sittenvorschriften sind aber sehr nachtheilig für das sittliche Leben, indem sie das Gewissen mit eingebildeten Pflichten überladen, und die wirklichen, nothwendigen verdunkeln. Dem Indier ist es ein großes Verbrechen eine Kuh zu tödten, während er sich ungerecht und lieblos gegen die verworfene Kaste der Paria's benimmt.

Die dritte Classe von Formen begreift die der Gemeinschaft. Alle bisherigen Formen schon dienen der Gemeinschaft, indem diese in nichts besteht als in der gemeinschaftlichen Erkenntniß und dem gemeinschaftlichen Gottesdienst. Dadurch bildet sich erst ein religiöses Leben, daß eine Gesellschaft oder ein Volk sich in dergleichen Vorstellungen von Gott und göttlichen Dingen, in dem gleichen Ausdrucke der frommen Gefühle des Dankes und der Hingebung und in dergleichen Sitte vereiniget. Aber eine solche Vereinigung würde nicht entstehen und keine Dauer haben, wenn nicht gewisse Mittelspersonen, gewisse Führer und Ordner wären. Als solche erscheinen hier die Priester. Ob und wie sie zuerst das Volk zur Erkenntniß und Verehrung der Götter erzogen haben, meldet die Geschichte nicht; aber so viel ist gewiß, daß sie die Gemeinschaft des religiösen Lebens behauptet und fortgeführt, ihr Gestalt, Haltung und Dauer gegeben haben. Sie waren es, die die Sinnbilder und Lehrsätze des Glaubens geschaffen hatten, oder doch überlieferten und fortbildeten; sie verwalteten die Formen des Gottesdienstes, sorgten für die nöthigen Anstalten und Hülfsmittel, und bildeten die Einheit und den Mittelpunkt desselben. Das Eigenthümliche dieser Religionen besteht aber darin, daß die Priester nicht nur die Führer und Ordner der religiösen Gemeinschaft sind, sondern daß in ihrem Orden alles selbstthätige religiöse Leben liegt, und das Volk sich bloß leidend, empfänglich verhält. Zwischen den Führern und denen, die sich führen lassen, soll eigentlich ein Verhältniß der Wechselwirkung bestehen, so daß die zweyten zwar die ersten auf sich einwirken lassen, aber auch wieder auf sie zurückwirken, und eine gewisse Lebendigkeit und Selbstthätigkeit des Geistes beweisen. Aber bey der Kasteneinrichtung war dieses nicht möglich. Die Priester wirkten wohl auf das Staats- und Gewerbswesen ein, aber unter den andern Kasten konnte keiner mit eigenen religiösen Gedanken und Antrieben aufstehen, und eine Aenderung im religiösen Leben bewirken, da die Priester sich im Besitz des ausschließenden Vorrechtes behaupteten, der Gottheit nahe zu stehen. Daher nennen wir diese Religionen mit Recht auch Priester-Religionen, weil das Priesterwesen bey ihnen so sehr wesentlich ist.

Unsere Aufmerksamkeit muß sich besonders auf das Verhältniß richten, in welchem die in diesen Erscheinungsformen sich darstellende Religion zu den übrigen geistigen Lebensgebieten steht, weil es einen Theil unserer Aufgabe ausmacht, dieses Verhältniß genau zu bestimmen. Wie verhalten sich nun diese Natur- und Priesterreligionen zu der Wissenschaft, namentlich der Philosophie und Naturkunde? wie zum sittlichen und bürgerlichen Leben, und wie zur Kunst und Dichtung? Im Allgemeinen können wir sagen: alles dieses ist mit der Religion sehr eng verknüpft, und von ihr mit überlegener Gewalt beherrscht; die Religion ist Alles in Allem. So wie sie pantheistisch ist, und Gott in Allem sieht, oder Alles aus Gott hervorgehen läßt; wie sie ihn in Thieren, Elementen, Naturkräften wesentlich gegenwärtig denkt, und das Geschöpf nicht vom Schöpfer trennt: so verbreitet sie auch ihren Einfluß überallhin, und kein Zweig des geistigen Lebens kann sich vor ihr selbständig ausbilden.

Die Philosophie ist als eigene Wissenschaft noch gar nicht vorhanden, sondern ganz in die Theologie verwachsen. Die Priester denken nach über die letzten Gründe der Dinge, über das Verhältniß der Welt zu Gott, über die Entstehung derselben u. s. w.; aber sie thun es nicht mit frey forschendem Geiste, sondern unter dem Einflusse des religiösen Gefühls und der Einbildungskraft. Die Stern- und Arzeneykunde ist ganz im Besitz der Priester, welche sie nicht als Sache der Erfahrung und des Verstandes, sondern in beständiger Beziehung auf die Religion behandeln. Die Gestirne sind ihnen Götter; die Bewegungen und Veränderungen derselben, verweben sie in die Götterlehre, und lesen in ihnen die Schicksale der Menschen. Die Arzeneykunde ist eine Art von Zauberkunst; neben Beobachtungen und Mitteln der Erfahrung sucht man die Quelle der Heilkräfte in den Gestirnen. Aus diesen werden die Wirksamkeiten der Pflanzen und die Regeln ihrer Anwendung, so wie die Krankheiten der Menschen, beurtheilt. Man beobachtet die Zeichen, unter welchen die Pflanzen gebrochen und bereitet werden müssen; denn alles wächst und welket durch den Einfluß der Gestirne. Die ägyptischen Priester theilten den menschlichen Leib in sechs und dreyßig Theile ein, und diese standen unter dem Schutze der sechs und dreyßig Decane oder Untergötter des Thierkreises.

Daß das sittliche Leben in diesen Religionen durchaus nicht vom religiösen geschieden, und die Sittenlehre nichts als ein Ausfluß der Religionslehre ist, darf uns nicht wundern, da wir ja selbst dieses Verhältniß als das allein richtige betrachten. Nur ist hier das Gottesdienstliche, die Beobachtung von Gebräuchen noch zu sehr mit dem rein Sittlichen verwachsen, und es fehlt überhaupt an einem klaren Bewußtseyn von diesem. Aber die Verschmelzung des Staatslebens mit dem religiösen ist von der Art, daß darin das ursprüngliche Verhältniß beyder Lebensgebiete keinesweges rein besteht. Die Priester, welche der religiösen Gemeinschaft vorstehen, haben alle Staatsgewalt in Händen, und der König ist, wo nicht aus ihrer Kaste, so doch nichts als ihr Werkzeug oder Untergebener; die Kirche, wenn wir das Priesterwesen so nennen dürfen, steht über dem Staate. Die Wirksamkeit durch Geisteskraft und durch den

Zwang

Zwang der Gewalt ist noch durchaus nicht getrennt; das Reich Gottes und das Reich der Welt sind in einander verwachsen, anstatt daß dieses jenem untergeordnet seyn sollte. Das sittliche Gefühl, welches in den Herzen der Staatsbürger Gehorsam gegen die Gesetze, Gemeinsinn und Vaterlandsliebe erzeugen soll, wird durch das zwingende und herrschende Ansehen der Priester, die an Gottes Statt regieren, ersetzt. Die Furcht herrschet, nicht die Liebe.

Die Kunst und Dichtung steht bey diesen Völkern fast ganz im Dienste der Religion. Die ägyptischen Könige erbauten sich Paläste und Grabmäler, und schmückten sie mit Bildwerken aus; aber selbst diese haben zum Theil ein religiöses Gepräge, und stellen die Könige als die Eingeweiheten des Priesterstandes dar. Sonst aber war die Baukunst und Bildnerey vorzugsweise dem religiösen Zwecke gewidmet. Die Dichtung der Indier, zumal die epische, ist ganz religiös; ihre Dichter singen die Thaten der Götter, welche ins Fleisch herabgestiegen sind, um die Welt von Unheil und Verderben zu erlösen. Ihre lyrische Dichtung hat zuerst in Hymnen auf die Götter bestanden; nachher hat sie sich auch auf andere Gegenstände ausgedehnt. Allein alle Lieder, selbst Liebeslieder, stehen immer in Beziehung auf die Religion, weil diese durch ihre Sagen sich in alle Gebiete des Lebens verflicht. Eines der berühmtesten Liebesgedichte ist Gita Govinda *), dessen Gegenstand aus der Geschichte des Krischna, des verkörperten Wischnu, genommen ist, wie er als Hirt und Jüngling unter den Hirtinnen weilt, und sich den Freuden der Liebe überläßt. Radha, die schönste der Hirtinnen, glaubt sich von Krischna

*) Ins Deutsche übersetzt von Hrn. v. Dalberg. 1802.

vernachlässigt und zurückgesetzt, indem er einigen ihrer Gespielinnen Liebkosungen erweist. Da ergießt sie sich in Liebesklagen, bis Krischna zu ihr zurückkehrt, und sich ihrer Liebe weihet. Das Gedicht ist eine Reihe von Gesängen, welche sich an den leichten Faden der Geschichte knüpfen. Auch die dramatische Poesie ist aus der in den heiligen Epopöen besungenen religiösen Sage hervorgegangen; Götter- und Heldengeschichte ist ihr Stoff, und die sie darstellenden Schauspiele wurden an den Festen bey den Tempeln aufgeführt. Das berühmteste dieser Schauspiele, das wir auch in einer deutschen Uebersetzung kennen, Sacontala von Calidas, bewegt sich ganz in jener Götter- und Heldenwelt. Sacontala, die Hauptperson, ist die Tochter eines Rajah, aber von einer Devani oder Göttin, und ihr Gemahl, der König Duschmanda, ist aus dem Stamme der Purus, die ihren Ursprung vom Monde ableiten, und ist zugleich der Freund und Genosse des Indra, des Herrn des Luftkreises, auf dessen Gespann er in den Wolken erscheint. Die Handlung beginnt auf der Erde, endet aber im Wohnsitze der Götter. — Dieses Verhältniß der Kunst und Dichtung zur Religion kommt demjenigen sehr nahe, welches wir für das richtige halten. Alle Kunst und Dichtung soll nach unserer Ansicht religiös seyn, wenn auch nicht dem Stoffe, so doch dem Geiste nach. Hier nun ist sie es dem Stoffe nach, indem ihre Gegenstände fast alle aus der heiligen Sage entlehnt sind; aber ob auch dem Geiste nach, das ist die Frage. Die indische Religion ist selbst so sehr dichterisch, sagen- und mährchenhaft, und die Einbildungskraft nebst der Sinnlichkeit hat in ihr so viel Uebergewicht, daß durch die Ausführungen der Dichtkunst das fromme Gefühl verletzt werden muß. Die Götter werden durch ihre Verkörperungen ganz ins Menschliche herabgezogen, menschlichen Schwachheiten und Leidenschaften unterworfen, und ihrer göttlichen Majestät entkleidet, ohne daß doch das Menschliche dadurch gehoben und veredelt wird. Die Dichtung verfährt, wie es scheint, in der Ausführung der religiösen Fabeln ganz frey, ohne sich von der Scheu vor dem Göttlichen Fesseln anlegen zu lassen. Die Liebe, z. B., welcher sich im Gita-Govinda Krischna im Kreise der Hirtinnen widmet, ist ganz die sinnlich leidenschaftliche des indischen Lebens, und wird ohne alle Verschleierung geschildert. Der Dichter hat gar nicht den Gedanken, daß er die Liebe eines Gottes edler, geistiger und heiliaer schildern müsse, als die eines Sterblichen. Die Dichtung der Indier scheint mir bey aller Beziehung auf Religion und religiöse Sagen zum Theil noch weltlicher zu seyn, als unsere weltliche Dichtung, von der wir doch fordern, daß sie sittlich sey, und eine veredelte Menschheit darstelle. Die indische Poesie verweltlicht das Heilige, die unsrige veredelt und heiligt das Weltliche.

Daß nun die Religion mit allen übrigen Zweigen des Lebens so sehr verwachsen ist, hat zum Theil schon allein in ihrem Geist und Charakter und in dem ganzen Bildungsstand, mit welchem sie verbunden ist, hinreichende Gründe. Was ihr Verhältniß zur Wissenschaft und insbesondere zur Philosophie betrifft, so ermangelt sie noch zu sehr des verständigen Bewußtseyns, und der Verstand ist noch zu wenig ausgebildet, als daß sich diese Wissenschaft von ihr sollte abgelöst, und zu einem selbständigen Zweige des geistigen Lebens ausgebildet haben. Die Erkenntniß der Ideen stellt sich dem menschlichen Geiste auf dieser Stufe der Bildung noch im heiligen Helldunkel des Gefühls und der Einbildungskraft dar, in welchem Alles, Begriff und Bild, Gedanke und Gefühl, in einander fließt. Daß sogar auch die Natur- und Arzneykunde religiös betrieben wird, kommt zum Theil daher, daß der unklare, von religiösen Gefühlen beherrschte Geist das Verhältniß der körperlichen zur geistigen Natur nicht klar faßt, und beyde in einem Zusammenhang denkt, in welchem sie erweislich nicht stehen. Dieselbe Behandlungsart der Naturwissenschaft kommt noch später vor bey den Alchymisten, in der Schule des Theophrastus Paracelsus, und selbst in der neueren Schule der Naturphilosophen. Diesem phantastischen Geiste wirkt die mathematische Klarheit entgegen, und gewinnt ihm immer mehr Grund und Boden ab. Je mehr man mißt und rechnet, desto weniger dichtet und träumt man. Die alten Priester wußten nun allerdings zu messen und zu rechnen, aber verhältnißmäßig noch sehr wenig. Sie wußten die scheinbaren Bewegungen der Gestirne zu berechnen, aber ihre wahren Bewegungen und Verhältnisse kannten sie nicht; und in den übrigen Gebieten der Naturkunde war noch an gar keine Theorie zu denken. Natürlich, daß nun den leeren Raum, welchen die klare, genaue Wissenschaft ließ, die fromme Einbildungskraft mit ihren Träumen ausfüllte.

In der Unklarheit der Verstandesbildung hatte auch die Vermischung des Religiösen und Politischen ihren Grund. Man wußte noch nicht das gehörig zu scheiden, was dem Zwange erliegt und was Sache der freyen Gesinnung ist. Das Nachdenken über die Nothwenigkeit und Zweckmäßigkeit rechtlicher und politischer Einrichtungen war sowohl von Seiten der Herrscher als der Beherrschten noch in der Kindheit, und daher mußte ihm der Glaube, die Begeisterung, die heilige Scheu zu Hülfe kommen. Das Nützliche erschien als heilig, das Nothwendige als Gottes Gebot; der Gehorsam ward als Gottesdienst geübt.

Daß die Kunst und Dichtung so genau mit der Religion verbunden war, davon haben wir die innern Gründe so eben angedeutet. Es besteht zwischen beyden ein ursprünglicher und nothwendiger Zusammenhang. Sodann bot der sinnliche Gehalt der alten Religionen der Kunst und Dichtung so viel Stoff dar, und ermunterte sie so sehr, denselben künstlerisch und dichterisch zu behandeln, daß wir uns wundern müßten, wenn sich unter diesen Umständen eine weltliche Kunst und Dichtung ausgebildet hätte. Die weltliche Kunst und Dichtung muß sich ihren Stoff erst wählen und erfinden; viel leichteres Spiel hat dagegen die religiöse, welche schon so viel Gestalten, Geschichten und andere Bilder fast fertig überliefert empfängt.

Vorzüglich aber hatte diese allumfassende Ausdehnung der Religion ihren Grund in der Priesterschaft und ihrem Verhältniß zu den andern Ständen der Gesellschaft. Sie war der einzige Stand, welcher im Besitz einiger Geistesbildung und in der Lage war, sich geistigen Beschäftigungen zu widmen: natürlich, daß sie die Wissenschaften im Geiste der Religion und in der Absicht ausbildete, sich dadurch der Nation unentbehrlich zu machen, und ihre Herrschaft zu befestigen. Sie war von Anfang an im Besitz der Staatsgewalt oder wenigstens eines überwiegenden Einflusses auf die Machthaber, sey es nun, daß sie diese Stellung durch ihre geistige Ueberlegenheit oder durch die Stärke ihres Armes errungen hatte. War es anders zu erwarten, als daß sie alles anwandte, um diese Herrschaft zu behaupten, und Gewalthaber und Volk in der Abhängigkeit von ihrem Orden zu erhalten? Endlich war es bey dem Uebergewicht der

Religion und der Priesterschaft natürlich, daß diese keine andere Dichtung erlaubte, als eine heilige, wenn sich auch eine andere hätte bilden können, und nicht alle Dichter aus dem priesterlichen Stande gewesen wären.

Es zeigt sich demnach in jeder Hinsicht als nothwendig für diesen Bildungsstand der Religion, daß sie auf alle Gebiete des Lebens einen herrschenden Einfluß ausübte. Es war aber eine Alleinherrschaft, welche sie behauptete; Ein System der Religion, Eine Priesterschaft bestand, und jede andere Form der Religion war ausgeschlossen.

Außer Aegypten und Indien scheint das religiöse Leben nur landschaftlich oder städtisch ausgebildet gewesen zu seyn; wenigstens hat in Palästina, Syrien und Phrygien kein so umfassendes System geherrscht, wie in jenen großen Priesterstaaten. Auch in diesen mag ursprünglich eine Zusammenschmelzung verschiedener Orts- und Stammes-Gottesdienste vorgegangen seyn; ja, es bestanden noch späterhin in Aegypten Verschiedenheiten zwischen den einzelnen Gauen, und noch jetzt gibt es verschiedene Sekten unter den Indiern, aber das Ganze des religiösen Lebens ist doch in einer strengen Einheit beschlossen. Alle diese Verschiedenheiten wollten nicht viel mehr sagen, als die Abweichungen der Katholiken in der Verehrung der Heiligen, von denen mehrere bloß örtlich oder landschaftlich sind, oder die Unterschiede der Mönchsorden oder der theologischen Schulen. Ganz verschiedene Systeme konnten in jenem Zustand des religiösen Lebens nicht neben einander bestehen: dieß hätte eine Freyheit vorausgesetzt, welche nicht vorhanden war, noch vorhanden seyn konnte. Die Religion war nicht das Erzeugniß einer freyen Bewegung der Geister, noch auch Gegenstand der Wahl und Prüfung; sondern sie bestand durch die That, durch das Herkommen, durch das Gewicht ihrer Gewalt, durch ihren Zusammenhang mit dem Staate. Von dem, was wir Duldsamkeit und Gewissensfreyheit nennen, konnte gar nicht die Rede seyn, außer allenfalls zwischen den Anhängern besonderer Orts-Gottesdienste und Sekten, die sich gegenseitig ihre Eigenthümlichkeiten gestatteten, oder sich deßwegen befeindeten. Die einzelnen Gauen in Aegypten bekriegten sich zuweilen wegen ihrer heiligen Thiere, an welchen man sich vergangen hatte; und zwischen den Sekten der Indier besteht ein gewisser Religionshaß. Vor der Feststellung des herrschenden Systems der brahminischen Religion hat es wahrscheinlich große Bewegungen und Religionskriege gegeben. Die Altäre des Brahma wurden von den Schiwaiten umgestoßen, deren wilder Gottesdienst dann wieder von den Wischnuiten verbessert und gemildert wurde. Die Vorrechte des Brahminenstandes wollte Buddha umstoßen, und eine freyere Form der Religion einführen; aber sein ganzer Anhang wurde vertrieben und sein System vertilgt. Von Anfang an ist wahrscheinlich das Uebergewicht des Brahminenwesens durch die Gewalt der Waffen entschieden worden. Auch die ägyptischen Priester sind wahrscheinlich als Eroberer in das Land eingedrungen, und haben den Eingebornen ihren Gottesdienst aufgenöthigt. Wir müssen demnach allerdings die priesterliche Herrschsucht als die Ursache dieser Unbeweglichkeit und starren Härte des herrschenden Systems ansehen; aber hätte sie nicht im Geiste der Zeit ihre Wurzel gehabt, so würde sie nicht ihre Absichten erreicht haben. Die Natur der Dinge, der Zustand der Gesellschaft brachte es mit sich, daß das religiöse Leben sich zu einer solchen Form gestaltete. Dieses Alles umfassende und beherrschende, keine Prüfung und keinen Widerspruch duldende Religionssystem ruhete aber nicht bloß auf dem Herkommen und der Allmacht der Priester, und behauptete sich nicht bloß durch die Furcht; sondern es galt als ein Ausfluß, eine Offenbarung der Gottheit. Sein Ursprung verlor sich in das Dunkel der Vorzeit und des Geheimnisses, und nahm den Glauben in Anspruch. Allgemein menschlich ist der Glaube, daß das Heilige, die höchste Wahrheit, nur in Gott seinen Ursprung haben könne, und nicht das Werk des menschlichen Verstandes sey. Die Priester galten nicht für die Stifter und Erfinder der heiligen Lehren und Gebräuche, sondern nur für die Verwalter und Bewahrer des von den Göttern anvertrauten. Die ägyptische Geschichte verlor sich in die heilige Vorzeit, wo Isis und Osiris auf Erden geherrscht, und dem Volk Gesetze und Sitten gelehrt hatten. Ihr Rathgeber war Hermes gewesen, der Gott der Weisheit und der Erfindung, dem alle Kunst und Wissenschaft zugeschrieben wurde, dessen Werk die heiligen Bücher der Priester waren. So wie unter diesen kein ausgezeichneter Geist als Erfinder und Vervollkommner auftritt, und jedes besondere Verdienst verschwindet; so entäußert sich auch der ganze Priesterstand alles Verdienstes, und legt Alles der Gottheit bey. Nicht anders ist es bey den Indiern. Ihre ältesten heiligen Bücher, die Veda's, die Quellen aller Weisheit, sind von Brahma selbst geoffenbart. Ihr Gesetzbuch ist von Menu, dem Enkel des Brahma, verfaßt, und mithin ebenfalls göttlichen Ursprungs. Die ganze Kaste der Brahminen ist aus dem Haupte Brahmas entsprungen, womit die ganze Religionsverfassung, welche auf dem Ansehen derselben ruhet, eine göttliche Bestätigung erhält.

Wie aber? ist diese Zurückführung des Ursprungs der Religion auf die Gottheit vielleicht ein täuschendes Vorgeben der Priester, darauf berechnet, ihre Herrschaft zu befestigen? Daß die Priesterklugheit ihren Theil daran habe, will ich nicht leugnen; aber ein ehrlicher Glaube an eine göttliche Offenbarung möchte selbst den Priestern nicht abzusprechen seyn. Die heiligen Bücher der Indier, von denen allein wir einige Kenntniß haben, sind gewiß uralt, und sind lange Zeit mündlich überliefert worden, ehe man sie aufgeschrieben hat. Ihre Verfasser sind wahrscheinlich Heilige oder Rischis, Brahminen und Könige, welche sich durch ihre Frömmigkeit auszeichneten, und die man für gottbegeistert hielt. Der Glaube an Begeisterung ist dem Menschen so natürlich, wie der Glaube an Offenbarung. Was nun von diesen Heiligen überliefert war, erhielt noch außerdem die Weihe des Alterthums; und so konnte leicht der Glaube entstehen, diese heiligen Schriften seyen von Gott geoffenbart. Ja, es konnte sich sogar unter den Priestern ein Glaube an ihren Orden, als der Gottheit näher stehend, bilden. So wie Einzelne sich für gottbegeistert halten können, so kann noch viel leichter ein ganzer Stand einen solchen Glauben an sich selber fassen; und gewiß gab es sowohl unter den ägyptischen Priestern, als unter den Brahminen Männer von hoher Begeisterung, welche durch ihr Ansehen diesen Glauben erweckten und befestigten. Nachher konnte sich desselben wohl auch die Schlauheit der Herrschsucht als eines wirksamen Mittels bedienen, das Volk im Gehorsam zu halten; aber ihr verdankt er schwerlich seinen Ursprung. Die Wahrheit ist überall älter, als die Lüge.

Funfzehnte Vorlesung.

Die Vielgötterey der Griechen.

Aus dem alten, in großartigen, riesenmäßigen Formen sich erhebenden Heiligthum der morgenländischen Naturreligionen treten wir nun in das kunstreiche, heitere Pantheon der Griechen. So wie uns hier Alles bekannter erscheint, da wir von Jugend auf mit den religiösen Vorstellungen der Griechen umzugehen pflegen: so steht auch wirklich Alles uns näher, spricht uns mehr an, und gibt sich als das Erzeugniß einer Bildung zu erkennen, welche der unsrigen verwandt ist. Auch hier finden wir Vorstellungen und Gebräuche aus jenen Naturreligionen, aber der sittlich freye Geist der europäischen Menschheit hat über den dunkeln, starren Naturgeist das Uebergewicht errungen. Wir werden in der Religion der Griechen einen Fortschritt in der Bildungsgeschichte der Religion bemerken, obschon auch wieder in ihr eine Art von Rückschritt geschehen, oder mit dem gemachten Gewinn ein Verlust verbunden ist. Die Griechen sind nicht dazu bestimmt, der Menschheit das Kleinod der wahren Religion zu geben: dieses wird im Morgenland in einem kleinen Volke, zu dem wir später zurückkehren werden, vorbereitet. Das Morgenland ist die Mutter der Religion; in ihm lebt die heilige Ahnung des begeisterten Gefühls, das sich freylich oft auch in abentheuerlichen Schwärmereyen ergießt. Das Abendland ist dagegen die Pflegerin der verständigen, sittlichen und künstlerischen Bildung. Der Europäer liebt die klare Erkenntniß, die lichtvolle Darstellung, die bürgerliche Freyheit und die sittliche Vollkommenheit. Aber dieser Geist der abendländischen Bildung war nothwendig, um die wahre Religion zur Erscheinung zu bringen; die Klarheit mußte sich mit der Fülle und Tiefe vereinigen, um das Vollkommene möglich zu machen.

Die ganze Eigenthümlichkeit des religiösen Zustandes der Griechen hängt mit dem Umstande zusammen, daß sie keinen geschlossenen, herrschenden Priesterstand hatten. Es wird vermuthet, daß in den früheſten Zeiten ein solcher bey ihnen bestanden habe, aber gestürzt worden sey; und die benachbarten Thracier hatten wirklich eine priesterliche Religion; auch ist vielleicht das Priesterthum zu Dodona in Epirus der Ueberrest eines gestürzten Priesterstandes. Aber schon im heroischen Zeitalter, wenigstens nach der Schilderung Homers, gibt es unter den Griechen keine Priester von der Art, wie die ägyptischen waren. Es kommen einzelne vor, aber ohne alles Ansehen; die Könige und Familien-Väter versehen das priesterliche Amt beim Opfern. Die Häupter des Heeres von Troja berathschlagen sich nach dem Siege, ob sie ein Opfer bringen sollen; die Meinungen sind getheilt, aber kein Priester wird befragt, und ein Jeder folgt seiner Meinung. Selbst bey der wegen der Pest unternommenen Reinigung des griechischen Lagers wird kein Priester zugezogen. Auch diejenigen, welche die Gabe der Weissagung besitzen, genießen ein geringes Ansehen. Kalchas sagt nur mit Schüchternheit, von Achilles aufgefordert, seine Meinung, und erntet dafür von Agamemnon Vorwürfe ein. Die Wahrsager gehören nicht gerade dem Priesterstande an; Apollo vertheilt seine Gaben, an wen er will. Ein Jeder kann mit den Göttern in Verkehr treten, und von ihnen Offenbarung erhalten. Allerdings hatten die Griechen Priester. Es kommen sogar priesterliche Familien, wie die bekannten Eumolpiden in Athen, vor; aber deren Wirksamkeit war auf die Mysterien eingeschränkt, und sie hatten nichts mit der öffentlichen Religion zu thun. Die Tempel der Götter hatten ihre Priester, aber sie wurden meistens durchs Loos oder vom Volke gewählt; selbst die Priesterin Pythia zu Delphi wurde aus den Jungfrauen des Orts genommen. Uebrigens hatten die Priesterschaften der verschiedenen Tempel keine Verbindung unter einander, und konnten daher keinen vereinten Einfluß ausüben. Die Griechen fragten gern die Orakel der Tempel um Rath; aber sie zogen selbst durch die lybische Sandwüste zum Tempel des Jupiter Ammon, um ihn um Rath zu fragen, und das Orakelwesen begründet durchaus keine zusammenhängende und dauernde Priesterherrschaft.

Diese Erscheinung fordert die Geschichtsforscher auf, ihren Ursachen nachzuspüren. Erklärt man sie mit Benj. Constant daraus, daß die Griechen weder die Gestirne, noch die Elemente angebetet, mithin nicht das Bedürfniß gehabt haben, sich von Priestern die Natur-Veränderungen beobachten und berechnen zu lassen: so dreht man sich in einem Cirkel herum; denn es fragt sich dann weiter, warum sie keinen Gestirn-Dienst hatten, da sie doch erweislich nicht nur vom Fetischismus, welcher zum Gestirn- und Elementen-Dienst führt, ausgegangen sind, sondern auch Spuren vorkommen, daß früher der letztere Dienst bey ihnen herrschend gewesen ist. Jener Schriftsteller führt selbst solche Spuren an *). Im Prytaneum zu Athen brannte stets ein heiliges Feuer. In derselben Stadt fand sich ein Altar, welcher der Erde geweihet war. Agamemnon opferte der Sonne und der Erde einen Eber. Das Meer wurde als eine von Neptun verschiedene Gottheit verehrt; Kleomenes opferte ihm einen Stier, den er in die Wogen warf. Die Göttersagen der Arkadier haben ein astronomisches Gepräge. Ja, Benj. Constant vermuthet sogar, daß die ältesten Griechen Priester hatten, und daß dieß vielleicht die Titanen waren, welche gestürzt und vertrieben wurden; die Titanen aber sollen die Gestirne und Elemente verehrt haben. Wenn nun die Griechen sich ehedem in einem ähnlichen Zustande wie die Aegypter und Indier, befunden haben: so ist die Frage nur desto schwerer zu beantworten, wie sie dazu gekommen seyen, sich vom priesterlichen Joche zu befreyen. Als die letzte Ursache der religiösen Freyheit der Griechen, auf welche auch Benj. Constant zurückkommt, wird immer ihre Freyheitsliebe, ihre glückliche Natur-Anlage betrachtet werden müssen; und uns genügt es, ohne weiteres dabey stehen zu bleiben. Völker, wie Einzelne, werden von der Natur verschieden ausgestattet, und es gibt tief eingeprägte Eigenthümlichkeiten, welche sich von Geschlecht zu Geschlecht fortpflanzen. Vermöge ihrer Stammes-Eigenthümlichkeit waren die Griechen zur Freyheit, sowohl im religiösen als im bürgerlichen Leben berufen. Jedoch dürfen wir die äußern Begünstigungen, welche dieser Natur-Anlage zu Hülfe kommen, nicht verkennen. Die griechische

*) Vol. II. L. V. ch. 2. p. 308.

Nation ist von Anfang an in mehrere Stämme zertheilt gewesen, so wie ihre Wohnsitze auf das mannichfaltigste vom Meere durchschnitten und vereinzelt sind. Vermöge dieser Zersplitterung konnten sie nie ein geschlossenes Reich bilden, konnten aber auch nicht so leicht von einer Priesterkaste unterjocht werden. Die Mannichfaltigkeit ihres Volks- und religiösen Lebens wurde nicht weniger dadurch begünstigt, daß sie von verschiedenen Seiten her fremde Einflüsse erfuhren. Es erschienen mehrere ägyptische, phönizische und andere Anbauer an ihren Küsten, welche ihnen fremde Sitten und heilige Gebräuche brachten. Sie erschienen nicht als Eroberer, sondern als Flüchtlinge, welche ein neues Vaterland suchten; es waren keine Priester, welche mit einer überlegenen Weisheit ausgerüstet waren: sie übten daher keinen, die Eigenthümlichkeit unterdrückenden Einfluß auf die Eingeborenen aus, beförderten aber doch ihre Gesittung, weil sie aus Ländern kamen, welche in der Bildung weiter fortgeschritten waren, als die Griechen. Auch auf anderen Wegen drang asiatische und ägyptische Bildung in Griechenland ein, durch den vielseitigen Verkehr der Schiffarth und des Handels, durch Kriegszüge und Besuchung fremder Orakel. Mittelglieder zwischen der griechischen und asiatischen Religionsbildung waren: die Insel Samothrace mit ihrem phönicisch-phrygischen Cultus; die Inseln Kreta und Rhodus mit ihren Kureten und Telchinen, ihrem Sonnendienst und Labyrinth; die Stadt Ephesus mit ihrem Dianen-Dienst, welcher offenbar das morgenländische Gepräge trug. Alle diese fremden Einwirkungen brachten eine gewisse Mischung hervor, wodurch die Entstehung eines so fest in sich abgeschlossenen Systems, wie das der indischen und ägyptischen Religion ist, verhindert wurde. Verschiedenartige Bestandtheile finden sich auch in diesen Religionen vereinigt, aber sie sind doch eng und fest mit einander verbunden; die Griechen hingegen haben gar kein System, sondern nichts als eine lose Aneinanderreihung von einzelnen Fabeln und Gebräuchen, von örtlichen Gottesdiensten und Bruchstücken fremder oder alter, untergegangener Religionen.

Die Grundlage bilden Ueberreste der alten Naturreligion des Morgenlandes. Den meisten der griechischen Götter liegen Ideen von Naturkräften zum Grunde, ja, man erkennt in ihnen zum Theil ganz deutlich die Götter der Aegypter, Phrygier und Indier wieder. Die Griechen haben eine Welt- und Götter-Entstehungslehre, welche mit der morgenländischen verwandt ist; ich meine die des Hesiodus. Er lehrt, daß das erste von allem das Chaos, die ungeordnete Masse, gewesen, daß daraus zuerst die Erde nebst dem Tartarus oder dem finstern Abgrund entstanden, so wie die Liebe, welche als das bewegende und einigende Princip gedacht zu werden scheint; sodann entstanden ferner das Dunkel und die Nacht, und aus diesen der Aether und der Tag; die Erde gebar den Himmel, die hohen Gebirge und das Meer, und aus der Verbindung der Erde und des Himmels gingen die Titanen und Cyklopen hervor, worunter wahrscheinlich die obersten Naturkräfte und Planeten, und zugleich die alten Naturgötter zu verstehen sind; es folgen noch mehrere Götter-Entstehungen, und an die Titanen schließen sich dann die Söhne des Kronos an, unter welchen Zeus der vornehmste ist, der die Titanen besiegt, und die Herrschaft der Welt übernimmt. Es sind in dieser Lehre wahrscheinlich Bestandtheile der Naturlehre und der Religionsgeschichte verschmolzen; denn offenbar wird darin der Sieg der neuern griechischen Volksreligion über die alte

Naturreligion angedeutet, und Hesiodus überliefert, was er selbst nicht mehr versteht, was er nur gedächtnißmäßig aufgefaßt hat und wiedergibt. Diese Lehre erinnert sehr an die ägyptische, phönizische und indische Priesterlehre, und stammt wahrscheinlich daraus her; aber bey den Griechen fand sie wenig Eingang, und stand von der Volksreligion abgerissen da. Dem Griechen, der das Klare und Begreifliche liebte, widerstrebte das geheimnißvolle Dunkel derselben. Jene alten Gottheiten waren ohne Tempel und Altäre, und nur die späteren Weisen und Dichter nehmen auf sie Rücksicht. Daß aber selbst in den Volksgottheiten der Griechen Züge der orientalischen Naturreligion vorkommen, unterliegt keinem Zweifel. Jedoch sind sie theils mißverstanden, theils nicht genug festgehalten, theils mit anderen Ideen dermaßen gemischt, daß sie ihre Bedeutung so gut als ganz verlieren.

Apollo ist Sonnengott, obschon neben ihm ein eigener Sonnengott, Helios, anerkannt wird, so daß schon dadurch die Naturidee des Apollo schwankend wird. Er entspricht dem ägyptischen Horus. Aber seine astronomische Bedeutung tritt ganz in den Hintergrund. Daß er den Bogen führt, und unfehlbare Pfeile schießt, ist wohl ursprünglich sinnbildlich gemeint, und bezeichnet die alles durchdringenden Strahlen der Sonne; aber wie viele mochten bey den Griechen an diese sinnbildliche Bedeutung denken? Eines seiner Sinnbilder ist der Wolf, und hat wahrscheinlich eine astronomische Beziehung; aber die Bedeutung desselben ist streitig, und war wohl auch den Griechen unbekannt. Abgelöst von der Beziehung auf die Natur, erscheint Apollo als ein eigenthümlich griechischer Gott, als der Gott der Weissagung und der Musik. — Apollos Schwester

Diana ist die Mondgöttin, wiewohl es auch wieder eine eigene Mondgöttin gibt, und die Gestalt, die sie in Ephesus trägt, mit der Thurmkrone, den vielen Brüsten, dem halben Mond u. s. w. erinnert an ihren Ursprung aus der alten Priesterreligion. Sie ist unstreitig mit der Isis verwandt, der Göttin der fruchtbaren weiblichen Naturkraft; sie ist in Ephesus die große Mutter, die alles, was lebt, ans Licht bringt; sie ist bey den Griechen Ilithyia, die die Geburt befördert. Aber die keusche Jungfrau, welche mit ihren Nymphen und Hunden des Nachts jagend durch die Wälder zieht, was hat sie mit jener ägyptischen Göttin gemein, als etwa, daß diese beym Aufsuchen des Osiris sich vom hundsköpfigen Anubis leiten läßt; ja, was hat sie mit der ephesinischen Diana gemein, als etwa, daß dieser der Hirsch heilig, und daß ihre Dienerinnen kriegerische Jungfrauen, Amazonen, waren? — Minerva ist ebenfalls ursprünglich eine Naturgöttin gewesen. Bey den Lybiern war sie eine Tochter Poseidons, des Meeres, aus welchem die Gestirne aufgehen, und ihr Dienst war mit Sonnen- und Monddienst verbunden; sie ist mit der ägyptischen Neïth, der Lichtgöttin, verwandt, und Plato sagt, daß sie mit Hephästos eine gemeinsame Natur habe: es scheint daher, daß man in ihr die Kraft des Lichtes verehrte, woher ihr, der Blauäugigen, der helle Blick des Auges beygelegt wird, und die Eule heilig ist. Aber dieser Naturbeziehung können die Forscher nur mit Mühe auf die Spur kommen, weil sie sich in der griechischen Sage ganz versteckt, oder sonderbar umgebildet hat. Die Neïth, von der sie abstammt, ist die Weberin der Natur, die das große Gewebe der Welt webt: hiernach ist die Athene die Vorsteherin der webenden Frauen, des häuslichen Kunstfleißes: wodurch jene geheimnißvolle

Idee ganz in den klaren Kreis des Menschlichen herabgezogen ist. Die Minerva der Griechen ist die hochherzige, weise, kriegerische Jungfrau, die Verpersönlichung des im Streite mit allem, was ihm feindlich ist, sich kräftig bewährenden Geistes, des Geistes der Thatkraft und der Erkenntniß. — Hermes oder Merkur ist offenbar der ägyptische Thoth, der Gott der Weisheit, des Priestergeheimnisses, der Führer der Seelen; aber in der griechischen Behandlung hat er diese hohe Bedeutung meistens verloren. Noch ist er Führer der Seelen und Kenner der geheimsten Kräfte der Natur, daher er den magischen Stab führt; aber sonst ist er nur der Bote der Götter und der Gott der Klugheit, ja, selbst der List und des Betruges, des Handels und selbst des Diebstahls. In dieser Wendung zeigt sich ganz der Leichtsinn der Griechen: anstatt des geheimnißvollen, tiefsinnigen Priestergottes, bilden sie sich einen Gott für die oft unlautere Lebensklugheit; auch dieser wird ein göttlicher Ursprung geliehen, weil sie dem Leben des Geistes angehört. Uebrigens kann es seyn, daß die handelnden Phönizier diesen Gott den Griechen gebracht haben, und daß er daher als Gott des Handels gedacht wird. Die Fabel, daß Hermes, als zartes Kind, die Stiere des Apollo gestohlen, ist entweder eine Versinnlichung der Idee der List, oder stammt aus einer indischen Legende; in jedem Fall gehört sie dem dichtenden Fabelgeiste an, und nicht der Religion als solcher. — Hephästos oder Vulkan ist der ägyptische Phthas, die bildende Feuerkraft der Natur; unter den Händen der Griechen aber ist er der hinkende, russige Schmiedegott geworden, welcher, wenn er die Tafel der Götter umwandelt, ihnen ein unermeßliches Gelächter erregt, und als Gemahl der schönen Aphrodite das Urbild aller betrogenen

Ehemänner ist. Offenbar wollte die Sage der Griechen diesen, halb noch in die Reihe der alten Götter gehörenden Gott, mit einem Merkmal der Lächerlichkeit bezeichnen. — Am deutlichsten verräth ihren Ursprung aus der alten Naturreligion die aus dem Schaum des Meeres geborne Göttin der Liebe Aphrodite; sie ist mit der syrischen Derketo verwandt, und Sinnbild der aus den Früchten sich entwikkelnden Fruchtbarkeit. Aber dieser naturphilosophische Begriff verschwindet ganz vor der mit allem Liebreiz geschmückten Göttin der Liebe. — Herkules ist in der Naturreligion Aegyptens ein Sonnengott, bey den Griechen aber ein vergötterter Held. Dort stellt er die siegende Sonnenkraft dar, hier die siegende Manneskraft. Seine zwölf Arbeiten sind ursprünglich die zwölf Zeichen des Thierkreises, welche die Sonne zu durchlaufen hat: wie hat sie aber die griechische Sage vermenschlicht! Von der astronomischen Bedeutung dieses Gottes ist kaum noch eine Spur mehr vorhanden. Das treffendste Beyspiel, wie die alte Naturreligion von den Griechen vernachlässigt, ja herabgewürdigt worden, bietet sich im Gott Pan dar. Dieser war in Aegypten einer der acht oberen Götter, ja der erste von ihnen, die verbindende Einheit der Planeten-Sphären; und diese seine hohe Bedeutung schimmert noch durch in seinem Geschäft, die Chöre der Götter anzuführen, und in seiner siebenfachen Flöte, einer Anspielung an die sieben Planeten; auch brannte in seinem Tempel in Arkadien ein ewiges Feuer. Ihm war in Aegypten der Bock heilig: und so dachten ihn die Griechen als den ziegenfüßigen Gott der Heerden, und seine alte Würde wurde fast ganz vergessen. — Der Gott Bacchus, welcher nach dem einstimmigen Zeugniß der alten Schriftsteller mit dem Osiris der Aegypter eins, und auch mit dem persischen Mithras und dem indischen Schiwa verwandt ist, hat seine Naturbedeutung noch am meisten erhalten; auch ist seine Verehrung die wild tobende und schwärmende des Schiwa, der Ausdruck der sinnlichen Lebensfreude, und sein Symbol ist ebenfalls der Lingam. Ursprünglich ist er der Gott der fruchtbaren, grünenden und blühenden Natur überhaupt, aber den Griechen gilt er besonders als Weingott, weil seine Verehrung wahrscheinlich mit dem Weinbau in Griechenland Eingang gefunden hat: und so ist auch er in den menschlichen Kreis herabgezogen, und der alten Naturreligion entrückt worden.

Durch diese Wendung, welche die Götterlehre bey den Griechen nahm, verlor sie das Tiefsinnige der morgenländischen Priesterlehre, in welcher allerdings eine Art von Naturphilosophie verborgen lag. Die Griechen haben eigentlich gar keine Theologie, außer den Bruchstücken einer alten untergegangenen, wie sie im Hesiodus vorkommen, und von spätern Dichtern und Weisen wieder aufgefaßt werden. Daher thun wohl die mythologischen Forscher Unrecht, wenn sie die bey Pindar, Plato u. a. vorkommenden tieferen Ideen über die Götter, anders als zur Aufklärung der ältern Lehre gebrauchen, und in den späteren Volksglauben hineintragen. Die Theologie der Griechen war die Dichtersage, wie sie Homer in seine Gedichte verflicht, daher auch Herodot (II. 53.) sagt, Homer und Hesiod hätten den Griechen die Götterlehre gebildet. So entbehrt die Religion der Griechen der metaphysischen Grundlage, und ist ein haltungsloses Gewebe von Sagen, welche zum Theil mißverstanden sind. In den Göttersagen bey Homer glaubt man noch hie und da die alte theologische Bedeutung durchschimmern zu sehen. In der Iliade (I. 423 ff.) heißt es: Zeus sey mit den Himmlischen allen zum Mahl der Aethiopen gegangen, und am zwölften Tage wieder zurückgekommen: dieß ist wahrscheinlich eine Erinnerung aus der astronomischen Theologie der Aegypter, und spielt entweder auf die zwölf Zeichen des Thierkreises, oder auf die zwölf Zusatztage des alten ägyptischen Jahres, oder auf das zwölftägige Jahresfest zu T olis an. Wenn Zeus drohend zu den andern Göttern sagt, sie sollten es versuchen, ob sie, sich alle an eine goldene Kette hängend, ihn vom Olymp herab auf den Boden ziehen könnten; er aber wollte sie leicht mit der Erde und dem Meer emporziehen, und die Kette um den Gipfel des Olymps binden, so daß das All schwebend in der Höhe hinge: so liegt darin die Idee, daß Zeus die höchste Ursache von Allem sey, aber nicht nur bildlich eingekleidet, sondern in die menschenähnliche Sage von den Göttern verflochten, und ihrer theologischen ernsten Bedeutung beraubt. Eben so gab es bey den Griechen unstreitig manche Gebräuche, deren Bedeutung mit der alten Götterlehre verloren gegangen war, und die sinnlos geübt und fortgepflanzt wurden. Beym Feste der Ceres in Arkadien schlug ein Priester, mit der Maske der Göttin bekleidet, die Umstehenden mit der Ruthe; diesen Gebrauch deutet man allegorisch, aber schwerlich faßte das Volk einen solchen Sinn davon auf, sondern betrachtete ihn bloß als eine alte Ueberlieferung. Wie sehr aber eine solche Gedankenlosigkeit der Andacht schaden mußte, liegt am Tage.

Allein für den Untergang der alten Naturreligion entschädigte reichlich der sittliche Geist, welcher in die griechische Religion Eingang fand. Gering war der sittliche Gehalt, den wir in der Götterlehre der Aegypter und Indier gefunden haben; und wenn dort die Götter auch noch mehr und deutlichere sittliche Eigenschaften hätten, so würde doch immer der dunkle Naturgeist vorwalten. Bey den Griechen hingegen tritt der Geist der sittlichen Freyheit in klarem Selbstbewußtseyn hervor, und spricht freundlich Herz und Einbildungskraft an. Freylich fehlt noch ganz die Einheit und strenge Reinheit in den sittlichen Ideen; sie erscheinen vereinzelt und lose aneinander gereihet, und sind noch mit sehr sinnlichen, zum Theil lasterhaften Vorstellungen gemischt. Der große Gedanke eines heiligen Willens der Gottheit, als der Quelle aller Sittengesetze, ist den Griechen noch unbekannt. Auch ist der sittliche Gehalt der Göttervorstellungen meistens von der dichtenden Einbildungskraft aufgefaßt, und in zwar ansprechenden und schönen Bildern, aber doch so sinnlich-menschlich dargestellt, daß unsere Sittenlehrer sich wenig dadurch befriedigt finden. Demungeachtet ist selbst diese dichterische Behandlung ein Gewinn zu nennen, weil in ihr der menschliche Geist über das alte dunkle Räthselwesen und das starre Gefühl der Natur-Nothwendigkeit einen Sieg errungen hat. Edle, schöne, wenn auch nicht reine, menschliche Bilder von Gott sind doch besser, als die dunkeln, halb menschlichen, halb thierischen Gestalten, mit ihren räthselhaften, abentheuerlichen Sagen und Sinnbildern, in welchen das Morgenland die geheimnißvollen Kräfte der Natur anschaut.

Die Göttin Aphrodite hat freylich ihren alten tiefsinnigen Ernst verloren, indem sie nicht mehr als die Gebärerin aller Dinge, als die fruchtbare Kraft der Erde und des Wassers gedacht wird; aber schöner und darum auch sittlicher ist doch das Bild der Göttin der Liebe, welche dem Schaume des Meeres entsprungen, von sanften Wellen nach Cypern getragen wird: Blumen entsprossen den Tritten der

Göttlichen; die Horen schmücken sie mit unsterblichen Kleidern und goldenem Geschmeide, und bekränzen sie mit Violen; mit Entzücken begrüßen sie die olympischen Götter, und huldigen ihrer zauberischen Gewalt. Allerdings findet in der Idee dieser Gottheit, und zumal in ihrem unzüchtigen Dienste, die Lüsternheit und Wollust eine Begünstigung; aber der alt orientalische Dienst begünstigte sie auch, indem die alte ernste Idee der gebärenden Naturkraft leicht vergessen wurde. Die Griechen haben in das, was wir mißbilligen müssen, doch wenigstens Anmuth und Geschmack gebracht. Uebrigens dürfen wir ihre Sittenlosigkeit in diesem Stücke nicht nach unsern strengen Begriffen beurtheilen, da sie unser christlich deutsches eheliches Leben, so wenig, als irgend ein anderes altes Volk kannten, und das ganze Alterthum in diesem Punkt freyer, als wir, dachte. Auch Bacchus, der Gott der trunkenen Lebenslust, ist von der griechischen Phantasie versittlicht und verschönert worden. Er ist der Spender der köstlichen Gabe des Weines, der milde, freundliche Geber des kummerstillenden Rebensaftes, und erinnert an den edelsten Theil des Landbaues. Schwärmend und ungezügelt ist die bacchantische Lust; aber während sie die Weisheit der Gesetzgebung zu beschränken suchte, wußte der schöpferische Geist der Dichtkunst ihr die herrliche Erfindung des Trauer- und Lustspiels zu entlocken. So wie einem jeden besonnenen Menschen in der Fröhlichkeit der wehmüthige Gedanke an die Vergänglichkeit des Lebens kommt, so ist auch der bacchischen Raserey ein Zusatz von Wehmuth, Laune und Spott beygemischt, und daraus entsprang die dramatische Dichtkunst. — Bey den meisten übrigen, aus dem Morgenlande stammenden Göttern, tritt der sittliche Bestandtheil noch mehr hervor. Apollo, der jugendliche Gott der Begeisterung, ist gerade kein Tugendlehrer oder Tugendmuster; aber ein Gemüth, das von der Kraft der dichterischen und musikalischen Begeisterung ergriffen ist, kann sich nicht der Gemeinheit und dem Laster ergeben; und ein Volk, das solche Götter verehrt, steht auf einer höheren Stufe der Sittlichkeit, als der Anbeter dunkler Naturgötter. — Die jagdlustige, keusche Diana ist zwar ein beschränktes, aber doch edles, sittliches Charakterbild. — Höher steht die weise, kriegerische Minerva. Sie ist zwar keinesweges ein Musterbild der Weisheit und Mäßigung, denn sie hat Leidenschaften und erglüht von Kampflust: aber es lebt doch ein hoher Geist in ihr, und sie ist das schöne Sinnbild des in einem jugendlichfrischen, thaten- und kampflustigen Volke sich kräftig regenden Geistes der Klarheit und Besonnenheit. — Hermes hat als Gott des Marktes und der auf ihm sich regenden gewandten Klugheit und Beredsamkeit eine zwar niedere, aber doch immer sittliche Bedeutung. Eben so Hephästos, als Gott der mechanischen Künste, welche für die Gesittung so wichtig sind.

Die Götter, welche den Griechen eigenthümlicher sind, gehören nicht weniger in das sittliche Gebiet. Poseidon-Neptunus freylich, der Gott des ungestümen, unwirthbaren Meeres, bleibt in dem dunkeln Gebiete des Naturlebens. Aber selbst der wilde Kriegsgott Ares-Mars tritt, obschon als eine feindliche Kraft, in das bürgerlich-sittliche Leben ein. Mit ordnender Milde dagegen erscheint Demeter-Ceres, die Göttin des Ackerbaues und der Gesittung, die Gesetzgeberin. Am meisten herrscht das Sittliche vor in der Idee des Zeus-Jupiter, welcher auch der den Griechen eigenthümlichste Gott ist, und auf dessen Abkunft aus dem Morgenland keine bestimmten Spuren leiten. Er ist zwar auch ein Naturgott, und zwar der höchste, der König der Natur; er waltet im allumspannenden hohen Aether, im donnernden Gewölk. Aber als König und Herrscher waltet er auch im sittlichen Reiche. Er ist der Vorsteher der gesellschaftlichen Verhältnisse, der Verwalter der sittlichen Gesetze, der König der Könige, von welchem die Könige die Herrschergewalt haben, oder Schutzherr der Städte, der Vorsteher der Zünfte und Geschlechter, der Beschützer des Hauses und der häuslichen Ordnung, der Schutzherr der Gastfreundschaft, der Freundschaft, Vorsteher aller Genossenschaften, Aufseher über Handel und Wandel, Wächter der Heiligkeit des Eides. Ihm sind die Göttinnen des Gerichts, des Rechtes und der Schaam beygegeben. Seine Gattin Here ist die Vorsteherin des ehelichen und weiblichen Lebens, und das Musterbild der Ehefrau, wiewohl ihr die fabelhafte Sage den Zug der Eifersucht andichtet.

Was den griechischen Polytheismus besonders vortheilhaft auszeichnet, ist die Idee der Halbgötter oder gottähnlichen und zur Gottheit erhobenen Menschen. Es ist dem Menschen natürlich, an eine Gemeinschaft des Göttlichen und Menschlichen zu glauben, wie er denn einen Funken des Göttlichen in sich trägt. Die indische Götterlehre (und vielleicht auch die ägyptische) kennt nur die Idee der Gottes-Verkörperung: die göttliche Natur steigt herab in die irdische, und wirket Heilsames und Wohlthätiges. Darin liegt viel Tröstliches für das menschliche Herz, aber nichts Erhebendes. Die menschliche Natur, welche Wischnu annimmt, ist nichts als Maske; sie wird angenommen und abgelegt, ohne daß ihr eine Spur des Göttlichen eingedrückt bleibt; es gereicht ihr zu keinem Vorzuge, daß sie angenommen wird, denn ihre Stelle vertritt eben so gut die thierische; sie verschwindet ganz vor der göttlichen Allmacht und Unendlichkeit: mit Einem Worte, es liegt in ihrer Vereinigung mit der göttlichen keine sittliche Idee. Ganz anders ist es mit den griechischen Heroen. Sie sind zwar die Söhne eines Gottes und einer Sterblichen; aber damit wird nur angedeutet, daß der in ihnen, wie in jedem Menschen, liegende Keim des Göttlichen stärker gewesen sey; das Menschliche hingegen wird in ihnen nicht durch das Göttliche unterdrückt, vielmehr entwickelt es sich in seinem ganzen selbständigen Wesen, und erhebt sich durch Vorzüge der Vollkommenheit zur gottähnlichen Würde. So ist die Heroen-Idee der Griechen die Idee der sittlichen Erhabenheit und Bestimmung der Menschheit, und stellt dem Menschen die wahre sittliche Aufgabe, durch göttliches Handeln zur Gemeinschaft mit der Gottheit zu gelangen. Alles sittliche Handeln aber ist ein Kampf des Geistes mit der Natur, der Freyheit mit der Nothwendigkeit: daher werden die Heroen als Kämpfer und Dulder gedacht, welche auf einer rauhen Bahn dem erhabenen Ziel entgegen wandeln; sie müssen mit Riesen und Ungeheuern kämpfen, schwere Prüfungen bestehen, und gefahrvolle Aufgaben lösen. Freylich ist das sittliche Musterbild, das in den Heroen aufgestellt wird, noch sehr einseitig: es ist das ritterliche oder kriegerische; die Tugend ist in dem alten Sinne nur noch als Muth und Manneskraft gedacht, bey welcher das Geistige sehr zurücktritt, und die zartere Blüthe der Mäßigung und Keuschheit gar keine Stelle findet; indessen ist der kriegerische Muth doch mit aufopfernder Hingebung für das Vaterland und die Menschheit, und mit Gehorsam und Pflichttreue verbunden, und versinnbildet, wenn auch auf eine rohere Weise, die Stärke des guten Willens. Der vollendetste Heros der griechischen Sage ist Herkules, in welchem die orientalische Idee des mit der Finsterniß kämpfenden Sonnengottes sittlich menschlich umgebildet ist, so daß in ihm der gute, starke Wille, das Licht des Geistes, mit dem Uebel und Bösen, der sittlichen Finsterniß, kämpft. Schon in der Wiege erdrückt er zwey furchtbare Drachen. Als Jüngling, auf den Scheideweg gestellt, wo er zwischen Tugend und Weichlichkeit zu wählen hat, entscheidet er sich für die erstere. Vor seinem Eintritt in die Welt fragt er den Apollo in Delphi, und erhält die Weisung, zwölf Jahre hindurch, den Befehlen des Eurystheus gehorsam, zwölf große und gefahrvolle Arbeiten zu unternehmen, und auf diese Weise die Unsterblichkeit zu erlangen. Eurystheus war Herkules Feind, und hatte dessen natürlichen Thron sich angemaßt; demungeachtet unterwarf sich dieser der Weisung des Gottes, und diente dem, der ihn haßte, und ihn zu verderben suchte. Seine Arbeiten bestanden meistens im Kampfe mit Ungeheuern, welche das Land plagten: die letzte bestand darin, daß er in die Unterwelt hinabstieg, und den Hund Cerberus heraufholte. Der Heldenmuth beweist sich in der Verachtung des Todes, und wer die Furcht vor diesem besiegt hat, ist Sieger jedes Feindes. Jedoch vollkommen wollte die Sage den Herkules nicht zeichnen, um ihn nicht dem menschlichen Kreise zu entziehen. Er war Anfällen von Heftigkeit unterworfen; in einem solchen erschlug er als Jüngling seinen Lehrer Linus; und nachdem er jene zwölf Arbeiten vollbracht hatte, gerieth er in einen Zustand von Wahnsinn, in welchem er mehrere Unthaten beging, und sich selbst am Delphischen Heiligthum vergriff. In seiner größten Schwachheit aber zeigt sich der Held in der

Dienstbarkeit der Königin Omphale, wo er ganz in weibische Weichlichkeit versank. Durch die Bosheit eines alten Feindes, des Centauren Nessus, und die Leichtgläubigkeit seiner eifersüchtigen Gattin Dejanira, erliegt der Halbgott einer unheilbaren Krankheit. Dejanira nämlich hatte ihm ein Gewand geschickt, das mit einer Salbe bestrichen war, welche ihr Nessus angeblich als ein Mittel, die verlorene Liebe ihres Gemahls wieder zu gewinnen, mitgetheilt hatte, die aber aus den schrecklichsten Giftstoffen gemischt war. Um sich dieser Krankheit und der sterblichen Hülle zu entledigen, baut sich Herkules selbst einen Scheiterhaufen, und endet sein ruhmvolles Leben mit dem Feuertod. Aber das Feuer konnte nur verzehren, was sterblich an ihm war. Noch ehe der Scheiterhaufen ganz niederbrannte, senkte sich eine Wolke mit Donner herab, und nahm den Unsterblichen in den Himmel auf, wo er sich mit Hebe, der Göttin der Jugend, vermählte.

Die ganze Heldensage der Griechen, die Sage von den Helden des trojanischen Krieges und der früheren Zeit, ist vom sittlichen Geiste durchdrungen. Nicht als wenn jeder Held ein sittliches Musterbild nach unsern Begriffen wäre, es haftet allen Rohheit und Leidenschaftlichkeit an: aber theils der Umgang, in welchem sie mit den Göttern stehen, theils der hohe Sinn des Muthes und der Ruhmliebe und die frische Thatkraft, welche sie beseelt, erhebt ihr Leben über die Linie der Gemeinheit, und leiht demselben einen frischen Glanz der Jugendlichkeit, welcher den Betrachter mehr erweckt und begeistert, als die reinsten Vorschriften der Sittenlehre. Daher der unnennbare Reiz, der auf den Homerischen Gedichten liegt, und welche sie so recht zum Buch der Jugend machen. Die herrlichen Gestalten des Achilles,

Agamemnon, Odysseus, Nestor u. s. w. gehen dem jugendlichen Gemüth als glänzende Sterne auf, und leuchten selbst noch dem Greise fort. Achilles ist das Bild der jugendlichen Tapferkeit, Odysseus der besonnenen Geduld, Nestor der erfahrenen Weisheit, Agamemnon der Königswürde. Die Götter, welche sich mit Vorliebe ihrer Lieblinge annehmen, sind nichts als menschlich edle Gestalten, welche aus dem heiligen Dunkel der unsichtbaren Welt hervortreten; aber doch ist ihre Erscheinung erhebend, und erinnert an die Hoheit des Menschen.

Alle diese sittlichen Ideen, welche in der griechischen Religion liegen, würden nicht so hervortreten, und nicht diesen anmuthigen, lieblichen Glanz verbreiten, wenn nicht eine vom Sinn für das Schöne begeisterte Kunst und Dichtung über sie die Herrschaft gewonnen hätte. Die Dichtung war es, welche die alten sinnbildlichen Ideen in diese ansprechenden, menschlich göttlichen Gestalten umschuf. Aber auch die bildende Kunst leistete der Religion die wichtigsten Dienste durch die schönen Gestalten, welche sie als Gegenstände der Anbetung hinstellte, anstatt der meist unförmlichen Bilder des Morgenlandes, und durch den lieblich heitern Tempelbau, welcher zwar dem ägyptischen und indischen an Größe und Majestät weichen mochte, aber ihn dafür an Schönheit übertraf. Die ganze Kunst und Dichtung der Griechen lehnte sich an die Religion an. Ihr Epos war eine Götter- und Heldensage; ihre Theater waren gewissermaßen Tempel des Bacchus, und die Chöre, welche in ihren Trauer- und Lustspielen aufgeführt wurden, sangen heilige Lieder. Eine ganz weltliche Dichtung, dergleichen wir haben, kannten sie nicht: Beziehungen auf die Götterwelt verflochten sich in Alles, und selbst die sinnliche Liebe hatte ihren Gott.

Das Göttliche wurde freylich dadurch herabgezogen, aber das Menschliche erhielt einen höheren Glanz. Der Dichter und Künstler war ein Diener der Musen, und seine Begeisterung verdankte er den Göttern; das Schöne war mit dem Heiligen auf das Innigste vermählt.

Der Gottesdienst der Griechen enthielt noch den alten, so wenig bedeutenden Bestandtheil der Opfer, und mancher sinn- und wirkungslose Gebrauch schleppte sich darin fort. Der Kunst- und Schönheits-Sinn, welcher die Götterlehre so schön umgebildet hatte, mochte auch dem Gottesdienst in schön geordneten Opferzügen, Tänzen und Gesängen manchen Glanz geliehen haben; immer aber bleibt doch der Cultus der schwächere Theil der griechischen Religion. Die schönste und eigenthümlichste Feyer machten die Kampfspiele aus, in welchen Heldensinn und Dichtergeist um die Palme des Sieges rangen, und die Nation im Hochgefühl vaterländischer Begeisterung versammelt war. In welchem Abstich erscheinen diese heitern Feste mit den Büßungs-Wallfahrten der Indier! Hier beugt sich ein von Priesterherrschaft gedrücktes Volk im Gefühl menschlicher Unseligkeit vor den erzürnten Göttern, und sucht in sinnlosen Gebräuchen oder den Ausbrüchen wilder Schwärmerey den Frieden der Seele. Dort bringt ein freyes, kräftiges Volk seinen Göttern und dem Vaterlande das Opfer strebender Heldenkraft und Begeisterung dar.

Wenn sich in der Religion drey Hauptbestandtheile unterscheiden lassen: das Gefühl der frohen, thatkräftigen Begeisterung, das der demüthig ernsten Hingebung und das der andächtig heiligen Erhebung zum Höchsten: so herrscht in der griechischen Religion das erste Gefühl unverhältnißmäßig vor, und die andern ernsten, heiligen Gefühle treten zurück. Daher dieses Herabziehen des Göttlichen ins Menschliche, daher der Mangel der sittlichen Strenge in der Götterlehre und im Leben, daher der herrschende Leichtsinn, der das Göttliche selbst dem Spott und Gelächter Preis gab. Ein großer Mangel in der griechischen Religion ist die noch ganz unvollkommene Lehre von der Unsterblichkeit der Seele, welche noch dazu in keinem bestimmten Zusammenhang mit dem Gottesdienste steht, und nicht ins Leben eingreift. Man glaubte an eine Fortdauer der Seele, und zwar als eines selbständigen Wesens; die Idee der Seelenwanderung, durch welche das menschliche Leben wieder in das Allleben verfließt, widerstrebte dem selbständig sittlichen Geiste der Griechen: und das ist ein Gewinn zu nennen. Aber das Leben nach dem Tode wie sie es sich denken, ist ein unbedeutendes, düsteres Schatten-Leben in der Unterwelt. Achilles Schatten klagt, er wolle lieber auf der Oberwelt als Tagelöhner dienen, als in der Unterwelt über die Todten herrschen. Nach der Homerischen Vorstellung ist noch kein Vergeltungszustand und kein Unterschied zwischen dem Guten und Bösen in der Unterwelt. Wenn Tantalus, Sisyphus u. a. bestraft werden, so ist dieß ein ganz besonderes Loos, das diesen Feinden der Götter beschieden ist, so wie der selige Aufenthalt im Elysium nur einzelnen Lieblingen der Götter vergönnt ist, und keinen sittlichen Grund hat. Nur das ist eine Ahnung von einer künftigen Vergeltung bey Homer, daß er diejenigen, welche hier Meineide geschworen, drunten bestrafen läßt. Erst die späteren Dichter und Weisen glaubten an eine regelmäßige Vergeltung in der Unterwelt: es war aber nichts als ein persönlich eigner Glaube, welcher in der öffentlichen Religion keine Gewährleistung fand. Nur in den Mysterien oder in den geheimen Weihen der Demeter zu Eleusis wurde die Idee eines zukünftigen Lebens zugleich mit der Vergänglichkeit des irdischen geltend gemacht. Der Hauptgegenstand dieser geheimen Gebräuche war die mythische Geschichte vom Raub der Proserpina, in welcher das Ersterben und Wiederaufleben der Natur, ihr Winterschlummer und ihr Wiedererwachen im Frühling, und zugleich die Vergänglichkeit des menschlichen Daseyns und die Hoffnung eines andern, bessern Lebens versinnbildet wurde. Von den eleusinischen Weihen wird gerühmt, daß sie Freudigkeit für das Leben und Sterben gewährt haben: es muß daher in ihnen der Blick über den Tod hinaus eröffnet, und das Ziel einer höheren Bestimmung gezeigt worden seyn. Schon dadurch hatten sie eine sittliche Bedeutung; aber diese wurde noch besonders durch Reinigungen hervorgehoben, welchen sich die Eingeweiheten zu unterwerfen hatten. Nur der Reine kann des höheren Lebens theilhaftig werden; die Hoffnung der Unsterblichkeit heiligt das Gemüth.

Worin der Vorzug der griechischen Religion lag, darin lag auch ihre Schwäche und Mangelhaftigkeit. Alles hatte seine Richtung auf die Schönheit; die Einbildungskraft schuf schöne, erweckliche Bilder, in welchen ein freyer, edler Geist, wie in schönen, frischen Frühlingsblüthen, erschien. Aber es fehlte die heilige Wahrheit, der Ernst und die Festigkeit des Glaubens; der Verstand fand für seine über das Sinnliche sich erhebende Erkenntniß keine Befriedigung, da Alles in Sinnbildern gegeben war, und die eigentlichen Dogmen ganz fehlten. Daher der Mangel an Einheit in der Religion: eine Menge Sagen und Sinnbilder, die meistens bunt in einander liefen, und den Geist verwirrten: weßwegen auch unsere Alterthumsforscher sich in der griechischen

Mytho-

Mythologie, wie in einem Labyrinth, befinden, von einem Mythus auf den andern getrieben werden, und nirgends einen festen Unterschied aufstellen können. Aber dieser Mangel einer Wahrheitslehre, verbunden mit der Freyheit von Priesterherrschaft, brachte der Nation und der Menschheit einen andern großen Gewinn. Es entstand die **Weltweisheit**, als eine allzugängliche Lehre der Wahrheit von göttlichen und menschlichen Dingen. Sie ging von physikalischen Forschungen über die Grundursachen aller Dinge aus, trat aber mit Sokrates in das sittliche Gebiet ein, und bildete sich zur fruchtbaren Lebensweisheit aus. In ihr erwachte der Geist zuerst zum klaren, besonnenen Nachdenken, und trat aus der Vormundschaft des religiösen Gefühls, welches ihn bisher immer gemeistert hatte. Sie nahm zum Theil eine ungläubige, zweifelsüchtige Richtung, und wandte sich von der Religion ab; aber in ihrer schönsten Blüthe, in **Plato**, war sie ganz vom religiösen Geist durchdrungen. Die griechische Philosophie hat auf die Geistesbildung der folgenden Jahrhunderte den größten Einfluß gehabt, und ihre Entstehung ist eine der wichtigsten Erscheinungen der Weltgeschichte. Auch die physikalisch-mathematischen Wissenschaften fingen an sich selbständig außerhalb des Priesterthums auszubilden. Die Arzneykunde, bisher das ausschließliche Eigenthum der Priester, verließ die Tempel, und trat ins bürgerliche Leben ein. So bildete sich also die Wissenschaft bey den Griechen zuerst als ein von der Religion verschiedener Zweig des geistigen Lebens aus, und bewegte sich um so freyer, je weniger die Religionslehre Wissenschaftliches in sich schloß. Vermittelst der Zeichendeuterey und der Orakel steht die Staatskunst noch unter einem gewissen Einflusse der Religion und der Priester. Es liegt im Geiste der Naturreligion, auffallende Naturerscheinungen, Blitz und Donner, die Erscheinung von Vögeln und andern Thieren in gewissen Augenblicken, für bedeutsam zu halten, und darin den Willen der Götter oder die Erfolge der Zukunft zu lesen. Solche Deutungen bestimmten dann die Entschließungen der Führer des Volkes. Manchen Personen traute man die Gabe der Weissagung zu, und folgte ihren Aussprüchen. Besonders die Priester galten als Mittelspersonen zwischen den Göttern und Menschen, und ihren Weisungen glaubte man als Befehle und Rathschläge der Götter. Den meisten Einfluß auf die Griechen übte das Orakel zu Delphi, wo aus der Erde aufsteigende Dämpfe die Priesterin Pythia begeisterten. Jedoch zeigt sich gerade in diesem Orakel der gesunde Geist der griechischen Religion. Seine Aussprüche, wie sie die Sage meldet, sind sittlicher Art, gegen Verbrechen gerichtet, Sühne für Blutschuld, Verletzung des Gastrechts und andere Vergehungen auflegend. Es übte einen politischen Einfluß, aber einen wohlthätigen. Es beförderte die Gesetzgebungen des Lykurg und Solon, und nahm einen lebhaften und wirksamen Antheil an dem Kampfe gegen die Perser. Und dieser Einfluß hinderte nicht, beförderte vielmehr die selbständige Ausbildung der Staats- und Gesetzgebungs-Weisheit. Auch in diesem Gebiet gewann der Geist der Griechen sein klares, freyes Bewußtseyn.

Sechszehnte Vorlesung.

Beschluß über die Griechen. Ein Seitenblick auf die Römer. Die Religionslehre Zoroasters.

Die Religionsgeschichte der Griechen, welche wir in ihren Umrissen kennen gelernt haben, liefert uns folgende Ergebnisse für die allgemeine Entwickelungsgeschichte der Religion. Die Griechen befreyten sich vom Joche des Priesterthums, und errangen sich die Freyheit des Geistes. Sie hatten Priester, aber keine Priestercaste und keine Priesterherrschaft, ausgenommen den Einfluß, welchen die Orakel, besonders das zu Delphi, ausübten. Daher war bey ihnen die religiöse Gemeinschaft sehr gelockert, und erhielt sich nur durch ihre Verbindung mit dem vaterländischen Gemeingeist. Der Gottesdienst war meist vaterländisch, volksthümlich, und dieses Gepräge hatten vorzüglich die großen gemeinsamen Feste, bey welchen sich die Nation versammelte. Vermöge dieses Freyheitssinnes hatten die Griechen eine entschiedene Abneigung gegen die geheimnißvolle sinnbildliche Priesterlehre Aegyptens und des Morgenlandes, ließen die tieferen Ideen der alten Naturreligion fallen, und verwandelten die aus Asien erhaltene Ueberlieferung in eine dichterische Symbolik, welche dem sittlichen und Schönheits-Gefühl zusagte. Sie zogen die alten Sagen in den volksthümlich menschlichen Kreis herab, und machten die alten Naturgötter zu Bildern sittlicher Vollkommenheit und Schönheit. So entstand eine Religion fast ohne alle Dogmatik oder Wahrheitslehre, aus lauter dichterischen Symbolen bestehend. Der Verstand war dabey zurückgesetzt, und der Einbildungskraft blieb fast ganz allein überlassen, das religiöse Gefühl in Bildern darzustellen. Dagegen bildete sich die von aller Priesterherrschaft und allem religiösen Vorurtheil unabhängige Philosophie, in welcher das Nachdenken über die Wahrheit, auch über die religiöse, mit freyem, lebendigem Forschungsgeiste gepflegt wurde. Und so hat sich das Verhältniß der Religion zu den andern Gebieten des Lebens bedeutend geändert. Sie ist nicht mehr Alles in Allem; sie beherrscht nicht mehr mit übermächtiger Gewalt alles, was ihr nahe steht. Die Wissenschaft hat sich von ihr befreyt, und sich selbständig ausgebildet; die Priester sind nicht mehr die einzigen Weisen, Meßkünstler, Naturkundige, Aerzte, sondern ein Jeder, der den Beruf dazu empfangen hat, kann sich der Wissenschaft befleißigen. Auch das Staatsleben ist aus der Vormundschaft der Religion herausgetreten; die Gerichtspflege und Staatsverwaltung wird nicht mehr als unmittelbare Angelegenheit der Götter angesehen, und nach den Aussprüchen derselben geführt, obschon man noch zu Zeiten den Rath der Orakel anhört und befolgt; es bildet sich die Gesetzgebung und Staatsklugheit als Sache der Vernunft aus, und die Philosophen machen sie zum Gegenstand ihres Nachdenkens. Kunst und Dichtung stehen mit der Religion in richtigem Verhältniß, und haben vorzugsweise die Bestimmung ihr zu dienen.

Aber ein großes Mißverständniß findet sich allerdings noch. Indem die Religion andere Lebensgebiete frey gelassen hat, hat sie selbst einen Verlust an ihrer Selbständigkeit gelitten, und sich nicht bestimmt und fest genug ausgebildet. Dieß ist einmal der Fall in Ansehung des wissenschaftlichen Gehalts, den sie haben sollte, und hier fast gar nicht hat, daher sie der andringenden Gewalt der Dichtung und Kunst einerseits und der Philosophie andererseits nicht widerstehen kann, sich auch fast ganz in dichterische Sinnbilder auflöst, und vor dem prüfenden Blicke der Philosophen als Aberglaube erscheint. Die Philosophie mußte ihr gefährlich werden, weil sie zu wenig Wahrheit in sich schloß, und diejenigen Philosophen, welchen der fromme Glaube am Herzen lag, mußten sich zu den unvollkommenen Formen der öffentlichen Religion herablassen, worunter immer die Aufrichtigkeit leiden mußte. Daher war die Herrschaft des Unglaubens, zumal unter den höheren Ständen, eine unausbleibliche Folge der Ausbildung der Philosophie, da doch eine Religion, welche die Wahrheit vom ewigen Wesen und Zweck der Dinge in festen Sätzen enthält, von der Philosophie gar nichts fürchten kann. Zweytens behauptete die Religion bey den Griechen ihre Selbständigkeit nicht ganz in Ansehung der Gemeinschaft, deren sie schlechterdings bedarf. Indem sie die streng geschlossene Gemeinschaft des Priesterthums, welche das Staatsleben gewissermaßen mit in sich aufgenommen hatte, aufgab, und dieses aus ihrer Vormundschaft entließ, verlor sie sich selbst gewissermaßen in dieses. Der griechische Gottesdienst war doch eigentlich weiter nichts als eine Weihe des öffentlichen Lebens, ein diesem aufgedrücktes heiliges Siegel, und hatte für sich selbst keine Bedeutung. Es gab keine Form für das, vom politischen Leben unabhängige, sich darüber erhebende sittlich religiöse Leben oder das Reich Gottes, ausgenommen die Mysterien, welche aber nur auf Wenige beschränkt waren. Dieser Mangel einer Gemeinschaft, so wie der einer tiefen, gehaltvollen Wahrheitslehre, mußte der Religion den Nachtheil bringen, daß sie zu wenig Einfluß auf das innerliche Leben des Gemüths erhielt, und sich zu sehr mit dem äußerlichen Welt- und Sinnen-Leben vermischte.

Der Geist der griechischen Vielgötterey ist duldsam gegen andere vielgöttische Gottesdienste; was sehr natürlich war, da sie kein abgeschlossenes System bildete, aus dem Zusammenfluß fremder Ueberlieferungen mit einheimischen Gebräuchen und Sagen entstanden war, und nicht sowohl auf allgemeingültiger Wahrheit als auf Volkseigenthümlichkeit und alter Gewohnheit beruhete. Anstatt daß die Griechen fremde Religionen mit kritischem Auge betrachteten, und deren Unterschied von der ihrigen ins Auge faßten, suchten sie vielmehr die Uebereinstimmung derselben auf, und daher erkannten sie in den fremden Göttern ihre eigenen wieder. Jedoch bestand bey ihnen keinesweges vollkommene Religionsfreyheit, so daß man hätte jeden neuen Gottesdienst nach Belieben einführen können. Die Religion war vom Staate anerkannt, und ihre Gebräuche galten als politische Satzungen: mithin mußten auch neu einzuführende von der Regierung, oder wenigstens von dem selbstherrschenden Volke gebilligt werden. Noch weniger konnte Duldung finden, was der bestehenden Religion gefährlich zu seyn schien, und ihr den Umsturz drohete; man hätte dann eben sowohl den Aufruhr und die Neuerung dulden müssen. Socrates Tod ist ein beklagenswerther Beweis dieser Unduldsamkeit, welche eine Parthey gegen ihn zu reizen und mißzuleiten wußte, die aber doch in ihrem Grundsatze, nach dem damaligen Zustande der Dinge, Recht hatte. Was dem Socrates mit Unrecht Schuld gegeben wurde, das fand wirklich beym Christenthum Statt: dieses drohete der bestehenden Staatsreligion den Untergang, und hat ihn wirklich derselben gebracht: war es nun nicht natürlich, daß die römischen Machthaber sie gegen die neue Schwärmerey in Schutz zu nehmen, sich verpflichtet fühlten? Ihr Fehler war der Unglaube und die Befangenheit im alten Religionswesen; aber so lange sie diesem noch anhingen, mußten sie auch unduldsam seyn, weil sie glauben mußten, daß das Wohl des Staates daran geknüpft sey.

Die Religion der Römer, welche aus etruskischen und griechischen Bestandtheilen erwachsen war, hatte wenig Eigenthümlichkeit; ihre Götter sind fast ganz mit denen der Griechen eins. Das religiöse Leben war das Gebiet nicht, auf welchem die Römer sich auszeichneten; ihre Eigenthümlichkeit erscheint im bürgerlichen und Staatsleben. Daher hängen auch zwey Eigenthümlichkeiten, welche wir an ihrer Religion bemerken können, mit dieser ihrer politischen Richtung zusammen.

Die erste besteht darin, daß sie die Gewährleisterin der Rechtlichkeit und Sittlichkeit ist, und eine verbindende oder verpflichtende Kraft hat: daher der Name religio, welcher in den neueren Sprachen herrschend geblieben ist. Die Griechen sind ein leichtsinniges Volk in ihrer Religion, die Römer aber sind gewissenhaft, streng rechtlich und oft ängstlich. Nicht als wenn sie Muster von Gerechtigkeit gewesen wären, wogegen besonders die Unterdrückung, die sie gegen die fremden Völker geübt haben, Zeugniß ablegt; aber es herrschte unter ihnen doch, selbst nach dem Geständniß der Griechen, Treue und Zuverlässigkeit, und die Religion war ihnen mehr Gewissenssache, als den Griechen. Bekannt ist die Treue, mit welcher in der früheren Zeit die römischen Krieger ihren Eid hielten, und an ihren Fahnen hingen, so daß sie durch nichts zum Abfall gebracht werden konnten. Die zweyte Eigenthümlichkeit des religiösen Lebens der Römer war der politische Gebrauch, den sie von der religiösen Zeichendeuterey machten. Sie hatten eben so wenig eine Priesterherrschaft als die Griechen, sie gingen aber noch weiter als diese, und brauchten die Religion als ein politisches Mittel, das Volk am Gängelband zu führen. Die Aemter der Auguren, der übrigen Zeichendeuter und der Ausleger der sibyllinischen Bücher waren Staatsämter, und diejenigen, welche sie bekleideten, hatten die Macht, alle Staatshandlungen, so oft sie wollten, zu verhindern. Waren die Zeichen nicht günstig, so durften keine Volksversammlungen, keine Wahlen und keine andern öffentlichen Geschäfte vorgenommen werden; das Wort des Augurs: „ein ander Mal" (alio die) reichte hin, Alles zu vereiteln. Es war dieß das Mittel, dessen sich die Patricier bedienten, um die Bewegungen der Plebejer in Schranken zu halten. Dieser Einfluß der Zeichendeuterey hätte nicht Statt finden können, wenn das Volk nicht so sehr abergläubisch gewesen wäre, und wir dürfen annehmen, daß diese Kunst ursprünglich mit Glauben geübt wurde; aber sicherlich mischte sich bald Absichtlichkeit hinein, und zuletzt war sie ganz und geständlich Sache des Betrugs. Bekannt ist die Aeußerung Catos, daß er sich wundere, wie ein Haruspex den andern ansehen könne, ohne zu lachen. Diese Art von religiösem Betrug ist noch schlimmer, als die, welche die morgenländischen Priester übten; denn diese waren doch immer im Besitz einer gewissen Weisheit und Heiligkeit, und hatten, wenn auch nicht stets religiöse, so doch, wenn wir so sagen dürfen, kirchliche Zwecke im Auge; hier aber würdigten bloße Staatsmänner die Religion zum Mittel von Parthey-Zwekken herab. Wenn wir im Morgenlande die Religion über dem Staate finden, so ist sie hier demselben tief untergeordnet.

Der Glaube an die Zeichendeuterey hängt mit einer dritten Eigenthümlichkeit des religiösen Lebens der Römer zusammen, welchen ich den Fetischismus des Zufalls, im Gegensatz dessen der Natur, nennen möchte. So wie der Fetischdiener diesen und jenen Gegenstand als Gott verehrt, und die Gottheit mehr oder weniger in der ganzen Natur verbreitet glaubt: so erschienen dem Römer in allen Zufällen des Lebens Andeutungen und Offenbarungen der Gottheit, daher gaben gewisse Begebenheiten Anlaß zur Bildung eigener Götter oder Gottesdienste. Der König Tullus Hostilius sah sein Heer während der Schlacht durch den plötzlichen Abfall der Albaner erschreckt: da weihete er einen Tempel dem Gotte des Erblassens oder der Furcht (pallor). Der Fehler, welchen Hannibal nach der Schlacht bey Cannä beging, indem er die Gelegenheit versäumte sich Roms zu bemächtigen, mußte den Römern mit Recht lächerlich erscheinen, und sie verewigten das Andenken desselben durch die Errichtung einer Bildsäule zu Ehren des Deus ridiculus, des Gottes der Lächerlichkeit. Kurze Zeit vor dem Einfalle der Gallier ward aus dem Haine der Vesta eine Stimme gehört, welche die Einnahme der Stadt verkündigte, wenn man nicht die Mauern herstellen würde. Zu spät erkannte man die Wichtigkeit dieser Warnung, und zum Andenken derselben erbaute man dem Gott der Rede unter dem Namen Ajus Locutius, einen Tempel. Die Römer haben den Sieg, die Eintracht, die Gelegenheit, die Hoffnung und ähnliche Begriffe zu Göttern erhoben. In einer Schlacht, wo die Römer anfingen vor den Albanern zu fliehen, rief Romulus den Jupiter als Hemmer der Flucht (Jupiter stator) an, und erbaute ihm nach erlangtem Siege einen Tempel. Nach Besiegung der Gallier und Samniter wurde dem Jupiter als Sieger ein Tempel gewidmet. Bekannt ist die übertriebene Aengstlichkeit der Römer in Ansehung der Vorbedeutungen. Ein Wort, das Jemand aussprach oder hörte, und das auf ein Vorhaben Bezug leiden konnte, bestimmte zum Entschluß, selbst in den wichtigsten Angelegenheiten. Nach der Einnahme und Verbrennung Roms durch die Gallier wollte das Volk nach Veji auswandern. Der Dictator Camillus versammelte es, um es von diesem Vorhaben abzubringen, aber vergebens; schon war der Entschluß beynahe gefaßt, als ein Centurio eine Wache auf das Forum führte, und rief: Hier müßt ihr bleiben! Dieses Wort ergriff einer der Senatoren als Vorbedeutung, und das Volk erkannte und befolgte darin eine Gottesstimme. Dieses Achten auf Vorbedeutungen mußte die Römer in einer beständigen Aengstlichkeit erhalten. Entfiel Jemanden ein Wort übler Vorbedeutung, so schwieg er erschrocken stille, und fuhr mit dem Ringfinger an den Mund, und dann hinter das Ohr, ungefähr so wie wenn wir uns einen Finger verbrannt haben. Es kam vor, daß Jemand, der aus dem Hause gehen wollte, schnell zurück fuhr, weil er mit dem Fuße an die Schwelle gestoßen hatte. Ein alter Senator speiste einst bey einer feyerlichen Gelegenheit bey dem Consul, und sah die ganze Zeit höchst niedergeschlagen aus: als man ihn fragte, was ihm fehle, antwortete er, er habe am Morgen den linken Schuh an den rechten Fuß gezogen, und diese unglückliche Vorbedeutung mache ihn so traurig *). Dieser Aberglaube beruht auf einem gewissen Pantheismus des Gefühls, der aber ohne alle Klarheit ist, und dem Menschen alle Freyheit des Urtheils und des Entschlusses raubt **).

Wir kehren nun in das Morgenland, das Mutterland der Religionen, zurück, um neuen religiösen Erscheinungen zu begegnen, und den Weg der Entwickelung der Religion weiter zu verfolgen. Während bey den Aegyptern, Indiern und andern Völkern ein Naturdienst herrschte, der sich in einen mehr oder weniger mannichfaltigen Götzendienst zersplitterte, bildete sich bey den Medern und Persern eine eifachere, geistigere Naturreligion, in welcher die Bildungsgeschichte der Religion einen bedeutenden Schritt vorwärts thut. Wir haben schon des einfachen Elementen-Dienstes der Perser Erwähnung gethan. Sie verehrten Feuer, Wasser, Erde, Luft und Winde, den Sternenhimmel und vorzüglich Sonne und Mond. Sie hatten keine Götterbilder noch Tempel, sondern opferten auf den Bergen im Freyen. Wo keine Götterbilder in Gebrauch sind, da ist auch noch nicht die Sinnbildnerey sehr weit gediehen, und noch ist nicht die verwirrende und erdrückende Schlingpflanze der Fabel in das religiöse Leben eingedrungen. Mit dieser einfachen Naturreligion verband sich dann eine geistigere, metaphysische Religionslehre, welche sich bey den Priestern der

*) S. Alex. de Théis Voyage de Polyclite. Paris 1822. Vol. I. Lettre VIII—X.

**) Der Glaube an Vorbedeutungen u. dgl. kommt bey allen heidnischen Völkern vor, und die Eigenthümlichkeit der Römer liegt nur in dem Uebergewicht, den er bey ihnen hat.

Meder, den sogenannten Magern, gebildet hatte. Es ist die Lehre von zwey Grunddingen, dem Licht und der Finsterniß, und die Verehrung des Feuers und der Sonne, als der vorzüglichsten Stellvertreter des Lichtes. Man will in der Beschaffenheit des Landes, in welchem diese Religion entsprang, äußere Veranlassungen zu ihrer Entstehung finden. Das Vaterland der Meder ist das Land Aderbidschan, wo die Naphthaquellen einheimisch sind, der Boden mit harzigen Substanzen geschwängert ist, und Harz auf den Seen schwimmt; dieses Naphtha nun und dieses Harz entzündet sich oft bey Nacht, und bietet ein Schauspiel dar, dessen Wunderbares durch den reinen sternenhellen Himmel jener Gegenden erhöht, auf den kindlichen Menschen einen großen Eindruck machen mußte, und ihn wohl zur Anbetung des Feuers veranlassen konnte, woraus sich dann die geistigere Lichtlehre entwickelte. Es kann aber auch seyn, daß der Stamm, bey welchem diese Lehre entstand, der kindlichen Uranschauung der Natur treuer blieb, und durch dieselbe den Weg zu einer geistigen Ansicht der Welt fand.

Die äußere Geschichte dieser Religion ist uns für unsern Zweck sehr gleichgültig. Ihr Ursprung wird in die graue Vorzeit hinaufgeführt. Die Perser unterscheiden drey Gesetze; das dritte, geschriebene, ist durch Zoroaster geoffenbart, welcher zur Zeit des Königs Gustap gelebt hat, den Manche für den medischen König Cyaxares, Andere aber für den Darius Hystaspis halten. Nach der ersten Meinung würde Zoroaster ungefähr 600 Jahr vor Christo gelebt haben. Die Lehre desselben ist in dem sogenannten Zendavesta enthalten, dem alten Religionsbuche der Perser, welches Anquetil du Perron entdeckt und übersetzt hat.

Der Kern der Zoroastrischen Lehre ist der Dualismus oder die Annahme zweyer verschiedener Grundwesen. Der Zwiespalt des Guten und Bösen in der Brust des Menschen, der Kampf der geistigen und sinnlichen Triebe, so wie der äußere Kampf zwischen dem Wohlthätigen und Verderblichen in der Natur und im Menschenleben, mußte die Menschen auf die Idee eines Gegensatzes auch in der übersinnlichen Welt führen. Schon bey den Wilden fanden wir diesen Gegensatz in dem Glauben an gute und böse Götter. Auch bey den Aegyptern trat er hervor in der Feindschaft des Typhon gegen Osiris, Isis und Horus, nur daß er da ganz natürlich und äußerlich gefaßt war. Typhon ist die Idee alles Widrigen und Verderblichen in der Natur. Selbst bey den Persern mag ein äußerlicher Gegensatz Veranlassung zu jener Idee gegeben haben, nämlich der zwischen den Bewohnern von Iran, dem Vaterlande der Lichtkinder, und Uran, der finstern nordischen Steppe und ihren wilden Bewohnern. Aber bey ihnen trat der Gegensatz geistig und sittlich ins Bewußtseyn, zwar unter dem Bilde von Licht und Finsterniß, aber in der That auch als Gegensatz des Guten und Bösen. Die Lehre Zoroasters ist durch und durch geistig sittlich, und zwar waltet in ihr der lebendige sittliche Geist des Streites mit dem Bösen für das Gute. Alle Tugend ist Streben und Kampf, ein Ringen der geistigen Freyheit des Menschen mit seinen thierischen Trieben und allem, was ihn von außen mit Nothwendigkeit bestimmen will. In der Naturreligion Aegyptens und Indiens herrschte noch die Hingebung des Menschen an die Natur-Nothwendigkeit vor, daher ihre höchste Tugend leidende Entsagung und Selbstpeinigung war; hier tritt die Freyheit hervor im kämpfenden Streben.

So wie die indische Religionslehre und wahrscheinlich auch die ägyptische auf eine höchste Einheit zurückging, und eine verborgene Gottheit annahm: so konnte auch Zoroaster nicht bey dem Gegensatze von Licht und Finsterniß stehen bleiben, um so weniger, da in diesem Gegensatze etwas für das Gemüth Störendes liegt, so daß es über denselben hinausstreben muß. Diese höchste Einheit, mit welcher das Zoroastrische System beginnt, ist die grenzenlose Zeit, die Ewigkeit, Zeruane Akherene genannt. Zoroaster dachte sich darunter das höchste, ewige Wesen; aber er bezeichnet es nicht als Person, sondern als unbegreifliche Unendlichkeit; jedoch dachte er sich das Wesen desselben als schaffendes Wort, durch welches alles, was ist, hervorgebracht worden. Der Same von Allem, was ist, lag von Ewigkeit in der grenzenlosen Zeit, und dieser Same ist Urlicht, Urwasser, Urfeuer. Denn diese Lehre ist vom Elementendienst ausgegangen; in den Elementen dachte sich Zoroaster die ersten Grundstoffe der Dinge, und deren Urkeime legte er in die anfangslose Zeit. Aus dem Ursamen der Dinge zeugte der Unendliche Ormuzd und Ahriman, die zweyten Grundwesen nach ihm. Ormuzd ist der Lichtgott, aus Licht gezeugt, und fort und fort Licht an sich ziehend, wohnend im Urlicht, der Abglanz der Unendlichkeit des Ewigen; er ist durch und durch gut, und alles Guten Quell und Wurzel. Er hat die ganze reine Welt aus sich geboren, durch sein allschaffendes Wort, Himmel, Sterne und Sonne, Licht, Feuer, Wasser, auch die Menschen; er ernährt und erhält alle Wesen, gibt ihnen geistiges Lebensfeuer, wodurch sie dauern und leben; den Menschen, die ihn bitten, gibt er Lichtsamen zur Reinigkeit des Gedankens und Herzens. Gnade und Liebe ist seine Lust, er ermüdet nie wohlzuthun, und bestreitet alles Böse bis zum endlichen Triumph des Guten über dasselbe. Ahriman, nach Ormuzd geschaffen, war anfangs auch gut, wurde aber durch Neid gegen Ormuzd böse, Quell und Wurzel alles Bösen. Sein Licht wandelte sich in Finsterniß, und er brachte in das Lichtreich Schatten. Diese seine Verwandlung in Finsterniß kam nicht vom Ewigen, sondern aus ihm selbst. Sobald er finster wurde, stürzte er in den Abgrund der Finsterniß, wo seine Wohnung ist. Seine Macht ist groß, reicht aber nicht an Ormuzds Erhabenheit. Seine Richtung ist ewige Feindschaft gegen alles Gute, das durch Ormuzd geschaffen wird. Durch ihn wird alles Böse: wie nichts Reines ist, das nicht aus Ormuzds Lichtquell fließt, so geht alles Böse aus Ahrimans Abgrund hervor. Er vergiftet die ganze Natur, Pflanzen, Thiere und Menschen durch Krankheiten, Seuchen und Plagen; er streut den Samen unreiner Gedanken, schwarzer Begierden ins Gemüth der Menschen. Wo er einen Menschen findet, der mit Kraft und Eifer für die Vermehrung des Guten in Ormuzds Lichtwelt wirket, dem ist er todfeind, und unternimmt Alles gegen ihn.

Wie diese beyden Grundwesen einander entgegen stehen, so auch eine Schöpfung des Lichtes und eine der Finsterniß, jene von Ormuzd diese von Ahriman hervorgebracht. Zuerst schuf Ormuzd die Feruers, die ersten Abdrücke seiner schaffenden Gedanken, die Urgedanken oder Urbilder der Dinge, in denen ihr geistiges, reines, unsterbliches Wesen ist, das, wodurch alles lebt. Selbst Ormuzd hat einen Ferver, in ihm ist ein Abdruck des allmächtigen Wortes, in welchem sich der Ewige denkt. Die Wesen, welche Ormuzd schuf, sind theils himmlische, theils irdische. Unter jenen stehen obenan die sieben Amschaspands, oder Geisterfürsten, an deren Spitze Ormuzd selbst steht als der siebente. Die zweyte Ordnung nehmen die Izeds ein, unter welchen Mithra der erste ist. Alle Monate und alle Tage sind unter die Amschaspands und Izeds vertheilt, wo jeder besonders regiert und segnet. Die letztern sind die Schutzgeister der Gestirne, Elemente und gewisser Lebensgebiete, die Urheber von Wohlthaten und Segnungen. Ormuzd ist beständig von Amschaspands umgeben, und jeder Amschaspand hat Izeds um sich. Die irdische Welt wurde in sechs Zeitfolgen geschaffen. Zuerst schuf Ormuzd das Licht, dann das Wasser, dann die Erde, dann die Bäume, dann die Thiere, endlich die Menschen. Schon beym Wasser und bey der Erde war Ahriman mit geschäftig; denn diese Elemente haben Finsterniß, und alle Finsterniß kommt von ihm. Die ersten Menschen, Moschia und Moschiane, waren anfangs rein und unschuldig, und der Himmel sollte ihnen werden, wenn sie rein blieben in Gedanken, wie in Gesinnung und Handlung. Aber sie wurden von Ahriman verführt, zuerst das Weib, und dann auch der Mann, und so wurden sie Sünder.

Ahriman schuf nun auch Wesen seiner Art, böse Geister, Dews genannt. Wie auf Erden Thier gegen Thier ist, so ist im Reich der unsichtbaren Wesen Geist gegen Geist. Die ersten sieben bösen Geister sind das, was die Amschaspands in Ormuzds Reich sind. Alle Uebel, wie sie Namen haben mögen, kommen von ihnen. Den Izeds entsprechen eine Menge Dews, der Dew des Neides, der Trunkenheit, der Unreinigkeit, des Todes u. s. w. Fast jedes Laster, jede böse Neigung, jede Plage und Krankheit hat ihren Dew. Die bösen Geister erscheinen unter allerley Gestalten auf Erden, als Schlange, Wolf, Mensch,

Fliege. Sie liegen mit den guten Geistern in einem beständigen Kampfe, und in diesem Kampfe hat die Mischung des Guten und Bösen, wie sie in der Welt sichtbar ist, ihren Grund.

Der Tod ist von Ahriman durch die Sünde des ersten Menschen in die Welt gebracht worden. Aber wenn der Mensch, so lange er lebte, treu war im Dienste Ormuzds, und durch Tilgung des Bösen wider Ahriman kämpfte, so hat er vom Tode nichts zu fürchten. Gleich beym Tode eilen böse Geister herbey, und wollen sich der Seele bemächtigen; ist sie aber rein und gerecht, so sind Izeds zu ihrem Schutze bereit, und nur die Seele des Bösen wird den bösen Geistern zum Raube. Einige Tage nach dem Abschiede aus diesem Leben gelangt die Seele vor die große Brücke Tschinevad, die Scheide zwischen dieser und der andern Welt: hier untersucht der große Richter, Ormuzd, die Handlungen der Menschen, und nach seinem Ausspruche wird den Seelen Seeligkeit oder Verdammniß zu Theil. Spricht er das Urtheil des Lebens aus, so wird die Seele über die Brücke in das Land der Freuden geführt, und wartet der fröhlichen Auferstehung; außerdem darf sie nicht über die Brücke gehen, und kommt an den Ort, den ihre Thaten verdienen. Endlich kommt die Auferstehung der Todten. Gute und Böse werden auferstehen, Erde und Flüsse werden die Gebeine der Menschen wiedergeben, welche dann Ormuzd wieder zusammensetzen, mit Fleisch und Adern überziehen, und neu beleben wird. Und wie der Mensch, so soll sich auch die ganze Natur erneuen. Wenn die Verdammten durch unterirdische Strafen gedemüthigt und geläutert worden sind, und durch Feuerströme geschmolzenen Metalls die letzte Reinigung erfahren haben: alsdann genießen sie mit den Gerechten einer ewigen Seligkeit. Die ganze Natur ist nun, was sie seyn soll, Licht; selbst der Abgrund ist nicht mehr, Ahrimans Reich ist zerstört; Ormuzds Reich ist Alles in Allem, sein Gesetz im ganzen Weltall herrschend. Ahriman selbst wird ausgebrannt in feurigen Metallströmen, ändert seinen Sinn, wird heilig und Ormuzds Freund. Beyde bringen dann dem höchsten Wesen ein Opfer des ewigen Lebens, und damit ist aller Dinge Ende.

Diese Lehre steht allerdings der Wahrheit viel näher, als irgend eine andere Religionslehre der alten Welt. Die Idee des einen höchsten Gottes schwebt über dem Ganzen. Alles ist aus dem Unendlichen hervorgegangen: und in sofern ist diese Lehre monotheistisch. Aber sie schließt noch viel Polytheistisches in sich. Sie lehrt zwey Untergötter, außer dem einen obersten Gott, und eine Menge anderer Geister, von welchen ein jeder sein eigenes Gebiet zu verwalten hat. Indessen sind diese göttlichen Wesen offenbar idealer Art, nichts als persönlich gedachte Ideen, bey weitem nicht so irdisch und menschlich wie in den andern Religionen. Mithra, der erste Jzed, dessen Verehrung in der spätern Zeit selbst in das Abendland drang, scheint sich noch am ersten den mythologischen Wesen der andern Religionen zu nähern. Er ist in einer niederen Ordnung dasselbe, was Ormuzd in einer höheren, mit dem er auch dasselbe Symbol, die Sonne, theilt. Besonders gereicht der Zoroastrischen Lehre zum Vortheil, daß das Göttliche nicht durch unwürdige menschliche Geschichten entweihet, und namentlich das Geschlechts-Verhältniß fast gar nicht angewendet ist. Dichtung findet sich allerdings in ihr, auch Sage, wie der Abfall des Ahriman und die Verführung des Menschenpaares; aber auch diese ist nichts als eine Einkleidung von

Ideen. Alles ist sehr geistig, und schließt viel Wahrheit in sich. Die Idee daß jedes Geschöpf seinen Feruer hat, begründet eine sehr geistige Ansicht der Welt: hiernach schließt alles Geist ein, ist alles Erscheinung von Geistern. Sodann ist die Idee eines Zwiespalts und Kampfes in der Welt sehr wahr, und hat eine sehr wichtige Bedeutung für die Sittlichkeit. Es ist falsch, daß es zwey Grundwesen, ein gutes und ein böses gebe; aber es gibt einen durch das Ganze hindurchgehenden Gegensatz zwischen Geist und Körper, Freyheit und Nothwendigkeit, Bewegung und Trägheit, Gut und Böse. Die Unsterblichkeit der Seele und die ewige Vergeltung ist reiner, als in irgend einer andern alten Religion anerkannt. Die ganze Lehre hat einen unmittelbaren Einfluß auf die Sittlichkeit, ja sie ist nichts als die metaphysische Grundlage einer Sittenlehre. Alles bezieht sich auf den Gegensatz von Gut und Böse, Rein und Unrein, und diese Idee schon allein fordert den Menschen zum Kampfe gegen das Böse auf. Der Begriff der Sünde und der menschlichen Unwürdigkeit ist ganz im Geiste des Christenthums aufgefaßt; und sehr tief ist die Idee des Ursprungs des Bösen durch einen freyen Abfall. Besonders ist die Einfachheit und Durchsichtigkeit der Sinnbildnerey dieser Religionslehre zu loben. Ihre Haupt-Sinnbilder sind Licht und Finsterniß, an welche sich die Bilder der Elemente, Wasser, Feuer, Luft, Erde und der Thiere, besonders des Stieres, schließen. Fast jeden Begriff, jeden Lehrsatz kann man ohne weitere künstliche Deutung auf den ursprünglichen Sinn zurückführen; nichts ist durch Fortbildung und Verwirrung der Sinnbilder entstellt und verdunkelt worden.

Eben so einfach ist der Gottesdienst der Parsen. Er ist ohne Bilder, Tempel und alle die Zurüstungen des gewöhnlichen Opferdienstes. Das Hauptsinnbild desselben ist das Feuer, welches der Gottheit zu Ehren brennt. Im Feuer sieht der Parse einen Ausfluß des Geistes und der Kraft Gottes, das Sinnbild der unaufhörlich fortschaffenden, allwirkenden, belebenden Gottheit. Er unterscheidet das Urfeuer und das sichtbare, körperliche Feuer: jenes ist der ewige Same, aus welchem Ormuzd alle Wesen geschaffen hat; dieses ist Bild und Abdruck von jenem. Zum Andenken an jene Kraft Gottes stiftete der Gesetzgeber die Feuer-Verehrung. Das Feuer brannte auf heiligen Heerden in einer Art von kleinen Tempeln oder Gehäusen; die meisten der Gebete wurden vor dem heiligen Feuer gesprochen; zu gewissen Stunden des Tages mußte der Priester dem heiligen Feuer reines Holz und wohlduftende Gerüche zur Nahrung geben. Auf die Entweihung des Feuers war eine schwere Strafe gesetzt: wer es mit dem Munde ausblies, war des Todes schuldig, denn der Mundeshauch verunreinigt es; alles, was vom Menschen ausgeht, ist unrein. Alles Todte und Faule mußte vom Feuer entfernt werden, und die Todten wurden bey den Parsen nicht verbrannt. Doch verehrten sie das Feuer nicht als Gott, sondern nur als Kraft Gottes; selbst die heutigen Feuer-Anbeter sollen noch keine Abgötterey damit treiben. Das Hauptstück des persischen Gottesdienstes ist das Lesen des Gesetzes und das Gebet, und darin zeigt sich besonders die Geistigkeit desselben. Das Lesen des Gesetzes ist ein Opfer, welches dem Urworte gebracht wird, das in jenem zur Erscheinung gekommen ist; dadurch erhält sich der Mensch im Besitze des lebendigen Wortes, darin findet er Nahrung für seine Seele, welche sonst ihr Licht verliert und zu Finsterniß wird. So wie Gott alles durch das Wort geschaffen hat und noch schafft, so ist das Gebet die geistige Kraft, mit welcher der Diener Ormuzds sich stärkt im Streite mit dem Bösen, und durch welches er den Sieg erkämpft. Die Gebete beginnen mit einem Sündenbekenntniß, mit der Klage über die eigenen und fremden Sünden; dann wird die Barmherzigkeit Gottes gerühmt, von welcher Vergebung der Sünden kommt; dann folgt eine Betheuerung der Liebe gegen den Gott alles Guten und des Hasses gegen Ahriman und das Böse, und endlich eine Lobpreisung Ormuzds, der Amschaspands und Izeds, Zoroasters und aller reinen Menschen. Die Parsen bringen auch Opfergeschenke, welche in Kleidern für die Priester, Fleisch, Blumen, Früchten, wohlriechenden Körnern, Milch, ungesäuerten Broden, und besonders in den Zweigen des heiligen Baumes Hom bestehen; aber Schlachtopfer kennen sie nicht. Die Reinigkeit des Leibes macht den Zweck vieler Gebräuche aus: sie ist ihnen Bild der innern Reinigkeit. Einen unreinen Körper besitzen die bösen Geister, von einem reinen aber müssen sie weichen. Der Parse mußte sich hüten, keinem unreinen Thiere oder Menschen zu nahen, nichts Todtes zu berühren. Hat er sich aber verunreinigt, so muß er sich durch Wasser läutern. Das Wasser ist, wie das Feuer, etwas Göttliches, und das Symbol des Guten. Das Urwasser gehört zu dem Ursamen aller Wesen; das reinste Himmelswasser ist vor Gottes Thron. Das Wasser belebt die ganze Natur, reinigt die Körper der Geschöpfe, gibt ihnen Nahrung und Kraft, und ist Quelle alles Ueberflusses. Die Fälle, in welchen der Parse der Wasserreinigung bedarf, sind gewöhnliche, die alle Tage eintreten, und ungewöhnliche, wenn er sich vorsätzlich oder unvorsätzlich verunreinigt. Auf einige der vorsätzlichen Verunreinigungen ist

Todesstrafe gesetzt. Merkwürdig ist, daß im persischen Gottesdienst keine Fasten vorkommen. Mäßigkeit im Essen und Trinken empfiehlt das Gesetz, aber nur so weit, daß der Mensch Muth und Kraft behalte, gegen böse Geister durch gute Thaten zu kämpfen, und nicht Hunger seine Aufmerksamkeit beym Lesen des Gesetzes schwäche. Darin zeigt sich besonders der sittlich thatkräftige Geist dieser Religion, im Gegensatz mit der indischen. Allerdings hat sich auch in diese Religion das Unwesen der Förmlichkeit eingeschlichen; diese Menge von Gebräuchen, diese vorgeschriebenen Gebetsformeln mußten Mechanismus erzeugen. Desto geistiger aber sind die Sittenvorschriften, welche die Zendavesta enthält.

Reinigkeit des innern und äußern Lebens, Reinigkeit des Gedankens, des Wortes, der That, ist die Hauptsumme aller Sittenlehre. Reinigkeit ist die Natur des Lichtes, und nach Licht soll der Ormuzddiener streben, er soll das Licht in Ormuzds Reiche zu mehren suchen. Jeder unreine Gedanke gehört Ahriman an, schwächt das Licht und Leben der Seele, und vermehrt die Gewalt der bösen Geister. Durch Reinigkeit des Wortes, durch Wahrhaftigkeit wird der Mensch Ormuzd ähnlich, dessen Wort ganz Wahrheit ist. Ahriman ist Erzlügner und Vater der Lüge; durch Lüge wird der Mensch zum Dew. Durch Reinigkeit der That wird ebenfalls Ormuzd nachgeahmt. Verehre Ormuzd und sein glänzendes Volk, das er im Anfang geschaffen hat, sagt das Gesetz, wähle ihr Beyspiel dir zum Muster, und thue den Willen Ormuzds so, wie die Izeds des Himmels ihn thun, so handelst du rein. Der Zweck des ganzen Ormuzddienstes ist Vermehrung des Lichtes, Kampf mit der Finsterniß, Verherrlichung der guten Schöpfung Ormuzds.

Die Religion Zoroasters war innig mit dem Staate verknüpft, denn er war zugleich politischer Gesetzgeber. Der Staat der Parsen sollte das sichtbare Bild von Ormuzds Reich seyn. Der König sollte Gottes Stellvertreter seyn, und daher mußte er das Gesetz zum Spiegel seines Lebens und seiner Regierung machen; die Priester mußten es ihm auslegen. Das Volk war in vier Stände: die der Priester, Krieger, Landbauer und der Künstler und Handwerker getheilt. Die Priester nahmen den ersten Rang ein, waren Ausleger der Gesetze, und hatten den größten Antheil an der Regierung. Doch scheinen sie nicht den Druck auf das Volk ausgeübt zu haben, wie die Priester anderer Nationen, wofür die Einfachheit der Religionslehre und des Gottesdienstes den entscheidendsten Beweis liefert. Sie scheinen nicht, wie die ägyptischen und indischen Priester, das System befolgt zu haben, daß das Volk in der Unwissenheit und Abhängigkeit von den Priestern erhalten werden müsse. Der Staat soll ein treues Abbild von Ormuzds Reich seyn durch Eintracht. Wie alle Classen der Geschöpfe durch den gemeinschaftlichen Geist, der sie belebt, unter sich verbunden sind: so soll das sichtbare Reich Ormuzds auf Erden Ein Ganzes ausmachen, in welchem der Geist der Eintracht lebt. Die heiligsten Bande sind die, welche das Volk mit dem Könige verbinden, und die der Familien. Im König sieht der Parse Ormuzds Stellvertreter, und fühlt gegen ihn Ehrfurcht und Liebe. Die Vaterlandsliebe geht der Familienliebe vor. Dann folgen die Verhältnisse zwischen dem Lehrer und Lehrling der Religion, zwischen Mann und Weib, zwischen einem Gerechten und dem andern. Der Ized Mithra ist der Schutzgott der Eintracht, und ihn ruft der Parse zur Erhaltung derselben an. Die Zoro strische Staatsverfassung hat zu ihrer Grundlage den Ackerbau; dieser ist ein heiliges, segensreiches Werk. Der Ackermann führt den goldenen Sonnendolch Djemschids, der die Erde spaltet, und ihre Schätze hervorzieht. Es gehört zur Vermehrung des Lichtreiches, reine Geschöpfe und Pflanzen zu vermehren, und zur Bekämpfung Ahrimans, Schlangen, Insecten und andere schädliche Thiere auszurotten.

Es gibt keine systematischere Religion im heidnischen Alterthume als die der Parsen: aus einer obersten Einheit entwickeln sich alle untergeordneten Glaubenssätze und sittlichen Vorschriften; ja, selbst die Staatsverfassung ist in diesen Geiste der Einheit entworfen. Die ganze Welt ist eine große Mannichfaltigkeit von Wesen und Kräften, die aber stufenweise durch die Vorsteher und Fürsten des Geisterreiches in die Einheit der höchsten Gottheit zusammenläuft. Daher hat auch das religiöse Leben in dieser Religion einen hohen Grad von Klarheit des Bewußtseyns erreicht. Der Verstand erscheint darin sehr ausgebildet. Er weiß das Sichtbare vom Unsichtbaren, das Geschöpf vom Schöpfer zu unterscheiden; er steigt vom Einzelnen zum Allgemeinen, und von Stufe zu Stufe empor. Sein Fehler ist aber, daß er unter dem Einflusse der Einbildungskraft Wesen und Ordnungen erdichtet, und die unsichtbare Welt mit einer anmaßlichen Bestimmtheit erkennen will. Er übersteigt die Schranken der menschlichen Erkenntniß, und verfällt dadurch in Dichtung. Dieß ist besonders der Fall in Ansehung der Erklärung des Ursprungs des Bösen, welches vom Fall Ahrimans abgeleitet wird. Die Dogmatik ist noch mythologisch, obschon sich die Mythologie nur in leichten Hüllen an die Lehrmeinungen anschließt. Am reinsten treten die sittlichen Ideen hervor, zumal die des Zwiespaltes zwischen dem Guten und Bösen, obgleich auch hier die Mythologie mit eingreift.

Aber eben wegen dieser ihrer systematischen Natur ist diese Religion unduldsamer als die andern, die wir bisher kennen gelernt haben. Ueber alle Feinde seines Gesetzes spricht Zoroaster Wehen aus, weil er sie für Diener Ahrimans hält, dessen Reich mit allen seinen Gliedern unterdrückt werden muß. Er stiftete sogar Krieg gegen den König von Turan, den vornehmsten Widersacher seines Gesezzes. Gegen diejenigen, welche er für Zauberer und Anbeter der bösen Geister hielt, war er sehr hart, und konnte nach seinen Grundsätzen nicht anders seyn, indem er außer seiner Lehre nichts als Irrthum und Bosheit sah. Er machte seine Religion zur Staatsreligion, und verwebte sie aufs innigste mit der Verfassung des Reiches, wie dieses im alten Asien überall der Fall war: und hiernach konnte sie nicht anders als unduldsam seyn, weil sie in jedem andern Gottesdienst den Zwiespalt gebilligt haben würde. Auch diese Religion ist Sache der Nothwendigkeit, nicht der freyen Wahl.

Sehen wir auf das Verhältniß derselben zu andern Lebensgebieten, so finden wir sie ebenfalls im Besitze jener Vorherrschaft und allumfassenden Gewalt. Sie ist mit der Wissenschaft ganz eins, und außer der Religionslehre gab es kein Wissen, so wie außerhalb des Priesterstandes keine Gelehrten. Nur die Arzneykunde war den Bürgern frey gegeben. Eben so eng war sie mit dem Staate verbunden, und die Priester waren zugleich Machthaber und Staatsbeamte. Der menschliche Geist hatte demnach hier bey weitem nicht jene Selbständigkeit errungen, die wir bey den Griechen gefunden haben, obschon in der Zoroastrischen Lehre ein frischer, thatkräftiger Geist lebt. Alles ist hier noch der Gewalt des religiösen Glaubens unterworfen.

Die Religion Zoroasters galt als göttliche Offenbarung, und er selbst als Prophet und Gesandter Gottes; und er ist das erste uns begegnende Beyspiel eines Mannes, welcher ein Religionssystem zwar nicht zuerst stiftet (denn er berief sich auf alte Ueberlieferungen), aber es doch umgestaltet und seine Verbesserung mit glücklichem Erfolg einzuführen weiß. Ein merkwürdiger Sieg persönlicher Ueberlegenheit, welcher unter der Herrschaft der Priesterstämme in Aegypten und Indien nicht möglich gewesen wäre. Die Reformation Buddha's erlag der herrschenden Gewalt, welche alle Verbesserung haßte. Zoroaster ist Gesetzgeber, Schöpfer von Neuem und Besserem, und ist sonach mit den Männern des vom Priesterjoch freyen Abendlandes, einem Numa, Solon, Lykurg, und vor allen mit Mose zu vergleichen, in welchem, wie wir sehen werden, die Freyheit des menschlichen Geistes ihren ersten Vertheidiger findet. Zoroaster macht das Wort, das Abbild des menschlichen Geistes, geltend, da sonst nur das Bild zu herrschen pflegt; er wirkt durch den freyen Gedanken, durch die Kraft der Wahrheit; und in sofern erhebt er sich über die Sphäre der Natur-Nothwendigkeit in das Reich der Freyheit.

Siebzehnte Vorlesung.

Die Religion der Israeliten.

Bisher haben wir die wichtigsten Religionen des sogenannten Heidenthums betrachtet. Heiden oder Völker nannten die Israeliten alle andern Völker, welche nicht zu ihrem Stamm gehörten, und ihren Gott nicht anbeteten. Heiden nennen wir alle diejenigen, welche den einen wahren Gott nicht verehren, und der Vielgötterey ergeben sind. Alle die Religionen, die wir bisher betrachtet haben, waren mehr oder weniger vielgöttisch; bloß die persische mit ihrer Zweyheit von Göttern näherte sich dem Monotheismus. Alle bisherigen Religionen gehörten der Gattung der Naturreligionen an, in welchen die Natur vergöttert, und die Gottheit in Natursinnbildern angeschaut wird. Nur die griechische hatte sich bis auf einen gewissen Grad von der Naturanbetung losgerissen, und dem menschlich sittlichen Leben zugewandt. Auch in der persischen zeigt sich ein freyeres Bewußtseyn des menschlichen Geistes, und die Natur wird als Abdruck und Sinnbild eines geistigen Seyns der Dinge angeschaut.

Eine neue Welt geht uns auf in der Religion der Israeliten. Sie verehren den Schöpfer Himmels und der Erde, den höchsten, einzigen Gott, ein unendliches, ewiges, allmächtiges und doch persönliches Wesen; sie denken ihn nicht bloß als den in der Natur lebenden, Alles durchdringenden Geist, sondern als ein über die Welt erhabenes, selbständiges Wesen, mit Verstand und Willen und allen, nur vollkommen gedachten Eigenschaften einer geistigen Persönlichkeit. Einen solchen Gott kannte kein anderes Volk. Der höchste, verborgene Gott der Inder und Parsen ist fast nichts als die dunkle Stelle der Einheit über der Mannichfaltigkeit der Götter- und Geisterwelt, ohne Selbständigkeit und Bewußtseyn gedacht; übrigens kein Gegenstand der öffentlichen Verehrung, ein bloßer Gedanke der Weisen. Hier aber tritt der Allerhöchste ins Licht des Bewußtseyns, der öffentlichen Anerkennung und Verehrung, und erscheint, wie die mythologischen Götter der andern Völker, als eine Persönlichkeit, nur vollkommner und heiliger. Was aber den Glauben der Israeliten nicht minder auszeichnet, ist, daß dieser erhabene Gott, der mit seiner Allmacht die Welt umfaßt, und in seiner Ueberschwenglichkeit über den Gestirnen thront, mit ihnen in einem näheren Verhältniß steht, ihr Stamm- und Schutzgott ist, der sich ihren Voreltern und Propheten geoffenbart hat, und unter ihnen gegenwärtig und wirksam ist. Es ist der Gott Abrahams, Isaaks und Jakobs, der Familiengott der Erzväter. Diese Verknüpfung des Allgemeinsten mit dem Besondersten im Gottesglauben ist ganz einzig: Schutzgötter kommen überall vor, ein jedes Volk, eine jede Stadt hatte einen solchen; aber es waren diese Schutzgötter besondere, mehr oder weniger untergeordnete Götter: hier hingegen ist es der höchste, einzige Gott.

Ungefähr 2000 Jahr vor Christi Geburt wanderte Abraham, der Stammvater der Hebräer, ein Hirtenfürst, aus Chaldäa in Palästina ein. Der spätern Sage der Juden zufolge, die aber wohl nur auf Vermuthung beruht, soll er sich dem in Chaldäa herrschend werdenden Götzendienst vergeblich widersetzt, und deßwegen dieses Land und seine Verwandtschaft verlassen haben. Eine neuere Vermuthung ist, Abraham, dessen Name an den indischen Brahma erinnert, sey aus Indien ausgewandert und habe den dort vom Götzendienst verdrängten reinen Brahmaismus im Glauben an seinen Schutzgott gerettet. Aber diese Vermuthung widerspricht zu sehr den Angaben der Bibel, bey denen wir doch am sichersten stehen bleiben. In Abrahams Religion dürfen wir einen Ueberrest der alten kindlichen Religion der ersten Menschen erkennen. Er gehörte zu einem Menschenstamm, welcher dem ursprünglichen Leben am nächsten geblieben war, und auch den kindlichen Glauben an den wahren Gott bewahrt hatte. Die Lebensart Abrahams, die hirtliche, war, unter einem glücklichen Himmel, mehr dazu geeignet, in der alten Einfalt zu erhalten, als die in andern Stämmen beginnende ackerbauliche und städtische Lebensweise; denn wahrscheinlich lebten die ersten Menschen, wie Abel, von der Viehzucht. Auch daß Abrahams Familie, wie es scheint, vereinzelt blieb, und sich nicht an eine größere Völkerschaft anschloß, mochte die Erhaltung ursprünglicher Ueberlieferungen begünstigen. Genug, dieser kleine Stamm verfiel nicht, wie die andern, in Fetischismus oder Sternen- und Elementen-Dienst, sondern behauptete die Einheit des religiösen Bewußtseyns in der Idee eines über die Natur erhabenen Gottes. Allein wir dürfen uns Abrahams Glauben nicht allzu rein und geistig denken. In einer Hinsicht stand er weit erhaben über dem Fetischismus, weil er nicht eine einzelne Naturkraft, sondern den Schöpfer von Allem anbetete; in anderer Hinsicht aber näherte er sich auch wieder dem Fetischismus, in sofern ihm Gott in sinnlicher Beschränktheit als sein Familien- und Schutzgott erschien. Der Glaube an diesen Gott und die Verehrung desselben war ein altes Erbtheil seines Stammes, und durch diese Familien-Beziehung erhielt Gott etwas von menschlicher, irdischer Besonderheit. So wie der Fetischdiener die Gottheit dadurch individualisirt, daß er sie in einem Stein oder Holz oder sonst einem Gegenstand anschaut: so schaute sie Abraham in der besondern Beziehung auf seine Familie an, und individualisirte sie ebenfalls. Bey Abraham finden wir gar keine Spur von Götzen oder Bilderdienst, hingegen bey Laban, seinem Verwandten, welcher die Theraphim anbetete, eine Art von Hausgötzen. Hat jener sich vielleicht im Widerspruch mit seinen Verwandten vom Götzendienst losgemacht, und sich der Verehrung des einen unter den mehreren Göttern, welche man anbetete, gewidmet? Oder hat er neben dem Dienst des einen Hauptgottes noch andere Nebengötter beybehalten, und es wird uns nur nicht gemeldet? Sicher ist es, daß wir bey den späteren Israeliten noch jene Hausgötzen finden. Wie man sich auch Abrahams Glauben denken mag, immer verhält er sich zu dem daraus entsprungenen mosaischen Glauben, wie der schwache, geringe Keim zu dem entwickelten Gewächs. Alles ist bey diesem Stammvater der Israeliten Keim, Vorahnung, Hoffnung. Die Welt, für die er lebt, liegt in der Zukunft, in seiner Nachkommenschaft, deren zahlreiche Vermehrung zu einem großen Volke er hofft. Er selbst steht noch mit seiner kleinen Heerde vereinzelt, und will sich an kein anderes

Volk anschließen; für ihn ist das gesellschaftliche Leben außer seinem Lager nicht da. Jedoch behauptet er einen hohen Grad sittlicher Ausbildung; er ist großmüthig, treu und gerecht, und sein Glaube hat sittliche Kraft und Bedeutung. Nur vom Glauben an Unsterblichkeit ist keine Spur vorhanden, und alle seine Hoffnung scheint auf die in seinem Sohne dämmernde Zukunft beschränkt gewesen zu seyn.

Abrahams Enkel, Jakob, wanderte mit seiner Horde nach Aegypten, und siedelte sich in dem an Arabien grenzenden Lande Gosen an. Sein Stamm blieb der väterlichen Lebensart, der Viehzucht, getreu, und behauptete unter dem Einflusse der ägyptischen Bildung, seine Eigenthümlichkeit nebst seinem Glauben. Der Gott seiner Väter, der Gott Abrahams, Isaaks, Jakobs, blieb ihm unvergeßlich, obschon ägyptischer Fetischismus und Götzendienst bey ihm Eingang fand. Späterhin machten die Aegypter den Versuch, diesem freyen Hirtenvolke seine Eigenthümlichkeit zugleich mit seiner Unabhängigkeit zu rauben. In dieser Zeit ward Mose geboren, und durch eine außerordentliche Fügung erhielt er eine ägyptische Erziehung, und ward als angenommener Sohn einer Königstochter, wahrscheinlich in die Weisheit des Priesterstammes eingeweiht. Von Geburt ein Hebräer und von Bildung ein Aegypter, war er von Gott zum Werkzeug einer großen, für die ganze Weltgeschichte wichtigen Umwandlung auf dem Gebiete der Religion ausersehen. Schon diese seltene Fügung, daß sich in Mose altisraelitischer Glaube mit ägyptischer Weisheit verband, daß aus dem tieferen Morgenlande ein kindlicher Monotheismus sich vorwärts bis in die Nähe des ägyptischen Polytheismus ziehen mußte, um von diesem einen bildenden Einfluß zu erfahren, und sich dann zu einer höheren

Stufe der Ausbildung zu erheben, fordert uns zu einer gläubigen Ansicht auf, vermöge deren wir hier eine besondere göttliche Veranstaltung sehen: wozu noch die Ausstattung Mose's mit außerordentlichen Geisteskräften und die außerordentlichen, wunderbaren Ereignisse in seiner Geschichte kommen. Von Gott kommt Alles, was geschieht, und nichts geschieht ohne ihn; aber es gibt Erscheinungen in der Geschichte, welche gleichsam so durchsichtig sind, daß man Gottes Wirksamkeit darin mehr, als anderswo, zu erkennen glaubt; und dieß ist hier der Fall. Demungeachtet ist neben der gläubigen, übernatürlichen Ansicht die verständige, natürliche nicht nur erlaubt, sondern in einer geschichtlichen Untersuchung sogar nothwendig. Eine solche müssen wir hier geltend machen, wenn wir unsern Plan, den Entwickelungsgang der Religion zu verfolgen, festhalten wollen. Der Mosaismus muß von uns als eine psychologische Erscheinung, als das Erzeugniß aus gewissen vorliegenden religiösen Bestandtheilen, betrachtet werden, wiewohl wir immer, selbst von diesem natürlichen Standpunkt aus, eine außerordentliche Geisteskraft und Erleuchtung von Mose's Seite voraussetzen müssen, wodurch allein die Hervorbringung von etwas so sehr Neuem und Ursprünglichen möglich wurde.

Von diesem menschlichen Standpunkte aus betrachtet, erscheint nun die Entstehung des Mosaismus folgendermaßen. Der väterliche Glaube und die Liebe zu seinem Stamme überwog in Mose alles, was er von ägyptischer Bildung empfangen hatte, und was ihm die günstige Lage, in welcher er sich befand, Vortheilhaftes darbieten konnte. Er fühlte sich zur Wiederherstellung des väterlichen Glaubens und der Unabhängigkeit seines Stammes, aber zugleich auch zur Stiftung eines ordentlichen Gottesdienstes und

Staats-

Staatswesens unter ihm berufen; und dazu bediente er sich der ägyptischen Bildung, so jedoch, daß er sie nicht knechtisch nachahmte, sondern frey benutzte, ja die Fehler derselben vermied, und sie unendlich weit überstieg.

Ein Hebräer, der mit dem Glauben an den Gott seiner Väter, in dem er den einzigen und höchsten Gott verehrte, einen tieferen Blick that in das unwürdige Gewebe von Priesterbetrug und Volksaberglauben, aus welchen die ägyptische Religion bestand, mußte den lebhaftesten Abscheu davor empfinden. Die Gottheit, die er sich auf eine einfache, würdige Weise als einen allmächtigen Geist dachte, erschien hier nicht bloß in vielerley menschlichen, mehr oder weniger unvollkommenen und unwürdigen Gestalten, sondern selbst in thierischen Sinnbildern und sogar in thierischer Verkörperung. Die Weisheit, welche die Priester für sich behielten, und in welche Mose wahrscheinlich eingeweihet war, mußte das äußerliche Wesen des Volksglaubens und Gottesdienstes nur in einem desto unwürdigeren Lichte erscheinen lassen. Mose mußte von heiligem Unwillen entbrennen, wenn er sein Volk in der Gefahr sah, seinen väterlichen Glauben mit dem ägyptischen Götzendienst zu vertauschen. Daher gab er ihm, als zwey Grundgesetze, die zwey Verbote, mehr als einen Gott zu verehren, und die Gottheit in irgend einem irdischen Bilde darzustellen und anzubeten. Hiermit war der ganze ägyptische Götzen- und Bilderdienst ausgeschlossen, ja, nicht bloß dieser, sondern auch das ganze Gewebe von Göttersagen, welche sich auf die menschlich thierische Versinnbildung der Götter bezogen; und es war ein unendlich wichtiger Schritt gethan für die Förderung der religiösen Wahrheit. Gott mußte nun allein mit dem freyen, geistigen Gedanken vorgestellt werden;

wer ihn anbeten wollte, mußte an ihn als ein unsichtbares, über alles Sinnliche erhabenes Wesen glauben; mithin wurde die Religion wieder zu dem gemacht, was sie ursprünglich ist, zur Sache des Geistes und des Herzens. Auch diese bildlose Verehrung Gottes war eigentlich nichts, als ein altes Erbtheil, das Mose in Schutz nahm. Der Schutzgott seines Volkes war von altersher ohne Bild verehrt worden; auch bey andern Völkern findet man einen bildlosen Gottesdienst; aber daß Mose ausdrücklich den Bilderdienst verwarf, und die bildlose Verehrung des einen wahren Gottes festsetzte, dieß zeugt von einem klaren Bewußtseyn und einer bestimmten Einsicht, und dadurch wurde das, was früherhin Ueberlieferung aus der Urzeit, oder Uebung kindlicher Einfalt gewesen war, Sache der freyen Bildung.

Aber es waren dieß bloße Verbote, welche Mose gab, womit allein das Falsche und Irrige vom Glauben an Gott und der Verehrung desselben abgewehrt, nicht aber bestimmt wurde, wie man Gott denken und verehren sollte. Für die Ausbildung der religiösen Wahrheit, der Vorstellungen von Gott, seinem Wesen und Eigenschaften, hat Mose wenig oder nichts gethan; er hat keinen Lehrbegriff, keine Dogmen aufgestellt, keine Schule des religiösen Unterrichts gestiftet; er verwies das Volk deßhalb an seine väterlichen Ueberlieferungen, und gab dem alten Stammgott bloß den neuen Namen Jehova oder Jahwe, d. i. der Unveränderliche und Ewige. Noch war die Zeit des Nachdenkens über religiöse Wahrheiten für das Volk Israel nicht gekommen; es genügte ihm an der Hauptwahrheit, daß ein Gott sey, der seit undenklichen Zeiten von seinen Vätern verehrt worden, und sich von jeher und neuerlich durch den Auszug aus Aegypten als sein Schutzgott bewiesen habe. Nur den Dienst Gottes setzte Mose fest; zur thätigen Verehrung desselben verpflichtete er sein Volk, nicht zu Glaubenssätzen. Aber in der Art der Verehrung, die er vorschrieb, lag die Hauptsumme der Wahrheit, an die es glauben sollte, eingeschlossen; darin war die Haupteigenschaft, unter welcher es Gott vorzüglich denken sollte, deutlich genug bezeichnet, nämlich seine Gerechtigkeit und Heiligkeit. Das war der Hauptvorzug der mosaischen Religion, daß sie sittlich war, und das Volk zur Gerechtigkeit und Heiligkeit erzog.

Außer dem Glauben an Gott ist in der Religion nichts so wichtig als der Glaube an die Unsterblichkeit der Seele, und eine ewige Bestimmung und Vergeltung; dafür aber that Mose nichts. In seiner ganzen Gesetzgebung deutet nichts darauf hin, vielmehr bezieht sich Alles auf dieses Leben, und die Vergeltung in diesem. Er verschmähte die ägyptische Seelenwanderungslehre, durch welche die Menschenseele in das allgemeine Naturleben verflochten wird und ihre Selbständigkeit verliert, und ließ es bey der althebräischen Vorstellung eines Schattenlebens nach dem Tode in der Unterwelt bewenden, womit wenigstens die Idee einer persönlichen Selbständigkeit zu dämmern anfängt. Er wollte sein Volk vor aller metaphysischen Lehre rein bewahren, weil damit, dem Geiste der damaligen Zeiten gemäß, Mythologie und Priestergeheimniß verbunden war; sein Hauptzweck war, es zu einem gerechten bürgerlichen Leben durch die Furcht Gottes zu erziehen, und dazu schien ihm der Glaube an die Unsterblichkeit nicht nothwendig zu seyn. So unvollkommen auch die Glaubenslehre des Mosaismus ist, so hat sie doch den außerordentlichen Vorzug, von dem Wust der alten Mythologie und Symbolik befreyt, und dem freyen Gedanken und Gefühl anheim gegeben zu seyn.

Was nun die Verehrung Gottes betrifft, auf welche es Mosen allein ankam, so benutzte er dabey Vieles aus den ägyptischen Einrichtungen, und in dieser Beziehung erkennt man in ihm den Aegypter. Die alten Theologen wollten diese Benutzung nicht zugeben, weil sie glaubten, sie vertrage sich nicht mit der Würde einer göttlichen Offenbarung; aber darin zeigt sich eben die Weisheit eines von Gott Begabten und Erleuchteten, daß er das vorhandene Gute gebraucht, und das Neue mit Altem mischt; ganz Neues zu schaffen, würde sowohl unklug als lieblos seyn, weil man die Menschen für das Neue schwerer gewinnen, und eine stolze Verachtung gegen das Alte an den Tag legen würde. Mose hatte um so mehr Gründe, ägyptische Einrichtungen zu benutzen, als unter seinem Volke eine große Hinneigung zu ägyptischer Sitte und Religion, wenigstens eine große Achtung dafür, herrschen mochte, und er es nur durch Benuzzung derselben für seine neue Stiftung gewinnen konnte. Die alten Theologen betrachteten die geoffenbarten Religionen des alten und neuen Testaments zu sehr vereinzelt, und setzten sie nicht mit den andern in Verbindung, weil ihnen diese als von aller Wahrheit entblößt, als das Werk des Teufels, erschienen; sie waren mit Einem Worte in der Religionsgeschichte, wie in der Dogmatik, ausschließend und unduldsam. Die Neueren haben sich von diesem finsteren Geiste losgemacht; und indem sie die geoffenbarten Religionen mehr im menschlichen Lichte betrachten, verlieren diese vielleicht an Wunderglanz, gewinnen aber an Bedeutung für Verstand und Herz.

Die Einrichtungen, welche Mose für die Verehrung Gottes traf, waren von zweyerley Art, eigentlich gottesdienstliche und politische. Gottesdienst und Staatswesen floß in seiner Stiftung gerade eben so zusammen, wie bey den Aegyptern und anderen morgenländischen Völkern. Er konnte nicht trennen, was überall dem Geiste der Zeiten gemäß verbunden war; und sein Zweck, sein Volk zu einem bürgerlich gesitteten Leben zu führen, forderte gerade eine solche Verbindung; denn der rohe Mensch kann nur durch Gottesfurcht zur Ordnung und Gesittung gebracht werden. Gottesdienstliches, Polizeyliches und Rechtliches ist daher in der mosaischen Gesetzgebung so in einander verwebt, daß sich keine scharfe Grenze ziehen läßt. Indeß wollen wir, der Uebersicht wegen, den gewöhnlichen Unterschied zwischen Gottesdienst und Staatseinrichtung befolgend, den Geist der mosaischen Gesetzgebung in beyden Gebieten zu bezeichnen suchen.

Der Gottesdienst mußte nothwendig sinnbildlich seyn, wie er es mehr oder weniger überall, selbst im Christenthum, ist, und Mose mußte sich dem Geiste der Zeit, namentlich der ägyptischen Sitte bequemen. Der Gottesdienst war damals überall, und auch bey den Aegyptern Opfer- und Tempeldienst, und diese Formen nahm auch Mose an. Aber da er kein Bildniß der Gottheit zuließ, so konnte der Tempel, den er errichtete (es war ein Zelt, weil das Volk in Zelten wohnte), nicht, wie bey den Aegyptern, ein Götterbild einschließen; die Stelle desselben vertrat eine heilige Lade (solche Laden hatten auch die Aegypter), in welcher die Gesetztafeln lagen. Sonach versinnbildete das Gotteszelt Mose's die Gegenwart Gottes unter seinem Volke, und zwar in Beziehung auf sein heiliges Gesetz.

Wenn der Israelit sich dem Heiligthum nahete, so mußte er daran denken, daß der Gott seiner Väter sich ihm in einer heiligen Gesetzgebung geoffenbart hatte, und daß er ihn durch die Erfüllung seines Willens verehren müsse. Hier zeigt sich die enge Verbindung des Gottesdienstes mit dem Rechts- und Staatswesen, aber auch zugleich der sittliche Geist dieser Religion, der sie so vortheilhaft auszeichnet. Die Opfergebräuche behielt Mose ebenfalls bey, aber er gab ihnen auch, wenigstens zum Theil, eine sittliche Richtung: die Sünd- und Schuldopfer waren eine Art von öffentlicher Rüge und Büßung solcher Vergehungen, welche nicht vor den Richterstuhl gehörten. Das jährliche Versöhnungsfest war eine Erinnerung an die menschliche Sündhaftigkeit überhaupt. In den mosaischen Gebräuchen ist fast überall Sinn und Zweck deutlich zu erkennen: das kommt allerdings daher, daß wir die Gesetzbücher kennen, daß der Gottesdienst neu geschaffen, nicht aus alten Ueberlieferungen zufällig zusammengewachsen war, vorzüglich aber auch daher, daß in Mose's Stiftung ein klarer Geist waltet, und daß Alles auf die Erbauung des Volkes, nicht, wie bey den Priester-Religionen, auf die Befestigung der Priesterherrschaft berechnet war. Zu den gottesdienstlichen Beobachtungen, welche Mose seinem Volke vorschrieb, gehörte eine strenge Reinigkeitszucht; denn Reinigkeit hatte, wie wir gesehen haben, im Alterthum, und besonders auch bey den Aegyptern, eine religiöse Bedeutung, und war ein wirksames Mittel der Gesittung; nur daß dadurch der Nachtheil entstand, der sich in jeder solchen religiösen Reinigkeits-Zucht bemerkbar macht, daß solche sinnbildliche sittliche Pflichten sich gleich den wirklichen geltend machten, und das sittliche Gefühl verwirrten. Ueber Waschungen und dergleichen Gebräuche vergaß man die Gerechtigkeit und Liebe. Von Casteyungen schrieb Mose nichts vor als ein jährliches Fasten von einem Tage, womit er den sittlich freyen Geist seiner Religion beurkundete.

Zur Bildung und Erhaltung der religiösen Gemeinschaft hielt Mose einen Priesterstamm für nöthig. Vor ihm hatten, der patriarchalischen Freyheit gemäß, die Hausväter und die erstgeborenen Söhne die Priestergeschäfte verrichtet: allein der Gesetzgeber glaubte für seine religiös-politische Stiftung ein allgemeineres Band und eine sicherere Gewährleistung zu bedürfen, und darum erhob er den ihm ergebenen Stamm Levi, aus welchem er selbst entsprossen war, zum Priesterstamm. Jedoch beabsichtigte er nichts weniger als die Unterdrückung des Volkes durch eine ausschließende Priesterherrschaft; vielmehr wünschte er, daß der religiöse Geist sich über das ganze Volk verbreiten möchte, wie er ausdrücklich sich äußerte, als Eldad und Medad weissageten, und Josua ihn aufforderte, ihnen zu wehren. „Wollte Gott, sagte er, daß alles Volk des Herrn weissagete, und der Herr seinen Geist über sie gäbe!" Gefährlich wäre die Stifung eines Priesterstandes gewesen, wenn ihm zugleich hätte eine höhere Bildung mitgetheilt werden können; aber die Leviten standen auf gleicher Stufe mit den übrigen Israeliten, und haben sich nie zu einer geistigen Ueberlegenheit erhoben. Das mosaische Priesterthum erscheint daher fast ohne alles Geheimniß, nur daß den Priestern allein der Zutritt ins Heiligthum, und die Verwaltung des Orakels vorbehalten war.

Die Staatsverfassung war hierarchisch, wie bey den Aegyptern. Die Priester hatten die Auslegung und Handhabung der Gesetze, und mittelst des Orakels die Entscheidung über Krieg und Frieden und alle wichtigeren, außerordentlichen Angelegenheiten. Ein Heerführer sollte unter ihnen die vollziehende Gewalt haben. Der jüdische Geschichtschreiber Josephus nennt diese Staatsform Theokratie oder Gottesherrschaft, und wirklich bezeichnet dieser Ausdruck die Idee Mose's treffend. Gott selbst war König der Israeliten, er wollte unter ihnen wohnen, und ihr Reich sollte ein irdisches Gottesreich seyn; alle Gesetze und Beschlüsse flossen von Gott aus, und die Priester waren nur seine Werkzeuge. Wie die Religion monotheistisch war, so war die Hierarchie systematischer und idealer, als bey den andern alten Völkern, wo die Priester im Namen mehrerer Götter und nicht nach einer so einfachen Idee herrschten. Priester-Despotismus konnte bey den Israeliten nicht entstehen, und ist nicht entstanden, weil das Gesetz, an welches die Priester, wie die Uebrigen, gebunden waren, Allen offen stand. Religiöse Begeisterung und heilige Gerechtigkeitsliebe sollte herrschen, nicht Priesterlist; und wer wird nicht diese Idee billigen? Zu einer Zeit, wo die Gesittung und Geistesbildung noch nicht so weit gediehen ist, daß die Vernunft die Menschen beherrschen kann, sind sie am besten unter die Obhut des religiösen Gefühls zu stellen.

So war also die Religion bey den Israeliten eben so mit dem Staate verwachsen, als in den Naturreligionen der alten Welt; aber auch mit den andern Lebensgebieten war sie es. Es gab keine Wissenschaft außer der der Priester, welche sogar auch die Aerzte waren, und den Kalender zu bestimmen hatten, obschon sie ohne alle astronomische Kenntnisse waren. Die Kunst, die sich auf etwas Weniges von Baukunst und Musik beschränkte, war ebenfalls fast ganz im

Dienste der Religion, und wegen des Verbotes des Bilderdienstes hat sich die bildende Kunst nie sehr entwickeln können. Die Dichtkunst hat einen hohen Schwung genommen, ist aber fast ganz nur eine heilige geblieben; nur von ländlichen Liebesliedern sind uns im sogenannten Hohenliede Bruchstücke aufbehalten worden.

Obgleich Mose's Stiftung noch viele Verwandtschaft mit der alten Naturreligion hatte, namentlich auch in Ansehung des Tempel-, Opfer- und Priesterwesens; so zeigt sich doch in ihr ein mächtiger Fortschritt der religiösen Bildung: das höchste religiöse Bewußtseyn, der Glaube an den wahren Gott, ist gefunden, die Freyheit von fabelhafter Sinnbildnerey und arglistigem Priestergeheimniß ist gewonnen, und die Religion hat eine ganz entschiedene sittliche Richtung genommen; sie ist Sache des Herzens und Gewissens geworden.

Aber wir dürfen auch die Schattenseite der mosaischen Religion nicht übersehen. Die Beschränkung des Glaubens an den Gott Himmels und der Erde durch diese volksthümliche Beziehung, wornach der allgemeine Gott doch auch wieder nichts als ein Volks-Schutzgott war, brachte einen religiösen Stolz hervor, der das Volk der Israeliten zum unduldsamsten der Erde machte. Es war überzeugt, nicht nur allein den wahren Gott zu kennen, sondern auch im ausschließenden Besitz seiner Liebe und seines Schutzes zu seyn: mithin mußte es alle anderen Völker verachten. Die mosaische Religion machte auch in sofern unduldsam, als sie ausschließend war, und keine andere neben sich im Volke duldete. Der Monotheismus ist schon an sich ausschließend, noch mehr aber mußte er es bey den Israeliten seyn, bey denen er Staats-Grundgesetz und Grundlage aller Gesetzgebung und Verwaltung war. So erhaben und gotteswürdig der Zweck war, durch die Religion das Staatswesen zu heiligen, und durch den Zwang der Gesetze jene ins Leben einzuführen; so konnte doch nicht vermieden werden, daß anstatt lebendiger Frömmigkeit und Sittlichkeit todte Gesetzlichkeit und Werkheiligkeit hervorgebracht wurde. Selbst der Glaube an Gott wurde durch das Gesetzeswesen getrübt, indem das Gefühl der Abhängigkeit von ihm sich als Furcht vor seinem strengen Richtereifer aussprach. Das Geistige und Himmlische war in irdischer, leiblicher Form dargestellt; eine solche aber kann den Geist nicht bannen. Mose's wahrhaft göttliche Idee war zu erhaben für das verdorbene, rohe Volk; es ergriff nur deren Schatten, oder sträubte sich mit Widerwillen dagegen.

Es ist bekannt, welche ungünstige Schicksale die mosaische Stiftung hatte, und wie sie von ihrer religiösen Seite durch Abgötterey, und von ihrer politischen Seite durch Anarchie zerrüttet wurde. Aber letzteres hatte die glückliche Folge, daß die Priester sich keine allzu große Gewalt anmaßen konnten, und der Geist der Freyheit herrschend blieb. Der göttliche Funke war in das Volk geworfen, und er glimmte fort, ja er brach zuweilen in hellen Flammen der Begeisterung aus. Bey den Israeliten sehen wir das im Morgenlande einzige Beispiel, daß die Religion im Volke selbst sich fortbildet. Der religiöse Geist zog sich aus dem Priesterstamm, wo er nie sehr lebendig und kräftig gewesen zu seyn scheint, in das Volk, und trieb da herrliche Früchte. Es traten aus dessen Mitte, selbst aus dem Hirtenstande, begeisterte Dichter und Redner auf, und sangen zum Saitenspiel unsterbliche Lieder. Moses Wunsch fing an in Erfüllung zu gehen, daß der Geist des Herrn sich über das ganze Volk verbreiten sollte. Hier zeigt sich die schöpferische Kraft der Freyheit. Die uralte, mächtige Priesterherrschaft Indiens, mit allen Mitteln der Bildung ausgestattet, hat das nicht für die Menschheit geleistet, was Mose's kleine, weit jüngere Stiftung, ohne alle Zurüstung von Priesterweisheit und Geheimniß: hier erst wird das Volk erzogen und begeistert. Auch übertrifft die religiöse Dichtung der Hebräer sicherlich alles, was die Indier in dieser Art hervorgebracht haben. Wenigstens gibt es nirgends einen solchen Schwung der Begeisterung, eine solche Erhabenheit der Gedanken, einen solchen heiligen Ernst des Gefühls, wie in den Psalmen der Hebräer und in den Weissagungen ihrer Propheten.

Für die Fortbildung der mosaischen Religion war besonders das Prophetenthum wichtig, als dessen Stifter Samuel betrachtet werden kann. Begeisterte hatten die Hebräer wohl von jeher gehabt, aber deren Hauptgeschäft scheint das Vorhersagen der Zukunft gewesen zu seyn, daher man sie Seher nannte: er hingegen gab der Begeisterung eine praktischere Richtung, und wies den damit Begabten die Bestimmung an, durch das Wort der Weissagung zurecht zu weisen, zu ermahnen und zu trösten: daher man die Begeisterten auch seitdem Propheten, d. i. begeisterte Redner, nannte. Vorzüglich waren die Propheten Schutzwächter der heiligen theokratischen Verfassung, Rathgeber und Zurechtweiser der Könige, welche sich unterdessen die Hebräer gegeben hatten, Beurtheiler ihres Verhaltens und der öffentlichen Sitten überhaupt. Sie waren die Stimmführer der öffentlichen Meinung; und so wie bey uns die Freyheit der Presse alle übrige Freyheit bedingt, so erschien in ihnen der Geist theokratischer Freyheit lebendig in der freyen

Rede. Sie sind nicht unpassend mit den protestantischen Predigern des sechszehnten und siebzehnten Jahrhunderts zu vergleichen, welche nicht nur strenge Sittenrichter waren, sondern auch den Fürsten nicht selten öffentlich die Wahrheit sagten, und ihre Regierungs-Maßregeln tadelten. Sie sind es, welche durch ihre ermahnenden Reden auf die Fortbildung der Religion vorzüglich eingewirkt haben. Sie belebten den Geist der Religion, welcher sonst in den symbolischen Formen des Gottesdienstes erstarrt wäre; sie drangen auf die Frömmigkeit des Herzens und Lebens; sie erweckten und nährten den Geist der Wahrheit in der Religion, und ergänzten die von Mose gelassene Lücke, indem sie gleichsam eine Schule der religiösen Wahrheit bildeten.

Auch die heiligen Dichter, die Psalmisten, wirkten auf die Belebung und Fortbildung der Religion ein, und sie mögen größtentheils selbst Propheten-Schüler oder Propheten gewesen seyn, obgleich den Ruhm der Vortrefflichkeit ein König, David, davon trug. In den Psalmen tritt die Religion ganz als Ausfluß des frommen, erregten Herzens hervor, frey von Ueberlieferung und priesterlicher Sinnbildnerey, obschon in der Fülle dichterscher Bilder. Ein dritter Zweig von Rede- und Dichtkunst, die Spruchdichtung, in welcher Salomo Meister war, hatte ebenfalls einen nicht geringen Einfluß auf die Religion: in ihr bildete sich die religiöse Sittenlehre aus, und der sittliche Geist des Mosaismus zeigte sich in ihr in seiner ganzen Stärke.

Aber so glücklich auch die Ausbildung der Religion fortschritt, so beschränkte sie sich doch auf den Umfang, den ihr Mose gleich anfangs gegeben hatte, und der durch die theokratische Verfassung bezeichnet war. Sehr würdige und erhabene Vorstellungen von Gottes Wesen und Eigenschaften wurden entwickelt, und besonders sein heiliger Wille reiner erkannt; aber die Theokratie blieb immer ein irdisches Reich Gottes, und die Bestimmung des Menschen auf diese Erde beschränkt: hier sollte der Fromme den Lohn finden, den man ihm für seine Gottesfurcht und Tugend verhieß. Mit dieser Verheißung aber stand das Unglück, mit welchem die Nation fast immer zu kämpfen hatte, und das sie freylich meistens selbst verschuldete, in grellem Widerspruch. Die Theokratie blühete fast nur unter David, wiewohl seine Regierung sehr unruhig war. Salomos Regierung war friedlich, aber er drückte das Volk durch den allzugroßen Aufwand, den er machte. Nachher zerfiel das Reich in zwey Hälften, welche theils sich selbst bekriegten, theils der Eroberungslust mächtiger Nachbaren Preis gegeben waren. Dazu herrschte im Innern Abgötterey, Despotismus, Ungerechtigkeit, Ueppigkeit; die Frommen wurden nicht selten unterdrückt und verfolgt, und namentlich die Propheten ernteten für ihre freymüthige Rede oft Undank, Haß und Verfolgung ein. Wie der Geist der mosaischen Stiftung von Anfang an die Fassungskraft des Volkes überstieg, so schwebte immerfort der reine, hohe Gedanke der Theokratie, wie ihn die Propheten faßten und geltend machten, über der unvollkommenen Wirklichkeit. Während die Religion bey den andern Völkern mit ihrem Volksleben in mehr oder weniger angemessenem Verhältniß stand, und die Ideen derselben mehr oder weniger verwirklicht waren: so stellte die Religion der Israeliten nichts als eine hohe, nie erfüllte Anforderung an das Leben dar, sie blieb Idee und ward nie Wirklichkeit.

Dieser Zwiespalt zwischen dem, was die Religion forderte und verhieß, und dem was das Leben darbot, mußte das religiöse Gemüth schmerzlich berühren, und die Sehnsucht nach Befriedigung wecken. Aber man kannte keine Vergeltung in der Ewigkeit, so daß sich die Hoffnung dahin hätte richten können: diese mußte auf Erden einen Trost finden, und sie fand ihn in der Erwartung des Messias, eines siegreichen, gerechten, weisen Königs, welcher die Theokratie in ihrer Vollkommenheit herstellen, und eine Zeit der Glückseligkeit und des Friedens herbeyführen würde. Alsdann sollte die Gemeinschaft Gottes mit seinem Volke, die so oft gestört war, vollkommen seyn, so daß er mit seiner Gnade und seinem Segen unter ihm wohnen würde. Die Propheten waren es, welche, mit dem ahnenden Blicke der Begeisterung in die Zukunft schauend, der unglücklichen Nation diese trostreiche Verheißung gaben. Sie ist wahrhaft göttlich, diese Verheißung. Durch sie ward der Geist über die Gegenwart hinweggehoben, und einem Urbilde zugewandt; die hoffende Ahnung und das Streben nach Vollkommenheit, worin dem Menschen allein das Höchste zu berühren vergönnt ist, ward in ihm geweckt und genährt, und so alles, was die Wirklichkeit entbehren ließ, ihm ersetzt. Noch war das Reich, das der Messias stiften sollte, als ein irdisches, als das des Volkes Israel gedacht, aber es sollte sich über alle Völker ausdehnen, und die Welt mit seinen Segnungen erfüllen. Diese Erwartung des Messias ist dem Volke Israel eigenthümlich, und anderwärts finden sich nur Anklänge davon, am meisten bey den Persern; demungeachtet erscheint sie ganz natürlich und nothwendig, und ist gleichsam der Schlußstein der ganzen israelitischen Religion. Diese ist an sich nichts als eine große Hoffnung oder Weissagung, die Knospe einer Blume, die sich einst entfalten, die Morgenröthe einer Sonne, welche einst aufgehen sollte. Darin zeigt sich deutlich ihr göttlicher Ursprung. Alle anderen Religionen mußten untergehen, indem sie erstarben, und zuletzt eher dem Aber- und Unglauben dienten, als dem Glauben; nur die israelitische trug in sich den Keim des Heiles der Menschheit, und entwickelte aus ihrem Schooße eine neue bessere, die einzig wahre Religion.

So weit wir bis jetzt die israelitische Religion kennen gelernt haben, bietet sie eine höchst erfreuliche Erscheinung dar, und ist unstreitig die vollkommenste von allen, in welchen wir bisher die Religion hervortreten sahen. Dem Gehalt nach ist sie freylich unvollständig, indem die Ideen der Unsterblichkeit und ewigen Bestimmung fast ganz fehlen. Hingegen ist die Idee eines höchsten, heiligen Wesens, die Hauptwahrheit der Religion, mit einer solchen Bestimmtheit und Lebendigkeit gefaßt, daß dadurch die Grundlage des wahren Gottesglaubens für alle Zeiten gelegt ist. Die religiöse Wahrheitslehre hat sich hier zuerst zu bilden angefangen, indem sie von der verwirrenden Herrschaft der Einbildungskraft befreyt ist. Noch bedient sich der Gottesglaube der Bilder, der menschlichen Vorstellungen; man stellt sich das höchste Wesen als einen menschenähnlichen Geist vor, nicht nur mit Verstand und Willen, sondern auch mit menschlichen Leidenschaften; allein das alles bildet nur eine leichte, durchsichtige Hülle, und ist auch meistens nur in dichterischer Rede gebraucht. Sehr schön sprach sich das religiöse Gefühl in der Dichtung aus, welche nicht, wie die der Indier und Griechen, unwürdige Sagen von Gott erzählte, sondern die Andacht und Begeisterung des frommen Herzens in erhabener Einfalt darstellte. Nachtheilig für den reinen Gottesglauben ist die politische Form, in welcher zwar der sittliche Geist der Religion sich geltend macht, wodurch aber das Unwesen der Werkheiligkeit begünstigt, und die Religion überhaupt zu sehr ins Irdische und Volksthümliche herabgezogen wurde. Diese Form war wohl dem Bedürfniß der Zeit angemessen, und ein Mittel die Rohheit zu bändigen; an sich aber ist sie der Religion unwürdig, welche sich allein durch ihre geistige Kraft, nicht durch weltliche Gewalt geltend machen soll.

Mit der Wiederherstellung des durch die Chaldäer zerstörten Staates, beginnt für die Religion der Israeliten (die man jetzt gewöhnlich Juden nennt) ein neuer Zeitraum. Der Geist war von Israel entflohen, und die Kraft der Fortbildung mit ihm, und man beschränkte sich jetzt auf die Wiederherstellung und ängstliche Beobachtung des Alten. Man fing jetzt an, die heiligen Schriften, welche bis zum Untergange des Staates hin, während des Exils und in der nächsten Zeit nach demselben, waren verfaßt worden, zu sammeln; und in dieser Sammlung erkannte man die einzige und höchste Quelle aller Wahrheit, die Urkunde der göttlichen Offenbarung. In der früheren Zeit hatte man allerdings schon eine solche Offenbarung im mosaischen Gesetz anerkannt, aber dieß hinderte nicht die Freyheit des hervorbringenden Geistes, so daß man in den Propheten neue Gottgesandte und in ihren Reden neue Offenbarungen Gottes anerkannte. Jetzt hingegen verzichtete man auf alle neue Hervorbringung, und unterwarf sich ganz dem Buchstaben der alten Offenbarung. Damit ging die Freyheit des Geistes verloren, und der Knechtssinn der Buchstäblichkeit ward herrschend. Wenn keine lebendige Begeisterung mehr in der Brust des Menschen wohnt, sondern die Wahrheit im todten Buchstaben gesucht wird: so ist die wahre Kraft des religiösen Lebens dahin. Indeß hatte die Anerkennung einer schriftlichen Offenbarungsquelle die wohlthätige Folge, daß

religiöses

religiöses Nachdenken und Gelehrsamkeit entstand. Vorher hatte die Begeisterung, das Gefühl, die Ahnung Alles beherrscht, und das geregelte, klare Nachdenken nicht aufkommen lassen; aber es nahete die Zeit, wo die Menschheit der religiösen Wahrheit sich auch durch das Nachdenken bewußt werden sollte. Allein auf der anderen Seite war wieder der Nachtheil damit verbunden, daß sich ein religiöser Gelehrtenstand bildete, welcher das Volk mit einer Art von priesterlichem Ansehen beherrschte. Die Schriftgelehrten oder Rabbinen waren im Besitz der Auslegung des Gesetzes, das sie durch eine Menge von Zusätzen vermehrten, und die ohnehin schon drückende Last desselben noch drückender machten.

In der jüdischen Gottesgelahrtheit gewann die religiöse Wahrheit an Umfang. Schon in die späteren heiligen Schriften waren Ideen aus der Religion Zoroasters oder aus der damit verwandten chaldäischen Weisheit eingedrungen, welche nun mit noch mehr Bestimmtheit in die Gottesgelahrtheit aufgenommen wurden. Es waren dieß die Idee des Satans mit seinen bösen Engeln, in welchem man den Ahriman mit seinen Dews wieder erkennt, und die Idee der Auferstehung und des Gerichts. Durch die erstere Idee wurde eine dem Mosaismus fremde Richtung auf die Metaphysik in das Judenthum gebracht, und dessen strenger Monotheismus durch den Dualismus getrübt. Durch die zweyte Idee wurde hingegen der Mosaismus auf eine wohlthätige Weise erweitert, eine in ihm gebliebene Lücke ausgefüllt, und der Blick von der Erde zum Himmel erhoben. Auch die messianische Hoffnung, welche in den alten heiligen Büchern noch sehr irdisch und menschlich erscheint, erhielt dadurch einen höheren Schwung, indem man die Auferstehung und das Gericht zugleich mit der Zukunft des

Messias erwartete, obschon immer die Vorstellung blieb, daß der Messias ein weltliches Reich stiften werde. Auch Ideen der griechischen Philosophie drangen in das Judenthum ein, indem die in Alexandria wohnenden Juden sich mit dem Studium derselben beschäftigten. Jedoch wurden diese neuen Lehren nicht von Allen anerkannt, und es bestand Verschiedenheit der Meinung und Sektenstreit. Als allgemein aber kann man das Bestreben ansehen, Gott geistiger zu denken, als er in den alten heiligen Büchern dargestellt war. Man hielt es für seiner unwürdig, daß er sich mit den irdischen Angelegenheiten befaßt, daß er gesprochen, gehandelt, sich sichtbar gezeigt haben sollte, und schrieb alles dieses seinen Engeln oder seinem Worte oder seiner Weisheit zu. Man unterschied den verborgenen, hoch über allem Irdischen thronenden Gott, und den Gott, der sich den Menschen geoffenbart hatte.

Sonach wurde die Religionslehre des Judenthums in jeder Hinsicht verständiger, gelehrter, dogmatischer, obschon die aus Zoroasters System entlehnten Lehren einen mythologischen Anstrich hatten, auch die Hoffnung auf den Messias schwärmerische Bestandtheile in sich aufnahm. Dagegen schwieg die begeisterte Stimme der Dichtkunst, welche ehedem die Herzen erweckt hatte. Die Religion war nicht mehr so wie ehedem Sache des lebendigen Gefühls, sondern des grübelnden Verstandes. Auch die Sittlichkeit hatte nicht mehr den lebendigen Trieb, wie ehedem, sondern erlag dem Satzungswesen. Endlich ging selbst die religiöse Freyheit zum Theil verloren, und das Volk beugte sich unter die Zuchtruthe der Schriftgelehrten, welche das Gesetz mit Willkür auslegten.

Das Volksleben der Juden war fast durchgängig noch unglücklicher, als das ihrer Vorfahren vor dem Exil. Lange dienten sie den Persern und den macedonischen Eroberern, was ihren volksthümlichen Stolz und ihre Vaterlandsliebe sehr verletzte. Dazu kam nun noch die schwere Verfolgung, welche sie unter Antiochus Epiphanes litten. Sie erkämpften zwar mit Heldenmuth ihre Freyheit, und hatten eine Zeitlang unabhängige Könige vom Heldenstamm der Makkabäer; aber nachher erlagen sie der andringenden Macht der römischen Eroberer, und was noch schlimmer als Dienstbarkeit war, der drückenden Herrschaft des treulosen, grausamen Herodes, eines Idumäers von Abstammung, welcher die königliche Würde allein der Freundschaft der römischen Gewalthaber verdankte, und von den Vaterlandsfreunden verabscheut wurde. Es war daher natürlich, daß die alte Hoffnung auf den Messias von Zeit zu Zeit lebhaft erwachte; wenn irgend noch eine lebendige Kraft in den Gemüthern war, so mußte sie sich in dieser sehnsüchtigen Hoffnung äußern. Der ganze Zustand, unvollkommen, kümmerlich, leidend wie er war, forderte eine bessere Zukunft. Der reine Ausdruck der Sehnsucht aber war die Hoffnung, daß Gott sich mit seinem verlassenen, gedrückten Volke wieder versöhnen, sich ihm von neuem offenbaren, und die Verheißung, unter ihm mit seiner segensreichen Gegenwart wohnen zu wollen, erfüllen sollte. Das Göttliche war für die späteren Anhänger Mose's in Gesetz und Schrift, in Lehrmeinungen und Gebräuchen vorhanden, aber es fehlte im Leben mit seiner schöpferischen Kraft; und daß es sich ins Leben ergießen sollte, forderte das sehnsüchtige Herz.

Eine ähnliche Sehnsucht regte sich in der Heidenwelt. Die schönen Zeiten der Griechen, wo sich vaterländische Begeisterung und Heldenmuth mit dichterischer und künstlerischer Begeisterung verbunden hatten, um die Urbilder einer alten gottähnlichen Heldenzeit zu verwirklichen, waren dahin; die Herrschaft der Römer hatte die griechischen Völkerschaften, wie so viele andere, schmählich niedergetreten, und selbst bey diesen war der alte mannhafte Freyheitssinn dem Zwingherrnthum und der Knechtschaft gewichen. Die Weltweisheit der Griechen hatte wohl Zweifel an der Volsreligion erwecken, aber nicht das religiöse Bedürfniß der Herzen befriedigen können. Man sehnte sich überall nach einer tiefern religiösen Befriedigung, als der öffentliche Volksgottesdienst gewähren konnte. Daher fand, neben anderem morgenländischen geheimeren, mystischeren Gottesdienst, die Religion der Juden mit ihrem Glauben an einen unsichtbaren Gott vielen Eingang, besonders beym weiblichen Geschlecht. Außerdem erregte das Elend der Zeiten, der Druck der willkürlichen, üppigen und grausamen Kaiser-Regierungen die Sehnsucht nach einem besseren Zustande der Dinge. Die Gegenwart, das Bestehende, gewährte keinen Trost, man blickte daher sehnsüchtig in die unsichtbare Welt und in das geheimnißvolle Dunkel der Zukunft. In dieser Zeit ward Christus geboren, in welchem der dunkeln Welt die Sonne des Lebens aufging.

Achtzehnte Vorlesung.

Das Christenthum in seiner ersten Erscheinung.

Mit dem Eintritt des Christenthums in die Welt ist die Entwickelungs-Geschichte der Religion in soweit vollendet, daß in ihm der volle Gehalt des ursprünglichen religiösen Gefühls zur Erscheinung gekommen ist. In Beziehung auf die frühere Geschichte können wir den eigenthümlichen Werth desselben so bestimmen, daß die im Juden- und Griechenthum begonnene Befreyung der Menschheit von der alten Naturreligion und die Herausbildung der Geistesfreyheit und des sittlichen Bewußtseyns in ihm vollendet ist. Zunächst erscheint in ihm die Vollendung des Judenthums, aber auch die besseren Bestrebungen der Griechen finden in ihm das Ziel der Vollendung. Alle Strahlen der Wahrheit, welche in der Menschheit hervorgebrochen waren, fließen in Christus, dem Lichte der Welt, zusammen. Alle Erkenntniß des Wahren und Guten vor ihm ist nur die Vorahnung dessen, was er geoffenbart hat.

Zuerst betrachten wir nun das Christenthum im Verhältniß zum Judenthum, um von dieser Seite das Merkmal der Vollendung an ihm zu finden. Die Idee des durch den Messias herbeyzuführenden Reiches Gottes war es, woran Jesus Christus seine Lehre und sein Werk anknüpfte. Er war der von Gott verheißene, von allen Frommen erwartete Heiland, der die alten Hoffnungen erfüllen, die Sehnsucht der gedrückten Gemüther stillen sollte. Jedoch brachte er nur geistiges Heil, und stiftete ein geistiges Gottesreich, während fast Alle ein weltliches ersehnten. Nicht als ob sie bloß irdische Glückseligkeit und Herrlichkeit erwartet hätten; sie hofften allerdings, daß Gerechtigkeit und Gottesfurcht auf Erden herrschend werden würden, aber sie hofften es auf eine irdische Weise, in Form eines Staates, wie der althebräische gewesen war. Sein Reich aber war nicht von dieser Welt, nicht nur nicht in der groben Art, daß er hätte wollen mit Schwert und Scepter regieren, sondern auch nicht in der bisher üblichen theokratischen oder hierarchischen Weise. Das Reich Gottes sollte in keinen äußerlichen Geberden oder Formen, sondern im Geist und in der Gesinnung der Menschen verwirklicht werden. Er wollte keinen solchen symbolischen Gottesdienst mehr, wie der mosaische war, sondern eine Verehrung im Geist und in der Wahrheit; er wollte kein Priesterthum mehr, sondern eine freye Gemeinschaft aller Gläubigen mit Gott ohne die Vermittelung eines bevorrechteten Standes; der Geist Gottes sollte sich auf alle Stände ergießen, wie es eine alte Weissagung vorhergesagt hatte, und wie es auch am Pfingstfest geschah. Er wollte auch kein solches Gesetz mehr, wie das mosaische war, wodurch doch nur Gesetzlichkeit, und keine freye Sittlichkeit erreicht werden konnte, sondern er wollte ein freyes sittliches Leben in begeisterter Gottes- und Menschenliebe, Das, was er den Menschen brachte, entsprach so wenig dem großen Haufen und der herrschenden Classe der Juden, daß er als ein Opfer ihres Hasses fiel, und anstatt gläubiger Anerkennung den schmählichen Tod am Kreuze fand. Aber dieser sein Tod besiegelte nicht nur die Wahrheit seiner Lehre durch die ruhige, heitere Standhaftigkeit, welche er dabey bewies, sondern war auch als die That der höchsten Selbstverleugnung der überzeugendste Beweis der Wahrheit, daß die Theilnahme am Reiche Gottes nicht in irdischem Genusse, nicht in Ruhe und Wohlseyn, sondern allein in Kampf, Entsagung und Selbstverleugnung zu suchen sey. Wer mit ihm ins Reich Gottes eingehen wollte, mußte mit ihm leiden und sterben. Wer an den Gekreuzigten glaubte, hatte schon dadurch, daß er an ihn glaubte, allen weltlichen Hoffnungen entsagt, und die reine Hoffnung auf ein Reich Gottes im Geist und in der Wahrheit ergriffen.

Wie und wodurch aber sollte dieses geistige Reich auf Erden in Wirklichkeit gesetzt werden? Nicht durch ein Gesetz, wie das mosaische, aber auch nicht bloß durch die Lehre, welche Jesus vortrug; denn Worte und Begriffe vermögen nicht allein den Geist der Menschen umzuwandeln, und das Göttliche ins Leben einzuführen. Die umwandelnde Kraft lag in Jesu Person, in welcher alle göttliche Wahrheit und Liebe leibhaftig erschien, in welcher Gott selbst war. Schon die Indier hatten die Ahnung von einem Herabsteigen der Gottheit in die Endlichkeit, aber nur in ihren Sagen als einen Traum oder ein Bild, gehabt: die Hebräer hatten sich göttlicher Offenbarungen und Erscheinungen erfreut, aber es war nur ein vorübergehendes Ausstrahlen des göttlichen Lichtes in die Nacht der Endlichkeit, im Aussprechen des göttlichen Wortes, ohne daß die menschliche Natur davon einen bleibenden Eindruck empfing, und mit dem Göttlichen in wirkliche Verbindung trat; es blieb den Menschen davon nichts übrig, als Wort und Gesetz, das sie doch nicht erfüllen konnten: jetzt hingegen erschien die Gottheit in einem Menschen, welcher durch die Wahrheit, die er verkündigte, und durch die Heiligkeit seines Lebens und die unendliche Liebe, mit welcher er sich für das Menschengeschlecht hingab, das vollkommenste Ebenbild der göttlichen Weisheit, Liebe und Heiligkeit war. Es erfüllte sich also in Jesu Erscheinung die alte Hoffnung, daß Gott unter seinem Volke wohnen sollte. „Das Wort ward Fleisch, und wohnete unter uns, und wir sahen seine Herrlichkeit als die des eingeborenen Sohnes vom Vater, voll Gnade und Wahrheit.“ So wie das Ziel des frommen Strebens jedes Einzelnen ist, daß Gott in seinem Herzen Wohnung mache, und ihn mit seiner Kraft und seinem Frieden erfülle: so konnte die Menschheit nicht eher das Ziel der religiösen Vollendung erreichen, als bis ihr die Gottheit in einem Menschen leibhaftig erschien, bis die göttliche Wahrheit und Heiligkeit aus dem Verborgenen ins Licht der Wirklichkeit heraustrat, und die bisher von ihr empfangenen Offenbarungen und Gesetze sich in That und Leben verwandelten. Der göttliche Geist, der in Jesu ohne Maß war, sein hoher, heiliger Sinn, seine unendliche Liebe ergriff die Menschen mit einer vorher nie erfahrenen Gewalt; er ging ihnen voran auf einer neuen Bahn des Lebens, und sie folgten ihm willig als ihrem Meister und Vorbild.

Das Reich Gottes, das man erwartete und das Jesus stiften wollte, sollte ein Reich der Gerechtigkeit und Liebe, mithin ein sittliches Reich, seyn; und zur Herstellung desselben trug er die schöpferische, begeisternde Kraft des Vorbildes in sich, und diese Kraft ergoß sich in die Menschheit vorzüglich in der Liebesquelle seines zu ihrem Besten vergossenen Blutes. Aber das Reich Gottes sollte auch ein Zustand des Friedens mit Gott seyn; man hoffte, daß der so lange über die Sünden seines Volkes erzürnt gewesene Herrscher des Gottesreiches sich mit ihm versöhnen werde; man sehnte sich nach einem religiösen Lebens-Zustande, in welchem man nicht immer wegen der Uebertretung des Gesezzes den Zorn Gottes zu fürchten, und nichts stets von neuem die Versöhnung mit ihm durch Opfer (welche doch nie recht das Gewissen beruhigen konnten) zu suchen hätte. Jesus erfüllte auch diese Erwartung, und stiftete die ersehnte Versöhnung mit Gott. Er lehrte das höchste Wesen als einen liebenden Vater der Menschen kennen, der nicht wolle, daß das Menschengeschlecht verloren gehe, sondern daß es lebe und selig werde, und der ihn gesandt habe, es zum Heil zurückzuführen und zum Besten desselben zu sterben. Er lehrte aber die Liebe Gottes nicht bloß, sondern sein ganzes Leben athmete den Geist der Liebe, und er stellte sich auch in dieser Hinsicht als Gottes Ebenbild dar. Vorzüglich aber bewies er seine und Gottes Liebe, und stiftete die Versöhnung zwischen Gott und Menschen durch den Tod der Hingebung, den er starb. In dem Blute, das er vergoß, strömte die unendliche Fülle der Liebe hin, die er für das Menschengeschlecht im Herzen trug; dieser Tod war das Siegel, das er seinem der Liebe geweiheten Leben aufdrückte; ja, er war das Pfand und Siegel der göttlichen Liebe selber, indem ihn Gott gesandt und dahin gegeben hatte, daß er die Menschen durch seinen Tod vom Verderben rettete. Und es war kein bloßer Mensch, den er sterben ließ, sondern seinen geliebten Sohn gab er aus Liebe zur Welt in den Tod.

Jesus nannte seine Lehre und sein Werk Gottes Lehre und Werk, und sich selbst Gottes Gesandten und Gottes Sohn. Auch die Propheten der alten Religions-Verfassung galten für Gottes Gesandte, und die Könige, als Verwalter der Theokratie und Stellvertreter Gottes, hießen Gottes Söhne. Aber alles das war nur die Andeutung der in Jesu erschienenen vollkommenen Wirklichkeit. In diesem Sinne war noch Niemand Gottes Gesandter und Gottes Sohn gewesen; denn Keiner hatte so rein die göttliche Wahrheit verkündigt, und Gottes Wort so vollkommen auf Erden vollbracht, wie Jesus. Alle früheren Gesandten und Stellvertreter Gottes waren unvollkommene, irrende, sündhafte Menschen gewesen, Jesus aber war rein von Irrthum und Sünde, und in ihm wohnte Gott ganz mit seiner Weisheit und Heiligkeit, mit dem Wesen und der Kraft seines Geistes. Diejenigen, die ihn sahen und hörten, und sich seiner erleuchtenden, belebenden und beseligenden Einwirkung hingaben, fühlten ganz die erhebende, befreyende und beseligende Gottesnähe; der Abglanz Gottes erschien ihnen, sie schauten gleichsam Gott selber. Jene, von den späteren Gottesgelehrten gewonnene verfeinerte Idee des verborgenen Gottes, der hoch über der Welt thront, verband sich im Glauben an Christus mit der Befriedigung des inniger gefühlten Bedürfnisses einer lebendigen Erscheinung und Einwirkung Gottes: Gott wurde zugleich reiner erkannt und menschlicher angeschaut. Indem nun die Gläubigen diesen Einzigen, diesen Gottmenschen mit solcher Liebe und Hingebung in den Tod für das sündige Menschengeschlecht gehen sahen; mußten sie nicht, tief gerührt, darin einen Beweis der Liebe Gottes und ein Pfand seiner Versöhnung mit den Menschen erblicken? „Gott versöhnte in Christo die Welt mit ihm selber.“ Nunmehr war die Furcht vor dem richterlichen Zorne Gottes gehoben, und die Schuldrechnung getilgt, welche gegen die Uebertreter des Gesetzes zeugte. Ein vollkommenes Vertrauen zu Gottes Gnade befreyte die menschliche Brust; aber mit ihm verband sich zugleich die demüthige Anerkennung, daß kein menschliches Verdienst vor Gott gelte, und daß wir allein durch seine Gnade selig werden, und es schwand der elende Stolz auf gute Werke und menschliches Verdienst, den die alte Religion genährt hatte.

So brachte also Jesus Christus die Erfüllung aller Hoffnung und aller Sehnsucht der Israeliten; sein Werk war für sie vollendend. Aber auch die Heiden fanden in ihm die Befriedigung aller ihrer Sehnsucht. Die Vielgötterey konnte sie bey vorgerückter Verstandes-Bildung nicht mehr befriedigen, und die Lehre von Einem Gott fand in vielen Gemüthern Eingang, weil in ihr mehr Einheit und Sicherheit war. Demungeachtet hatte diese Lehre, so wie sie das Judenthum enthielt, viel Abschreckendes für die Heiden, weil sie theils zu viel volksthümliche Beschränkung hatte, und theils für die an sinnbildliche, menschliche Bezeichnung der Gottheit gewöhnten Götzendiener zu abgezogen und todt war. Christus räumte diese Anstöße hinweg. Er erhob den Glauben an Gott über die Schranken des Volksthums, indem er ihn als den Vater der ganzen Menschheit kennen lehrte, und stellte sich zugleich als den sichtbaren Gott, als den Mittler zwischen Gott und Menschen, als Gottes Sohn und Ebenbild, dar. In ihm vereinigten sich für die Heiden alle menschlichen Darstellungsweisen der

Gottheit; alle Strahlen des Polytheismus flossen in seinem Bilde zusammen; was alle Götter mit ihren Bildern und Sagen hatten darstellen sollen, das verborgene Wesen der Gottheit, das erschien in ihm auf die vollkommenste Weise. Die Heroenidee der Heiden, oder der Glaube an vergottete Menschen, wie Herkules u. a., entsprach besonders dem christlichen Glauben an den Sohn Gottes, und fand in diesem seine höchste Vollendung; denn die sittliche Vollkommenheit eines Herkules verhielt sich zu der alles überstrahlenden geistigen Herrlichkeit Christi, wie das rohe Kindesalter zur gereiften Menschheit. Der Glaube an die Gottheit Christi macht das Band der Einigung aus zwischen dem Juden- und Heidenthum. Auch die wahre Versöhnung fanden die Heiden erst im Christenthum. Nicht weniger als die Juden drückte sie das Gefühl der Verschuldung und die Furcht vor dem Zorne der Götter, und vergebens suchten sie sich durch blutige, und selbst Menschenopfer davon zu befreyen. Das sittlich geistige Opfer Christi löste mit Einem Male alle Zweifel, und stillte alle Sehnsucht; denn es erhob das Gemüth zu einer innern seligmachenden Gemeinschaft mit Gott.

Jesu Persönlichkeit, sein Leben und sein Tod, und der Glaube an ihn machen den Mittelpunkt des Christenthums aus. Der Geist der Religion wurde in ihm persönlich, und wirkte von ihm aus auf die eines neuen religiösen Lebens bedürftige Welt, um sie neu zu schaffen. Was nun das von ihm gestiftete neue religiöse Leben betrifft, so bestand es in einer im Glauben und in der Anhänglichkeit an seine Person geschlossenen Verbrüderung oder Gemeinschaft. Hiermit trat zuerst das so wichtige Stück des religiösen Lebens, die Gemeinschaft, recht ans Licht; denn vorher war die religiöse Gemeinschaft mit der politischen vermischt gewesen. Nun entstand erst das, was wir Kirche nennen. Die christliche Verbrüderung hatte theils einen rein religiösen, theils einen sittlichen Zweck. In dieser Verbrüderung wurde theils die von Christo verkündigte Wahrheit bekannt, und Gott derselben gemäß verehrt, theils eine gemeinschaftliche Gesinnung und Lebensweise gepflegt, alles aber fast ohne alle Formen, im lebendigen Geiste. Einen eigentlichen Lehrbegriff der religiösen Wahrheit oder eine Dogmatik hat Christus nicht aufgestellt, noch aufstellen wollen, sondern er hat bloß den lebendigen Geist der Wahrheit gebracht, und das Licht des höchsten Bewußtseyns im menschlichen Gemüth entzündet. Er setzte die Religionslehre des alten Testaments voraus, und dieses als Quelle der Wahrheit; ja, er benutzte sogar die andersher ins Judenthum eingedrungenen Lehren; aber er verbesserte, was darin nicht ganz vollkommen war, durchdrang es schöpferisch mit neuen Ideen, und vergeistigte das allzu Sinnliche. Gott lehrte er als liebenden Vater kennen, und die Auferstehung faßte er geistiger, als seine Zeitgenossen thaten. Die Hoffnung der Unsterblichkeit erhielt übrigens durch seine wunderbare Auferstehung eine Bestätigung, welche ihr bisher gemangelt hatte. Diejenigen, welche die christliche Wahrheit allzu ängstlich in einen bestimmten festen Lehrbegriff fassen wollen, mißkennen ganz den Geist des Christenthums. Es will keine Buchstäblichkeit, keine todten Begriffe (und feststehende Begriffe sind immer todt); es will den Geist der Wahrheit, der sich im vertrauensvollen Glauben an sie beweist, und keiner Norm und Regel bedarf. Wir haben gesehen, daß sich die religiöse Ueberzeugung als Glaube geltend macht, der auf innerer Nöthigung und Hinneigung beruht. Dieser Glaube tritt zuerst mit seiner ganzen Macht im Christenthum in die Welt. Vorher beruhte die religiöse Ueberzeugung mehr oder weniger auf Ueberlieferung, Gewohnheit, äußerlicher Satzung, ja zum Theil sogar auf Zwang, und war nicht, wie sie seyn soll, die freye Frucht der innern Erregung. Erst die Christen glauben die Wahrheit um ihrer selbst willen; sie glauben zwar an den Lehrer derselben, aber nur weil sie eben in ihm vollkommen war; die wunderbaren Begebenheiten, welche sein Leben begleiten, trugen zwar dazu bei, daß sie ihm leichter glaubten, aber sie begründeten den Glauben nicht, sondern bahnten ihn bloß an. Dieser Glaube hat die Welt überwunden; er hat den Sieg davon getragen über alle alten Ueberzeugungen und Vorurtheile, und alle falschen Lehren über den Haufen geworfen; er hat seine Bekenner siegreich durch Martern und Tod zur Krone des Märtyrerthums geführt. Ja, seine Macht hat sich fort und fort wirksam bewiesen; er hat das stolze Gebäude des Katholicismus über den Haufen geworfen (denn der heutige Katholicismus verdient diesen Namen nicht mehr, da er seine Alleinherrschaft verloren hat); er hat die lange bestandene Herrschaft des Scholasticismus gestürzt, und der Philosophie seine Anerkennung abgezwungen.

Als Lehre der Wahrheit trägt das Christenthum insofern den Stempel der Vollendung, als es diesen Geist der Wahrheit in die Welt eingeführt hat, allein nicht insofern, als ob dadurch aller Forschung eine Grenze gesetzt wäre. Die von jeher über die Glaubenslehre geführten Streitigkeiten zeigen, daß darüber viel Unbestimmtheit herrscht; und wäre es auch zu wünschen, daß darüber alles abgeschlossen wäre? Würde der menschliche Geist nicht einschlafen, wenn er nichts mehr zu erforschen hätte? Für das fromme Gefühl ist im Christenthum die Wahrheit hinreichend geoffenbart, aber nicht für den Verstand: dieser wird, so lange als Menschen auf der Erde leben, mit der Erforschung und Bestimmung derselben zu thun haben. Christus deutete die Wahrheit nur bildlich, oder in kurzen, inhaltschweren Sprüchen an, nicht in wissenschaftlichen Sätzen, wie sie ein schulgerechter Verstand fordert; und so ansprechend diese Lehrart für das Herz ist, so viel bleibt noch für den Verstand zu bestimmen übrig.

Die Gottesverehrung der ersten Christen war die einfachste, die sich denken läßt. Sie kamen zusammen und erklärten einander die Schrift, oder ermahnten einander in freyen Vorträgen, und beteten und sangen. Christus stiftete keine sinnbildlichen Formen des Gottesdienstes, außer dem Einweihungsgebrauch der Taufe und dem Gedächtnißmahl seines Todes. Er wollte, daß die Seinigen Gott im Geist und in der Wahrheit anbeteten: damit verwarf er nicht schlechthin den Gebrauch von sinnbildlichen Formen, sondern nur die allzu sinnliche Art und einen solchen Mißbrauch derselben, wobey man ihnen einen allzu hohen Werth beylegte, sie für schlechterdings nothwendig hielt, und keine Veränderung und Verbesserung derselben zugab, wie dieses bey den Juden und im ganzen Alterthum der Fall war.

Der christliche Verein hatte außer dem gemeinschaftlichen Glaubensbekenntniß und Gottesdienst vorzüglich auch einen sittlichen Zweck, nämlich den, ein neues, gereinigtes, Gott geweihetes Leben, ein Leben der Liebe, und zwar der allgemein menschlichen, an kein Volk gebundenen Liebe, ein Reich Gottes auf Erden, darzustellen. Hier zeigte sich die schöpferische Geisteskraft, die von Christo ausgegangen war, in ihren sichtbarsten Wirkungen. Juden und Heiden, Freye und Knechte, Vornehme und Geringe, Weise und Einfältige, verschmolzen sich zu einem Körper, in welchem ein Geist der reinen Sittlichkeit lebte, wie ihn die alte Welt noch nicht gekannt hatte. Jedes Mitglied hatte sich umgeschaffen, von seinen alten Gewohnheiten und Lastern gereinigt, seinen frühern Verhältnissen entsagt, und so war auch die ganze Gesellschaft ein neues Geschöpf, und ein Wunder in den Augen der Welt. Der Geist der Freyheit trat mit seiner schöpferischen Kraft ins Menschenleben, welches seit Jahrtausenden dem starren Gesetz der Naturnothwendigkeit unterlegen gewesen war, und nur bey den Israeliten, Parsen und Griechen freye Regungen gezeigt hatte.

Der Verein, den die Gläubigen schlossen, war im Anfang nichts und sollte nichts seyn, als ein Verein der Liebe und Begeisterung, und bestand in den freyesten Formen der Gemeinschaft. Er hatte Vorsteher und Verwalter oder Helfer; aber diese waren nur die von der Gemeinde bestellten Beamten ohne alle selbständige Gewalt. Lehrer bedurfte man noch nicht, da Allen das Recht zu lehren zustand, und auch Viele die Fähigkeit dazu hatten. Und so war die Verfassung der Gemeinde noch himmelweit von aller Hierarchie entfernt, und es herrschte in ihr die vollkommenste Geistesfreyheit.

Nach den Grundsätzen, die wir aufgestellt haben, müssen wir im Christenthum die vollkommenste Erscheinung der Religion anerkennen. Das ganze religiöse Grundgefühl ist in ihm hervorgetreten, alle Ideen von Gott, Unsterblichkeit, ewiger Menschenbestimmung und Weltordnung, sind zum Bewußtseyn gekommen. In der Vernunft erkannten wir eine göttliche Offenbarung an, und zwar die erste, natürliche; und im Christenthum, welches diese Uroffenbarung zum vollkommenen Bewußtseyn gebracht hat, erkennen

nen wir die zweyte, geschichtliche Offenbarung an. Auch das alte Testament enthält eine göttliche Offenbarung, aber nur in sofern es auf das neue Testament hinweist; einen unbedingten, selbständigen Werth hat diese Offenbarung nicht. Was ist es nun aber, was das Christenthum zu einer göttlichen Offenbaruna macht? Gewöhnlich findet man dieses in seiner wunderbaren Geschichte und den außerordentlichen Gaben und Kräften seines Stifters; aber das ist nur der äußerliche Glanz, den es von sich wirft, und macht sein Wesen nicht aus. Sein göttliches Gepräge besteht in seinem Inhalt und in der Kraft, durch welche es entstanden ist. Der Inhalt ist die vollständige Entwickelung und Ausbildung aller religiösen Anlagen der Vernunft, oder die vollkommenste Vernunft, dasjenige, wodurch sich die Vernunft vollkommen befriedigt findet, sowohl in Ansehung des Gefühls, als der Erkenntniß und des sittlichen Handelns. Die Behauptung, daß das Christenthum über die Vernunft hinausgehe, ist nach unserm jetzigen Sprachgebrauche Unsinn, und ist ursprünglich so gemeint gewesen, daß man das Wort Vernunft in der Bedeutung Verstand brauchte, in welchem Sinne sie nicht ganz falsch ist, indem der Verstand allerdings in der Religion seine Schranken anerkennen soll. Auch in dem Sinne ist jene Behauptung richtig, daß die Vernunft der Einzelnen in der christlichen Offenbarung etwas Höheres anzuerkennen hat, dem sie sich zwar nicht knechtisch, aber doch mit hingebendem Vertrauen unterwerfen soll. Aber über die Vernunft an sich kann das Christenthum nicht hinaussteigen, weil wir es ja dann nicht fassen könnten, und weil Gott, wenn er der menschlichen Vernunft ganz Neues geoffenbart hätte, sich widersprochen und seine ursprüngliche Schöpfung, vermöge deren wir gewisse Anlagen empfangen haben, umgebessert hätte. Das Christenthum ist zwar eine neue geistige Schöpfung, aber nur in sofern, als die ursprünglich in jedem Menschen liegende reine Vernunft herausgebildet und zum Bewußtseyn gebracht ist. Es ist das höchste, was wir vom Christenthum sagen können, wenn wir seinen Inhalt die vollkommenste Vernunft nennen; wir leugnen damit seine Göttlichkeit nicht, sondern erkennen sie an, weil ja die Vernunft selbst etwas Göttliches ist. Der Streit zwischen den sogenannten Rationalisten und Supranaturalisten beruht auf lauter Mißverständnissen, wie schon daraus erhellet, daß die Wörter und Begriffe Rationalismus und Supranaturalismus einander nicht richtig entgegengesetzt sind. Dem Supranaturalismus, oder der Lehre, daß das Christenthum übernatürlichen Ursprungs sey, steht nicht der Rationalismus, oder die Vernunftansicht entgegen, denn die Vernunft erkennt Uebernatürliches an, und schließt selbst Uebernatürliches in sich, sondern der Naturalismus, oder die Lehre, daß Alles, auch das Höchste im Menschenleben, mithin auch die Vernunft, die Wirkung nothwendiger Natursachen sey, würde jenem System richtig entgegengesetzt werden müssen. Dem Rationalismus würde der Suprarationalismus entgegen stehen; aber ein theologisches System, das sich so nennen wollte, würde sich damit das Gepräge der Albernheit aufdrücken; denn was über die Vernunft ist, ist eben dadurch auch unvernünftig.

Wenn wir aber das Christenthum die höchste Vernunft nennen, so wollen wir es doch nicht für das Erzeugniß des menschlichen Nachdenkens und Forschens, noch auch für etwas Erlerntes und Angelerntes halten, so wie andere menschliche Lehren. Es ist durch göttliche Kraft aus dem Urquell der Wahrheit entsprungen, und enthält unmittelbare, nicht erst erschlossene und erlernte Wahrheit; es lebt in ihm eine die Verstandes-Erkenntniß weit übertreffende Begeisterung und Ahnung: und darum ergreift sein Inhalt das Gemüth mehr, als irgend eine andere Lehre, und es verdient ein Zutrauen, das wir nur der unmittelbaren Wahrheit selbst schenken können. Christus hat allerdings die Lehre des alten Testaments und selbst die der Sekten seiner Zeit benutzt, und nicht lauter Neues vorgetragen; aber er hat Alles mit ursprünglicher Kraft des Geistes benutzt, und Allem das Siegel seiner Eigenthümlichkeit aufgedrückt; es ist alles in ihm freye Schöpfung, Wirkung einer freyen, göttlichen Kraft, welche die gewöhnlichen Hülfsmittel menschlicher Weisheit nicht bedurfte. Mit dem Glauben an die Offenbarung in Christo hängt der Glaube an seine Gottheit zusammen, und der eine begründet den andern. Weil wir in ihm eine solche Ursprünglichkeit der Erkenntniß finden, so glauben wir, daß Gott in ihm war; und weil Gott in ihm war, so empfing er seine tiefen Einsichten nicht auf menschlichem Wege, sondern durch göttliche Eingebung.

Vor einiger Zeit hat man lebhaft über die Frage gestritten, ob die christliche Offenbarung der Vervollkommnung fähig und bedürftig sey? Ist sie eine vollkommene Offenbarung, so kann sie nicht erst noch vervollkommnet werden; denn nur das Unvollkommene erleidet Vervollkommnung. Demungeachtet können wir auch denen nicht Recht geben, welche im christlichen Leben und in der Gottesgelahrtheit gar keinen Fortschritt wollen, und ein gänzliches Stillestehen fordern. Wir unterscheiden daher zwischen der Vervollkommnung des Gehalts der christlichen Offenbarung und ihrer Form. Jener ist vollkommen wahr, rein und vollständig, und bedarf daher keiner Vervollkommnung; diese hingegen trägt zum Theil die Farbe der Zeit, und muß daher fortgebildet werden, obgleich auch in ihr gewisse Grundzüge unveränderlich sind. Die Glaubenslehre muß nach Maßgabe der herrschenden Geistesbildung anders vorgetragen werden, als sie Christus vortrug, obgleich seine Aussprüche immer Quelle und Regel bleiben, und wir zu derselben Einfachheit hinstreben sollen, die sie auszeichnet. Der Gottesdienst muß ebenfalls dem Geist und Bedürfniß der Zeiten angepaßt werden, ohne daß jedoch je die von Christo selbst gestifteten Gebräuche verlassen werden. Auch die Verfassung muß zeitgemäße Veränderungen leiden, um so mehr da Jesus darüber so gut als nichts festgesetzt hat. Selbst in die Sittenlehre bringt die Zeit gewisse Veränderungen, ohne daß dadurch der christliche Geist verleugnet wird. So wie sich die Verhältnisse ändern, so ändern sich auch zum Theil die sittlichen Ansichten. Der Apostel Paulus z. B. rieth seinen korinthischen Christen, sich des ehelichen Lebens zu enthalten, wegen der bevorstehenden Verfolgungen; da nun aber bey uns solche nicht zu fürchten sind, so verdient auch das ehelose Leben keinen Vorzug mehr, und wir rathen vielmehr zum ehelichen Leben. Das Christenthum ist die Religion der Freyheit; wo Freyheit ist, da ist Mannichfaltigkeit und Eigenthümlichkeit, da kann sich Alles frey regen und entwikkeln. Darum hat die christliche Religion eine Geschichte; es bleibt in ihr nicht Alles unbeweglich stehen, es gehen mannichfaltige Erscheinungen aus ihr hervor; und doch ist auch wieder eine Einheit zu bemerken, welche das Mannichfaltige bindet.

Betrachten wir nun das Verhältniß, in welches sich diese Religion zu den andern Lebensgebieten, zur Wissenschaft, zur Kunst und Dichtung und zum Staatsleben stellte. In dieser Hinsicht ist sie darum vor allen andern Religionen ausgezeichnet, weil sie eine neue Schöpfung ist, und erst das Leben, über welches sie herrschen will, hervorbringt. Alle jene Lebensgebiete liegen anfangs außer ihr, und sie trägt nur die Anlagen dazu in sich. An das außer ihr liegende schließt sie sich nun theils an, theils tritt sie damit in Gegensatz. Die Wissenschaft war bey den Juden nichts als Gottesgelahrtheit, und davon nimmt das Christenthum so viel in sich auf, als darin gesund und brauchbar ist. Hingegen die heidnische Weisheit, der es begegnet, betrachtet es anfangs mit feindlichem Auge, weil sie der einfachen Lehre des Evangeliums nicht hold war, und die Gemüther gegen den Glauben einnahm. Die Apostel wandten sich am liebsten an die Einfältigen und Ungelehrten, und fanden auch bey diesen den meisten Eingang. Hingegen lag im Evangelium der Keim zu der tiefsinnigsten Weisheit, welche nur auf eine Entwickelung wartete. Der Apostel Paulus deutet hie und da die Ergebnisse, welche die Philosophie in unserer Zeit nach langer Forschung gefunden hat, mit wenigen Worten in ahnungsvoller Begeisterung an; seine Religionslehre berührte die höchsten Sätze der Wissenschaft. Was die Kunst und Dichtung betrifft, so nahm das Christenthum davon so viel, als das Judenthum davon besaß, in sich auf, nämlich die heilige Liederdichtung, welche auch gleich anfangs neue Sprößlinge in der christlichen Kirche trieb. Die heilige Begeisterung der ersten Christen schloß natürlich auch eine dichterische Kraft in sich, und ihr Gottesdienst hatte das Bedürfniß einer dichterischen Darstellung. Hingegen die Kunst und Dichtung der Griechen wurde, weil sie vom Gift des Götzendienstes und Aberglaubens durchdrungen war, als gänzlich verwerflich betrachtet, und erhielt anfangs gar keinen Eingang in die christliche Kirche. Mit dem Staatsleben trat das Christenthum durchaus in Gegensatz. Weder das jüdische Staatswesen, weil es nur den Schatten oder die abgestorbenen Ueberreste der alten Theokratie enthielt, und von ungläubigen Machthabern verwaltet wurde, noch auch das mit dem Götzendienst verwebte Staatsleben der Heiden konnte sich mit dem neuen Glauben und Leben vertragen: und so waren die Mitglieder des christlichen Vereines, sowohl aus dem Verbande des Volksthums, als auch des Staates herausgetrennt; sie waren leidende, gleichgültige Bürger des Staates, in welchem sie lebten, ja sie zeigten nicht bloß Gleichgültigkeit, sondern sogar Feindseligkeit dagegen, indem ihnen der unchristliche Staat, besonders der heidnische, als das Reich des Satans erschien. Hingegen enthielt der christliche Verein selbst politische Bestandtheile in sich, wie es nicht anders seyn konnte, da das Christenthum auf der althebräischen Theokratie wurzelte, und sie verjüngt und vergeistigt darstellen wollte. Ein weltliches Reich wollte zwar Christus nicht darstellen, aber doch ein Reich Gottes auf Erden, d. h. ein vollkommenes sittlich religiöses Leben; da nun ein solches ohne ein vollkommenes Staatswesen nicht bestehen kann, so mußte das Christenthum auf ein solches Anspruch machen, und es hervorzubringen suchen. Der Apostel Paulus lehrt sonst einen leidenden Gehorsam gegen die Obrigkeit, aber von den korinthischen Christen verlangt er, sie sollten ihre eigene Rechtspflege haben, und ihre Rechtsstreite nicht vor den heidnischen Richtern führen. Sonach bildeten die Christen eine Art von Staat im Staate, und führten unbewußt einen geheimen Krieg mit dem heidnischen Staate, in dessen Untergang sie den Sieg ihrer Kirche hofften. Dieses Verhältniß ist äußerst wichtig und gewissermaßen ganz neu. Die Juden, welche unter den Heiden lebten, standen in ähnlichen Vereinen, die auch einen politischen Charakter hatten; diese aber hingen mit dem jüdischen Staate in Palästina zusammen, und waren gleichsam die Ausschößlinge desselben: hingegen der christliche Verein gründete sich rein auf sich selbst, und trug in sich den Keim eines neuen Staatslebens.

Sehen wir nun auf das Ganze, so schloß das Christenthum in seinem ersten Auftreten alle Bestandtheile des Lebens in sich, dem Keime nach, sowohl die Wissenschaft als die Kunst und Dichtung und das Staatsleben. Es ist gleichsam der Embryo eines neuen Lebens, das sich erst gestalten und entwickeln soll; und obgleich es die höchste und vollkommenste Erscheinung der Religion ist, und das Leben der Menschheit auf eine höhere Stufe erhebt; so finden wir doch in ihm, wie in der ersten rohesten Erscheinung der Religion, im Fetischismus, das ganze Leben in ihm eingeschlossen, und zwar in einer noch ganz unausgebildeten Gestalt. Selbst ein Keim zur Naturkunde zeigt sich in ihm in der Heilungsgabe, welche die Apostel und andere erste Christen hatten. Man heilte die Krankheiten durch die bloße Kraft des Geistes, durch Wort und Handauflegen, höchstens mit Anwendung einfacher Heilungsmittel, wie des Oeles, womit man die Kranken salbte. Diese Heilungsart ist sehr verschieden von der Ausübung einer wissenschaftlichen Arzeneykunde, denn sie geschah allein durch die Macht des dunkeln Gefühls, ohne verständige Erfahrung und Einsicht; aber eben diese Verschiedenheit bezeichnet den damaligen Lebens-Zustand, welcher ganz wieder unter den Einfluß des religiösen Gefühls gekommen war.

Nun ist noch das Verhältniß zu betrachten, in welches sich das Christenthum zu den andern Religionen stellt, mit denen es in Berührung kommt. Schon der Mosaismus war unduldsam, und sprach über alle andern Religionen das Verdammungsurtheil aus; ja, er führte sogar das Schwert der Ausrottung gegen die Völkerschaften, welche das theokratische Land inne hatten. Jenes that er wegen seines systematischen Geistes, vermöge dessen er die Wahrheit gegen allen Widerspruch geltend machen mußte: dieses wegen seiner gemischten, halb politischen Natur, vermöge deren er die Feinde des wahren Gottesdienstes zugleich als Feinde des Staates behandeln mußte. Aber er war nicht bekehrungssüchtig, und ließ die Nichtbekenner Jehovas außerhalb Palästina in Ruhe, weil er eine auf gewisse Grenzen eingeschlossene Staatsanstalt war. Erst das spätere Judenthum wurde bekehrungssüchtig, weil es mehr mit dem Heidenthum in Berührung kam, und mehr den Charakter einer Lehre oder Sekte gewann. Die Juden machten aber nicht bloß auf dem Wege der Ueberzeugung Proselyten, sondern auch mit dem Schwerte in der Hand. Der Fürst Johann Hyrkan eroberte das Land Idumäa, und zwang die Einwohner, die jüdische Religion anzunehmen. Das Christenthum war seinem innersten Geiste nach, vermöge dessen es Alles neu umgestalten, und ein Reich Gottes auf Erden stiften wollte, die Widersacherin aller andern Religionen; es hatte ihnen allen den Untergang geschworen, und wo der Ruf des Evangeliums hindrang, da entspann sich auch der Kampf mit der bestehenden Landesreligion. Dürfte man dieses Bekehrungssucht und Unduldsamkeit nennen, so würden diese Fehler allerdings dem Christenthum zur Last fallen. Christus selbst hat erklärt, daß er nicht gekommen sey, den Frieden zu bringen, sondern das Schwert, und daß er Eltern und Kinder mit einander entzweyen werde. Seine Lehre war das Läuterungsfeuer, welches alles Unlautere und Verderbte aus der Menschheit ausbrennen, und ein neues Leben gestalten sollte; ein solcher Läuterungs- und Bildungs-Proceß aber ist nicht ohne Kampf und gewaltsame Bewegung möglich. Christus hätte mit der Lehre der Wahrheit nicht auftreten, und sie der Welt nicht verkündigen dürfen, wenn er diesen Kampf hätte vermeiden sollen. Indem er seine Apostel aussandte mit dem Befehl, aller Welt zu predigen, begann er den Kampf gegen alle Unwahrheit und Verderbniß. Aber den reinen Eifer, die Wahrheit zu verbreiten, dürfen wir nicht Bekehrungssucht nennen, weil im Begriff der letztern etwas Unrechtmäßiges, ein leidenschaftliches, selbstsüchtiges Bestreben, Andere zu seiner Meinung herüberzuziehen, liegt. Noch weniger kann man dem Christenthum Unduldsamkeit vorwerfen. Das ist keine Unduldsamkeit, wenn man die Unwahrheit widerlegt, und die Wahrheit verkündigt; vielmehr wäre es Gleichgültigkeit, Mangel an Eifer für die Wahrheit und für das Wohl der Mitmenschen, sich gar nicht darum zu bekümmern, was sie glauben und wie sie leben. Unduldsam wird man nur, wenn man andere Mittel, als die der geistigen Einwirkung anwendet, um Andere zu bekehren, und wenn man sich lieblos und ungerecht beweist, dadurch daß man Andersdenkende verfolgt, oder auch nur verachtet und geringschätzt. Das Urchristenthum aber verschmähte alle anderen Mittel, als die der einfachen Predigt des Evangeliums; nicht einmal der künstlichen, gelehrten Ueberredung bediente es sich, geschweige daß es Gewalt angewendet hätte. Liebe, allgemeine Bruderliebe, Erbarmen mit allen Sündern und Verirrten, war es, was

Christum und seine Apostel beseelte, nicht Haß und Verachtung. Das Christenthum war die Religion der Selbstverleugnung und Demuth: wie hätte es unduldsam machen sollen? Aber in dem Eifer, die Wahrheit zu verbreiten, liegt allerdings die Quelle derjenigen Unduldsamkeit, welche in späterer Zeit die christliche Kirche zerrüttet hat. Wenn sich nämlich mit diesem Eifer Selbstsucht und Leidenschaft verbindet, so wird er unduldsam; aber daran ist der Geist des Christenthums unschuldig.

Das ist das Christenthum nun in seiner ersten Erscheinung, wie es noch ganz Geist und Leben ist, wie es so eben aus der Urquelle der Wahrheit hervorströmt. Indem es aber nun schaffend und bildend in die rohe und todte Masse des menschlichen Lebens eindringt, und sich mit dem irdischen Stoffe verquickt, wird es sehr verändert und verunreinigt. Jüdische und heidnische Bestandtheile vermischen sich mit ihm: jene gleich zu Anfang, indem es sich selbst für nichts als ein verbessertes und vergeistigtes Judenthum ausgab; diese in dem Maße, als es sich unter den Heiden ausbreitete. Die Vermischung mit diesen Bestandtheilen und das Streben des guten christlichen Geistes sich davon zu reinigen, macht die Geschichte der christlichen Kirche aus. Wir können sie in zwey große Hälften theilen: in der ersten geht jene Vermischung vor sich, und es bildet sich ein jüdisch-heidnisches Christenthum, der sogenannte Katholicismus; und in der zweyten wird man inne, daß man von der ursprünglichen Lehre und Stiftung Christi abgewichen sey, und sucht sich wieder dem Urchristenthum zu nähern; das ist die Geschichte der Reformation und des sogenannten Protestantismus.

Von beyden Geschichten müssen wir eine Uebersicht geben, um den Gang der Entwickelung, den das Christenthum genommen hat, zu bezeichnen, und die Lage, in welcher sich unser religiöses Leben befindet, nebst den Aufgaben, die uns für unsere religiöse Fortbildung gestellt sind, kenntlich zu machen. Diese Geschichte, um es kurz im voraus anzudeuten, besteht in folgenden Hauptmomenten. Das Christenthum, das anfangs nichts als Geist fast ohne allen Stoff ist, fängt an, in sich selbst starrer und körperlicher zu werden, und sich bestimmter auszubilden, aber deßwegen auch sich zu verunreinigen. Die erste Veränderung, von welcher alle übrigen mehr oder weniger abhangen, ist die Entstehung einer Priesterherrschaft, ähnlich derjenigen, welche bey den Aegyptern und Indiern bestanden hatte, womit der Geist der Freyheit, welcher das Christenthum auszeichnet, fast ganz verloren ging. Zweytens bildete sich eine Glaubenslehre, indem die reine, einfache Wahrheit, welche Christus vorgetragen, von einem halbgebildeten, schwerfälligen Verstande, dem entarteten Sohne der alten griechischen Philosophie, der die eindringende heidnische Mythologie halb abwehrte, halb zuließ, in Besitz genommen, und sogenannte Dogmen geschaffen wurden, welche den ursprünglichen Geist der Wahrheit, wie grobe Schalen einschlossen, und ihm zum Theil ganz fremd waren. Drittens erstarrte der Gottesdienst in halb jüdischen, halb heidnischen Formen, und es bildete sich eine neue, aus alten Bestandtheilen geschaffene Symbolik, welche dem Geiste des Christenthums mehr oder weniger fremd war. Endlich erstarrte und verunreinigte sich die christliche Sitte, indem zugleich der Geist der Gewohnheit und der Werkheiligkeit und die Schwärmerey der Uebertreibung in sie Eingang fand. Von allen diesen Verderbnissen suchte sich nun der Protestantismus zu reinigen, indem er die Priesterherrschaft stürzte, und in der Glaubenslehre, dem Gottesdienste und den Sitten zu der alten evangelischen Einfachheit zurückkehrte, oder doch wenigstens zurückzukehren begann. Das alles betrifft die innere Geschichte des Christenthums. Nun müssen wir aber auch sehen, wie es seine äußeren Verhältnisse gestaltet, namentlich sein Verhältniß zur Wissenschaft und Schule, zur Kunst und Dichtung und zum Staatsleben. Das letztere Verhältniß ist besonders wichtig, indem die neu entstandene christliche Hierarchie es darauf anlegt, eine neue große europäische Theokratie zu gründen, und die Staatsgewalt gänzlich von sich abhängig zu machen. Der Protestantismus hat die Hierarchie gestürzt, so weit sein Einfluß reicht, aber das Verhältniß zum Staate ist ihm noch nicht gelungen ganz ins Reine zu bringen.

Neunzehnte Vorlesung.

Der Katholicismus.

Nachdem wir den Geist des Urchristenthums geschildert haben, liegt uns nun ob, zu zeigen, wie daraus das spätere katholische und das neuere protestantische Christenthum entstanden ist. Jenes bildete sich, wie schon bemerkt, dadurch, daß der christliche Geist bey seinem schöpferischen Eindringen in die vorliegende todte Masse diese nicht vollständig durchdrang und überwand, und daher Vieles von jüdischem und heidnischem Unwesen stehen ließ. Der Katholicismus der griechischen und römischen Kirche, besonders der letztern, trägt das starke Gepräge des Juden- und Heidenthums, und ist sehr weit vom Geist der ursprünglichen christlichen Offenbarung entfernt. Dieß wollen wir in den Hauptpunkten des religiösen Lebens zu zeigen suchen.

Die erste wichtige Abweichung, welche vom reinen Christenthum geschah, war, daß sich ein christliches Priesterthum bildete. Christus hatte die höchste Geistesfreyheit gebracht, indem er Alle unter den gleichen Bedingungen zur Erkenntniß der Wahrheit und zur seligen Theilnahme am Reiche Gottes berief, und die Bruderliebe zum Gesetze seiner Gemeinschaft machte. Ja, er hatte sich deutlich gegen alle Anmaßung religiöser Herrschsucht erklärt, indem er das alleinige Haupt seiner Gemeinde seyn wollte, und seinen Jüngern verbot, sich Rabbi heißen zu lassen (Matth. 23, 8.). Wirklich bestand auch in der apostolischen Kirche die vollkommenste Freyheit. Zwar hatten die Gemeinden Aelteste und Vorsteher; aber sie konnten nichts ohne die Zustimmung der Gemeinde thun, und hatten anfangs gar nicht einmal das Geschäft zu lehren, da es jedem Christen frey stand, zu lehren und zu weissagen. Die Zeit schien gekommen zu seyn, wo die Menschheit endlich ganz vom Priesterjoch befreyt werden sollte; denn bisher hatte keine religiöse Gemeinschaft ohne Priesterthum bestehen können, aber auch keine war von geistlicher Tyranney frey geblieben, nur bey den Griechen bedeutete das Priesterthum wenig, dafür aber entbehrte auch die Religion des heiligen Ernstes und der Tiefe. Aber diese Freyheit der apostolischen Kirche war nur der weissagende Lichtblick, der von oben in die noch dunkle Welt fiel, und bald wieder verschwand. Es verging kein halbes Jahrhundert nach dem Tode der Apostel, so hatte die christliche Gemeinde die Anfänge eines Priesterthums. Wie aber ging solches zu?

Jede Gemeinschaft bedarf der Führer und Vorsteher, und zwar nicht allein solcher, welche bloß die Formen handhaben, die Stimmen sammeln und den Mittelpunkt bilden, in welchem sich die Vielen vereinigen, sondern auch solcher, welche durch Ueberlegenheit des Geistes und der Kraft auf die Menge einwirken. Führer und Vorsteher der letztern Art waren die Apostel und deren Gehülfen, welche mit außerordentlichen Geistesgaben ausgestattet, und die Stifter der Gemeinden waren; auch zeichneten sich wohl Manche unter den Gemeindegliedern selber aus, welche natürlich die Stelle von Aeltesten und Vorstehern erhielten. Diese Art von Aristokratie verträgt sich wohl mit der Freyheit; ja, diese besteht eben darin, daß die wahrhaft Ausgezeichneten an die Spitze der Gesellschaft kommen. Aber bald nach dem Tode der Apostel begann die lebendige Geistesbewegung, welche in der ersten Kirche war, einem ruhigeren, trägeren Zustande Platz zu machen; und die Folge davon war, daß die Gemeinde sich nicht sowohl von der überlegenen Geisteskraft, als von dem bloß amtlichen Ansehen der Vorsteher beherrschen ließ, während diese zugleich den Reizungen der Herrschsucht nachgaben, und ihre Gewalt auszudehnen suchten. Dazu kam das Bedürfniß von Lehrern, weil die Gemeindeglieder nicht selbst mehr im Stande waren, sich einander durch Lehrvorträge zu erbauen. Durch die Wirksamkeit als Lehrer aber erhielten die Aeltesten und Vorsteher weit mehr Ansehen, als wenn sie bloß die gesellschaftlichen Angelegenheiten verwaltet hätten. Nicht minder als durch die eintretende Geistesträgheit wurde die Entstehung eines Priesterthums durch das Andenken an das levitische Priesterthum des alten Testaments begünstigt. Man vergaß so sehr den Unterschied zwischen der neuen und alten Religion, daß man die Vergleichung der Aeltesten und Vorsteher mit den alttestamentlichen Priestern, worin sich die neuen Hierarchen sehr gefielen, als eine Beschönigung ihrer Anmaßungen gelten ließ; ja, man entlehnte sogar Ausdrücke und Begriffe von den Heiden, um die neue unchristliche Einrichtung zu bezeichnen. Man nannte die christlichen Kirchenbeamten Priester und sogar Leviten; ja, es gelang ihnen, sich, gleich diesen, die Abgabe des Zehnten anzumaßen.

Die neue Hierarchie gewann in dem Grade an Macht, als die christliche Gesellschaft sich ausdehnte, und sich als ein großer Körper ausbildete: die einzelnen Gemeinden traten in nähern Zusammenhang; die kleineren uud schwächeren ordneten sich den größeren unter, und so erhielten auch die Beamten der letzteren mehr Ansehen und Gewalt. Die Concilien oder Kirchenversammlungen, welche man hielt, um Streitigkeiten über die Lehre und kirchliche Angelegenheiten zu schlichten, trugen sehr viel dazu bey, den Zusammenhang aller einzelnen Gemeinden als einer Gesammtkirche herzustellen, und die Gewalt der Priester zu erhöhen; denn diese Kirchenversammlungen wurden allein von den Priestern gebildet.

So entstand ein geistlicher Orden oder Stand, der zwar insofern, als er nicht erblich war und sich aus dem Volke ergänzte, von einer Kaste verschieden, einer solchen aber doch auch wieder darin ähnlich war, daß die Mitglieder desselben durch die priesterliche Weihe als Menschen einer besseren heiligeren Art angesehen wurden. Selbst in der Tonsur, welche freylich erst seit dem 6. Jahrhundert aufkam, haben die christlichen Priester mit den Brahminen Aehnlichkeit. Dieser Stand erhielt nun in sich selbst eine sehr zusammengesetzte Gliederung, wie wir eine solche bey den alten Priesterschaften finden, und wodurch die Hierarchie sehr befördert wird. Es gab untere priesterliche Grade, und höhere; und selbst unter den Priestern der höheren Grade fand wieder eine bedeutende Unterordnung Statt. Späterhin war die Stufenfolge diese: die Presbyter standen unter dem Bischof, der Bischof unter dem Erzbischof, der Erzbischof unter dem Patriarchen; ja, zuletzt erhielt die Hierarchie im Abendlande ihre höchste Einheit in dem Pabste,

von

von welchem Alle abhingen. Die Macht und die Wichtigkeit des Priesterstandes wuchs im Fortgange der Zeit, zumal nachdem die römische Staatsregierung christlich geworden war. Für unsern Zweck ist es jetzt besonders wichtig zu bemerken, welchen Einfluß er auf das innere religiöse Leben der Christen gewann: dieser ward bald so groß, daß er darin dem Brahminen-Orden keinesweges nachstand, sondern ihn wohl eher übertraf. Die Priester waren im alleinigen Besitz der Verwaltung des Gottesdienstes, der durch ihre Bemühungen so reich an Gebräuchen wurde, wie nur irgend einer der alten Zeit gewesen war. Was aber noch wichtiger war, sie maßten sich auch das Recht an, die Glaubenslehre festzusetzen, und zu bestimmen, was rechtgläubig und ketzerisch sey, indem sie dafür galten, im alleinigen Besitze des heiligen Geistes zu seyn. Die großen Bewegungen, welche in den ersten Jahrhunderten über die Verschiedenheit der Lehre Statt fanden, gaben den Bischöfen reichliche Veranlassung, ihren Scharfsinn zu üben und ihre Anmaßung geltend zu machen. Es kann nichts gedacht werden, was dem christlichen Geiste mehr zuwiderläuft, als über die Wahrheit durch Mehrheit der Stimmen zu entscheiden, und den Christen vorzuschreiben, was sie glauben sollen; und doch wurde es späterhin noch schlimmer, als die Päbste sich die Gewalt anmaßten, aus eigener Machtvollkommenheit, und mit dem Anspruche der Untrüglichkeit Dogmen festzusetzen. Denn die Mitglieder der Concilien konnten doch noch als Stellvertreter der christlichen Gemeinde, und ihre Entscheidung als der Sieg der besseren öffentlichen Meinung gelten; aus dem Pabste aber sprach nur die Willkür eines Einzelnen. Die drückendste Gewalt, welche die Priester über das Volk oder die sogenannten Laien ausübten, war die willkürliche Art, mit welcher sie die Kirchenzucht handhabten, wodurch sie zuletzt dahin kamen, über die Gewissensruhe und Seligkeit des Menschen zu entscheiden. Der Bann oder die Ausschließung aus der christlichen Gemeinschaft, welche in ihrer Macht lag, entschied nicht allein über die bürgerliche Ruhe des Sträflings, sondern auch über sein ewiges Heil; übrigens stand es ihnen zu, Sünden zu vergeben und zu behalten, mithin das Verhältniß des Menschen zu Gott nach Belieben zu bestimmen. Hiermit war die christliche Freyheit gänzlich unterdrückt, selbst im Gemüthe des Einzelnen. Wenn Jemand nicht den Muth und die Kraft hatte, sich über allen kirchlichen Verband hinwegzusetzen, so hing es von den Aussprüchen des Priesters ab, ob er mit seinem Gotte in Frieden leben konnte, oder nicht. So sehr hatte der Geist der Knechtschaft und der Despotie die Oberhand gewonnen über den Geist der Freyheit, welchen Christus der erlösten Welt gebracht hatte. Es war ein Rückschritt um mehr als zwey Jahrtausende, der durch die Einführung dieser entsetzlichen Priesterherrschaft geschah; denn weder die Griechen und Römer, noch die Israeliten hatten eine solche geistliche Despotie gekannt. Aber man muß nicht vergessen, daß die griechisch-römische Welt, vorzüglich seit der Völkerwanderung, wieder in den Zustand der Barbarey und des Kindesalters der Menschheit zurücksank. Die rohen germanischen Völker, welche in das römische Reich eindrangen, waren der christlichen Freyheit nicht fähig, und bedurften fast eben so sehr einer geistlichen Herrschaft, als die von den Brahminen und ägyptischen Priestern unterjochten rohen Stämme: und so mußte eine orientalische Priesterherrschaft wiederkehren. Fand sie aber einmal in das Christenthum Eingang, so mußte sie theils eine viel festere und in sich geschlossenere Einrichtung, theils eine noch größere und tiefer greifende Gewalt gewinnen, als sie im Morgenland gehabt hatte. Jenes darum, weil das Christenthum erst den lebendigen Geist der religiösen Gemeinschaft in das Leben einführte, und das Band derselben fester knüpfte: dieses darum, weil es weit mehr, als die heidnischen Naturreligionen, und selbst als das Judenthum, die Gemüther erschütterte und beherrschte. Keine Religion griff so tief in das Innere der Menschen ein, und erweckte so sehr das Gewissen, wie das Christenthum; mithin mußte auch die Priesterherrschaft, die sich in ihm bildete, weit mehr Gewalt über die Gewissen erlangen. Es war die furchtbarste Herrschaft, welche je Menschen über Menschen ausgeübt haben; sie umfaßte zwey Welten, und vor ihr fand der Gedrückte nicht einmal in seinem Gemüthe Ruhe, in welches sie die Schrecken der Gewissensangst zu schleudern wußte. Mit Recht trägt sie den Namen einer geistlichen Zwingherrschaft.

Indem aber die christliche Freyheit auf diese Weise die Beute geistlicher Herrschsucht wurde, konnte sie sich in keinem Gebiete des religiösen Lebens behaupten, wie wir nun im Besonderen zeigen wollen, und zwar zuerst in Ansehung des Glaubens. Der lebendige, freye Geist der Wahrheit ward durch eine satzungsmäßige Kirchenlehre unterdrückt, an welche wenigstens alle diejenigen gebunden waren, welche lehrten und schrieben. Wir haben gesehen, daß Christus eigentlich gar keine Dogmen aufstellte; der Geist der Wahrheit offenbarte sich in ihm allein, als die Kraft der ursprünglichen Erkenntniß von neuen Wahrheiten, und der Prüfung und Berichtigung der schon vorhandenen Lehren; in beständiger Thätigkeit begriffen, ruhete dieser Geist nie in der Festsetzung von dogmatischen Lehrbegriffen aus, bey welchen der Verstand am meisten zu thun hat; das Wort der Begeisterung und Ermahnung, die anregende Bildrede war die ihm allein angemessene Form, in welcher er sich bewegte. Darum schrieb auch Jesus nichts nieder, und selbst die Apostel hatten in ihren Schriften nicht entfernt den Zweck, etwas Schulgerechtes und Umfassendes zu liefern. Jesus und die Apostel benutzten das alte Testament, als das bey den Juden geltende Religionsbuch, zum Beweis und zur Erläuterung ihrer Lehren: aber sie waren weit davon entfernt, sich daran als an eine buchstäbliche Norm zu binden: sie führten die Stellen desselben frey und mit freyer Auslegung an, und faßten nur den darin liegenden Geist auf; ja, sie erhoben sich über dasselbe, und betrachteten es als eine nur vorbereitende Offenbarung. Ein ganz anderer Geist wurde nun herrschend. Man fing an, die apostolischen Schriften zu sammeln, und sie als Quelle der neuen Offenbarung anzuerkennen. Dieß war allerdings nothwendig, weil eine menschliche Afterweisheit sich in die christliche Lehre einzudrängen anfing, welche man nur dadurch abhalten konnte, daß man auf die Aussprüche Jesu und der Apostel zurückwies. So aber wurde das Christenthum, die Religion des Geistes, an die Schrift gebunden, welche, wenn man sie nicht mit lebendigem Geiste auslegte, als Buchstabe gemißbraucht werden konnte. Die lebendige Auslegung aber wurde nie recht herrschend, und verlor sich in den spätern Jahrhunderten völlig. Auch die Prüfung der Aechtheit der heiligen Schriften wurde gleich anfangs nicht gewissenhaft genug angestellt, wiewohl sich hie und da etwas von kritischem Geist zeigte, der aber späterhin ganz erlosch. Dazu kam die Ungenauigkeit, mit welcher man das alte Testament benutzte, indem man es nicht genug vom neuen Testament unterschied, und so das Christenthum mit der alten Gesetzes-Religion vermischte und verunreinigte. Dem allen ungeachtet war es weit verderblicher, daß neben der Bibel die sogenannte Ueberlieferung oder die Anhäufung von kirchlichen Lehrmeinungen, als eine zweyte Quelle der Wahrheit anerkannt wurde; und es war der Todesstoß, welchen die Hierarchie der christlichen Freyheit versetzte, als sie die Lesung der Bibel dem Volke erschwerte oder gar verbot, und darin dem Beyspiel der alten Priester folgte, welche ebenfalls ihre heiligen Bücher dem Volke verschlossen; denn dadurch war ihrer Willkür die letzte Schranke weggezogen.

Indem man nun in der Bibel eine feste Glaubensregel anerkannte, schritt man auch zur Festsetzung von Dogmen, wozu ebenfalls die über die Glaubenslehren entstandenen Streitigkeiten nöthigten; es war aber die Lehre von Christo, welche zuerst in Streit gezogen wurde. So wie sich in dieser Lehre jüdischer Monotheismus und heidnischer Polytheismus freundlich begegnet hatten, so geriethen beyde auch darüber in Streit, indem die Einen dem letztern zu viel Einfluß gestatteten, und die Andern dem erstern den Sieg nicht wollten entreißen lassen. Viele dachten sich den in Christo Mensch gewordenen Gott als ein besonderes, vom höchsten Gott verschiedenes Wesen, und verfielen somit in Polytheismus: das war unstreitig ein großer und gefährlicher Irrthum, welcher von den Rechtgläubigen mit Recht verworfen wurde; aber das, was sie dafür aufstellten, daß nämlich in der Gottheit drey Personen in Einem Wesen vereinigt, und von diesen Personen die zweyte, an Wesen dem Vater ganz gleich, in Christo Mensch geworden, und in diesen zwey Naturen, die göttliche und menschliche, in einer

Person vereinigt gewesen seyn, war nicht nur der Form nach unbiblisch, indem die Wörter und Begriffe Person und Natur gar nicht von Christo und den Aposteln gebraucht werden, sondern auch dem Geiste nach dem urchristlichen Glauben an den Sohn Gottes fremd, indem es halb mythologisch, halb metaphysisch und spitzfündig, für den einfachen Verstand unfaßlich, und für das Herz unfruchtbar war. Auf dieselbe schwerfällige Weise bestimmte man, zum Theil auch in streitender Bewegung, die übrigen Glaubenslehren, und wich mehr oder weniger von der urchristlichen Wahrheit ab. Eine besonders irrige Behandlung erfuhr die Lehre vom Tode Jesu, durch welche gerade das alte Opferwesen war aufgehoben worden, die man aber ganz im Sinn desselben auffaßte, und dadurch ihrer wahren geistigen Kraft beraubte. Man betrachtete die Versöhnung Gottes durch Christus nicht bloß im bildlichen, sondern im eigentlichen Sinne als eine Gerichtshandlung, und das Blut desselben als eine Genugthuung, welche der Strafgerechtigkeit Gottes dargebracht worden; man sprach von einem Verdienst Christi, welches den mit Schuld beladenen Menschen angerechnet, und dadurch ihre Schuld getilgt worden sey. Aber von Genugthuung und Verdienst kommt keine Sylbe in der Bibel vor, und die ganze Lehre von der Versöhnung durch Christus ist weit freyer und geistiger gehalten, als man sie in der Kirchenlehre gefaßt hat.

Der Fehler, den man bey allen solchen dogmatischen Festsetzungen beging, war, daß man die religiösen Ideen, welche mit dem Verstande nur verneinend bestimmt werden können, so nämlich daß man die irdischen Vorstellungen abwehrt, gerade bejahend bestimmen wollte, indem man die bildlichen Beziehungen, die in der Bibel vorkommen, und die nur für das Gefühl und die Einbildungskraft gelten, mehr oder weniger eigentlich nahm. Der Ausdruck Gottes Sohn z. B., den die Schrift von der göttlichen Würde Christi braucht, kann nur als bildliche Bezeichnung seiner innigen Verbindung und Gleichheit mit Gott genommen werden, da Gott nicht, wie Menschen, einen Sohn zeugen kann; auch nennt sonst die Bibel Christum ausdrücklich Gottes Ebenbild, zum Beweis, daß sie jenes bildlich verstanden wissen will: es läßt sich daher keine metaphysische Theorie über das Verhältniß Christi zu Gott aufstellen, sondern man muß dabey stehen bleiben, daß wir an Christus, als den Stellvertreter Gottes, als den, in welchem uns Gott am vollkommensten geoffenbart worden, in welchem uns die göttliche Gnade und Wahrheit wesenhaft erschienen ist, glauben, und diesen Glauben für so untrüglich halten dürfen, als wenn wir an Gott selbst glaubten. Auch die Lehre vom Versöhnungstode Christi hat in der Bibel durchgängig bildliche Bezeichnungen, die durchaus nicht eigentlich genommen werden dürfen, wenn nicht der Sinn derselben gänzlich verfehlt werden soll. Wenn dieser Tod als ein Opfer oder Lösegeld bezeichnet wird, so darf dieß nur für das Gefühl und die Einbildungskraft, nicht für den Verstand gelten, sonst werden ganz unwürdige Begriffe in die Sache hineingetragen, und die erhabene Idee wird in den Staub herabgezogen. Es ist ganz etwas anders, wenn man in bildlich-andächtiger Sprache Jesum einen Hohenpriester und seinen Tod ein Sühnopfer nennt, und wenn man darüber verständig und begriffsmäßig redet; denn in diesem Fall muß man das Irdische in solchen Vorstellungen bestimmt aussondern, oder man verfällt in Aberglauben.

Indeß war der Schade noch nicht so groß, wenn man die Bibellehre bloß auf eine grob verständige Weise ausdeutete, als wenn man sie geradezu verderbte und neue irrige Zusätze machte. Dieß geschah in Ansehung des Abendmahls, welches man zur Messe umwandelte, und darin die Hostie, das den Leib Jesu darstellende Brod, als ein Sühnopfer darbrachte, so daß das einmalige geistige Opfer seines Todes ganz ins Sinnliche gezogen, und zu einem stets zu wiederholenden Opfer gemacht wurde. Dasselbe geschah mit der Lehre von der Sündenvergebung, welche nach der Bibel allein durch Reue und Glauben gewonnen wird, nach der spätern Kirchenlehre aber durch gute Werke mußte erworben werden. Beydes war ein förmlicher Rückfall ins Judenthum. Anstatt der Thieropfer hatte man jetzt ein halb sichtbares, halb erträumtes Opfer, welches dieselbe Wirkung auf das Gemüth hatte, wie jene, nämlich ihm eine zeitliche, vergängliche Befriedigung durch eine augenblickliche Versöhnung zu gewähren, ohne daß es je zu der wahren Ruhe und dem Frieden mit Gott gelangte. Anstatt der mosaischen Gesetze und der Satzungen der Pharisäer lasteten jetzt auf den Gemüthern die Forderungen der Priester, allerley fromme Uebungen zu vollbringen, und die Kirche und deren Diener durch Schenkungen zu bereichern. Außer diesen verunstalteten Lehren ersann der träumende Verstand eine ganz neue, der Bibel ganz fremde Lehre, welche nicht ohne wichtigen Einfluß auf das religiöse Leben blieb: ich meine die Lehre vom Fegefeuer, in welches die Seelen nach dem Tode kommen, und sich länger oder kürzer darin aufhalten müssen, je nachdem sie mit mehr oder weniger Sünden befleckt sind.

Eine gleiche Verunstaltung und sinnliche Vergröberung erfuhr das Christenthum in Ansehung des Gottesdienstes, welcher mit einer Menge von Gebräuchen beladen, und ganz in eine äußerliche Uebung verwandelt wurde. Die Anbetung im Geist und in der Wahrheit, die Beschäftigung des Geistes und die Erregung des Gefühls durch ermahnende Rede, Gebet und Gesang, verlor sich immer mehr, so daß zuletzt gar keine Predigten mehr gehalten wurden, so wie auch bey den Heiden kein religiöser Unterricht Statt fand, während doch die Juden in der Synagoge sich mit Lesung und Erklärung der Bibel erbauten. Als die lateinische Sprache ausgestorben war und durch neue Volkssprachen verdrängt wurde, demungeachtet aber die Sprache des Gottesdienstes blieb, hatte das Volk von öffentlichen Gebeten, Gesängen und anderen Formeln keinen Nutzen, da es sie nicht verstand, und es kehrte derselbe Mißbrauch wieder, den wir bey den Aegyptern und Indiern gefunden haben, daß die Priester absichtlich den Sinn der heiligen Gebräuche dem Volke verhüllten. Selbst die Gebete, welche die Christen für sich zu sprechen hatten, waren ihnen unverständlich, und daher kehrte auch der Mechanismus des Rosenkranzes wieder. Gottesdienstliche Sinnbilder und Gebräuche streiten nicht geradezu mit dem Geiste des Christenthums; aber sie dürfen nicht allzu sehr gehäuft seyn, wie sie es in der katholischen Kirche waren, weil dadurch der Geist niedergedrückt und die Sinne allzu sehr beschäftigt werden.

Das schlimmste aber war, daß den Gebräuchen nicht bloß eine sinnbildliche Bedeutung, sondern, wie bey den Indiern, eine magische Wirkung zugeschrieben wurde. Die Taufe war ursprünglich nichts als ein Sinnbild der inneren Reinigung, und darf nichts anderes seyn; aber in der katholischen Kirche schrieb man ihr die Kraft zu, den Menschen, selbst ohne den Glauben von Sünden zu reinigen, wie man denn wähnte, daß die Kinder, welche ungetauft verdammt wären, durch die Taufe von der Erbsünde befreyt würden. Das Abendmahl wurde durch die sinnlose, dem gesunden Menschenverstand spottende Vorstellung entweiht, daß Brod und Wein in den Leib und das Blut verwandelt und diese selbst von den Ungläubigen genossen würden. Ein solcher Aberglaube kommt selbst bey den Heiden nicht vor. Ihn hervorzubringen, war allein die geistige Gewalt des Glaubens an das Unsichtbare im Stande, der aber seine geistige Sphäre verließ, sich in die Sinnlichkeit tauchte, und in trüber Schwärmerey unterging.

Aus der dankbar begeisterten Bewunderung und Verehrung der Märtyrer und anderer ausgezeichneter Frommen entstand die Anbetung der Heiligen und ihrer Bilder, eine neue Art von Polytheismus. Der wieder erwachende heidnische Geist fand sich nicht befriedigt durch die einige Mittlerschaft Christi, und schuf sich daher noch eine Menge anderer Mittler und Fürsprecher, gleichsam eine Art von Untergöttern, an welche man seine Gebete richtete, indem man zu Gott und Christo nicht mehr unmittelbar den Geist zu erheben wagte. Dieser Abfall vom Monotheismus des Christenthums, wie auch der Götzendienst, den man mit Christo trieb, und überhaupt die ganze Entartung des Christenthums, rief im 7ten Jahrhundert die Entstehung des Muhammedanismus hervor, in welchem der Eifer für die Anbetung des einen wahren Gottes die einzige ächte religiöse Erregung zu seyn scheint, während das Uebrige wenig mehr als eine neue Art von Gesetz, ein erneuertes Judenthum, ist. Ein kindischer Aberglaube, der mit der götzendienerischen Verehrung Christi und der Heiligen zusammenhängt, ist die Verehrung der Reliquien, in welcher sich die sinnlichste Befangenheit mit der albernsten Leichtgläubigkeit zum lächerlichsten Unsinn vereinigte, und wobey die List der Priester und Mönche den gröbsten Betrug spielte.

Unstreitig entstand im Gebiet des Gottesdienstes auch manches Schöne, wohin die heilige Musik nebst der Erfindung der Orgel und der Kirchenbau gehört, welcher seine Vollendung dem deutschen Geiste verdankt. Aber so herrlich die altdeutschen Münster sind, so haben sie doch etwas Aehnliches mit jenen großen priesterlichen Bauwerken Aegyptens und Indiens, und bezeichnen eine Verbindung des christlichen freyen Geistes mit dem alten Naturgeist, der sich in großen Natur-Schöpfungen zu offenbaren strebt.

Endlich erlitt auch das sittliche Leben der Christen eine große Verderbniß. Der Geist, der schöpferisch die erste Gemeinde durchdrang, und sie durch die Kraft der Liebe und Begeisterung von dem Joche des Gesetzes und Buchstabens erlöste, erlosch nach und nach, und ließ wieder das Gewohnheits- und Werkheiligkeits-Wesen zur Herrschaft kommen. Nicht nur wurde Manches aus dem Mosaismus und Pharisäismus herübergenommen, wie das Fasten, die Haltung des Sabbaths u. a., sondern es entstand auch aus den Satzungen der Bischöfe und Päbste eine neue sehr verwikkelte Gesetzgebung, welche im kanonischen Recht zusammengestellt ist, und wodurch das Leben der Christen fast noch mehr als das der Juden, umstrickt wurde. Die sogenannten guten Werke, Fasten, Beten, Wallfahrten, Schenkungen, verdrängten die wahren Werke der Liebe; ja, man konnte heilige Pflichten verletzen, wenn man nur der Kirche huldigte, und die Habsucht der Priester befriedigte. Freylich konnte die Gewalt der Begeisterung, welche in die christliche Kirche eingedrungen war, nicht ganz gebrochen werden;

die von ihr hervorgebrachte Bewegung pflanzte sich fort: aber sie nahm eine falsche Richtung, und bahnte sich, gleich einem Lavastrom, einen das Leben zerstörenden Ausweg. Anstatt dasselbe zu heiligen, und ihm einen höheren himmlischen Schwung zu leihen, trat die sittliche Begeisterung mit demselben in Gegensatz, und ward zur lebenverachtenden Entsagungs-Schwärmerey. Auch hier zeigt sich ein Rückfall in das alte Naturleben, wo wir die höheren Bestrebungen der Sittlichkeit immer in der verzerrten Geberde der Selbstpeinigung finden. Schon Mose hatte diesem Unwesen so gut als ganz entsagt, und Christus hatte sich ausdrücklich dagegen erklärt, obschon er für die Verbreitung des Evangeliums Opfer forderte. Aber der finstere Naturgeist wälzte sich aus dem tiefern Morgenland, wie ein schwerer Nebel, über die christliche Kirche, und brachte alle Raserey der Selbstpeinigung mit sich. Die christlichen Einsiedler und Mönche wetteiferten nun mit den indischen Selbstpeinigern in hirnwüthigen Erfindungen, das Fleisch zu kreuzigen. Die Ehelosigkeit wurde nach und nach den Priestern zur Pflicht gemacht; und um diese unnatürliche Einrichtung durchzusezzen, zerriß der harte Sinn Gregors VII. die heiligsten Bande. Der abscheulichste Gräuel aber, der das sittliche Leben der Christen entweihete, war das Ablaßwesen. Die sittliche Gemeinschaft der ersten Christen hatte eine Kirchenzucht mit sich gebracht, durch welche der sittliche Gemeingeist eine Art von Richteramt über alles Unwürdige und Verderbte ausübte, und das Gesammtleben davon reinigte. Diese Kirchenzucht war aber nach und nach ganz in die Hände der Priester übergegangen; die Mitwirkung der Gemeinde hörte auf, aus der öffentlichen Buße wurde eine geheime, und deren Bestimmung blieb der Willkür der Priester überlassen, welche anstatt derselben sogenannte gute Werke und zuletzt Geldstrafen auferlegten, so daß man seine Sünden auf die bequemste Art mit Geld abkaufen konnte. Immer freylich wurde noch innere Buße und Besserung zum Ablaß verlangt: aber wie gern setzte man sich über diese hinweg, wenn man nur seinen Frieden mit der Kirche erkauft hatte, und eifrige Ablaß-Prediger drangen weniger auf diese Forderung, als auf die Erlegung des Geldes. Die härteste Kirchenstrafe, der Bann, wurde ein furchtbares Werkzeug der geistlichen Herrschsucht, womit sie ihre Feinde in den Staub schmetterte, und selbst die weltliche Macht, die ihr widerstehen wollte, zur Unterwerfung zwang. Aber nicht zufrieden mit geistlichen Strafmitteln, bediente sie sich auch der Lebensstrafen, des Schwertes und Feuers, um ihre Feinde, die verhaßten Ketzer, welche der herrschenden Lehre und besonders den Grundsätzen der Priesterherrschaft widersprachen, zu vertilgen. Durch die abscheuliche Einrichtung der Inquisition oder des Glaubensgerichtes, wurden die der Irrlehre Verdächtigen dem Scheiterhaufen überliefert; ja, Glaubenskriege wurden angeordnet, und ganze Länder mit Feuer und Schwert verheeret, um die Irrlehre oder den Unglauben auszurotten. In dieser teuflischen Gestalt erschien jener heilige Eifer für die Wahrheit, welcher in der ersten christlichen Zeit den friedlichen Kampf mit der Lüge und dem Irrthum geführt hatte, indem er sich nun mit Geistesdumpfheit und mit der selbstsüchtigen Leidenschaft der Herrschsucht in einen verderblichen Bund einließ. Der heilige Geist der Religion ist unschuldig an diesen Gräueln; es ist die menschliche Leidenschaft und Bosheit, welche angeblich seine Rechte verficht, aber eigentlich nur sich selber dient. Und doch konnte Mancher, der diese blutdürstige Unduldsamkeit übte, wie jener Bauer, der zu Hussens Scheiterhaufen ein Bündel Holz zutrug, redlich glauben, Gott einen Dienst zu thun; die Trübheit des Geistes, die Macht des Vorurtheils, der blinde Gehorsam gegen die Oberen unterdrückte die Regungen der christlichen Liebe. Eine Quelle der Unduldsamkeit lag auch in der unseligen Verwickelung der Kirche mit dem Staate, vermöge deren ein Vergehen gegen die erstere auch eins gegen den zweyten war, und mithin billigerweise mit weltlicher Strafe belegt zu werden schien.

Die katholische Kirche erscheint mit derselben starren, ausschließenden, drückenden Nothwendigkeit, wie die alten Priester-Religionen. Nur tritt bey ihr der Unterschied ein, daß in dem christlich europäischen Leben, das sie beherrschen will, weit mehr Geistes-Freyheit herrscht, als im ägyptischen und indischen Volke, und daher mehr Streit, mehr Ketzerey und Empörung gegen die Priestergewalt, mithin auch mehr Aufforderung für diese, unduldsam und verfolgungssüchtig zu seyn, Statt findet. Dieser Geist der Freyheit wurde nie ganz, selbst nicht in den finstersten, rohesten Zeiten, zur Ruhe gebracht; es gab immer und zu allen Zeiten Feinde des römischen Stuhls, Selbstdenker, Mystiker, Freunde der evangelischen Einfalt, und mit diesen hatte die Priesterherrschaft immer mehr oder weniger zu thun. Wie empörend daher auch von der einen Seite die Unduldsamkeit der katholischen Hierarchie ist, so ist sie doch auf der andern Seite eine erfreuliche Erscheinung: denn sie beurkundet das noch unter ihrem Drucke sich regende Leben; Kampf, selbst blutiger Kampf, ist noch besser als Tod, Trägheit und Erschlaffung.

Der alte Katholicismus erscheint überhaupt in einem günstigeren Lichte, wenn man ihn nicht in Vergleichung mit dem Urchristenthum als einen Abfall von demselben, sondern in Vergleichung mit der neu-europäischen Bildung, als den Kindheits-Zustand betrachtet, aus welchem ein neues männliches Zeitalter hervorgehen sollte. Nachdem im Heiden- und Judenthum, welches der erste allgemeine Kindheits-Zustand war, die Vorbereitungen gegeben waren, erschien die männliche Reife des Menschheits-Lebens in Christo, und in der urchristlichen Kirche bildete und verbreitete sich eine Pflanzschule des neuen höheren Lebens. Aber noch war der alte Naturgeist nicht überwunden, und viele Völker, namentlich die edlen germanischen Stämme, befanden sich in einem Zustande, der sie unfähig machte, den Geist der Freyheit aufzunehmen, ehe sie durch den Zwischenzustand eines mit Juden- und Heidenthum vermischten Christenthumes hindurchgegangen waren. So entstand der Katholicismus als eine Vorschule des wahren Christenthums für die neu-europäische Menschheit. Und wirklich behauptete er trotz seines Abfalls vom Urchristenthum viele große Vorzüge vor dem Juden- und Heidenthum. Der Geist der Wahrheit, der in Christo aufgegangen war, blieb doch in ihm mächtiger und freyer, als er in den alten Religionen gewesen war. In den Dogmen der Concilien liegt, obschon in starrer Form, eine größere Fülle religiöser Erkenntniß, als im alten Testament; wenigstens sind die dem menschlichen Geist darin gestellten Aufgaben größer. Der Gottesdienst hat, trotz seiner grobsinnigen Symbolik, weit mehr Anregendes für das Gefühl, als der alttestamentliche und heidnische. Das Wunder der erneuerten Menschwerdung und Opferung Christi, welches angeblich in der Messe gefeyert wird, erinnert auf eine abentheuerliche Weise an eine größere Idee, als je in den alten Religionen aufgefaßt worden war. Das Götzenbild der katholischen Welt, die Mutter Gottes, ist ein zarteres, reineres, lieblicheres Ideal, als je von griechischer Phantasie geboren worden ist. Im sittlichen Leben regte sich bey aller Werkheiligkeit und Schwärmerey eine Begeisterung für das Höhere, für das Kirchenthum und die Sache Gottes, welche die Begeisterung der Juden und Heiden für ihr Vaterland weit überstieg. Der rege Volksgeist der alten Welt war überwunden; und war auch noch nicht die allgemeine Menschenliebe rein herausgebildet, so lebte doch der Sinn für eine höhere Gemeinschaft, als man bisher gekannt hatte, für ein, obschon in weltlichen Formen dargestelltes Reich Gottes, das alle europäischen Völker umfaßte.

Wir betrachten nun das äußere Verhältniß des Katholicismus zu den mit dem religiösen Leben verwandten Lebensgebieten. Im Allgemeinen gilt darüber die Bemerkung, daß die im Griechenthum begonnene Ablösung der Religion von dem, was mit ihr verwachsen war, namentlich von der Wissenschaft, nicht nur nicht fortgesetzt, sondern sogar wieder aufgehoben wird. Im Urchristenthum hatte das religiöse Gefühl und die Begeisterung wieder das Uebergewicht über den denkenden Verstand gewonnen; es lagen in ihm die Keime einer hohen Wissenschaft, welche nur auf Entwickelung warteten; diese aber konnte nicht kommen, weil das Ansehen der Priester die freye Regung der Geister niederhielt. In den ersten Jahrhunderten erhielt sich die Schule der Philosophie noch in einer gewissen Unabhängigkeit von der Kirche, jedoch ohne selbständiges Leben, bloß als ein Ausschößling des alten erstorbenen Stammes der griechischen Philosophie. Nachher als die griechisch-römische Welt unter den Stürmen der Völkerwanderung in Trümmern gefallen war, zog sich alle Erkenntniß und Wissenschaft in die Kirche und Klöster, und die Priester und Mönche waren, wie ehemals bey den Aegyptern und Indiern, die einzigen Gelehrten und Weisen. Unter dem Schutze der Kirche entstanden niedere und höhere Schulen, in welchen neben der Theologie auch weltliche Wissenschaft, namentlich Philosophie und Grammatik, getrieben wurde, aber ganz unter dem herrschenden Einflusse der Religion, welcher selbst die heidnische Philosophie des Aristoteles dienstbar gemacht wurde. Regungen des denkenden Geistes, welche dem anerkannten Priester-System zuwiderliefen, wurden mit Gewalt unterdrückt. In Abälard wollte die Philosophie mehr seyn als die sogenannte Magd der Theologie: daher wurde er verfolgt. Noch im 17ten Jahrhundert wollte die römische Hierarchie die Fortschritte der Naturwissenschaft hemmen, indem sie den berühmten Galilei, wegen seiner Vertheidigung des Copernicanischen Weltsystems, und namentlich wegen der Behauptung, daß die Sonne still stehe, und die Erde sich bewege, vor das Inquisitions-Gericht zog, und ihn zwang eine Lehre zu entsagen, welche einer mißverstandenen dichterisch-sinnbildlichen Stelle in einem Buche des alten Testaments widersprach. Indessen war in das katholische Leben ein Bestandtheil aufgenommen worden, welcher endlich einmal zum Gährungsstoff werden, und der Wissenschaft den Sieg verschaffen mußte: dieß war das Studium der Alten, gegen welches man nach und nach das im Urchristenthum herrschende Vorurtheil ablegte. Zuletzt mußte es dahin kommen, daß der griechische Geist der Klarheit und Freyheit mit dem christlichen Geiste der Tiefe und Heiligkeit in Verbindung trat.

Auf die Kunst und Dichtung übte die Religion im Katholicismus einen ähnlichen Einfluß aus, wie unter den Indiern und Griechen. Die Dichtung zog vorzüglich ihre Nahrung aus dem von religiöser Begeisterung und der Verehrung der Frauen durchdrungenen Ritterleben. Die bildende Kunst und Musik war fast einzig dem Gottesdienste gewidmet; letztere diente auch der Liebes-Dichtung. Eine ganz eigenthümliche, christliche Ausbildung konnte die Kunst und Dichtung wegen des Einflusses der alten Muster nicht erhalten. Mehrere Dichter schrieben in lateinischer Sprache, und diejenigen, welche in der Landessprache schrieben, ahmten die Alten mehr oder weniger nach. Die höchste Blüthe der Malerey in Raphael ist entschieden durch das Studium der alten Bildwerke herbeygeführt worden.

Der alte Priestergeist, der wieder in das Christenthum eingedrungen war, zeigte sich am kräftigsten im Einfluß der Religion auf das Staatswesen. Wir haben gesehen, daß die Staatsverfassung der Israeliten hierarchisch war, und nach der ursprünglichen Einrichtung die weltliche ausübende Gewalt unter der Leitung der Priester stehen sollte. Das Christenthum sollte zwar nur ein geistiges Reich Gottes auf Erden gründen; aber da es sich an die jüdischen Vorstellungen von der Theokratie anknüpfte, und in seiner ersten Gemeinschaft auch den Keim eines neuen gereinigten Staatslebens enthielt: so war nichts natürlicher, als daß das neu entstandene Priesterthum auch auf eine weltliche Herrschaft Anspruch machte. Es ist hier der Ort nicht, den Entwickelungsgang der neuen Theokratie zu verfolgen; die Hauptstufen müssen wir aber bemerken. Der Anfang zur weltlichen Herrschaft der katholischen Geistlichkeit wurde damit gemacht, daß Constantin der Große das Christenthum zur

Staatsreligion erhob, und die Geistlichkeit als eine Art von Gewalt oder Behörde anerkannte. Vorher waren die Bischöfe nichts als die Häupter einer Privat-Gesellschaft, als welche sie nie hätten in die Staats-Regierung eingreifen können. Als aber der Staat es als eine seiner wichtigsten Angelegenheiten ansah, daß die christliche Religion allgemeine Anerkennung genoß, als er sich sogar in die Lehrstreitigkeiten einließ: da war die Brücke gebaut, auf welcher die priesterlichen Anmaßungen in den Staat Eingang finden konnten. Nicht ohne wichtigen Einfluß war auch die reiche Ausstattung mit Gütern, welche der Geistlichkeit zu Theil wurde, wodurch diese ein gewisses Gewicht im Staate erhielt. Im griechischen Kaiserthum behielt die weltliche Macht stets die Oberhand, und übte sogar einen unrechtmäßigen Einfluß auf die Glaubensstreitigkeiten aus. Die Einwirkung der Geistlichkeit auf die Regierung beschränkte sich auf persönliches Ansehen, Ränke und die Triebfedern des Wahnglaubens und der Schwärmerey, die man ins Spiel zu setzen wußte. Im Abendland hingegen, wo die römische Macht früher unterging, und das Kaiserthum sich in mehrere neue Reiche zerspaltete, welche auch zum Theil wieder untergingen, alle aber anfangs ein schwankendes und wenig in sich selbst geordnetes Daseyn behaupteten, konnte die Geistlichkeit das im Herzen gehegte Ideal der Theokratie eher in Wirklichkeit bringen. Denn hier war die politische Welt wieder in den Zustand der Kindheit versetzt, und die rohen Völker bedurften einer geistlichen Vormundschaft. Daher nahmen die christlichen Bischöfe in den neuen Reichen die wichtige Stelle von Landständen ein, wozu sie ihr bedeutender Landbesitz und ihre Gelehrsamkeit befähigten; auch waren sie die Räthe und Schreiber der Könige. In die Rechtspflege griff die Kirche auf mehr als eine Weise ein, vorzüglich aber durch den abergläubigen Gebrauch der Gottesurtheile, womit die gesetzliche Untersuchung gestört, aber die schnell zufahrende Grausamkeit der Gerichte auf eine wohlthätige Weise gemildert wurde. Hier ist recht klar, wie die theokratische Gewalt die fehlende Vernunft durch dunkles Gefühl ersetzt. Wäre die Rechtspflege nach klaren und festen Grundsätzen ausgebildet gewesen, so daß die Untersuchung der Verbrechen besonnen und gründlich geführt, und die Strafe derselben mit Billigkeit bestimmt worden wäre: so hätten die Priester keinen Einfluß gewinnen können. Da aber die weltliche Gewalt unzufrieden ließ, so flüchtete man sich in das dunkle Heiligthum der geistlichen. Die Geistlichkeit war übrigens unabhängig von der weltlichen Gerichtsbarkeit, und richtete ihre eigenen Mitglieder selbst, so daß sie in dieser Hinsicht einen Staat im Staate bildete. So weit läßt sich die christliche Hierarchie mit der ägyptischen und indischen vergleichen. Aber weit über diese hinaus raget das Pabstthum, welches ungefähr mit dem 9ten Jahrhunderte sein Haupt zu erheben anfing, nachdem es lange vorher langsam und planmäßig emporgestiegen war. Das Ziel, welchem die Päbste nachstrebten, und welches sie zum Theil erreichten, war, alle Reiche der europäischen Christenheit in einen theokratischen Gesammtstaat zu vereinigen, dessen Mittelpunkt Rom und dessen Haupt der heilige Vater wäre, und alle Fürsten und Könige zu Lehnsträgern oder Beauftragten des römischen Stuhles zu machen. Es kam aber nie zu einem ruhigen und festen Verhältniß zwischen der geistlichen und weltlichen Macht, und beyde lagen fast beständig mit einander im Streite; auch schwebte wirklich den Päbsten kein klarer Gedanke vor, und sie wurden weniger von Ideen der Staatsweisheit, als von Anmaßungen der Herrschsucht geleitet. Die Hierarchie hat unabsichtlich und zufällig Manches zur Verbesserung des Volkslebens beygetragen, namentlich das Städtewesen begünstigt; aber die Rechte des Volkes gegen die Anmaßungen der Kriegs- und Lehnsherrschaft in Schutz zu nehmen, fiel ihr nicht ein. Dieses beständige Schwanken und Ringen zwischen der geistlichen und weltlichen Gewalt ist ein Zeichen des lebendigen Geistes, welcher die europäische Welt bewegte, aber auch der Unklarheit über die großen Verhältnisse des kirchlichen und politischen Lebens, welche selbst noch bis auf unsere Zeiten dauert. Der Versuch der Kirche, sich als Obervormünderin über den Staat zu erheben, scheiterte nach kurzem Gelingen; aber noch uns ist die Frage zu beantworten übrig gelassen, in welchem Verhältnisse die Kitche zum Staate stehen soll, ob sie, wenn sie nicht über ihn herrschen soll, nicht wenigstens neben ihm eine unabhängige Stellung behaupten, oder ob sie ihm unterthan seyn soll. Diese Aufgabe kann nur vom geschichtlichen Standpunkte aus gelöst werden; und um diesen zu gewinnen, muß man den Bildungsstand ins Auge fassen, welchen die Religion in der neueren Zeit erreicht hat.

Zwanzigste Vorlesung.

Der Protestantismus, oder der neuere Entwickelungsgang des Christenthums, nebst den Aufgaben, welche der christlichen Kirche für die Zukunft gestellt sind.

Der Protestantismus, dessen Grundzüge wir nun entwerfen wollen, ist seiner geschichtlichen Entstehung nach das Widerspiel des Katholicismus, das Sichlosreißen von den Fesseln der Priesterherrschaft, die Verwerfung aller der Mißbräuche, welche in die alte Kirche eingedrungen waren, und das Zurückstreben zur ursprünglichen Reinheit des Christenthums. In der neueren Zeit hat die streitende Stellung gegen den Katholicismus, einem unbefangeneren Streben nach der christlichen Wahrheit Platz gemacht, und nur die allerneuesten, offenen und verdeckten, Angriffe einer jesuitisch obscurantischen Parthey mahnen uns, den alten Kampfplatz wieder aufzusuchen. Der Name Protestant entstand im Jahre 1529., als die der evangelischen Lehre zugethanen Reichsstände gegen den Reichstags-Abschied, welcher der Gewissens-Freyheit Zwang anthat, protestirten, indem sie sich darauf beriefen, daß in Sachen, die Gottes Ehre und der

Seelen Heil und Seeligkeit beträfen, ein Jeder für sich selbst vor Gott stehen, und Rechenschaft geben müßte, und die Mehrheit der Stimmen keinesweges entscheiden könnte. Hiermit ist der Charakter des Protestantismus ganz treffend bezeichnet; es ist die Auffassung des Christenthums als Sache des Herzens und der Ueberzeugung, nicht der äußerlichen Satzung und Abmachung, was es im Katholicismus ist, wo das Ansehen der Concilien, Bischöfe und Päbste und das Herkommen entscheidet.

Vor allen Dingen erklärt sich der Protestantismus gegen die Priesterherrschaft, und nimmt die Geistes-Freyheit in Anspruch, welche das Wesen des Christenthums ausmacht. Die Streitfragen, welche zwischen den Reformatoren und den Anhängern des alten Systems verhandelt wurden, lassen sich auf die einzige einfache Frage zurückführen: ob man der katholischen Geistlichkeit und vornehmlich dem Pabste, oder Christo glauben soll? Und eigentlich dreht sich noch jetzt aller Streit zwischen der katholischen und protestantischen Kirche um dieselbe Frage. Wenn es nicht eine herrschsüchtige, nach der alten Herrschaft lüsterne Priesterschaft bey den Katholiken gäbe, so gäbe es überhaupt keinen Streit zwischen beyden Kirchen, oder es fehlte ihm wenigstens aller Reiz. Alle streitigen Artikel beziehen sich näher oder entfernter auf die Wichtigkeit des Priesterstandes und der kirchlichen Einrichtungen und Gebräuche, welche er zu behaupten und zu handhaben hat.

Die Reformation begann mit dem Widerspruche gegen den Ablaß oder die Sündenvergebung, welche der Pabst für Geld spendete. Warum verfochten die Papisten so heftig dieses Unwesen? weil es dem Pabste Geld einbrachte, sein Ansehen erhöhete, und das Volk in Abhängigkeit erhielt.

Einer der wichtigsten streitigen Artikel war und ist der Werth der guten Werke, denen die Katholiken ein Verdienst bey Gott beylegen, die wir aber für unzulänglich zur Erlangung der Seligkeit halten. Warum streiten die Katholiken so sehr für die guten Werke? weil es sich dabey um den Werth der Büßungen, frommen Uebungen und Geschenke an die Kirche handelt, worauf der Wohlstand und das Ansehen der Geistlichkeit beruht. Warum liegt den Katholiken so sehr viel an der Messe und dem erträumten Geheimniß der Brodverwandlung? weil damit das Ansehen der Priester steht oder fällt. Denn in der That erscheint der Priester als ein Mittler zwischen Gott und Menschen, indem er aus Brod einen Gott schafft, und das Amt am Altar ist eine tägliche Verklärung der Priesterschaft. Die Entziehung des Kelchs im Abendmahl hat einen ähnlichen Grund: dadurch soll das Volk in Unterordnung und Abhängigkeit erhalten werden, und die Priesterschaft in ihrer Erhabenheit erscheinen. Kein Katholik kann leugnen, daß die Kelchentziehung schriftwidrig und der ursprünglichen Einsetzung unangemessen ist; demungeachtet sträubte man sich aus allen Kräften, den Kelch zurückzugeben. Zeigt sich nicht hierin die priesterliche Verachtung der Laien und die selbstsüchtige Festhaltung des eigenen Vorzugs? Der Hauptstreit endlich über die Quelle der Wahrheit, ob diese einzig und unverfälscht in der heiligen Schrift, oder auch noch in der Kirche, in deren Aussprüchen und Ueberlieferungen, zu suchen sey, dreht sich ganz eigentlich um das Ansehen der Priesterschaft; denn diese bildet die Kirche, indem die Laien nichts als leidende, todte Glieder derselben sind. Die Priesterschaft stellt sich als Quelle der Wahrheit neben Christus, und verlangt den gleichen Glauben, ja noch größeren, indem sie sich herausnimmt, die Lehren und Einsetzungen Christi zu meistern. Die Anmaßung, den Laien das Lesen der Bibel zu verbieten oder doch zu erschweren, verräth zu deutlich die Gesinnung der Priesterschaft: sie will das Volk nicht aus der Vormundschaft entlassen, und die christliche Wahrheit als ein Priestergeheimniß bewahren. Verachtung des Volkes, Haß gegen allen Fortschritt desselben, gegen Licht und Freyheit, ist der Geist der katholischen Priesterschaft; mithin ist es gerade der widerchristliche Geist, der sie beseelt; denn Christus wollte eben das Volk befreyen und emporheben, und seine Apostel wandten sich vorzugsweise an die Niedrigen und Geringen, und theilten ihnen die Kunde der seligmachenden Wahrheit mit.

Der katholischen Priesterherrschaft wurde durch die Reformation ein großer Theil von Europa entrissen. Der Geist der Freyheit trat mit dem alten erdgebornen Riesen in Kampf, und entwand ihm die lange behauptete Alleinherrschaft, ja, schwächte seine Gewalt auch bey denjenigen Völkern, welche ihm treu blieben. Dieser Geist erwachte bey den Völkern deutscher Zunge, welche vermöge ihrer Sprache und Natur mehr dem Innerlichen und Ursprünglichen im geistigen Leben zugewandt sind. Er ging aus vom Volke. Luther war ein Mönch und Universitätsgelehrter von niedrigem Herkommen, und Zwingli war Prediger in der republikanischen Schweiz. Allerdings begünstigten deutsche Fürsten die neue Bewegung, vorzüglich aber fand sie Eingang in die freyen Bürgerschaften der Schweiz und des deutschen Reichs. Ihre heftigsten Gegner waren die geistlichen Fürsten und die bevorrechteten Geschlechter, welche Anwartschaft auf die reichen Pfründen hatten, wie dieses namentlich in Basel der Fall war. Vom geistlichen Stande wäre die Reformation nie ausgegangen, obschon seit Jahrhunderten das Bedürfniß derselben gefühlt und ausgesprochen war.

An die Stelle eines geistlichen Standes, durch eine unauslöschliche Weihe vor allen übrigen Menschen ausgezeichnet, trat bey den Protestanten ein geistliches Amt, die Dienerschaft des Wortes, deren Mitglieder, wie alle Anderen, Staatsbürger und Familienväter waren. Aber mit dem Sturze der Priesterschaft trat, zumal in der lutherschen Kirche, ein neues, entgegengesetztes Uebel ein, die Lockerung der religiösen Gemeinschaft und die Abhängigkeit der Kirche vom Staate. Die Regierungen, von den Theologen angeregt und geleitet, setzten die Reformation durch, mischten sich aber nachher auch, gleich den ersten christlichen Kaisern, in die dogmatischen Streitigkeiten, und liehen der Streit- und Verfolgungs-Sucht den weltlichen Arm. Die lutherischen Consistorien, welche die kirchlichen Angelegenheiten, unter andern auch die Einrichtung des Gottesdienstes, besorgten, waren keine selbständigen Vertretungen der Kirche, und in der Abhängigkeit von den Höfen bildete sich der, wenigstens sehr dem Mißbrauch ausgesetzte Grundsatz aus, daß der Landesfürst der oberste Bischof sey. Bey den Reformirten, besonders den Calvinisten, erhielt die Kirche eine Verfassung und Kirchenzucht, wodurch das christliche Leben mehr Haltung gewann, ja, selbst zum Theil, besonders in Genf, eine Art von theokratischem Einfluß auf den Staat ausübte. Ganz frey von geistlicher Herrschsucht blieben auch die protestantischen Geistlichen nicht; jedoch beschränkten sich ihre Anmaßungen meistens auf das religiöse Gebiet, und auf einen bloß persönlichen Einfluß. Eine geschlossene Körperschaft bildeten sie auch da nicht, wo eine unabhängige

Kirchenverfassung bestand, weil die Kirche auch durch weltliche Mitglieder vertreten wurde. Auf ihr persönliches Ansehen beschränkt, und dem Geiste der Aufklärung und Neuerung huldigend, ohne immer den heiligen Schein, der sie sonst umgab, durch Geistes-Ueberlegenheit zu ersetzen, geriethen die Geistlichen in Deutschland sogar in Verachtung: was höchst nachtheilig für das religiöse Leben war, aber Gottlob! durch den Geist der Gründlichkeit und des Ernstes, der sich seit einigen Jahrzehenden über die Geistlichkeit verbreitet hat, in Abnahme begriffen ist.

Die Gemeinschaft der protestantischen Kirche im Großen wurde überdieß durch die Vielheit der Bekenntnisse und Sekten, welche sich während und nach der Reformation bildeten, gelockert, ja unterbrochen. Es war meistens der freye, nur in Härte und Eigensinn ausschlagende Trieb, eine eigene Ueberzeugung auszubilden und festzuhalten, was zu dieser Spaltung Anlaß gab; in England aber war es der Trieb, die christliche Gemeinschaft so frey als möglich zu gestalten, was die Sekten der Presbyterianer und Independenten ins Leben rief. Sonach stellte die protestantische Kirche nicht, wie die katholische, eine äußere Einheit, sondern eine bunte Mannichfaltigkeit dar; und in der ersten Zeit ihrer Entstehung standen die Sekten einander feindlich und unduldsam gegenüber. Aber alle behaupteten doch eine gewisse Verwandtschaft mit einander, indem sie alle dieselbe streitende Stellung gegen den Katholicismus einnahmen, und die Bibel als die einzige Quelle der Wahrheit anerkannten. Nachher hat sich ein friedlicherer Geist verbreitet, und zu unserer Zeit ist sogar die Vereinigung der lutherischen und reformirten Kirche versucht, und zum Theil wirklich bewerkstelligt worden; alle verschiedenen Sekten erkennen jetzt die innere geistige Gemeinschaft an, welche sie trotz der äußeren Verschiedenheit verbindet, und die Unduldsamkeit ist endlich glücklich ausgerottet.

Mit der äußeren Spaltung der protestantischen Kirche und ihrer Abhängigkeit vom Staate, ist eine neue vortheilhafte Richtung verbunden, die sie genommen hat: sie ist nämlich volksthümlicher geworden, als die katholische war. So wie sie sich mit dem Staate in ein näheres Verhältniß eingelassen hat, und sich der Landessprache im Gottesdienste bedient: so ist sie dem Leben des Volkes und dessen Geiste näher getreten, und da, wo nicht mehrere Sekten neben einander bestehen, nimmt sie die Stellung einer Volks- und Landeskirche ein. Dadurch aber wird das, was der kirchlichen Gemeinschaft fehlt, aus der großen Volksgemeinschaft ersetzt, und beyde stützen sich gegenseitig. Und da die Völker seit einiger Zeit einen lebendigen, innigen Verkehr unter einander gewonnen haben, und mit einander in nähere Berührung getreten sind: so fängt jene theokratische Völker-Republik, welche das Pabstthum im Mittelalter einführen wollte, nur auf eine freyere und schönere Weise, ins Leben zu treten an. Die großen menschlichen Angelegenheiten, Wahrheit, Recht, Freyheit, Sittlichkeit, werden immer mehr als gemeinsam, und jeder in dieser Beziehung gemachte Gewinn als Gemeingut betrachtet. Und so wird sich auch die allgemeine christliche Gemeinschaft der verschiedenen christlichen Kirchen und Sekten immer mehr herausbilden, so daß wir, ohne Pabst und Priesterherrschaft, uns als die Glieder einer großen Kirche werden betrachten lernen. Demnach sind die Nachtheile des Mangels einer äußeren kirchlichen Gemeinschaft nicht nur vergütet, sondern durch weit größere und wichtigere Vortheile aufgewogen. Die Einheit fehlt in der Form, aber desto mehr lebt sie im Geiste.

Die Losreißung von der päbstlichen Hierarchie und die Geltendmachung der christlichen Freyheit, brachte natürlich eine große Umwandlung auch der übrigen Zweige des religiösen Lebens, und zunächst der Glaubenslehre mit sich. Eigentlich war es der Geist des freyen Denkens, der durch die wieder aufblühenden Wissenschaften, besonders durch das Studium der griechischen Sprache, erwacht war, und durch die unschätzbare Erfindung der Buchdruckerkunst gewährt wurde, was jenen Bruch mit der römischen Hierarchie herbeyführte. Man las die Bibel wieder in der Ursprache, und wurde des Abfalls von der urchristlichen Wahrheit inne, dessen sich die katholische Kirche schuldig gemacht hatte. Nun wagte man einen freyen Widerspruch gegen die Irrthümer, welche die Geistlichkeit als unverbrüchliche Wahrheit geltend machte, und erklärte ihrer angemaßten Glaubensherrschaft den Krieg. Sobald man das gesetzgeberische Ansehen der Kirche oder vielmehr der Geistlichkeit und die Geltung der Ueberlieferung verwarf, mußte das ganze bisherige Lehrgebäude des Katholicismus in sich zusammenstürzen. Die Bibel ward von den Protestanten als die alleinige Quelle der Wahrheit anerkannt. Sie wollten in Allem, und besonders in der Lehre, zur Reinheit des Urchristenthums zurückkehren, und mit Verzichtleistung auf alle Menschenlehre, sich ganz dem Glauben an die göttliche Offenbarung unterwerfen. Wirklich faßte man auch in der Lehre von der Rechtfertigung durch den Glauben und der Unverdienstlichkeit der guten Werke und was damit zusammenhing, den Geist der Bibellehre richtig auf, weil man durch den Streit mit den Katholiken dazu aufgeregt war. Allein im Ganzen fehlte es noch sehr an einer gründlichen, lebendigen Auslegung der Bibel, was sich am deutlichsten in dem unglückseligen Abendmahlsstreite zeigt. Die Auslegung der Einsetzungsworte, welche Luther mit so vieler Heftigkeit geltend machte, war so ängstlich buchstäblich, ja, man möchte sagen, so schülerhaft, daß man nicht begreifen würde, wie er sie vertheidigen konnte, wenn man nicht in seinem Charakter und in den Umständen den Schlüssel dazu fände. Auch hatte man sich noch nicht von der steifen Unbeweglichkeit des Satzungswesens und der unglückseligen Sucht, Alles genau durch Verstandesformeln zu bestimmen, losgemacht. Ohne weitere Prüfung nahm man mehrere Glaubenssätze, welche von den Concilien und Schultheologen festgestellt worden, und der urchristlichen Lehre in dieser Fassung fremd waren, wie die Dogmen von der Dreyeinigkeit, der Gottheit Christi, dem Versöhnungstode desselben, in den neuen Lehrbegriff herüber, womit man sich dem Ansehen der Kirche unterwarf, von welchem man sich doch mit Heftigkeit losriß, und von der Bibel abwich, auf die man doch Alles bauen wollte. Schlimmer, als dieser Selbstwiderspruch, war es, daß man sich einem neuen Ansehen, dem der Reformatoren, und der von ihnen aufgestellten Bekenntnisse unterwarf, und daß man durch die Engherzigkeit, mit der man sich an Dogmen band, die unglückseligsten Spaltungen hervorrief. Luther selbst war so engherzig, daß er mit den Schweizern, welche vom Abendmahl anders, als er lehrten, keine christliche Brüderschaft halten zu können glaubte; und dieser Sinn verbreitete sich von ihm auf alle seine Anhänger, welche die Spaltung zwischen beyden Partheyen noch ärger machten; ja, dieser Sinn fand selbst in die reformirte Kirche Eingang, in welcher sich das alte Beyspiel einer verdammungssüchtigen Synode (zu Dordrecht) wiederholte. Es war nicht der Geist des ächten Protestantismus, der diese dogmatische System- und Partheysucht mit sich brachte, sondern der Geist des Katholicismus, der in die protestantische Kirche wiederum sich einschlich, der Geist der Unwissenschaftlichkeit und des Unglaubens, des menschlichen Eigensinnes und der Willkür, der sich herausnimmt dasjenige zu bestimmen, in Worte und Begriffe zu zwängen, was allein Sache des lebendigen Gefühls, des Glaubens und der Ahnung ist. Noch war das Zeitalter zu weit im wissenschaftlichen Nachdenken zurück, um die Schranken des Verstandes und zugleich seine nothwendigen Rechte zu erkennen. Man sprach zwar davon, daß man die Vernunft unter den Gehorsam des Glaubens gefangen nehmen müsse; aber man unterwarf ihn demjenigen, was ihm mit Recht widerstrebte, und ließ ihn da mit Anmaßlichkeit walten, wo er hätte sich unterordnen sollen. Luther hatte wohl Recht, wenn er die in der katholischen Kirche herrschende Schulphilosophie als die Wurzel alles dogmatischen Unwesens ansah; aber es reichte nicht hin, sie zu hassen und zu verwerfen, sondern man hätte eine bessere an ihre Stelle setzen sollen, was man aber damals noch nicht vermochte. Diejenige, deren sich die protestantischen Theologen bey Behandlung der Glaubenslehre bedienten, war der alten Scholastik noch sehr verwandt; es war eine Philosophie, welche mit der Natur des menschlichen Gemüths und namentlich der religiösen Anlagen unbekannt, alles mit der Gewalt des Verstandes ausrichten, Alles in todten Begriffen festhalten wollte, und oft gerade das Wesentliche der religiösen Wahrheit verfehlte. Dieser dogmatischen Spitzfündigkeit und Streitsucht verdanken die Sekten der Lutheraner und Calvinisten, der Remonstranten und Contraremonstranten ihren Ursprung. Einig in der Hauptsache, trennte man sich wegen leidiger Verstandesformeln. Auch die Sekte der Socinianer würde bey einem freyeren wissenschaftlichen Geiste nicht entstanden seyn. Hätte man die Lehre von der Gottheit Christi im einfachen biblischen Sinne gefaßt, so hätten die Stifter dieser Sekte schwerlich daran Anstoß genommen. Eine andere Art von Sektengeist, der schwärmerische der Wiedertäufer, hatte seine Quelle im Uebergewicht des religiösen Gefühls über den Verstand, mithin ebenfalls im Mangel einer ächten, freyen Verstandesbildung. Es war wohl der freye Geist des Protestantismus, der sich in diesen Schwärmern regte; aber ihm fehlte die klare Besonnenheit, und so brach er in gewaltthätiger Leidenschaftlichkeit hervor.

Das Sektenwesen hatte den Vortheil, daß der Streit und durch diesen der Forschungsgeist wach erhalten wurde. Ohnehin fehlte es an einer geistlichen Macht, welche die Regsamkeit des Denkens und Forschens und die Freyheit der Lehre hätte unterdrücken können. Es fehlte der protestantischen Geistlichkeit nicht immer an dem Willen, über die Unbeweglichkeit des kirchlichen Lehrbegriffs zu wachen, aber es fehlte ihr an Einheit und Gewalt. Am wenigsten vermochte sie den Gang der Wissenschaft außer der Kirche aufzuhalten, welche sich immer unabhängiger entwickelte, bis sie auch die Theologie ergriff und mit sich fortriß. Ungefähr zwey Jahrhunderte hatte die protestantische Theologie trotz des Streites der Sekten sich in der Hauptsache nicht von der Stelle bewegt. Die Bibel- und Geschichtsforschung hatte keine bedeutenden Fortschritte gemacht, und die Glaubenslehre blieb in ihrem Formelkreis festgebannt. Spener wollte ihr einen neuen Geist, den Geist des einfachen Bibelglaubens,

glaubens, einhauchen, aber vergebens; es gab zur Entstehung einer neuen Sekte, der Sekte der Pietisten, und zu neuen Streitigkeiten Veranlassung. Die Wolffsche Philosophie brachte wohl eine neue Bewegung in die Theologie, aber es war nicht der Geist der lebendigen Forschung, sondern die Sucht alles zu beweisen und zu bestimmen, was sie ihr mittheilte. Endlich erwachte in Deutschland eine lebendige Sprach- und Geschichtsforschung und eine lebendige, in die Natur des menschlichen Geistes tief eindringende Philosophie: und so begann eine Wiedergeburt der Theologie, welche anfangs mit Unglauben und Zweifelsucht, späterhin mit warmer christlicher Begeisterung vergesellschaftet war, und noch immerfort im Werden ist, so daß die künftige Gestaltung derselben, nur errathen und gehofft, nicht aber bestimmt erkannt werden kann. Eine Zeit der Ruhe wird wieder einmal eintreten, und mit ihr ein fester, bestimmter Zustand, aber nur um einst einer neuen Bewegung Platz zu machen; denn der menschliche Geist macht zwar zuweilen Ruhepunkte, findet aber nie ein festes Ziel.

Was die neuere Theologie in Bewegung setzt, ist folgendes. Bey dem allgemeinen Erwachtseyn des Geistes in allen Gebieten des Lebens, in der Wissenschaft, im Gewerb- und Staatswesen, ist es eine unabweisliche Aufgabe geworden, das Christenthum mit der Vernunft in Einklang zu bringen. Es will Niemand mehr bloß glauben, ohne auch denken zu dürfen; Jedermann will, daß ihm die Religion Verstand und Herz zugleich anspreche und befriedige. Nicht nur will man nicht mehr den Geistlichen aufs Wort glauben, sondern auch sich nicht mehr dem Buchstaben der Bibel unterwerfen. Die Theologie ist kein abgeschlossenes Gebiet mehr, sondern grenzt überall mit der Sprach- und Geschichtsforschung und mit der Philosophie zusammen, und es ergeht an sie von allen Seiten die Aufforderung, ihre Wahrheiten allgemein erkennbar, einleuchtend und überzeugend darzustellen. Die meisten Theologen suchen nun dieser Aufforderung zu genügen, indem sie sowohl das Geschichtliche als das Dogmatische des Christenthums einer freyen, unbefangenen Prüfung unterwerfen. Sie untersuchen den Ursprung und die Geschichte der heiligen Bücher, über welche durch den Wahnglauben und die Gedankenlosigkeit der Alten manche Irrthümer eine Art von heiligem Ansehen erlangt haben. Sie legen sie mit Hülfe der fortgeschrittenen Sprachkenntniß und Geschichtsforschung frey und unbefangen aus. Sie prüfen mit dem Lichte der Bibelauslegung und der Philosophie die dogmatischen Festsezzungen der Concilien-Schlüsse und der protestantischen Bekenntnisse. Sie erforschen mit Hülfe der Seelenkunde die religiöse Natur des menschlichen Geistes, und erläutern dadurch die Bibellehre. Nun gibt es aber auch ängstliche und schwärmerische Theologen, welche diesen Forschungen Schranken setzen wollen, und manche Ergebnisse derselben für schädlich und dem Glauben zuwiderlaufend halten. Es ist wahr, manche der denkenden und forschenden Theologen, die man gewöhnlich Rationalisten oder Vernunfttheologen nennt, haben sich von einem einseitigen, absprechenden Verstande verleiten lassen, die Geschichte und Lehre des Christenthums so zu behandeln, daß dadurch nicht nur die Befangenheit der ungebildeten Christen, sondern auch das fromme Gefühl der wahrhaft Gebildeten verletzt worden ist; sie haben den heiligen Schimmer, der auf der Geschichte Christi liegt, mit roher Hand abstreifen wollen; sie haben der Glaubenslehre das Tiefe und Geheimnißvolle genommen, und ihre flache, einseitige Vernunftansicht für die Fülle der göttlichen Wahrheit verkaufen wollen. Aber im Ganzen sind die Bestrebungen der neueren Theologie wohlthätig und der Religion förderlich gewesen. Sie hat uns vom Buchstaben- und Formenwesen erlöst, ein lebendiges, tiefes Verständniß der Schrift geöffnet, und das Christenthum als Sache des Herzens und Lebens geltend gemacht. Ihr verdanken wir den Reichthum an gründlichen, lebendigen, geist- und gemüthvollen Predigten und Andachtsbüchern. Wäre die Theologie geblieben, was sie zu Anfang des 18ten Jahrhunderts war, so wäre das Christenthum in Zweifelsucht und weltlicher Gesinnung untergegangen; nur die neuere, so sehr verschrieene Theologie hat es gerettet. Denn selbst diejenigen Theologen, welche das alte System so viel als möglich zu halten suchten, und nicht in alle neueren Ideen eingingen, machten sich doch Vieles von der neueren Theologie eigen, und nahmen besonders an der besseren Sprach- und Geschichtsforschung Theil. Eine der wichtigsten Bestrebungen unserer Theologie ist es, das Verhältniß des Glaubens zur Wissenschaft zu bestimmen, und jenen vor den Zweifeln zu sichern, welche aus dieser zu entspringen pflegen. Und dieß thut sie durch Geltendmachung des Grundsatzes, daß der Glaube Sache des Gefühls ist, und zwar zu seinem Bewußtwerden eines klaren Verstandes bedarf, aber mit künstlichen Verstandes-Begriffen nichts zu thun hat; sie thut es dadurch, daß sie die Glaubenslehre von allem ihr aufgedrungenen wissenschaftlichen Wust reinigt, und sie in kunstloser Einfalt hinstellt; sie thut es dadurch, daß sie den Werth der, Herz und Einbildungskraft ansprechenden, die fromme Ahnung erweckenden, sinnbildlichen Bezeichnung der religiösen Wahrheiten geltend macht, und zuletzt auf Geheimnisse hinweist, welche stets in der Religionslehre bleiben, und allein geglaubt, nicht erkannt und durchschaut werden können. So befördert sie nicht dogmatische Gleichgültigkeit, aber wohl eine friedfertige, milde Unbefangenheit in Absicht auf dogmatisches Begriffs- und Systemwesen, diejenige Unbefangenheit, welche die wahren Frommen aller Zeiten gehabt haben, welche einsahen, daß das Christenthum nicht in Begriffen und Formen, sondern in der Kraft des Geistes und in der thätigen Liebe besteht.

Und so ist die in der Geschichte der christlichen Kirche ganz neue Erscheinung einer höchst lebendigen Beweglichkeit und Mannichfaltigkeit der Ansichten und religiösen Stimmungen, bey friedfertiger Duldsamkeit und brüderlicher Gemeinschaft, ohne sektirische Spaltungssucht, ins Leben getreten. Man streitet sich, und trennt sich doch nicht in der kirchlichen Gemeinschaft; ja, man vereinigt sich bey verschiedenen Glaubensmeinungen zu gemeinschaftlichen Werken christlicher Liebe und Wohlthätigkeit. Eine Frucht der neueren freysinnigen Duldsamkeit in Ansehung dogmatischer Unterschiede, ist die in Deutschland versuchte, und zum Theil vollzogene Vereinigung zwischen der lutherischen und reformirten Kirche. Und wenn die andern Sekten, wie die Wiedertäufer, Socinianer u. a., nicht in sich erstarrt wären, und an der neuen Bewegung der protestantischen Theologie Antheil nähmen: so wäre auch mit ihnen eine Vereinigung zu bewerkstelligen. Viele neuere protestantische Theologen nähern sich den socinianischen Meinungen, ohne darum verketzert zu werden, und ohne wirklich dem Geiste des Christenthums untreu zu seyn. Die Entstehung neuer Sekten aus dogmatischen Gründen ist in unserer Zeit nicht wohl mehr möglich. Der Geist der Freyheit regt sich, ringt und schaffet so lebendig, wie nie vorher; jeder Theolog hat seine eigenthümlichen Ansichten; jeder denkende Christ bildet sich seine Ueberzeugung frey aus: und doch will Keiner darum das Band der Kirchengemeinschaft zerreißen. Nur aus dem trüben Glaubenseifer der Ungebildeten, welche sich vom herrschenden Lichte geblendet finden, können Spaltungen hervorgehen, die jedoch nicht weit greifen werden, weil sie nirgends einen feindlichen Gegensatz finden, und weil sie von der Macht des Lichtes überwunden werden müssen. Besonders kann dieser Eifer an der öffentlichen Andachtsübung Anstoß nehmen, und sich veranlaßt finden, anderwärts die Befriedigung seines Bedürfnisses zu suchen. Von dieser Seite des Protestantismus haben wir nun noch zu reden.

Groß war die Umwandlung des Gottesdienstes, welche die Reformation herbeyführte. Alles ward abgethan, was nicht in der Schrift und dem Geiste des Urchristenthums gegründet war, wie die Messe und die Verehrung der Heiligen, und dasjenige dagegen zurückgeführt, was dem Geiste der Wahrheit und der lebendigen Frömmigkeit Nahrung und Erweckung gewährte. Das lebendige Wort, in Predigt, Gebet und Gesang, ward die Seele des neuen Gottesdienstes, wie es die einfache Andachtsübung der ersten Christen erfüllt hatte. Ausgenommen die alten urchristlichen Gebräuche der Taufe und des Abendmahls, wich fast alles Gebräuchliche und Sinnbildliche, alles, was die Anschauung und Einbildungskraft in Anspruch nehmen konnte. Die Einen waren hierin strenger, als die Andern. Die englische und lutherische Kirche blieb näher an den alten Formen stehen, die reformirte dagegen verwarf alles, was an den katholischen Gottesdienst erinnern konnte, selbst den Gebrauch der Orgel, obschon nicht durchgängig. Die Andacht ist zu sehr Herzenssache geworden, als daß die Sinne viel daran Antheil nehmen könnten.

In neuerer Zeit, wo die Predigtweise häufig ihre alte Kraft und Salbung verlor, und die Gemeinden ebenfalls nicht mehr den rechten Sinn für das einfache evangelische Wort bewahrt hatten, fühlte man oft eine unbefriedigende Leere im Gottesdienst: und so ließen sich viele Stimmen vernehmen, welche mehr sinnbildliche Feyerlichkeit forderten. Es ist wahr, wenn die Predigt nicht befriedigt, so bleibt eine große Lücke. Aber was wollte man dem Gottesdienste wiedergeben, was man nicht mit Recht verworfen hätte? Man hat sogar an die Wiedereinführung einer Art von Messe gedacht, wie denn unsere Zeit reich ist an oft sinnreichen, oft albernen Vorschlägen. Wer aber den Geist des Protestantismus und das Bedürfniß des religiösen Lebens kennt, wird an dem Grundsatze festhalten, daß die Predigt ein wichtiger und wesentlicher Bestandtheil des öffentlichen Gottesdienstes ist und bleiben muß; und die Zeit ist auch Gottlob! vorüber, wo eine falsche Theologie und Beredtsamkeit ihr die wahre Kraft und Würde entzog. Man fängt wieder an biblisch zu predigen, und das ist das einzige Mittel, dem Gottesdienste Haltung zu geben. Ist eine solche Predigt auch nicht geistreich und beredt, so spricht sie doch durch ihren biblischen Gehalt alle an, und erinnert an das, was in jedem Herzen wiederklingt, und was Niemand von sich weisen kann. Selbst der frey denkende Christ, wenn er nicht ganz dem Christenthum entfremdet ist, wird mit Achtung die einfache, ewige Wahrheit des Evangeliums hören.

Der Kirchengesang bedarf allerdings der Verbesserung. Fast möchte ich die Abschaffung der Orgel anrathen, weil sie dem Gesang eine falsche Stütze leihet, so daß er sich nicht ordentlich ausbilden kann, und weil so oft die Geschmacklosigkeit der Organisten mit Schnörkeln und unheiligen Weisen Störung bringt. Der vierstimmige Gesang ohne Orgel ist unstreitig weit schöner und erbaulicher, als ein schlechter Gesang mit mittelmäßigem oder stümperhaftem Orgelspiel. Wenigstens sollte man die Willkür der Organisten einer Aufsicht unterwerfen. Außer der Verbesserung des Gemeindegesangs sollte man auf die Aufstellung eines kunstreichen Chorgesangs, welcher mit jenem abwechselte, denken, damit theils der musikalische Sinn mehr befriedigt, theils mehr Abwechslung in den Gottesdienst gebracht würde.

Auch die Baukunst sollte und dürfte unsern Gottesdienst verschönern. Nichts erweckt und erhebt das Gemüth so sehr bey feyerlicher Versammlung, als eine angemessene Oertlichkeit; und doch hat der Geist des Protestantismus sich hierin bis jetzt noch ganz kalt und träg gezeigt. Außer den alt-katholischen Münstern, die uns übrig geblieben sind, die aber dem Zwecke protestantischer Versammlungen wenig entsprechen, ist nichts Bedeutendes und Würdiges im Kirchenbau bey uns aufzuweisen. Es bedürfte keiner riesenmäßigen Thürme, um dem Zwecke der Andacht zu genügen, und die Bestimmung des Gebäudes auch äußerlich würdig anzukündigen, mithin auch keiner unsere Kräfte übersteigenden Kosten; aber einfache, in großartigem Styl erbaute, dem Zwecke der Predigt und des Gesangs entsprechende, die Versammlung in einem einträchtigen Ganzen darstellende, Gotteshäuser sollte uns der fromme Gemeinsinn schaffen.

Endlich scheint mir wichtig, dem Gottesdienst mehr Beziehung auf das Leben, mehr Festlichkeit und Handlung, zu geben, dadurch daß man allen wichtigen kirchlichen und politischen Fällen eine öffentliche Feyer widmete. Die Con[illegible]-

mation sollte in der Regel eine öffentliche, kirchliche Feyerlichkeit seyn, und außerdem wären noch andere Jugendfeste zu wünschen, wie etwa die Feyer des Eintritts der erwachsenen Jünglinge in das bürgerliche Leben und den Kriegsdienst. Die Wahl der Volksvertreter, den Wechsel der obersten Staatsbeamten, das Andenken an wichtige vaterländische Begebenheiten, an Friedensschlüsse, entscheidende Siege u. dgl. sollte man kirchlich weihen, damit man stets an die Beziehung erinnert würde, in welcher die Religion mit dem bürgerlichen Leben steht, und damit der öffentliche Geist mehr Nahrung erhielte. Ein jährliches Fest zum Andenken an alle im Jahr verstorbenen Todten würde sicherlich viel Erbauung stiften. Man hat mit Recht behauptet, daß jede Predigt eine Gelegenheitspredigt seyn sollte: je mehr Gelegenheitliches also in den Gottesdienst gebracht würde, desto mehr gute Predigten würde man gewinnen. Alles, auch das Gebet, gewinnt an Kraft und Bedeutung durch eine lebendige, ansprechende Beziehung.

Gleichförmigkeit im Gottesdienst zwischen den verschiedenen Kirchen ist nicht nöthig zur Herstellung und Erhaltung der Gemeinschaft. Dagegen liegt aber auch in den wahren Bedürfnissen der protestantischen Gläubigen kein Grund, im Gottesdienst neue bedeutende Verschiedenheiten zu suchen, und somit Spaltungen zu veranlassen. Alle äußeren Formen sind für den wahren Christen als unwesentlich zu betrachten. Nur in dem Fall, daß in einer Kirche das Evangelium nicht mehr gepredigt würde, und die Geistlichen schlechterdings alles Vertrauen verloren hätten, würden sich die ächten Frommen veranlaßt sehen, sich vom gemeinsamen Gottesdienste zu trennen, und anderwärts die Befriedigung ihres Bedürfnisses zu suchen. Aber ein solcher Grund zur Trennung kann immer nur vorübergehend seyn, und nie hinreichen, eine Spaltung zu machen. Fühlt man sich durch die öffentliche Andachtsübung nicht befriedigt, so suche man in der häuslichen Erbauung Ersatz, oder vereinige sich mit Gleichgesinnten zu Privat-Versammlungen, durch welche die öffentliche Gemeinschaft nicht gestört wird, wenn keine feindselige Gesinnung gegen diese, und keine Ueberspannung darin herrschend wird. Es ist sogar zu wünschen, daß solche Privat-Versammlungen recht häufig werden, und so eine freye Mannichfaltigkeit in der Einheit des gemeinsamen Kirchenlebens erscheine.

Die schönste, allgemein ansprechende Seite des Protestantismus ist das *sittliche Leben*, das er in seinem Schooße erzeugt hat. Wie der freye Geist des Glaubens und der Andacht alle falschen, todten Lehrmeinungen und Gebräuche, so zerstörte der freye, lebendige Geist der Liebe alle Werkheiligkeit, alle todten Uebungen, alle unfruchtbare, weltverachtende Ueberspannung, und durchdrang das Leben mit einer schöpferischen, heiligenden Kraft. Es wurde die Ansicht herrschend, daß die christliche Sittlichkeit, anstatt sich mit dem bürgerlichen und häuslichen Leben in Zwiespalt zu setzen, wie sie es im Mönchsleben der Katholiken und der Ehelosigkeit der Geistlichen gethan hatte, sich mit ihrer thätigen Kraft in demselben bewähren müsse. So wie die Kirche sich mehr oder weniger mit dem Staate befreundete, sich ihm unterwarf oder mit ihm verband: so schwand auch die Scheidewand zwischen kirchlichem und weltlichem Leben. Die Christen waren vielleicht nicht mehr so eifrige Kirchenglieder und Anhänger der Geistlichkeit, aber desto fleißigere, thätigere, redlichere Bürger, desto treuere Familienglieder. Die Kirchenzucht verlor sich, oder übte doch wenig Einfluß mehr; dafür bildete sich aber eine mächtigere Wächterin der Sittlichkeit, die öffentliche Meinung, die herrschende sittliche Gesinnung. Ein öffentliches bürgerliches Leben bestand nicht überall, am wenigsten in Deutschland: daher gediehen die öffentlichen Tugenden weniger, als die des Berufs- und häuslichen Lebens. Letzteres bildet offenbar den schönsten Theil des protestantischen Lebens. Häusliche Eintracht, Zärtlichkeit und Anmuth, verständige Sorge für die Erziehung der Kinder, sind herrschende Vorzüge der Familien. Auch die Regierungen belebt ein lobenswerther Eifer für die Beförderung der öffentlichen Erziehung. Und wie eine gute Erziehung darin besteht, daß sie einen lebendigen Geist im Menschen weckt, so offenbart sich in unserer Zeit wie vielleicht noch in keiner, der Eifer der Erwachsenen, sich fortwährend selbst zu erziehen, sich auszubilden und zu vervollkommnen. Vielleicht ist in diesem Bestreben eine gewisse Einseitigkeit herrschend, die nämlich, sich vorzüglich von Seiten des Verstandes auszubilden; aber sie wird sich gewiß immehr mehr ausgleichen, und es ist schon viel gewonnen, wenn nur Selbstthätigkeit vorhanden ist, aus welcher sich am Ende alles Gute entwickeln muß. Die ungeheure Beweglichkeit und die immer mehr zunehmende Volksmäßigkeit des Schriftwesens im protestantischen Europa, woran von katholischen Ländern nur die katholischen Theile Deutschlands und Frankreich Theil nehmen, ist gewiß ein gutes Zeichen des Volksgeistes. Auch die öffentlichen Tugenden, Gemeinsinn und Gemeinnützigkeit, werden in dem Grade sich ausbilden, als im Staatsleben sich Formen für die Gemeinschaft gestalten werden. Noch hegen manche monarchische Regierungen eine unverständige Furcht vor dem sich regenden Geiste der Gemeinschaft, und versagen ihm die For men und den Wirkungskreis; aber sie werden endlich der andringenden Gewalt desselben nachgeben, und sich zuletzt Glück wünschen, nachgegeben zu haben. Dann wird erst der Geist der christlichen Sittlichkeit sich in großartigen Wirkungen offenbaren. Denn noch hängt uns die Selbstsucht, der engherzige Sinn der Häuslichkeit, an, und lähmt die Kraft der sittlichen Begeisterung, daß sie sich nicht in großen, gemeinnützigen Thaten schöpferisch offenbaren kann.

Werfen wir nun, wie wir bisher immer bey allen Haupterscheinungen der Religion gethan, einen Blick auf die Verhältnisse des im Protestantismus zur Erscheinung gekommenen Christenthums zu den mit der Religion zusammengrenzenden Lebensgebieten: so finden wir, daß ihr Verhältniß zur Wissenschaft reiner als je herausgebildet ist. Diese hat sich freyer und allseitiger, als selbst bey den Griechen, ausgebildet, und es ist alle Verwirrung mit der Religion aufgehoben. Die Theologie streitet noch in sich selbst, in wie weit sie den Gebrauch der Wissenschaft in ihr Gebiet zulassen, und den Glauben dadurch aufklären soll; aber es fällt ihr nicht mehr ein, der weltlichen Wissenschaft Gesetze vorzuschreiben oder ihr Schranken zu setzen. Von Zeit zu Zeit haben sich zwar von Seiten der Theologen Besorgnisse über den Gang, welchen die Philosophie nahm, ausgesprochen, die auch nicht immer ohne Wirkung geblieben sind; aber wir dürfen fest hoffen, daß solche Mißverständnisse nicht mehr vorkommen werden, zumal da die Philosophie in ihrer neuesten Ausbildung eine der Religion günstige Richtung genommen, und ihre Rechte anerkannt hat. Die Sprach-, Geschichts- und Naturforschung haben in der neueren Zeit die überraschendsten Fortschritte gemacht, und bewegen sich immer freyer, ohne irgend vom frommen Glauben beengt zu werden, obschon die letztere manche alte fromme Vorurtheile zerstört hat. Die Sprach- und Geschichtsforschung wird von der Theologie allgemein als eine ihrer kräftigsten Stützen anerkannt, indem sie ihrer Hülfe die Beförderung der Reformation zu verdanken hat, und ohne sie die Bibelauslegung und Kirchengeschichte nicht mit Erfolg betreiben kann. Das Studium des klassischen Alterthums, durch welches wir den Geist der griechischen und römischen Bildung als einen erfrischenden Quell in unsere europäische Bildung überleiten, wird von der Theologie nicht nur nicht gemißbilligt, sondern sogar eifrig empfohlen: und so hat sich das Christenthum mit dem edlen Heidenthum zum freundlichen Bunde vermählt.

Ein Gebrechen des protestantischen Lebens ist vielleicht, daß Kunst und Dichtung sich noch zu wenig der Religion befreundet haben. Die bildenden Künste haben sich fast ganz in das weltliche Leben gezogen, nachdem der Bilderdienst aufgehört hatte die Mahlerey zu begünstigen, und die geistigere Richtung der Andacht das Bedürfniß heiliger Bauwerke einschlummern ließ. Die geistliche Musik der Protestanten hat Großes geliefert, aber ihre Schöpfungen werden wenig, und nur als ein Luxus der gebildeteren Klasse, genossen; der öffentliche Gottesdienst macht fast gar keinen Gebrauch davon. Dagegen buhlt die Opern- und Concert-Musik um die Gunst des großen Haufens, und vergeudet ihre Kraft im Dienst der Mode- und Genußsucht. Die Dichtung hat sich auch fast ganz dem weltlichen Leben zugewandt, und ist in den Dienst der Unterhaltungssucht getreten. Die Nachahmung der Alten hat ihr zum Theil an ihrer Eigenthümlichkeit und Ursprünglichkeit geschadet, zum Theil einen Anstrich von heidnischem Geist gegeben; auch fehlt ihr oft der Ernst und die Unschuld der Sitten. Aber troß allen ihren Fehlern ist in ihr ein so lebendiger Sinn für die Schönheit der Natur, für das Eigenthümliche und Innige des gemüthlichen Lebens, für Gesinnung und Charakter, und eine so edle, warme Begeisterung, verbunden mit so viel Frischheit und Gestaltungskraft der Darstellung, aufgeblüht, daß die Welt noch nichts Aehnliches hat entstehen sehen, und daß selbst die Meisterwerke der Griechen übertroffen sind. Es ist offenbar der lebendige, sittliche, innige Geist des Christenthums, der sich, obschon in weltlichen Formen, in der neueren, zumal der deutschen, und vor allen in der Schillerschen Dichtung ausspricht; und wenn dieser Geist einst so unter dem Einflusse der verjüngten protestantischen Theologie und der von ihr ausgehenden religiösen Begeisterung schaffen wird, wie er bisher unter dem Einflusse des wissenschaftlichen Geistes geschaffen hat: so wird er sich auch in würdigen geistlichen Hervorbringungen offenbaren, und den Bund der Religion und Dichtung herrlicher als je erneuern. Dann werden auch die übrigen Künste sich wieder unter das Panier der Religion stellen, und das religiöse Leben verherrlichen helfen.

Was das Verhältniß zum Staate betrifft, so ist dieser durch den Protestantismus für immer der geistlichen Vormundschaft entlassen, und allen hierarchischen Eingriffen auf die Staatsregierung ist ein Ende gemacht. Calvins theokratisches Walten in Genf war nur eine vereinzelte Erscheinung, und trübt keinesweges den Geist der ganzen Kirche, um so weniger, da es ganz sittlicher Art war. Aber indem sie den Staat frey gab und sich selbst überließ, wirkte sie nur desto mächtiger auf ihn, und hauchte ihm denselben Geist ein, der sie beseelte, den Geist des Lichtes, der Freyheit und der Thatkraft: wodurch das, was das Urchristenthum gewollt hatte, die Herstellung eines gerechten, freyen, des Christenlebens würdigen Staatswesens, ins Werk gesetzt wurde. Wir wollen zwar die Riesenschritte, welche das Staatswesen in seiner Ausbildung seit der Reformation gethan hat, nicht alle dem Protestantismus zuschreiben; es kamen mehrere Umstände zusammen, welche vortheilhaft einwirkten, besonders der größere Schwung, den der Handel nahm, und die neue Wendung des Kriegswesens durch den Gebrauch des Schießpulvers. Aber die Hauptursache aller Verbesserungen liegt doch immer in der geweckten und gehobenen Geisteskraft, und diese gehört dem Protestantismus. Es bildete sich nunmehr zuerst eine ordentliche Regierungs-Wissenschaft, da die Regenten vorher nur aus dunkeln Trieben, und meistens aus Leidenschaft gehandelt hatten; das ganze Staatswesen gewann eine regelmäßigere Gestalt und eine geistigere Richtung. Freylich ward aus der Regelmäßigkeit auch wohl Mechanismus, und die bessere Uebersicht, die man über das Regierungswesen gewann, begünstigte auch den Despotismus. Nicht alle protestantischen Regierungen waren von dem freysinnigen Geiste der Liebe zum Volke beseelt, und manche benutzten die bessere Regierungskunst, um es desto mehr zu drücken und auszusaugen. Aber alles dieses gehört nur zu dem Durchgange vom Mittelalter zu einem bessern Zustand der Dinge, welcher schon jetzt beginnt. Die Philosophie wandte ihre freysinnigen Forschungen ebenfalls dem Staatswesen zu, und bearbeitete mit Glück die Wissenschaft der Gesetzgebung und Staatsverwaltung. Auch hier zeigt sich eine Schattenseite in dem Haschen nach leeren Theorien und Hypothesen, welche nicht selten der widerstrebenden Wirklichkeit aufgedrungen werden sollten. In der französischen Revolution zeigte sich dieser Schwindelgeist neben einem tiefen Ernst, das Staats- und Volksleben zu bessern, dem wir auch schon manche glückliche Veränderung verdanken. In keiner Zeit ist so viel gedacht, gestrebt und umgeschaffen worden, als in der Zeit nach der Reformation; noch nie hat sich der christliche Geist der Freyheit so lebendig geregt, und wir dürfen hoffen, daß er sich immer mehr von aller Vermischung mit dem unlauteren Geiste der Welt reinigen, und dann noch bessere Schöpfungen hervorrufen wird.

Während aber das Verhältniß des Staates zur Religion und Kirche in Beziehung auf ihn selbst als ein rein selbständiges entschieden ist, schwankt es noch in Beziehung auf die Kirche, welche meistens dem Staate untergeordnet, anderwärts unabhängig neben ihn gestellt ist, und worüber die Ansichten noch sehr unklar und verschieden sind. Darüber, wo möglich, die rechte Aufklärung zu geben, ist die Aufgabe, die uns noch übrig ist.

Ein und zwanzigste Vorlesung.

Ueber das Verhältniß der Kirche zum Staat.

In Ansehung ihrer Verfassung und ihres Verhältnisses zum Staate, bietet die protestantische Kirche dieselbe Mannichfaltigkeit dar, wie in der Glaubenslehre und im Gottesdienste, ja, es finden sich in jener Hinsicht noch größere Verschiedenheiten und Abstände. Und wie die Verfassungen selbst, so sind auch die Meinungen über diesen Gegenstand sehr verschieden. Während manche Gottesgelehrte Deutschlands neuerlich wieder die Lehre von der Abhängigkeit der Kirche vom Staate vertheidigen, vermöge deren der protestantische Fürst das Recht haben soll, der Kirche liturgische Formen vorzuschreiben, erheben Andere ihre Stimme für die Unabhängigkeit der Kirche, und es scheint daß die Ansicht der Freysinnigen sich immer zu dem System unbedingter Religions-Freyheit hinneigt, welches in den vereinigten Staaten von Nordamerika besteht.

Die Lösung der Streitfrage über das Verhältniß der Kirche zum Staate, kann entweder in abgezogener Allgemeinheit aus den Grundsätzen, die sich aus der Natur des

Staats

Staats und der Kirche ergeben, oder in bestimmter Beziehung auf einen irgendwo bestehenden Zustand der Dinge versucht werden, so daß man entweder die Forderung aufstellt, wohin es durch die fortschreitende Bildung endlich kommen soll, oder daß man das unter gegebenen Umständen zunächst Erreichbare und Wünschenswerthe aufzeigt. Wir ziehen den zweiten Standpunkt vor, müssen uns jedoch ebenfalls von den allgemeinen Grundsätzen insoweit leiten lassen, daß wir nichts aufstellen, was geradezu mit denselben streitet.

Ein unbestreitbarer Grundsatz, der geradezu aus dem Protestantismus fließt, ist der der Gewissensfreyheit, daß Niemand in dem Bekenntniß seiner religiösen Ueberzeugung und in der Uebung seiner Andacht in Gemeinschaft mit Gleichgesinnten gestört werden darf. Die Religion, wie sie im Christenthum und im Protestantismus ins Leben getreten ist, ist Sache des Herzens und Gewissens; und über das Gewissen darf keine weltliche Macht herrschen. Schon die Priesterherrschaft ist verwerflich; wenn indeß das Volk noch nicht zum Gefühl und Bedürfniß der Freyheit erwacht, und zwischen ihm und der Priesterschaft, die es beherrscht, noch kein Zwiespalt entstanden ist: so leidet es doch durch sie keinen eigentlichen Gewissenszwang, obschon es auch nicht im Genusse der Freyheit ist. Wo aber die Gewissensfreyheit erwacht ist, wie im Protestantismus, da kann es am wenigsten der weltlichen Macht, welche als solche gar kein Urtheil hat über die religiöse Wahrheit, erlaubt seyn, zwingende Anordnungen und Gesetze für das religiöse Leben zu geben. Einem Jeden leuchtet es ein, daß es widersinnig seyn würde, wenn ein Fürst oder eine Rathsversammlung befehlen wollte, was man zu glauben, wie man von Gott und göttlichen Dingen zu denken habe. Eben so gut könnte man befehlen, sich zu einer gewissen Philosophie zu bekennen, gewisse Gedichte und Musikstücke schön zu finden. In der That ist es auch schon vorgekommen, daß der Hof in solchen Dingen Parthey genommen, und einen partheyischen Einfluß ausgeübt hat; allein so weit ist der Unsinn noch nicht gediehen, daß man förmliche Befehle darüber gegeben, oder diejenigen bestraft hätte, welche sich dem Hofgeschmacke nicht fügen wollten. Nur in Ansehung der Religion ist man so weit gegangen, zu gebieten und zu verbieten, was seiner Natur nach Sache der freyen Ueberzeugung ist, und selbst blutige Strafen über die Widerspenstigen zu verhängen. Es würde unbegreiflich seyn, wie man zu solchen entsetzlichen Mißgriffen habe kommen können, wenn man nicht wüßte, daß der fromme Eifer, zumal in befangenen Gemüthern, sehr leicht den Ungestüm und die Gewaltthätigkeit der Leidenschaft annimmt, und daß solche gewaltthätige Maßregeln fast immer mittel- oder unmittelbar von einer Priesterschaft ausgegangen sind, welche sich ihre lang geübte Herrschaft nicht rauben lassen, oder sie wieder gewinnen wollte, wenn sie verloren war. Dergleichen Gewaltthätigkeiten sind von protestantischen Regierungen nicht zu fürchten; jedoch schreckt die Möglichkeit des Falls, daß ein protestantischer Regent von seiner Kirche abfallen, und der Verfolger oder Bedrücker derselben werden könnte; und es ist rathsam, die Freyheit der Kirche zu sichern. Auch gehen selbst von gutgesinnten protestantischen Regierungen Maaßregeln aus, welche sich nicht wohl mit der Gewissensfreyheit vertragen. Glaubensformeln schreibt man nicht vor, aber wohl Gebetsformeln, Feste und andere Bestimmungen für den öffentlichen Gottesdienst, ohne daß immer darüber vorher die gehörige Berathung mit den Geistlichen gepflogen worden. Man folgt in dieser Hinsicht dem Beyspiele der ersten protestantischen Regierungen, welche, nicht immer mit zarter Schonung der Form, die neue Gestalt der Kirche einführten; aber diese handelten aus einer allgemeinen Geistesbewegung, welche auch das Volk mehrentheils ergriffen hatte, und was sie thaten, war nichts als der Ausdruck der gemeinsamen Ueberzeugung. In unserer ruhigern Zeit hingegen, wo leicht Eigensinn und Willkür die Regierungen leiten kann, ist es nöthig, daß man die Rechte der Kirche abgrenze und sichere.

Aus dem Grundsatze der Gewissensfreyheit scheint am natürlichsten das System einer völligen Unabhängigkeit der Kirche vom Staate, wie es in Nordamerika besteht, abgeleitet zu werden. Dadurch ist allen Eingriffen der Regierung in das Kirchenleben mit einem Male vorgebeugt, und die Gewissensfreyheit vollkommen gesichert. Die Regierung verhalte sich mit vollkommener Unpartheylichkeit und Gleichgültigkeit gegen die Religion, sey, als solche, ohne Religion, lasse einen Jeden selbst für die Befriedigung seines religiösen Bedürfnisses sorgen: und aller Streit zwischen Staat und Kirche wird abgethan, und der letzteren ihre Freyheit gesichert seyn.

Aber dieses System scheint mir doch nicht vollkommen begründet, und von sehr großen Gefahren und Nachtheilen begleitet zu seyn.

Nehmen wir auch zuvörderst den Staat für weiter nichts, als für eine Rechtsanstalt: so scheint mir selbst so die Forderung, daß die Regierung als solche sich gegen die Religion gleichgültig verhalten, und keine Religion haben soll, ganz unstatthaft zu seyn, und in der Luft zu schweben.

Die Aufgabe des Staates, Freyheit, Recht und Frieden zu schützen, kann ohne Liebe zur Freyheit und Gerechtigkeit nicht gelöst werden; diese aber haben ihre Quelle in der Sittlichkeit und Religion. Daß es eine von dieser unabhängige, gesellschaftliche Sittlichkeit gebe, die sich durch das Staatsleben selbst erhalte und fortbilde, ist eine Behauptung, welche sowohl mit der Geschichte als mit der Wissenschaft in Widerspruch steht. Alle Staaten haben einen theokratischen Ursprung gehabt, und alle Sittlichkeit entspringt aus dem religiösen Gefühl, aus dem sie auch fortwährend Nahrung zieht. Können wir schon die Theokratieen des Alterthums nicht zurückwünschen, so bleibt doch auch für uns die Idee gültig, daß der Staat der Abdruck und die Verwirklichung des Reiches Gottes, und gleichsam der Leib desselben seyn soll, so daß er ganz vom religiösen Geist belebt und durchdrungen sey. Bey uns ist die Rechtskunde und Staatsweisheit nicht, wie bey den Alten, ein unmittelbarer Ausfluß der Religion, sondern Sache des denkenden Verstandes und der vernüftigen Einsicht. Wir ordnen die Staatseinrichtungen nach den Grundsätzen der Erfahrung und Wissenschaft, und fragen darüber kein Orakel um Rath, bedürfen auch keiner Eingebung durch religiöse Offenbarung. Allein deßwegen verfahren wir doch nicht unabhängig von der Religion. Die Vernunft ist nichts ohne den göttlichen Funken, den sie in sich trägt, ohne die höhere Begeisterung, welche das Gemüth erfüllt; und ein Volk würde trotz aller Vernunftbildung auf einen falschen Weg gerathen, wenn diese Begeisterung in ihm erstürbe. Alle noch so klug berechneten Verfassungsformen helfen nichts ohne den guten Geist der Gerechtigkeit; der Eigennutz, die Unehrlichkeit, die Tücke können sie umgehen und durchbrechen. Ohne öffentliche Tugenden, ohne Friedfertigkeit, Uneigennützigkeit, aufopfernde Hingebung, Vaterlandsliebe, kann kein Staatsleben bestehen, aber eben so wenig können diese Tugenden ohne die Religion bestehen. Ja, die Achtung der religiösen Rechte selber, welcher dieses System der vollkommenen Religionsfreyheit seinen Ursprung verdankt, und ohne welche es nicht bestehen kann, ist nichts als ein Ausfluß der geläutertsten religiösen Gesinnung. Damit eine Regierung, wie dieses System fordert, als solche ohne Religion seyn könne, muß sie persönlich gerade sehr religiös seyn.

Diejenigen, welche dieses System vertheidigen, befinden sich in einer Art von Selbsttäuschung. Vermittelst der religiösen und politischen Aufklärung, welche unserer Zeit zu Theil geworden, hat es dahin kommen können, daß die Religionsfreyheit von Schriftstellern empfohlen, und von einer Regierung ins Werk gesetzt worden ist. Fälschlich aber meinen sie nun, dieses System rein auf sich selbst und die Vernunft stellen zu können, da es doch, ein Kind der Religion, besonders des Protestantismus, nicht ohne deren mütterliche Ernährung und Pflege bestehen kann. Unter der Herrschaft des Katholicismus hätte es nie aufkommen können, noch weniger außer dem Christenthum: wie soll es nun möglich seyn, es von seiner Quelle abzulösen? Wir sehen freylich mit der Vernunft die Zweckmäßigkeit und Gerechtigkeit, ja selbst den Vortheil dieses Systems ein; aber deßwegen können wir dafür die Gewährleistung der Religion nicht entbehren.

Gesetzt, in einem monarchischen Staate wäre die Herrscherfamilie einer unduldsamen Sekte zugethan, oder stände unter dem Einflusse einer herrschsüchtigen Priesterschaft, welche die Volksfreyheit haßte: würde sie nicht die bestehenden frey sinnigen Gesetze und Einrichtungen zu untergraben suchen? und was würde dann der Buchstabe der Verfassung helfen? Selbst durch eine republikanische Verfassung würde der Gefahr nicht genug vorgebeugt. Eine unduldsame, unfreysinnige Sekte könnte die Mehrheit in der Regierung für sich gewinnen, und sich eine solche Gewalt verschaffen, daß die freysinnige Verfassung über den Haufen geworfen würde. Wenigstens könnte durch den Streit der Sekten eine solche Uneinigkeit in die Regierung kommen, daß die großen Angelegenheiten der Freyheit darunter litten.

Sonach kann der Staat, selbst als bloße Rechtsanstalt, nicht ohne den wohlthätigen Einfluß der Religion auf die Gemüther bestehen. Aber auf das rechtliche Gebiet und was damit zunächst zusammenhängt, können wir den Staat und die Verrichtungen der Regierung nicht einschränken. Ein Staat, dessen Regierung, (worunter wir die lebendige Vertretung des Volkes, das Organ seines besseren Geistes, verstehen) keinen Einfluß auf die Erziehung und Volksbildung, auf Wissenschaften und Künste hat, scheint mir der wahren Idee des Staates nicht zu entsprechen, und in ihm wird sich der Volksgeist schwerlich zu einer höheren Blüthe entwickeln. Die Erziehung und Volksbildung wird, wenn sie dem Privatleben überlassen bleibt, aus Mangel an Nahrung kränkeln, und keinen großartigen Charakter gewinnen. Hinwiederum entgeht aber auch dem Staatsleben selbst eine heilsame Rückwirkung aus diesen geistigen Lebenszweigen. Wo nichts öffentlich ist, als die eigentlich rechtlichen und politischen Einrichtungen, da kann die Vaterlandsliebe nicht den hohen Schwung gewinnen, wie da, wo das Vaterland die Pflegerin alles Guten und Schönen ist; ein Staat aber ohne begeisterte Vaterlandsliebe ist nichts. In der That wird auch von unsern Freysinnigen dem Staate die Leitung und Beförderung des Bildungswesens nicht abgesprochen, wenigstens nicht so entschieden, wie das Religionswesen: wie denn auch in Nordamerika die Schulen, zum Theil wenigstens, vom Staate abhangen. Nun aber ist klar, daß die Erziehung und Bildung unter dem unmittelbarsten Einflusse der Religion steht, und daß eine Regierung in ihrem Einfluß darauf schlechterdings nicht ohne die Partheylichkeit für eine Religions-Ansicht zu denken ist. Man lasse einen Katholiken und einen Protestanten einen Schulplan entwerfen: wie sehr werden sie von einander abweichen! Man lasse sie dasselbe philosophische oder geschichtliche Thema behandeln: wie verschieden wird die Lösung ausfallen! Ist die Verfassung eines Staates, der mehrere Sekten in sich schließt, monarchisch, so wird die eine Sekte sich des Geistes der Regierung und somit des Einflusses auf das Schulwesen bemächtigen; ist sie hingegen republikanisch, so wird ein zwiespältiges, unentschiedenes Wirken in dieser Hinsicht, ein fruchtloses Hin- und Herwanken, die Folge des getheilten religiösen Zustandes seyn.

Somit hoffe ich überzeugend dargethan zu haben, daß die Forderung, die Regierung solle in Absicht auf das religiöse Leben ganz unpartheylich und von jedem Einflusse der Religion unabhängig seyn, unerfüllbar ist, und daß mithin der Staat nicht rein vom Religionswesen zu trennen ist. Ich lasse nun noch einige untergeordnete Einwürfe gegen das System der unbedingten Religionsfreyheit folgen.

Es gibt Sekten, welche ein dem Staate feindseliges oder doch ungünstiges Princip in sich tragen. Dieß ist der Fall mit denjenigen, welche ihren Bekennern nicht erlauben, die Waffen zu tragen und Aemter zu bekleiden. Soll es dem Staate gleichgültig seyn, wenn diese sich mehren, und seinem thätigen Dienste eine Menge Köpfe und Arme entziehen? Könnte er bestehen, wenn Alle sich zu solchen Grundsätzen bekennten? Die Juden bilden keine rein religiöse, sondern eine volksthümliche Sekte, und können, wenn sie ihrem Glauben treu bleiben, nie gute Bürger eines Staates seyn, dessen Kern christlich-europäisch ist. Mit ihren Gedanken und Hoffnungen leben sie in Palästina, und werden nie in Europa ganz einheimisch werden. Sie halten sich für das auserwählte Volk Gottes, und betrachten alle anderen Völker als ihre Feinde, über welche sie noch einst zu siegen hoffen. Ihre Gesichtsbildung ist und bleibt fremdartig; sie vermischen sich nicht mit den Europäern, und selbst ihre Sprache behält immer einen fremden Anklang. Was würde aus einem Staate werden, wenn auch nur ein Drittheil seiner Bürger zu diesem Volke gehörte, und somit ein fremdes Princip in sein Leben eindränge? Ein reiner Volkscharakter könnte sich nicht ausbilden; kein Gemeingeist, der über den Eigennutz hinausginge, könnte so verschiedenartige Bestandtheile organisch durchdringen. — Selbst die katholische Religion schließt, streng genommen, ein dem Staate feindliches Princip in sich. Ein Staat soll, um der Idee seines Wesens ganz zu entsprechen, den Schwerpunkt seines Daseyns in sich selbst tragen. So wie er nicht von außen her die nothwendigsten Lebensbedürfnisse ziehen, sondern sie selbst erzeugen soll; wie er nicht von einer fremden Macht Gesetze empfangen, und sich nicht die Maßregeln seines Verhaltens in Ansehung von Krieg und Frieden, Handel und Verkehr vorschreiben lassen soll: so soll auch das geistige, namentlich das religiöse, Leben seines Volkes auf seinen eigenen Grundlagen ruhen, und nicht auswärts seine

Quelle oder seinen Stützpunkt haben. Nun aber ist die katholische Kirche in diesem Falle. Außer den geschichtlichen Grundlagen, die sie mit allen andern christlichen Bekenntnissen theilt, und welche der Volkseigenthümlichkeit nicht schaden können, hat sie noch einen äußerlichen Stützpunkt in Rom, in einer geistlichen Behörde, welche einem fremden Volke angehört, und deren Herrschsucht und Anmaßlichkeit durch die Geschichte bewährt genug ist. Von ihr empfängt der Katholik Gesetze und die Obern seiner Kirchengemeinschaft; ihr schenkt er ein Zutrauen, welches jede andere rechtlich-sittliche Verbindung überwiegt. Es ist vor Zeiten geschehen, daß der Pabst die Unterthanen von der Pflicht des Gehorsams gegen ihren Fürsten losgesprochen, und somit die Bande des Staats zerrissen hat. Die Geschichte zeigt, welchen schädlichen, verwirrenden Einfluß der päbstliche Stuhl auf das Staatsleben Deutschlands ausgeübt, und daß er es vorzüglich verschuldet hat, daß dieses Reich in Anarchie versunken, die kaiserliche Macht zu einem Schattenbild geworden, und das Ganze sich in eine Menge von Staaten aufgelöst hat. Deutschland war nicht unabhängig, und hatte seinen geistigen Schwerpunkt nicht in sich selbst, weil das Volk einem fremden, menschlichen Ansehen mit blindem Glauben ergeben war; die unglückliche Wahlverfassung bot der römischen Arglist, Hab- und Herrschsucht einen erwünschten Spielraum für ihre Ränke dar; dazu kam die Reformation, wo der Geist der Freyheit und Unabhängigkeit mit dem alten Gewohnheits- und Knechtssinne in Kampf trat, und dieser von Rom nicht lassen wollte: und so mußte das Reich in sich zerfallen. Man wird sagen, die Zeiten, wo dem römischen Stuhle solche Anmaßungen gelangen, seyen längst vorüber, und werden nicht wiederkehren. Aber wenn es sich um Grundsätze handelt, so fragt sich nicht, was geschehen wird, sondern was geschehen kann vermöge der Grundsätze. Der römische Stuhl hat noch nichts von dem bereut, was er ehedem gethan hat, und seine Grundsätze sind noch dieselbigen. Wäre die katholische Kirche nicht in sich abgestorben, so würde die Macht des Pabstes noch die alte seyn. Und wer steht uns dafür, daß nicht wenigstens für eine gewisse Zeit und in dem einen oder andern Volke die Bildung einen solchen Rückschritt nimmt, daß der alte Geist wieder erwachen kann? Gibt es nicht eine mächtige Parthey, welche alles anwendet, um ihn wieder zu erwecken? Noch ist die Erfahrung nicht gemacht, ob eine freye Verfassung des Staates sich mit dem Geiste der katholischen Kirche verträgt. Aristokratische, oligarchische Republiken haben in ihrem Schooß bestanden; auch besteht die alte ländliche Freyheit der demokratischen Orte der Schweiz, gewährleistet durch die unwandelbare Einfachheit der Lebensweise ihrer Bewohner, und die Unbedeutendheit ihres politischen Daseyns. Aber ob in einem großen Volke Katholicismus und verfassungsmäßige Freyheit neben einander bestehen könne, unterliegt noch dem Zweifel; denn die katholische Hierarchie geht auf die Unterdrückung des Volkes aus, zunächst im Religiösen, dann aber folgerichtig auch im Politischen, weil die Freyheit in dem einen Gebiet auch die im andern mit sich führt, und das Selbstdenken, was dem katholischen Volke versagt ist, durch nichts so sehr geweckt wird, als durch den thätigen Antheil an den öffentlichen Angelegenheiten. Welches sind die Feinde der Verfassung in Spanien und Portugal? es sind die katholischen Priester und Mönche, und das von ihnen geleitete und aufgereizte Volk, das nicht weiß, was zu seinem Besten dient. Es entsteht nun mit

Recht der Zweifel, ob ein Staat aus richtigen Grundsätzen, und nicht vielmehr aus Leichtsinn und aus Gleichgültigkeit gegen den Einfluß der Religion auf das Leben, handelt, wenn er einer solchen Sekte, die ein dem Staatswesen und seiner freyen Entwickelung feindliches Princip in sich schließt, unbedingte Freyheit gestattet?

Die Sekte der Herrnhuter schließt wenigstens ein dem Staatswesen ungünstiges Princip in sich, ich meine das der Gleichgültigkeit für den Staat und der Entäußerung aller Volksthümlichkeit. Ein Herrnhuter ist mehr Weltbürger, als Staatsbürger. Er ist Mitglied einer Verbrüderung, welche sich über fast alle Theile der Erde erstreckt, und an keinen Staat und kein Volk gebunden ist; und wenn er ganz vom Geiste seiner Sekte durchdrungen ist, so kann er von keinem lebendigen Gemeinsinn für den Staat, in welchem er lebt, beseelt seyn. Uebrigens hat auch diese Sekte, wie die katholische, den Stützpunkt ihrer Gemeinschaft auswärts, und derjenige Staat, der sie duldet und Proselyten machen läßt, bringt seine innere Selbständigkeit in Gefahr. Natürlich gilt das Gesagte nur von den eigentlichen Mitgliedern der Brüdergemeinde, und nicht ganz von denen, welche ihr bloß als Freunde zugethan sind; aber selbst diese werden in der Regel nicht die thätigsten und gemeinnützigsten Bürger ihres Vaterlandes seyn, und sich der politischen Gleichgültigkeit mehr oder weniger schuldig machen.

Einen andern Einwurf gegen das System der unbedingten Religionsfreyheit bietet die Unduldsamkeit gewisser Sekten dar. Erkennt der Staat allen Religionspartheyen gleiche Rechte zu, so müßten auch diese von ihrer Seite das allen Menschen zustehende Recht, ihrer Ueberzeugung zu folgen, und somit sich gegenseitig anerkennen; widrigenfalls der

Staat das Princip des Zwiespaltes und des Unfriedens in der Gesellschaft anerkennt. Nun aber ist dem Geiste der jüdischen und katholischen Sekte tief der Grundsatz der Verdammungssucht eingedrückt. Die Juden halten alle anderen Völker für verworfen, und die Katholiken lehren, daß Niemand außer ihrer Kirche selig werden könne. Dieser Grundsatz ist nicht nur unfriedfertig, sondern löst alle Bande der Geselligkeit auf. In der Uebung erscheint er nicht immer so hart, das ist wahr; aber als Grundsatz wird er beständig geltend gemacht. Ist es nun nicht in sich widersprechend, der Unduldsamkeit, der Bekehrungs- und Verdammungssucht eine Freyheit zuzugestehen, die sie Andern nicht zugesteht?

Man kann mir einwenden, ich vermische die politische Duldung mit der religiösen; der Staat gestatte den Sekten die bürgerliche Freyheit der Religionsübung, und kümmere sich nicht um die religiöse Unduldsamkeit, welche der einen oder andern eigen sey; diese liege auf einem andern, dem religiösen Gebiete, und darum habe sich der Staat nicht zu kümmern. Aber das politische und religiöse Gebiet sind durch ein inneres Band, die sittliche Gesinnung, verbunden. Die Grundsätze des Rechtes hangen mit den sittlichen, und diese mit den religiösen zusammen, und zwischen allen dreyen muß Einklang seyn; der Staat kann nichts gebieten und nichts zugestehen, was unsittlich und gewissenswidrig ist. Eine katholische Regierung, die streng katholisch denkt, kann keine unbedingte Religionsfreyheit zugestehen, und diejenige, die es thut, hat sich entweder in diesem Punkt von dem System der römischen Hierarchie losgerissen, oder hat von ihr Erlaß erhalten, welcher jedoch in ihrem Sinne nur vorübergehend seyn kann. Der römische Stuhl gibt nie seine Grundsätze auf, und stellt nur zuweilen die Geltendmachung derselben aus, bis auf bessere Zeiten. Käme aber die Zeit, wo eine katholische Regierung, die bisher die Religionsfreyheit zugestanden, wieder streng römisch dächte, und sich mächtig genug fühlte, um das System der Unduldsamkeit durchzusetzen; so würde sie gewiß die früheren Zugeständnisse zurücknehmen, und damit nicht anders als folgerichtig handeln. Und so würde auch da, wo die Regierung gemischt ist, falls eine der unduldsamen Sekten die Oberhand erhielte, die Religionsfreyheit wieder umgestoßen werden. Dieses System ist, wie gesagt, protestantisch, und durch den Einfluß, den der Protestantismus auf die Zeit ausgeübt, selbst da ins Leben gerufen, wo der Katholicismus noch als Kirche herrschend ist, wie in Frankreich. Die philosophische Duldungslehre, welche sich durch die Revolution geltend gemacht hat, ist aus dem Protestantismus entsprungen, und nur insofern eine unächte Tochter desselben, als mit ihr die Gesinnung der Gleichgültigkeit gegen die Religion verbunden ist. Am deutlichsten erscheint der Ursprung des Systems der Religionsfreyheit aus dem Protestantismus in Nordamerika, wo es der fromme Penn zuerst geltend gemacht hat. Mithin steht die Sache so. Mittelbar oder unmittelbar ist es das protestantische Princip, das eine Regierung geltend macht, welche das System der Religionsfreyheit aufstellt. Indem sie es aber thut und dem Judenthum und Katholicismus etwas zugesteht, was diese nicht gegenseitig auch dem Protestantismus zugestehen, vergibt sie diesem etwas von seinem Rechte, und setzt sein politisches Daseyn in Gefahr, auf den möglichen Fall, daß die eine oder die andere dieser Sekten zur Vorherrschaft gelangte. Es ist eine Handlung der Großmuth von Seiten der Freygesinnten, diese Sekten-Freyheit zuzugestehen; sie vertrauen der Macht der Wahrheit und der Geistesfreyheit, und verachten die Tücke der Unduldsamkeit, welche im Schooße jener Sekten lauert, und hervorzubrechen drohet. Großmuth aber kann nie als ein Recht gefordert werden, und diejenigen haben Unrecht, welche die Religionsfreyheit aus dem Gesichtspunkte des Rechtes als allgemein nothwendig ansprechen. Jene Sekten können streng genommen nur unter der Bedingung Religionsfreyheit verlangen, daß sie allen den Grundsätzen feyerlich entsagen, welche staats- und gesellschaftswidrig sind; zu dieser Entsagung würde sich aber keine derselben verstehen wollen.

Von der Vielheit der Sekten in einem Staate und der gänzlichen Scheidung des Religions- und Staatswesens fürchte ich den Nachtheil, daß die Religion, wenigstens in manchen Sekten, ihre nothwendige Beziehung auf das Staats- und Volksleben vergessen, und unvolksthümlich, gleichgültig und kalt gegen das Vaterland werden möge. Die Diener und Mitglieder einer Staatskirche haben wenigstens weit mehr, als unabhängige Sekten, Veranlassung, den Geist der Anhänglichkeit an den Staat zu nähren. Was aber noch wichtiger ist: das Staatswesen wird ohne die Einheit des religiösen Lebens aller religiösen Weihen, aller vaterländischen Feste und Feyerlichkeiten entbehren. Solche Feste, wie die Hebräer und Griechen hatten, in welchen sich die Nation politisch religiös vereinigt fand, haben wir zwar nie in der Christenheit gehabt; aber wir kennen doch vaterländische Sieges- und Friedensfeste, deren erhebender Eindruck mehr bedeutet, als die thatenlose Andacht vieler Jahre. Wenn die höchsten menschlichen Angelegenheiten durch den Gedanken an Gott geweihet werden, wenn sich die Liebe zur Freyheit und Gerechtigkeit, die Begeisterung für das Vaterland mit dem frommen Gefühl durchdringen:

so ist dieß die lebendigste Erscheinung der Religion; Himmlisches und Irdisches, Gefühl und That schlagen zündend zusammen, und ein neues höheres Lebensfeuer ergießt sich in die Masse des Volkes. Solche Feste aber können nur bey der Einheit der Religion den rechten Charakter gewinnen, und starke Eindrücke hervorbringen. Der Gläubige und der Staatsbürger muß nicht als etwas Verschiedenes betrachtet werden, Alle müssen an denselben Feyerlichkeiten Theil nehmen: nur dann verschmelzt sich das religiöse und vaterländische Gefühl zu einem, und kann das Gemüth recht erheben.

Noch ist ein nicht unwichtiger Einwurf gegen das System der Religionsfreyheit zurück. Wenn der Staat sich von aller Verbindung mit dem Religionswesen lossagt, und es seinen Bürgern gänzlich freystellt, zu welcher Sekte sie sich halten wollen: so kann sich zwar eine jede derselben frey entwickeln, aber keine darf eine Unterstützung vom Staate genießen, wie dieses auch in Nordamerika der Fall ist, wo die Bedürfnisse des Kirchenlebens ganz allein von den Bürgern selbst bestritten werden. Aber wir haben kürzlich die Beweise gesehen von den nachtheiligen Folgen, welche aus einer solchen Einrichtung entspringen. Die dortigen deutschen Protestanten haben im Mutterland Unterstützung gesucht zur Errichtung einer Bildungsanstalt von Predigern. Wenn sie auch im Ganzen nicht so wohlhabend sind, wie die übrigen Nordamerikaner, so liegt doch der Grund dieser Hülflosigkeit vorzüglich in der mangelnden Ueberzeugung von der Wichtigkeit einer solchen Lehranstalt für das Wohl der Kirche, und überhaupt in dem Mangel an Bildung. Der gemeine Mensch zahlt überhaupt nicht gern, am wenigsten für das, dessen Werth er nicht zu schätzen weiß; Geistesbildung aber und Gelehrsamkeit weiß er nicht zu schätzen, weil er sie nicht kennt. Im Allgemeinen will das Volk zu dem Bessern emporgehoben seyn, und kann sich nicht selbst emporheben; es bedarf der Anregung und Leitung. Nun können sich zwar im Schooße einer Kirchengemeinschaft selbst ausgezeichnete Männer finden, welche das Bessere kennen, und den Haufen dafür anzuregen und dahin zu führen wissen; aber sie vermögen dieses nur durch die Kraft der geistigen Ueberlegenheit, und keine Mittel der Gewalt oder des Ansehens stehen ihnen zu Gebot. Durch diese Geistesüberlegenheit wußten sich die Priester der ersten christlichen Gemeinde Glanz und Reichthum zu verschaffen, und die kirchlichen Einrichtungen den Bedürfnissen gemäß zu erweitern und auszubilden. Aber ihnen stand die Macht der Begeisterung und der Schwärmerey zu Gebot, wodurch man den rohen Haufen am leichtesten bewegen kann. In unserer Zeit hingegen, zumal in der protestantischen Kirche, fehlt diese Triebfeder; bey uns ist das religiöse Leben ruhiger und besonnener, und wenn uns auch mehr Wärme des Gefühls zu wünschen wäre, so wollen wir uns doch jene Trunkenheit nicht zurückwünschen. Es ist jetzt an der Zeit, daß das Christenthum Sache der ruhigen, klaren Ueberzeugung werde. Darum bedürfen wir auch gelehrte Geistliche, während in der ersten Kirche fromme Begeisterung und einfache Weisheit zum Beruf eines Geistlichen hinreichte. Für die Beförderung der theologischen Gelehrsamkeit aber würde unser Volk auch bey dem lebendigsten Eifer nicht zu gewinnen seyn, denn die Erfahrung zeigt, daß gerade die Frömmsten unter dem Volke der gelehrten Theologie nicht günstig sind. Wollte man Solchen die Sorge für die theologischen Schulen überlassen, so würden sie sie entweder bald verfallen lassen,

sen, oder doch solche Lehrer anstellen, welche zwar das Verdienst der frommen Gemüthlichkeit, keineswegs aber das der Gelehrsamkeit hätten. Stellte man unsern Gemeinden, zumal auf dem Lande, die Wahl ihrer Geistlichen frey, so würden oft gerade diejenigen Bewerber zurückstehen, welche die meiste Tüchtigkeit besäßen, wenn sie nicht etwa damit den Vorzug äußerlicher Gaben vereinigten. Genug, wenn nicht von oben her, von den erleuchteten Vorstehern der Kirche und des Staates, Fürsorge für die Erhaltung und Fortführung der religiösen Geistesbildung getroffen wird: so geht das religiöse Leben zurück, und verfällt entweder in rohe Gleichgültigkeit oder in Schwärmerey. Daher schießen auch in Nordamerika die Sekten, wie die Pilze, auf, und während ein Theil ohne alle Religion dahin lebt, wird ein anderer die Beute des dunkeln Aberglaubens. Es wäre freylich der Würde der Religion angemessener, wenn die Sorge für die kirchlichen Bedürfnisse ganz aus freywilliger Bewegung hervorginge, und der Geist sich seine Nahrung rein durch sich selbst schaffte; aber ehe dieß geschehen kann, muß die Masse des Volkes mehr, als bis jetzt der Fall ist, vom Lichte der Erkenntniß durchdrungen seyn, und den Werth der Geistesbildung kennen, damit es sich angelegen seyn lasse, sie sich zu erhalten, und in immer höherem Grade anzueignen *).

*) Durch die Einrichtung, welche neuerlich in Nordamerika ins Leben getreten seyn soll, daß eine allgemeine Kirchensteuer erhoben, und der Ertrag derselben nach Verhältniß ihrer Volksmenge unter die verschiedenen Sekten vertheilt wird, wird jenen Nachtheilen einigermaßen vorgebeugt, aber damit ist auch das System der völligen Scheidung des Staats- und Kirchenwesens zum Theil aufgegeben.

Ich preise das Volk glücklich, das, wie durch eine und dieselbe Abstammung, Sprache und Sitte, so auch durch Einen Glauben verbunden, und in jeder Hinsicht vom Geist der brüderlichen Eintracht erfüllt ist. In einem solchen Volke kann die öffentliche Erziehung, deren Wurzel die Religion ist, einen gemeinsamen Charakter gewinnen. Diejenigen, die einst im Rathe die Angelegenheiten des gemeinen Wesens besorgen, die einst im Heere für die Freyheit und Ehre des Vaterlandes streiten sollen, haben in der Jugend dieselben Grundsätze eingesogen, und sind durch die schönen Bande der Jugendgenossenschaft verbunden. Es führt sie zu den öffentlichen Geschäften und der Vertheidigung des Vaterlandes nicht bloß der wohlverstandene Vortheil ihrer selbst und der Ihrigen, nicht die kalte Pflicht des Bürgers, sondern eine aus angebornen, anerzogenen, tief eingeprägten lebendigen Gefühlen erwachsene Begeisterung für das Ganze des vaterländischen Lebens, für Staat, Kirche und alle Einrichtungen und Stiftungen des sittlichen und geistigen Lebens. Ihnen ist Kirche und Staat zusammen das Reich Gottes auf Erden, und zwischen Christenliebe und Vaterlandsliebe besteht keine Trennung. Im Schooße ihres Vaterlandes finden sie Wohlseyn, Sicherheit, Ruhe und Friede, und zugleich Nahrung für ihr Herz, Erhebung des Geistes, alle Hülfsmittel und Erweckungen der Andacht. Geleitet von der Einsicht und Weisheit der Erleuchtetsten in Staat und Kirche, und genährt von der ganzen, ungetheilten Kraft des Volkes, kann sich das religiöse Leben freudig entwickeln und fortbilden; es hält gleichen Schritt mit allen übrigen Lebenszweigen, mit Wissenschaft, Kunst und Dichtung, mit der bürgerlichen Gesetzgebung und Sitte, vereinigt in sich alles Licht und alle Kraft des Geistes, welche sich in andern Gebieten entwickeln, und wirkt auch hinwiederum begeisternd und heiligend auf diese ein. Es ist der heilige Mittelpunkt, woraus Alles hervorgeht, und wohin Alles zurückfließt.

Zwey Hauptgrundsätze haben wir also anerkannt, den Grundsatz der Gewissensfreyheit und den der Einheit des religiösen Lebens in sich und mit dem Staate. Es fragt sich aber, ob diese beyden Grundsätze neben einander behauptet werden können, ob sie sich nicht einander ausschließen? Die Gewissensfreyheit scheint nämlich die Mannichfaltigkeit der Sekten mit sich zu führen, und die Behauptung der Einheit des religiösen Lebens nicht ohne die Unterdrükkung der Freyheit möglich zu seyn. Die katholische Kirche hat ihre Einheit durch Unduldsamkeit behauptet: diese verabscheuen wir, und wollen eine lebendige Freyheit der Gottesverehrung, Freyheit der Untersuchung, Freyheit der Presse, Freyheit des Bekenntnisses und der Gemeinschaft: werden wir aber dadurch unsern Zweck der Einheit des Kirchenlebens nicht verfehlen?

Um von festen Standpunkten auszugehen, wollen wir zuerst den einfachen Zustand eines Staats- und Kirchenwesens, wie das von Basel ist, zur Grundlage nehmen, und in Beziehung darauf den Gang vorzeichnen, der zu unserm Ziele zu führen scheint. Sodann wollen wir einen Blick auf solche Staaten werfen, wo die Einheit des Kirchenlebens mehr oder weniger gestört ist, und auch in Beziehung auf sie unsere Forderungen aussprechen. Es versteht sich aber von selbst, daß wir unsere Gedanken mit der Anspruchlosigkeit hingeben, welche bey einem Gegenstande, in dessen Beurtheilung Schul- und Lebens-Weisheit sich durchdringen müssen, demjenigen ziemt, der von aller politischen Erfahrung entblößt ist.

Das volle Bürgerrecht, wovon der Zutritt zu den Staatsämtern oder die Regierungsfähigkeit der wichtigste Theil ist, ist hier bedingt durch die Theilnahme an derjenigen Kirche, deren Lehr-Grundsätze in dem Basler Bekenntnisse von 1534., und deren Verfassung und gottesdienstliche Formen durch obrigkeitliche Gesetze und Verordnungen bestimmt sind, so daß also die Katholiken vom Bürgerrecht ausgeschlossen sind, mit Ausnahme der Bürger des Landestheils, der vom ehemaligen Bisthum Basel zum Staatsgebiet hinzugekommen ist, deren Zahl aber so untergeordnet ist, daß durch sie die Einheit zwischen Kirche und Staat so gut als gar nicht gestört wird. Die Juden sind vom Bürgerrecht gänzlich ausgeschlossen, und sollen es in Zukunft auch von der Niederlassung seyn. Es fragt sich nun, ob diese Beschränkung in Ansehung der Katholiken und Juden nach richtigen Grundsätzen sollte aufgehoben werden, ob man beyden Partheyen den Zutritt zum Bürgerrecht ohne weiteres gestatten sollte? Jeder Basler Bürger, der seinem natürlichen Gefühl und nicht einer Theorie folgt, wird einen Zustand nicht herbeywünschen, wo die Eintracht in öffentlichen Berathungen aufgehoben, und von einer bunt gemischten Versammlung das Wohl und Weh des Vaterlandes abhängig wäre. Was sollte auch nöthigen, jene Beschränkung aufzuheben? Keine Rechtspflicht. Kein Fremder kann den Zutritt in eine seit Jahrhunderten bestehende Bürgergemeinschaft als ein Recht fordern, und man thut Keinem wehe, den man deßwegen abweist, weil man ihn nicht dazu passend findet. Die Menschenliebe fordert es eben so wenig; sie fordert nicht, daß man Einem eine Wohlthat erzeige, wodurch die Wohlfahrt von tausend Andern gefährdet würde. Auch kein Vortheil kann es rathen. Ein katholischer oder jüdischer Ankömmling könnte vielleicht dem Gewerbswesen oder den Wissenschaften und Künsten Vortheil bringen; aber jeder Gewinn dieser Art wird von dem Schaden überwogen, den die Einheit des Staats- und Kirchenlebens dadurch leiden könnte. Aber ist es nicht unfreysinnig und unduldsam, Jemanden deßwegen vom Bürgerrecht auszuschließen, weil er eines andern Glaubens ist? Keinesweges. Die Duldsamkeit fordert nicht, daß man mit den Andersgläubigen eine andere engere Gemeinschaft schließe, als die der allgemeinen Menschenachtung und Liebe. Sie fordert nicht, daß man bey der Wahl eines Freundes, oder bey der Wahl eines Gatten oder einer Gattin, vom Glauben ganz absehe; sie fordert nicht, daß man eben so gern mit einem Juden, wie mit einem Christen, eine Handelsgemeinschaft oder eine andere Genossenschaft schließe: warum sollte sie also fordern, daß man bey der Wahl der Mitglieder einer bürgerlichen Gemeinschaft rücksichtlos verfahre? Die Duldsamkeit zeigt sich allein im Unterlassen aller Feindseligkeit gegen Andersgläubige und im Erweis des wahren menschlichen Wohlwollens, nicht aber in freundlicher Zuneigung und in dem Bestreben, Verhältnisse des Vertrauens und der Liebe anzuknüpfen, welche eine gleiche Gesinnung voraussetzen.

Daß die Forderung, eine Regierung solle nicht nur Duldsamkeit, sondern sogar eine gänzliche Gleichgültigkeit gegen alle Sekten beweisen, und vermöge derselben eine völlige Religionsfreyheit verkündigen: daß diese Forderung unstatthaft ist, weil sie von einem Standpunkte ausgeht, der über aller Religion genommen ist, glaube ich gezeigt zu haben. Der Standpunkt der Wirklichkeit, auf den wir jetzt getreten sind, der Standpunkt des hiesigen bürgerlichen, familienartigen Lebens, ist wohl am besten dazu geeignet, von jener Idee abzuziehen. Daß Regierungen unter gewissen Umständen verpflichtet sind, eine mehr oder weniger allgemeine Religionsfreyheit zu gestatten, wollen wir nicht leugnen; aber diese Umstände sind hier noch nicht eingetreten; und wo sie noch nicht eingetreten sind, da findet auch jene Verpflichtung nicht Statt.

Etwas anderes schon ist der Fall, wenn geborne Basler Bürger ihren Glauben ändern, und zum Judenthum oder Katholicismus übertreten wollten, womit sie ihre Regierungsfähigkeit verlieren würden. Dadurch ist der Freyheit des religiösen Lebens allerdings eine hemmende Schranke entgegengesetzt. Indem mit dem Wechsel des Glaubens ein bürgerlicher Vortheil verloren geht, wird dieser Wechsel erschwert, und die Beweglichkeit des Geistes gehemmt. Aber es geschieht doch dem Gewissen kein Zwang. Will Jemand um seiner geänderten religiösen Ueberzeugung willen aus der Eintracht des bürgerlichen Lebens heraustreten, so ist es ihm gestattet; nur hat er es sich selbst zuzuschreiben, wenn er dadurch einen Verlust erleidet, der jedoch seine Menschenwürde und die unveräußerlichen Rechte seines Lebens nicht angeht. Er kann sich sonst in Allem frey bewegen, auch seine religiösen Bedürfnisse befriedigen, nur ein thätiges Mitglied des Staates kann er nicht mehr seyn. Auch diese Beschränkung ist nicht unduldsam; sie ist es eben so wenig, als derjenige der Unduldsamkeit angeklagt werden könnte, der sich von seinem Freunde der seinen Glauben geändert hat, ruhig und ohne Groll scheidet, weil er mit ihm nicht mehr in den wichtigsten Angelegenheiten des Lebens übereinstimmen kann.

Außer den Katholiken und Juden sind in Basel noch die Wiedertäufer vom Bürgerrecht ausgeschlossen, aber mehr weil sie es nicht wollen, als weil man es ihnen versagt. Sie wollen keine Staatsbürger seyn, keine Waffen tragen und keine Aemter bekleiden: das alles ist gegen ihre religiösen Grundsätze. Aber deßwegen dürfte ihnen auch der Staat das Bürgerrecht nicht geben, ohne sich zu schaden. Wäre auch nur ein Drittheil seiner Bürger von dieser Sekte, so könnte er nicht bestehen.

Gegen andere protestantische Confessionen ist keine Beschränkung vorhanden; die äußerst milde und einfache Basler Confession kennt den Sekten-Unterschied zwischen Lutheranern und Reformirten nicht. Der Staat will nur protestantische Bürger, Bürger von freyem religiösen Geist, und kümmert sich nicht um besondere dogmatische Bestimmungen.

Nun fragt sich aber, was ist zu thun, daß dieses protestantische Leben, welches als die Grundlage des Staatslebens gilt, sich auch in sich selbst frey bewege und entwikkele, und daß es nirgends eine Hemmung erleide? Gesetzt, es entstände unter den Bürgern eine Sekte, welche mit den wesentlichen Bestimmungen des herrschenden Lehrbegriffs und den geltenden Formen des Gottesdienstes unzufrieden, sich von der Staatskirche lossagte, und sich ein eigenes religiöses Leben schaffen wollte; gesetzt, sie nähme so überhand, daß sich der größte Theil der Bürgerschaft zu ihr bekennte, und die vom Staate angestellten Prediger verlassen und die öffentlichen Kirchen leer ständen: dann zeigte sich allerdings das bisherige System als unzulänglich, und ein Bruch, eine Umwälzung wäre unvermeidlich. Zum Glück ist solches noch nicht geschehen; daß es aber nicht geschehe, muß der Gegenstand der angelegentlichsten Sorge für die Vorsteher der Kirche und des Staates seyn. Das einzige Mittel, einen solchen Bruch zu vermeiden, ist, das religiöse Leben so viel als möglich in freyer Entwickelung zu erhalten, Aufklärung, Geistesbildung und lebendige Sittlichkeit zu befördern, und zu verhüten, daß die Kirche nicht in todten, unfruchtbaren Formen erstarre, und sich vom gesunden Leben des Volks ablöse. Denn das Sektenwesen hat seinen Ursprung theils in religiöser Befangenheit und im Mangel an ächter Aufklärung, theils in der Unvollkommenheit des bestehenden Kirchenwesens, wodurch es dem bessern religiösen Bedürfnisse nicht mehr entspricht. Die Vorsteher unseres Gemeinwesens, welches die Geistlichen anstellt und besoldet, und für deren Ausbildung sorgt, mögen also darüber wachen, daß die öffentliche religiöse Erziehung und Erbauung nie in Geistlosigkeit und todten Mechanismus ausarte, daß es nie an gelehrten, erleuchteten, begeisterten, frommen Geistlichen fehle, welche die Jugend in den reinen Grundsätzen des Protestantismus unterrichten, und den öffentlichen Gottesdienst mit Geist und Kraft verwalten. Dann wird das religiöse Leben fortschreiten, ohne daß ein Bruch eintritt; kein Sektengeist wird die Eintracht stören, welche zwischen dem Volke und seinen Geistlichen bestehen soll; Jedermann wird sich wohl fühlen in der allgemeinen Kirche, und keinen Reiz empfinden, sich von ihr loszusagen. Wer besondere Neigung zu dem hat, was in der Religion das Gefühl anspricht und befriedigt, wird da seine Nahrung finden, wo die Geistlichen mit frommer Salbung das Evangelium predigen; aber indem sie es zugleich mit der lichtvollen Klarheit des christlichen Geistes thun, werden auch diejenigen ihre Befriedigung finden, welche das Klare in der Religion suchen.

Daß dieser Geist des lebendigen Fortschreitens in der Religion unter uns lebt und anerkannt ist, dafür zeugt eine kürzlich gepflogene Verhandlung zwischen der Regierung und der obersten geistlichen Behörde. Jene verlangte von dieser ein Gutachten darüber, ob nicht die alte Basler Confession einer neuen Bearbeitung bedürftig und fähig sey, und diese gab die Erklärung, daß die Confession als eine kirchliche Glaubens-Urkunde zwar unverändert bleiben müsse, aber auch nur als solche in geschichtlicher Beziehung betrachtet werden dürfe: so daß also von beyden Seiten anerkannt wurde, daß diese Confession den Bedürfnissen unserer Zeit nicht mehr ganz entspreche, und daß wir in der religiösen Ausbildung fortgeschritten seyen und fortschreiten müssen.

Aber es fragt sich, ob die bey uns bestehenden Einrichtungen für die Leitung des Kirchenwesens diesem Zwecke, der lebendigen Fortbildung des religiösen Lebens entsprechen? In Deutschland ist unter den Geistlichen jetzt das Geschrey nach einer freyen Kirchenverfassung fast allgemein, und bey uns besteht keine solche. In monarchischen Staaten muß die Freyheit der Kirche durch Verfassungsformen gesichert seyn, damit nicht die Willkür der Regenten und Beamten störend in das religiöse Leben eingreife, und damit sich dieses in einer festen Gemeinschaft selbständig ausbilde. Aber hier in einem bürgerlichen Gemeinwesen bedarf man dessen, was man im eigentlichen Sinne Kirchenverfassung nennt, nicht, und das Wesentliche derselben besteht schon, wenn gleich unter andern Formen. Es kommt nämlich Alles darauf an, daß die Kirche eine freye Vertretung habe, und daß der bessere Geist, der sich in ihr regt, Einfluß auf ihre Leitung und Gestaltung gewinne. Dieß geschieht aber da, wo die Vorsteher des Kirchenwesens frey gewählt werden, und diejenigen, welche in Staat und Kirche das allgemeine Zutrauen verdienen, die kirchlichen Angelegenheiten ordnen. Es ist ein Ueberrest des alten hierarchischen Vorurtheils, zu fordern, daß nur die Geistlichen die Leitung der Kirche in Händen haben sollen, als wenn nur in ihnen der Geist der Religion lebte. Eine solche Kirchenverfassung würde zur Einseitigkeit und zur Erstarrung führen; denn auch in der protestantischen Geistlichkeit liegt der Keim des Standesgeistes und der Herrschsucht. Wollte man hier in Ansehung der Form dem nachkommen, was die Theorie fordert, so müßte das Kirchenregiment einer Behörde anvertraut werden, welche aus frey gewählten geistlichen und weltlichen Stellvertretern der Kirche gebildet wäre; jedoch müßten ihre Beschlüsse immer der Staatsregierung zur Bestätigung unterworfen werden, und in der Hauptsache würde nichts geändert seyn.

Sollten sich bey einer solchen freysinnigen Leitung der Kirche demungeachtet Sekten zeigen, so müßte man gegen sie mit der größten Schonung verfahren, und alles, was nur entfernt an Zwang erinnerte, vermeiden. Treten sie nicht mit der herrschenden Kirche in Gegensatz, so kann man sie gänzlich mit Stillschweigen übergehen. Das Recht

Versamm-

Versammlungen zu halten, kann nicht verweigert werden, und hierin Beschränkungen eintreten zu lassen, würde unduldsam seyn. Sollte eine Sekte Unfrieden und Streit erregen, so versuche man gütliche Mittel, und falls sie die Schranken der bürgerlichen Ordnung überschreitet, hat man das Recht zu strafen. Aber auf das Innere derselben kann man nur dadurch einwirken, daß man ihr in der herrschenden Kirche eine überwiegende Kraft des Geistes entgegenstellt, und sie nach und nach dadurch zu überwinden sucht.

Eine schwierige Frage ist die, ob und inwiefern bey einer Staatskirche eine Kirchenzucht bestehen solle und könne. Die christliche Kirche der ersten Jahrhunderte hatte eine solche, und diejenigen Reformatoren, welche auch in der Verfassung zum Urchristenthum zurückstrebten, führten sie wieder ein. Bey den Lutheranern konnte sie wegen der mangelnden Verfassung nicht aufkommen. Ist die Kirche eine Privatgemeinschaft, wie die urchristliche, oder vom Staate unabhängig, wie in Nordamerika: so hat die Einführung einer Kirchenzucht keine Schwierigkeit. Wer sich ihr nicht unterwerfen will, kann aus der Kirche heraustreten, ohne an seinen bürgerlichen Rechten zu verlieren. Ganz anders hingegen ist es da, wo Staat und Kirche so eng verbunden sind, wie bey uns. Da wird die Kirchenstrafe sogleich zur bürgerlichen, und der Sträfling ist gezwungen, sich ihr zu unterwerfen, weil ihm der Austritt aus der Kirchengemeinschaft nicht freysteht. Die Kirche als solche aber soll in Allem die Freyheit schonen, und sich keiner andern, als der sittlichen Einwirkungsmittel bedienen. Die Aufstellung eines aus Geistlichen und Laien zusammengesetzten Sittengerichtes, welches ein unkirchliches und unchristliches Leben rügt, indem es die Fehlbaren bloß zur Rede stellt, und ihnen Ermahnungen und Warnungen gibt, ist auch bey uns sehr zweckmäßig, wenn solche Rügen nicht als bürgerliche Ehrenstrafen angesehen werden, in welchem Falle die Kirche in das Gebiet der bürgerlichen Strafgerechtigkeit eingreifen würde. Man müßte suchen einer solchen Behörde ihren rein kirchlichen Charakter zu sichern, und der Staat dürfte sie bloß anerkennen, aber keinen Einfluß auf sie ausüben. Viel schwieriger aber wird die Stellung derselben, wenn sie ihre Wirksamkeit auf eine jeweilige oder gänzliche Ausschließung von der Kirchengemeinschaft ausdehnen soll, weil sie dadurch offenbar auf die bürgerliche Ehre, welche vermöge der Verbindung von Staat und Kirche an das Recht der kirchlichen Gemeinschaft geknüpft ist, Einfluß gewinnen, und eine Art von bürgerlicher Strafgerechtigkeit ausüben würde. Der Ausgeschlossene kann nicht, wie das ausgeschlossene Mitglied einer vom Staate unabhängigen Kirche, fortwährend sein bürgerliches Daseyn behaupten, und ist nicht mehr im Besitz der vollen Bürgerehre; auch kann er nicht, wenn er glaubt, daß ihm Unrecht geschehen sey, eine mildere Behandlung in einer andern Kirchengemeinschaft suchen. Auf keine Weise dürfte die Kirchenausschließung über diejenigen verhängt werden, welche sich mit nichts als mit Gleichgültigkeit gegen die Kirche vergehen, indem sie am öffentlichen Gottesdienst und am Sacrament keinen Antheil nehmen; denn durch eine solche Ausschließung würde man zu etwas nöthigen wollen, was durchaus Sache des Gewissens seyn und bleiben soll. Wegen öffentlicher, frecher Unsittlichkeit, wegen eines wüsten, wilden Lebens, kann die Ausschließung schon eher Statt finden, weil derjenige, der sich so vergeht, ohnehin in der öffentlichen Meinung seine Ehre verloren hat, und aus der guten Gesellschaft ausgeschlossen ist. So viel ist gewiß, daß die Kirche in Stand gesetzt seyn muß, die Entweihung des Sakraments durch die Theilnahme frecher Sünder zu verhüten, so wie jede Gesellschaft das Recht hat, das Störende aus ihrer Mitte zu entfernen. Vielleicht wäre es am besten, die Kirchenzucht auf diese Nothwehr zu beschränken, und alle sonstige Einwirkung auf das sittliche Leben durch Rüge und Ermahnung der Klugheit des Pfarrers und der Gewalt, die er sich auf die Gemüther zu verschaffen weiß, zu überlassen.

In monarchischen Staaten ist die Zulassung aller Religions-Partheyen eine richtige Folge des Mangels an einer bestimmten Gestaltung des Volk- und Staatslebens. Aber in dem Grade als sich Monarchieen der republikanischen Form nähern, werden auch sie es sich angelegen seyn lassen müssen, die Einheit des religiösen Lebens zu erhalten, wenn sie nicht zugleich die Einheit des Staatslebens verlieren wollen.

Ganz anders ist freylich die Aufgabe da gestellt, wo wirklich schon verschiedene Religionspartheyen vorhanden sind, und die Bevorrechtung der einen Kirche als Staatskirche den Mitgliedern der andern Kirchen bürgerliche Rechte entzieht, auf welche sie billiger Weise Anspruch machen können, indem sie durch Abstammung und Volkszahl einen solchen Bestandtheil des Volkes ausmachen, der nicht vom Ganzen ausgeschieden, und nicht in ein Verhältniß der Unterordnung gestellt werden darf. Bey Bildung des Königreiches der Niederlande wäre es unbillig gewesen, den Einwohnern der ehemaligen spanischen Niederlande allen Antheil an der Regierung zu versagen. In Nordamerika fanden sich bey der Gründung der Unabhängigkeit so viele Sekten vereinigt, daß es unbillig und unduldsam gewesen wäre (wenn nicht überhaupt unmöglich), um der Religion willen verschiedene bürgerliche Verhältnisse einzuführen. Alle solche Staaten müssen sich in Ansehung des Religionswesens andere Grundsätze vorschreiben, als diejenigen, welche so glücklich sind, die Einheit desselben behauptet zu haben. Aber bemerken wir wohl, daß jener Zustand der Religionsverschiedenheit die Folge krankhafter, störender Bewegungen, und keinesweges einer gesunden Entwickelung ist. Daß es Katholiken und Protestanten gibt, ist die Folge einer verderblichen Spaltung, welche durch die Verstocktheit derer, die sich dem Lichte der Wahrheit verschlossen, herbeygeführt worden ist. Hätte die katholische Kirche auf dem Wege freyer Entwickelung und sanfter Umbildung ihre Gebrechen abgelegt, so wäre keine Reformation nöthig gewesen, und es gäbe jetzt nur katholische Christen im wahren Sinne des Worts, Mitglieder der allgemeinen christlichen Kirche. Hätten die Einwohner von Belgien den Kampf für ihre politische und kirchliche Freyheit eben so glücklich und thatkräftig, wie ihre holländischen Brüder, durchfechten können: so bildeten sie jetzt nicht einen ungleichartigen Bestandtheil des niederländischen Staates. Nordamerika ist großentheils von Flüchtigen bevölkert, welche politischer und kirchlicher Druck und andere Mißverhältnisse aus ihrem Vaterlande vertrieben haben. Die unbedingte Religionsfreyheit, welche dort eingeführt werden mußte, ist die unselige Frucht einer Menge von Irrthümern, Mißgriffen und Ungerechtigkeiten, welche früher begangen worden sind. Und nach einem solchen Zustande sollten wir uns sehnen, ihn sollten wir als musterhaft betrachten, und absichtlich herbeyführen? Dann müßten wir auch wünschen, daß bey uns eine solche Sprachverschiedenheit, wie dort, herrschte, daß alle Volkseigenthümlichkeiten in einander gemischt würden, und nirgends mehr Einheit und Gleichförmigkeit bestände.

Für solche Staaten nun, welche mehrere Sekten in sich vereinigen, und auf die Einheit des religiösen Lebens vor der Hand Verzicht thun müssen, ergeben sich die Grundsätze des Verfahrens zum Theil schon aus dem Dagewesenen. Gegen solche Sekten, welche ein volks- und staatswidriges Princip in sich tragen, muß die Regierung beschränkende Bedingungen der Aufnahme machen. Dieß gilt vor allen von den Juden, wegen der fremdartigen Volksthümlichkeit, die sie behaupten. Was die Katholiken betrifft, so müßte eine freysinnige Regierung den Versuch machen, sie vom römischen Stuhle loszureißen, und ihrer Kirche eine unabhängige, volksthümliche Stellung zu geben. Gewiß fänden sich, wenigstens in Deutschland, aufgeklärte und freysinnige Bischöfe, welche es mit einer entschlossenen kraftvollen Regierung wagten, ein Schisma nach Art der Kirche von Utrecht zu unternehmen. Nur müßte man eine solche Kirche nicht zu abhängig vom Throne machen wollen, weil sonst die an kirchliche Unabhängigkeit gewöhnten katholischen Geistlichen schwerlich die Hand dazu bieten würden; vielmehr müßte man ihr eine freye stellvertretende Verfassung zugestehen. Streng genommen, müßte den Katholiken da, wo sie neben anderen Sekten freye Religionsübung genießen wollen, noch die Verzichtleistung auf den gesellschaftswidrigen Grundsatz der allein selig machenden Kirche aufgelegt, und kirchliche, wie politische Friedfertigkeit zur Pflicht gemacht werden. Gegen diejenigen protestantischen Sekten, welche sich vom Staats- und Kriegsdienste lossagen, müßte die Regierung ebenfalls gewisse Bedingungen machen.

Aber als obersten Zweck ihres Verhaltens gegen die Sekten, muß eine freysinnige Regierung die Wiedervereinigung derselben ansehen. Zur Erreichung dieses Zweckes steht ihr freylich nur Ein Mittel zu Gebote, aber ein sehr wirksames: das ist die Beförderung der Erziehung und Geistesbildung. Alles Sektenwesen hat, wie gesagt, seinen Grund in Unwissenheit und Beschränktheit: mit vernünftiger Aufklärung, mit freysinniger Geistesbildung verschwinden die Irrungen, welche die Gemüther trennen. Schon die niedere Schulbildung wird auf die Vertreibung des Aberglaubens einen vortheilhaften Einfluß haben; und sich gewissen gleichförmigen Anordnungen in dieser Hinsicht zu unterwerfen, könnten, glaube ich, Alle verpflichtet werden. Noch größer aber würde der Einfluß der höheren wissenschaftlichen Bildung auf die religiöse Aufklärung seyn, zumal wenn es gelänge, die Geistlichen der verschiedenen Sekten zur Theilnahme daran zu bewegen. Brächte man gemeinschaftliche theologische Lehranstalten zu Stande, an welchen die allen christlichen Geistlichen unentbehrlichen Fächer der biblischen Sprachkunde und der Kirchen-Geschichte getrieben würden: so wäre damit dem Sektengeiste die Herzwurzel abgeschnitten.

Noch will ich eines Vorschlags, wie man bey Verschiedenheit der Sekten eine gewisse Einheit des religiösen Lebens herbeyzuführen versuchen könnte, Erwähnung thun, obschon ich die Schwierigkeit der Ausführung wohl einsehe.

Angenommen daß der Staat keine Sekten zugelassen hat, welche eine dem Staatsleben feindliche Sittenlehre bekennen, könnte man an gewissen Tagen im Jahre, welche eine besondere politische Wichtigkeit haben, den allgemeinen sittlichen Grundsätzen, auf welchen das Staats- und Volksleben beruhet, durch religiöse Feyerlichkeiten, durch Rede, Gebet und Gesang, jedoch ohne alle Beziehung auf diejenigen Glaubensvorstellungen, in welchen sich die Sekten trennen, eine öffentliche Weihe geben, und noch bestimmter könnte man dieses dadurch, daß man den Eintritt der jungen Bürger ins bürgerliche Leben und ihre Verpflichtung auf die Grundsätze der öffentlichen Sicherheit durch eine religiöse Handlung feyerte. Warum sollten die Gläubigen sich nicht zuweilen in den versöhnenden Gedanken an den Gott der Gerechtigkeit und Liebe, und in der Erinnerung an die Pflichten, die er Allen auflegt, brüderlich begegnen können; und hätte der Staat nicht das Recht, eine solche öffentliche Gewährleistung ihrer sittlichen Grundsätze zu fordern?

Wir stehen am Ziel der großen Wanderung, die wir durch das religiöse Gebiet angestellt haben; und was wir mit Freuden und mit Dank gegen Gott anerkennen müssen, wir haben die Entwickelung der Religion, im Christenthum nämlich, zu unserer Zeit auf einem Punkte gefunden, von welchem aus wir einen herzerhebenden Blick auf ihre Vollendung in der Zukunft werfen können. Das Menschengeschlecht ist fortgeschritten und wird ferner fortschreiten; der Geist der Freyheit ist herrschend geworden, und wird nie mehr unterdrückt werden können. Gott wird zur ferneren Entwickelung seinen Segen geben, und auch sorgen, daß das Licht seiner Wahrheit sich verbreite, und auch denjenigen aufgehe, welche noch jetzt im Dunkel des Aberglaubens schlummern.

Ihnen aber, verehrteste Zuhörer, danke ich für die Aufmerksamkeit, mit welcher Sie mich auf dieser Wanderung begleitet haben, und für die Nachsicht, mit welcher Sie meinen nicht immer leicht faßlichen Betrachtungen gefolgt sind. Denn wie groß ich mir auch die Schwierigkeit meiner Aufgabe gedacht hatte, so hat sie sich im Verfolg der Arbeit doch noch größer dargestellt, und nicht selten meine Kräfte überstiegen.

Verbesserungen.

S. 2 Z. 7 v. u. l. an st. in
— 16 — 5 v. u. l. deren st. derer
— 19 — 15 v. o. l. diesem st. diesen
— 29 — 11 v. u. l. in st. an
— 29 — 4 v. u. l. Gespenster-Erscheinungen
— 50 — 8 v. o l. den st. dem
— 53 — 9 v. o. l. einwohnendes st. einnehmendes
— 69 — 5 v. o. l. verklärende st. erklärende
— 85 — 12 v. o. l. die st. diese
— 96 — 15 v. o. l darein st. darin
— 106 — 11 v o. l bejahenden, st. beziehenden
— 138 — 1 v. o. l. frommen st. ferneren
— 164 — 3 v. o setze nach ist einen Punct
— 214 — 1 v. o. l. darein st. darin
— 224 — 7 v. u. l. konnten st. kannten
— 227 — 7 v. u. setze nach verfertigt hat einen Punct
— 229 — 16 v. o. l. einen st. einem
— 229 — 10 v u. l. daß st. das
— 240 — 5 v. o. l. gewonnen st. genommen
— 248 — 14 v o. l. Paravadi st. Pararadi
— 249 — 3 v. o. l. Wischnu st. Wischu
— 269 — 4 v. o. l. Das st. das
— 271 — 7 v. o. l. Rama st. Ramo
— 271 — 15 v o. l. Buddha st. Buddhe
— 277 — 9 v o. l. Paraschakti st. Paraschatti
— 277 — 17 v. o. l. Bhawani st. Bhamani
— 281 — 12 v. o. l Todtenstädten st. Todtenstätten
— 281 — 13 v u. l Amenthes st. Amorthes
— 293 — 8 v o. l Duscha-Nutha st. Duscha-Rutha
— 301 — 11 v. o. l. dem st. des
— 350 — 13 v. o l. Lehrsätze st. Lehrsitze
— 364 — 14 v. u l. libysche st. lybische
— 369 — 17 v o l. Libyern st Lybiern
— 371 — 7 v. o l dem Feuchten st den Früchten
— 379 — 15 v. o. l. väterlichen st. natürlichen
— 399 — 5 v. u. l. Feruer st Ferrer
— 400 — 15 v. o. l. Meschia u. Meschiane st. Moschia u. Moschiane
— 414 l. Z. l. Horde st. Heerde

Kolibri 360 GmbH
Ferdinand-Jühlke-Straße 7
99095 Erfurt, Deutschland
produktsicherheit@kolibri360.de